Erich Ch. Wittmann

Gerhard N. Müller

Handbuch produktiver Rechenübungen

Band 1
Vom Einspluseins zum Einmaleins

programm mathe 2000
von
Prof. Dr. E. Ch. Wittmann
und Prof. Dr. G. Müller

Ernst Klett Schulbuchverlag
Stuttgart Düsseldorf Berlin Leipzig

Dr. Erich Ch. Wittmann
Jahrgang 1939
Professor für Didaktik der Mathematik
an der Universität Dortmund
Arbeitsschwerpunkte:
Grundlagen der Mathematikdidaktik,
Elementargeometrie

Dr. Gerhard N. Müller
Jahrgang 1941
Professor für Didaktik der Mathematik
an der Universität Dortmund
Arbeitsschwerpunkte:
Didaktik der Primarstufe,
Elementare Zahlentheorie

CIP-Titelaufnahme der Deutschen Bibliothek
Wittmann, Erich:
Handbuch produktiver Rechenübungen/Erich Ch. Wittmann;
Gerhard N. Müller. – Stuttgart; Düsseldorf: Klett-Schulbuchverl.
NE: Müller, Gerhard:
Bd. 1. Vom Einspluseins zum Einmaleins. – 1. Aufl. – 1990
ISBN 3-12-199091-8

Bildnachweis:
S. 17 Abb. 1: G. Müller / E. Ch. Wittmann: Der Mathematikunterricht in der Primarstufe, Vieweg Verlag, Braunschweig (1984)
S. 63 Abb. 2 links oben: Pressebild Dieter Menne, Dortmund
links Mitte und links unten: E. Ch. Wittmann, Dortmund
rechts: KNA Pressebild GmbH, Frankfurt/Main
S. 89: Archiv für Kunst und Geschichte, Berlin (Kupferstich von Albrecht Dürer, 1514)
S. 110: E. Ch. Wittmann, Dortmund
S. 143 Abb. 9, 12: Heinrich Winter: Sachrechnen in der Grundschule, Scriptor Verlag, Frankfurt (1985)
S. 156 Abb. 2: Aulis Verlag Deubner & Co. KG, Köln
S. 158: Winter-Ziegler: Neue Mathematik, 2. Schuljahr, Schroedel Verlag, Hannover (1971)

Zeichnungen: Rolf Digel, Rudolf Hungreder

Recyclingpapier, hergestellt aus Altpapier mit einem geringen Anteil von chlorfrei gebleichtem Zellstoff.

1. Auflage 1 8 7 6 5 | 1996 95 94 93 92

Die letzte Zahl bezeichnet das Jahr dieses Druckes.

Redaktionsbüro Grundschule Düsseldorf.

Druck: Gutmann & Co., Heilbronn.
ISBN 3-12-199091-8

Vorwort

Die Licht- und Schattenseiten des Alten und des Neuen soll man erforschen, entwickeln, reformieren, aber weder vorwärts noch rückwärts revolutionieren.

v. Raumer

Wie Lehrpläne und didaktische Veröffentlichungen belegen, entwickeln sich Theorie und Praxis des Mathematikunterrichts der Grundschule seit Beginn der achtziger Jahre weltweit in Richtung einer stärkeren Förderung der Eigenaktivität und sozialen Kommunikation der Kinder.
Zu diesem Lehr-/Lernkonzept gehört natürlich auch eine entsprechende Übungspraxis. Die Lehrpläne fordern demgemäß auch "produktive", "operative", "abwechslungsreiche" und "vielfältige" Übungsformen. Eine Durchmusterung der Schulbücher, der Zeitschriften und der massenhaft verbreiteten speziellen Übungsliteratur zeigt jedoch, daß sich das Übungsangebot zum Rechenunterricht der Grundschule, wenn man es nach den fachlichen Lernzielen beurteilt, weitgehend in monotonen und stereotypen Übungsformen erschöpft. Man darf sich durch die oftmals phantasievollen Einkleidungen der Übungen als "Spiele", "Malvorlagen", "Wettkämpfe" usw. nicht darüber hinwegtäuschen lassen, daß sich die Aktivität und die Zusammenarbeit der Schüler dabei **nicht aus der Sache heraus** entwickeln, sondern daß sie von außen künstlich inszeniert werden. Wie der Pädagoge John Dewey in seinem Aufsatz "Interesse und Willensanstrengung" sehr schön dargelegt hat, kann die Motivation von Kindern auf Dauer aber weder durch eine attraktive Verpackung eines als trocken angesehenen Stoffes noch durch den Appell an das Pflichtgefühl der Kinder aufrecht erhalten werden, sondern nur durch Erschließung der Bildungswerte des Stoffes. Viele "Spiele", "Kopiervorlagen", "Rechentrainer" usw. sind also wegen ihrer rechnerischen Einförmigkeit in pädagogisch-didaktischer Hinsicht äußerst problematisch. Daß für diese Materialien oft mit der Behauptung geworben wird, Kinder würden sie begeistert bearbeiten und dabei ganz vergessen, daß sie Rechenaufgaben übten, entkräftet diese Bewertung keineswegs, sondern zeigt nur, wie notwendig es auch im Bereich von Erziehung und Unterricht ist, sich nicht von oberflächlichen Beobachtungen täuschen zu lassen, sondern den Dingen auf den Grund zu gehen.
Eine wachsende Zahl von Lehrerinnen und Lehrern wird sich der Diskrepanz zwischen den Lehr-/Lernprinzipien der neuen Lehrpläne und dem verfügbaren Übungsangebot bewußt, und in Fortbildungsveranstaltungen sind wir immer wieder auf den Mangel an Übungsmaterialien hingewiesen worden, die echten pädagogisch-didaktischen Kriterien standhalten.
Das vorliegende Handbuch, das der besseren Handlichkeit wegen in zwei Bänden erscheint, soll hier Abhilfe schaffen. Es ist auf Grund einer kritischen Sichtung der rechendidaktischen Literatur seit der Reformpädagogik mit der Zielsetzung verfaßt worden, für die Grundschule ein möglichst flächendeckendes Angebot "produktiver" Rechenübungen vorzustellen. Um den wechselnden Anforderungen während des Lernprozesses Rechnung zu tragen, wurde ein breites Spektrum unterschiedlicher Übungstypen entwickelt, das von einführenden, auf das Handeln an konkretem Material gegründeten Übungen über mathematisch beziehungsreiche und umweltbezogene Übungen bis hin zu Automatisierungsübungen reicht. Eingeschlossen ist auch ein durchgehender Kopfrechenkurs ("Blitzrechnen"), der für jedes Schuljahr diejenigen Wissenselemente und Fertigkeiten erfaßt, die am Schluß möglichst "im Schlaf" beherrscht werden sollen.
Um die praktische Umsetzung zu erleichtern, geben wir für jedes Beispiel ausführlich den didaktischen Hintergrund an, listen die benötigten Demonstrations- und Arbeitsmaterialien auf und machen konkrete Vorschläge für die unterrichtliche Behandlung. Da es auch in der Didaktik nichts Praktischeres gibt als eine gute Theorie, werden die Grundzüge unserer Übungskonzeption in einem Anhang dargelegt.

Bei der Konzipierung des Buches haben wir insbesondere diejenigen Lehrerinnen und Lehrer vor Augen gehabt, die in ihrem Studium keine spezielle mathematische Ausbildung erfahren haben und die der "Mathematik" z. T. sehr reserviert, wenn nicht sogar ablehnend, gegenüberstehen. Wir haben uns weder verleugnen noch drehen und wenden müssen, um dieser Gruppe einen Zugang zu unserem Buch zu verschaffen. Unser Konzept **beruht** nämlich darauf, daß es im Mathematikunterricht der Grundschule gar nicht um "Mathematik", sondern um die ganz elementare Zahlen- und Formensprache geht, ebenso wie es im Deutschunterricht nicht um "Germanistik", sondern um Sprache und Literatur geht. Das schlichte mathematische Hintergrundwissen, das man für die unterrichtliche Behandlung unserer Beispiele benötigt, wird unter der Rubrik *"Worum geht es?"* jedesmal ausführlich entwickelt, und wer sich unvoreingenommen damit vertraut macht, wird die elementare Mathematik in einem ganz neuen Licht sehen. Wir können gar nicht deutlich genug darauf hinweisen, daß der mathematische Beziehungsgehalt vieler unserer Beispiele kein unnötiger Luxus ist, sondern ungeheure **pädagogische** Möglichkeiten birgt, die man im Interesse der Kinder nutzen muß – genauso wie man im Sprachunterricht die Möglichkeiten der Literatur und des Schreibens von Geschichten usw. nutzt.

Bei der Abfassung des Buches konnten wir uns auf Unterrichtsbeispiele stützen, die in einem von der Universität Dortmund über mehrere Jahre geförderten Projekt "mathe 2000" entwickelt worden sind. Unsere Mitarbeiter Maria Jüttemeier, Henrike Twer und Christoph Selter haben in das Projekt viele gute Ideen eingebracht. Ihnen gilt unser Dank ebenso wie den Lehrerinnen und Lehrern der Arbeitskreise für Mathematik in der Grundschule in Dortmund und Hamm, mit denen wir viele anregende Diskussionen führen konnten und die uns die praktische Erprobung einer Reihe von Beispielen im Unterricht ermöglicht haben. Die Grundzüge der Konzeption konnten wir mit Fachleiterinnen und Fachleitern unseres Bundeslandes in mehreren Konferenzen intensiv diskutieren. Von ihrem Erfahrungsschatz und ihren kritisch-konstruktiven Wertungen haben wir außerordentlich profitiert. Wir wissen dies sehr zu schätzen.

Frau Petra Scherer hat den Text auf Diskette gebracht und bei unseren vielen nachträglichen Textveränderungen nie die Geduld verloren. Dafür schulden wir ihr besonderen Dank.

Nicht zuletzt möchten wir Herrn D. Eberhardt und Herrn K. Frank von der Redaktion Grundschule des Klett-Verlages für die förderliche Begleitung bei der Entstehung des Buches danken.

Dortmund, im Januar 1990 E. Ch. Wittmann und G. Müller

Inhaltsverzeichnis

Zur Arbeit mit dem Buch

Manchmal wird für Übungsmaterialien mit dem Hinweis geworben, sie seien ohne Einarbeitung und ohne eigenes Zutun aus dem Stand einsetzbar. Für produktives Üben kann es solche "instant"-Materialien – die im übrigen auf ein seltsames Verständnis des Lehrerberufes schließen lassen – naturgemäß nicht geben. Wir selbst haben bei der Entwicklung unserer Beispiele die Erfahrung gemacht, daß es am lohnendsten ist, die einzelnen Übungen zuerst einmal so zu bearbeiten, als wäre man ein Schüler, weil man dann gewissermaßen aus erster Hand unterrichten kann. Diesen aktiven Zugang, der natürlich voll mit dem Prinzip des aktiv-entdeckenden Lernens übereinstimmt, möchten wir daher auch unseren Leserinnen und Lesern empfehlen. Am besten ist es, vor der Durcharbeitung des Buches die wichtigsten Materialien wie Zwanzigerreihe, Zwanzigerfeld, Wendeplättchen, Wendekärtchen usw. wenigstens provisorisch herzustellen und dann die vorgeschlagenen Übungen bis ins einzelne durchzuführen. Wenn man diese Investition einmal geleistet hat, bereitet die Übertragung in den Unterricht keine große Mühe mehr.

Das Buch stellt eine Mischform von Lehrerhandbuch, Schulbuch und Aufgabensammlung dar. Da es **lehrgangsmäßig** aufgebaut ist, können nicht nur einzelne Beispiele herausgepickt und in den laufenden Unterricht eingebaut werden, sondern man kann auch nach einzelnen Abschnitten alternativ zum Schulbuch unterrichten. Die übliche Trennung von Einführung und Übung ist in unserem Konzept durch sogenannte "einführende Übungen" durchbrochen worden.

Bei der Auswahl der Themen haben wir uns dem alten Grundsatz "Multum, non multa" entsprechend ganz auf den **Kern des Rechenunterrichts** konzentriert und die Übungen so angelegt, daß die Grundideen der Arithmetik intensiv und in langfristiger Perspektive behandelt werden. Alle Übungsbeispiele werden nach einem einheitlichen Format analysiert und vorgestellt, indem folgende fünf Fragen beantwortet werden:

Worum geht es?
Was soll geübt werden?
Was wird benötigt?
Wie kann man vorgehen?
Wie könnte es weitergehen?

Zur Beantwortung der ersten Frage werden der fachliche und der didaktische Hintergrund dargelegt. Wir gehen hierbei sehr ausführlich vor, weil eine klare Einsicht in die Vielfalt möglicher Aufgaben und ihrer Lösungen von entscheidender Bedeutung für eine sichere Unterrichtsführung ist.
Für die unterrichtliche Behandlung geben wir Hinweise, ohne dabei alles bis ins einzelne festlegen zu wollen: **Wir bieten ein Konzept, nicht ein Korsett.**

Da wir eine zu frühe Symbolisierung und Verschriftlichung des Rechnens ablehnen, haben wir zahlreiche **mündliche** Übungen aufgenommen. Mit Kopiervorlagen für Arbeitsblätter sind wir zurückhaltend. Jedes vorgestanzte Aufgabenformat und jeder Lückentext rauben den Kindern ja die Möglichkeit, ihre Fähigkeiten zur Aufteilung und Gestaltung einer Seite weiterzuentwickeln. Ein Zuviel an Arbeitsblättern trägt daher unweigerlich zur Verkümmerung der Ausdrucksmittel der Kinder bei. Wir bekennen offen unsere Sympathie für das gute alte Rechenheft und möchten dazu ermuntern, Kinder zu einer klaren Heftführung anzuregen (womit wir nicht eine sterile, von außen aufgezwungene "saubere" Heftführung meinen).

Unsere wichtigste Erfahrung bei der praktischen Erprobung der Übungen war, daß zeitlich ausgedehntere Beispiele nicht in einer einzigen Stunde "durchgezogen" werden sollten. Besser ist es, sie an einer geeigneten Stelle zu unterbrechen und in der nächsten Stunde wiederaufzugreifen. Wie weit man in die mathematische Struktur mancher Übungen eindringen kann und will, hängt ganz von den lokalen Gegebenheiten ab.
Schließlich sei noch angemerkt, daß die Aufgabenvielfalt unserer Beispiele in der Regel gar nicht in einem Durchgang ausgeschöpft werden kann, sondern einen wiederholten Einsatz nahelegt.

Aufstellung der benötigten Demonstrations- und Arbeitsmaterialien

Im Einklang mit der Konzentration auf die Grundideen der Arithmetik haben wir uns auch zur **äußersten Sparsamkeit** in den verwendeten Lehr-/Lernmitteln entschlossen. Jedes Mittel, ob für die Hand des Lehrers oder des Schülers, muß ja gekauft oder hergestellt, bereitgestellt, eingeführt, weggeräumt, aufbewahrt und u. U. gewartet werden. Dies verursacht Kosten, beansprucht Zeit und kostet Kraft. Außerdem ist zu beachten, daß der Lernerfolg nicht mit der Masse der verwendeten Materialien, sondern mit der Reichhaltigkeit und Intensität der Schüleraktivitäten steigt.
Aus finanziellen, praktischen und didaktischen Gründen ist daher eine Begrenzung der verwendeten Materialien unausweichlich. Wir haben uns in diesem Handbuch auf genau diejenigen Materialien beschränkt, die nach unserer Auffassung die Grundideen der Arithmetik am besten verkörpern und die daher den Unterricht mindestens eines Schuljahres **durchgehend** begleiten können. Damit die Demonstrationsmaterialien möglichst wenig Aufwand erfordern, sollte neben der Wandtafel eine **Magnettafel** (1 m x 1 m) fest montiert und jederzeit frei zugänglich sein. Im 2. Schuljahr ist für das kleine Einmaleins ein Tageslichtschreiber unentbehrlich. Dieses Gerät ist auch schon im 1. Schuljahr nützlich. Einige wenige Übungen dieses Schuljahres kann man ohne Tageslichtschreiber nicht durchführen.

Für die beiden ersten Schuljahre werden die folgenden Materialien benötigt:

Erstes Schuljahr

Zahldarstellungen auf Papierstreifen für die Magnettafel

Z1 *Ausführliche Zwanzigerreihe* (Abb. 1)

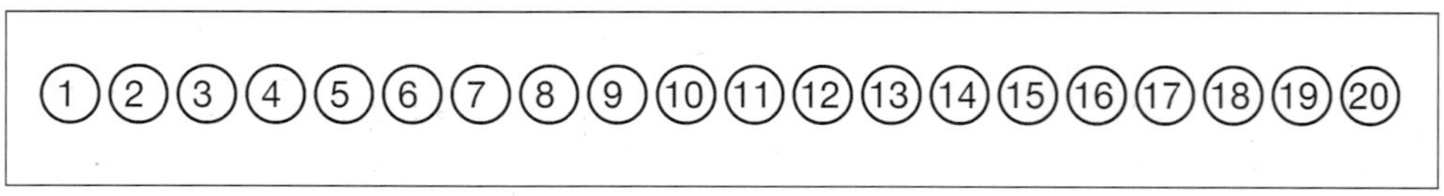

Kreise: 4cm ∅ Länge: 90cm Abb. 1

Z2 *(Normale) Zwanzigerreihe* (Abb. 2)

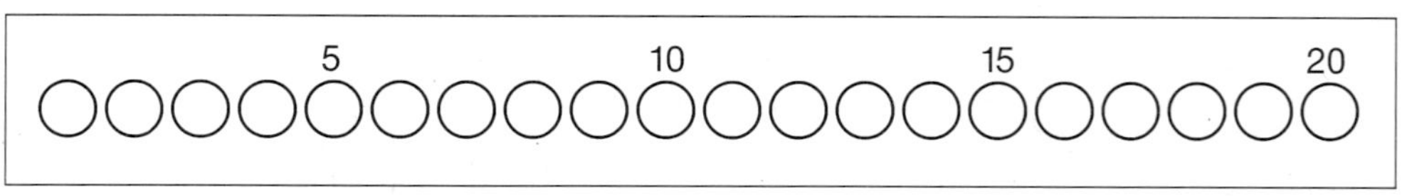

Kreise: 4cm ∅ Länge: 90cm Abb. 2

Z3 *Zwanzigerfeld* (Abb. 3)

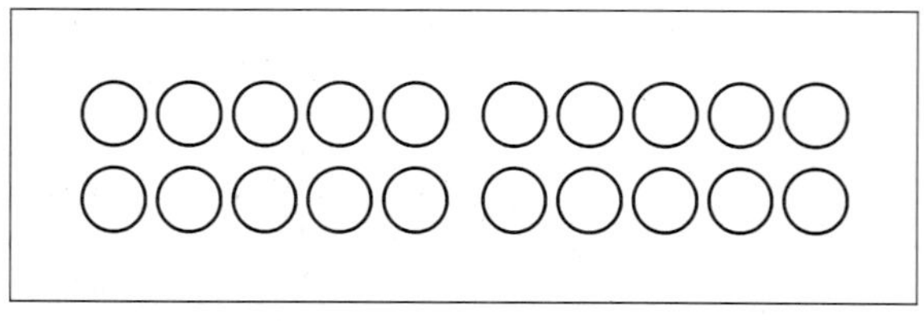

Kreise: 4cm ∅ Länge: 50cm Abb. 3

Das verwendete Papier soll fest, aber nicht zu dick sein, damit Magnetplättchen gut haften.

Magnetmaterialien

M1 *30 Magnetwendeplättchen*
3 – 4 cm Ø, rot/blau, beidseitig magnetisch

M2 *42 Wendekärtchen* (Abb. 4)[1]
Quadratisches Format mit mindestens 5 cm Kantenlänge, magnetisch. Für jede der Zahlen 0 bis 20 werden je zwei Wendekärtchen benötigt, die auf der Vorderseite eine Zahl und auf der Rückseite das zugehörige Punktmuster tragen, das eine Kärtchen in blau, das andere in rot. Die Verschiedenfarbigkeit erleichtert das Sortieren in zwei gleiche Sätze. Die Ziffern auf der Vorderseite sind in beiden Sätzen schwarz, und am unteren Rand ist ein Strich gezogen, damit die Schüler „oben" und „unten" unterscheiden können und insbesondere 6 und 9 nicht verwechseln.
Wendekärtchen kann man aus Magnetband oder magnetischer Folie selbst herstellen. Wenn man die Folie doppelt zusammenklebt, so daß die magnetisierten Seiten nach außen kommen, erhält man sogar beidseitig magnetische Wendekärtchen. Allerdings muß dann noch weißes (selbstklebendes) Papier aufgeklebt werden (zum Beschriften bzw. als Untergrund für die Punktmuster). Die Herstellung wird sehr erleichtert, wenn man die Folien (Format z. B. 30 cm x 50 cm) im Ganzen verklebt, das Papier aufklebt, mit dem Bleistift quadratische Felder von der gewünschten Größe aufzeichnet, die Kärtchen beschriftet, Klebepunkte (ca. 8 mm Ø) aufklebt, evtl. die fertigen Kärtchen beidseitig mit einer durchsichtigen selbstklebenden Schutzfolie überzieht – und erst dann die Kärtchen ausschneidet. Man muß natürlich bei dem ganzen Produktionsvorgang darauf achten, daß Vorder- und Rückseite jeweils genau zusammenpassen.
Zur Not tun es auch Wendekärtchen aus Karton, die man mit Tesaband oder doppelt klebendem Band an die Tafel heften kann.

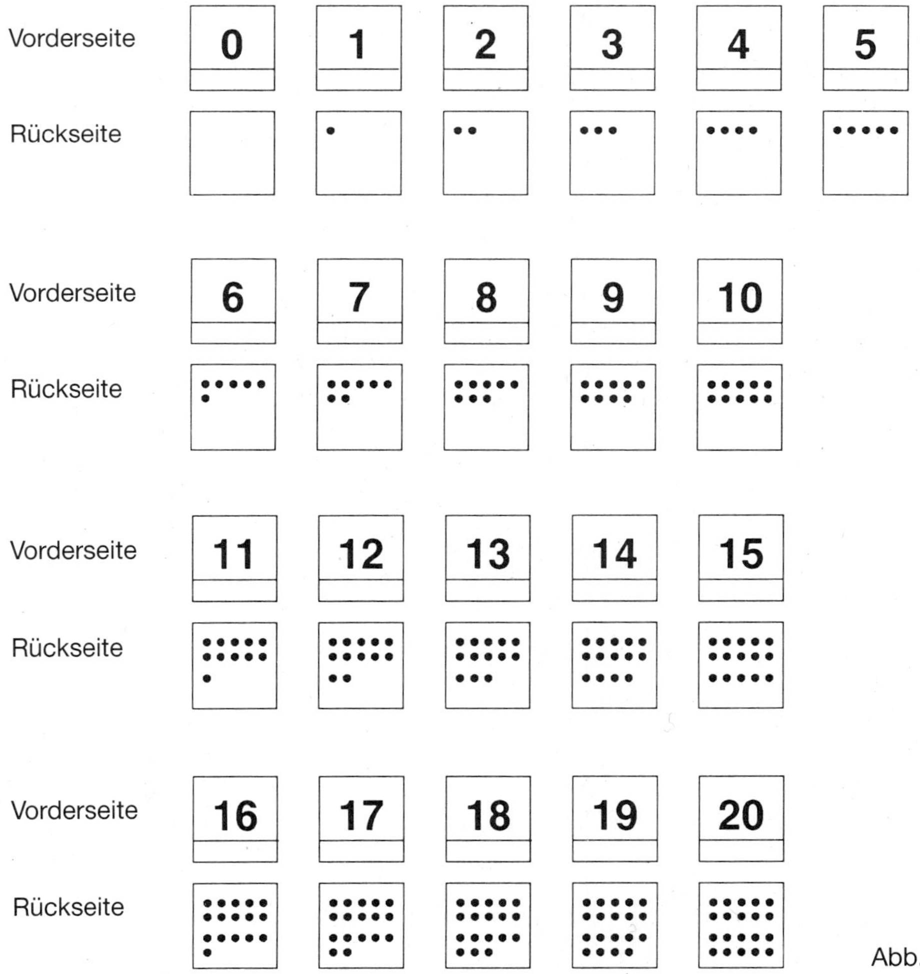

Abb. 4

[1] Entwickelt unter Einbeziehung einer Idee von Frau Rektorin Olga Jeibmann, Hamm.

Poster

P1 *Einspluseins-Tafel* (kurz: Plus-Tafel) (Abb. 5, farbige Ausführung siehe Umschlag) Farbiges Poster (ca. 90 cm x 120 cm) mit 121 Rautenfeldern, in denen sämtliche Einspluseinsaufgaben (einschließlich 0) systematisch aufgelistet sind.[2]

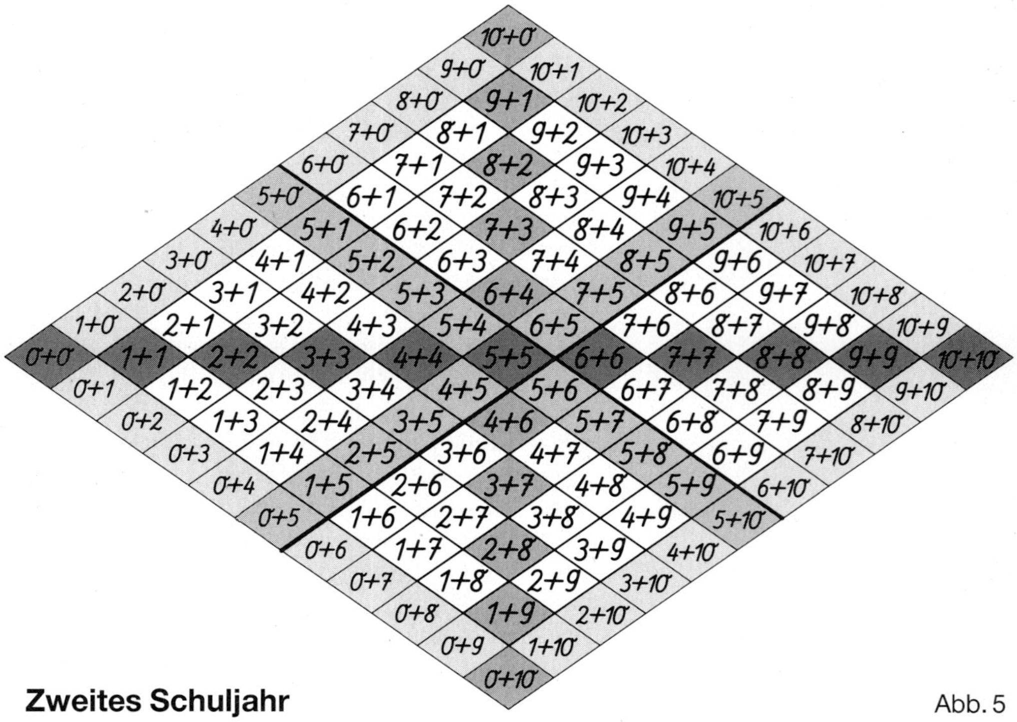

Abb. 5

Zweites Schuljahr

Zahldarstellungen

Z4 *Hundertertafel* (zur Befestigung an der Magnettafel) (Abb. 6)

1	2	3	4	5	6	7	8	9	10
11	12	13	14	15	16	17	18	19	20
21	22	23	24	25	26	27	28	29	30
31	32	33	34	35	36	37	38	39	40
41	42	43	44	45	46	47	48	49	50
51	52	53	54	55	56	57	58	59	60
61	62	63	64	65	66	67	68	69	70
71	72	73	74	75	76	77	78	79	80
81	82	83	84	85	86	87	88	89	90
91	92	93	94	95	96	97	98	99	100

Jedes Feld:
4cm x 4cm

Abb. 6

[2] Das Poster kann im Ernst Klett Schulbuchverlag unter der Nummer 188070 bestellt werden.

Z5 *Hunderterstrahl* (Abb. 7)

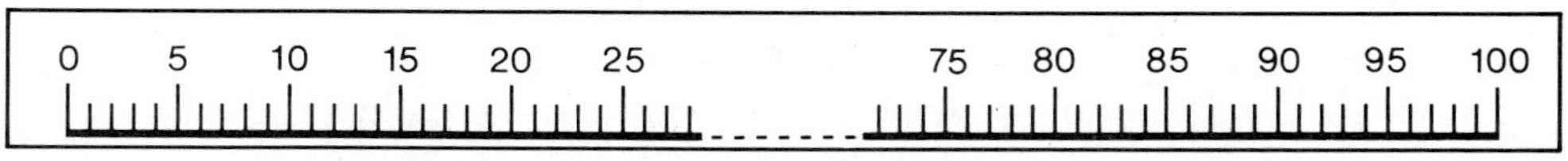

Abb. 7

Z6 *Hunderterreihe* (Abb. 8)

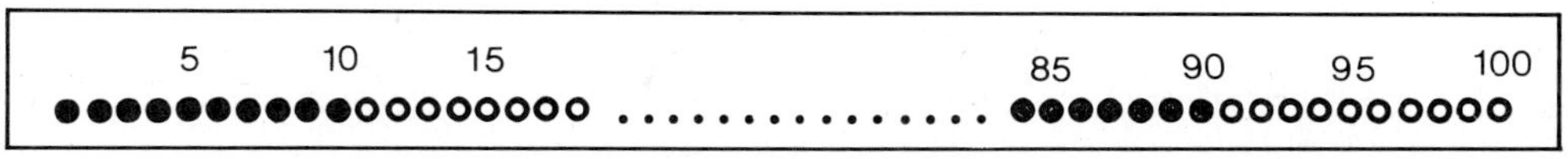

Abb. 8

Die Materialien Z5 und Z6 können aus festem Papier hergestellt und an der Wand oder an der Magnettafel befestigt werden.

Z7 *Russische Rechenmaschine* (für Wand oder Tisch) (Abb. 9)

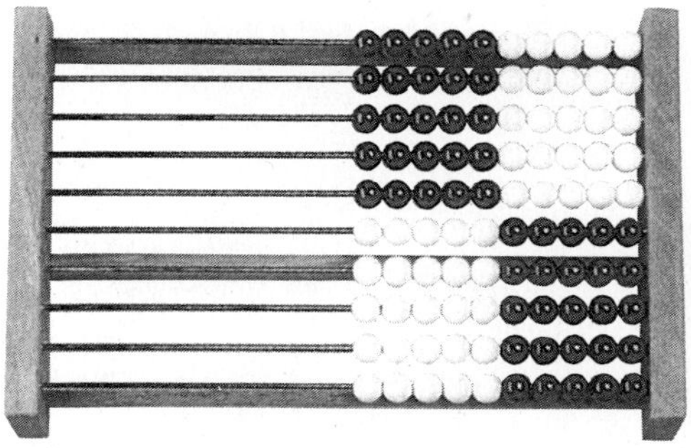

Abb. 9

Folien für den Tageslichtschreiber

F1 *Hunderter-Punktfeld* (Abb. 10)
10 x 10 Punkte, gerahmt, und durch gestrichelte Linien in vier Quadranten mit je 25 Punkten unterteilt.

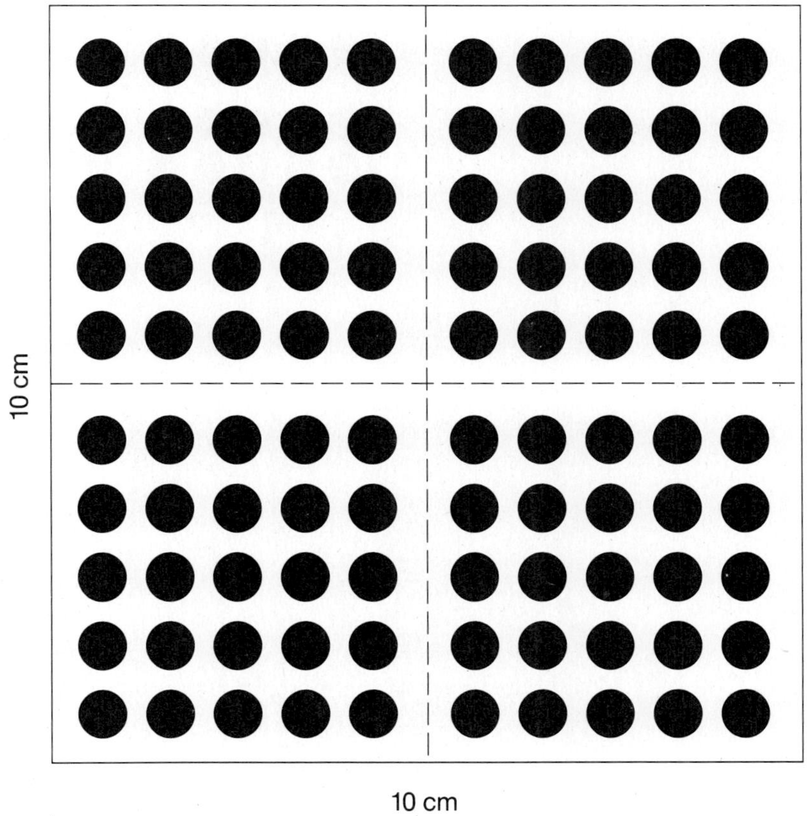

Abb. 10

Als Ergänzung zu F1 werden benötigt:
Zahlwinkel aus Karton zum Abdecken (Abb. 11)

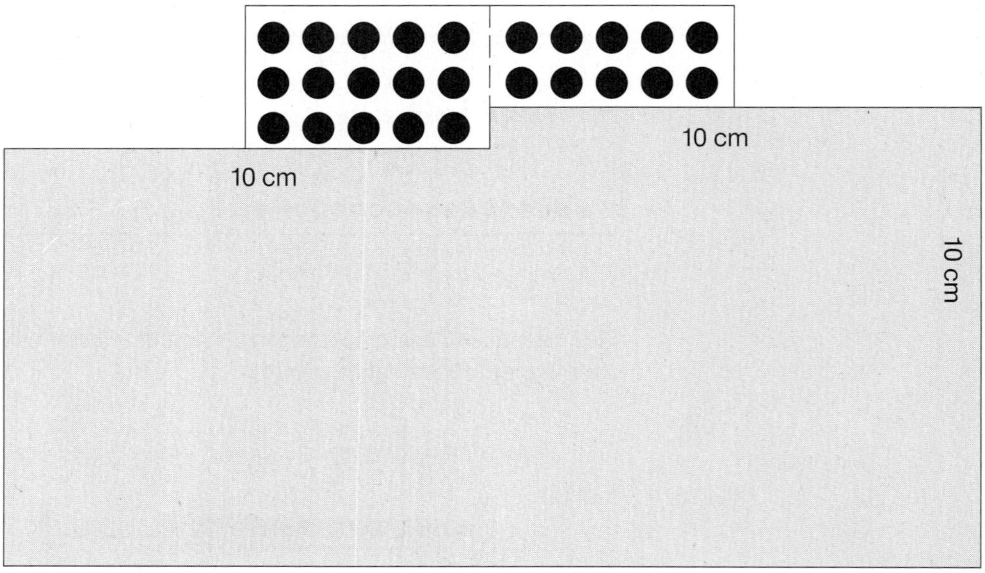

Abb. 11

Einmaleinswinkel aus Karton (Abb. 12)

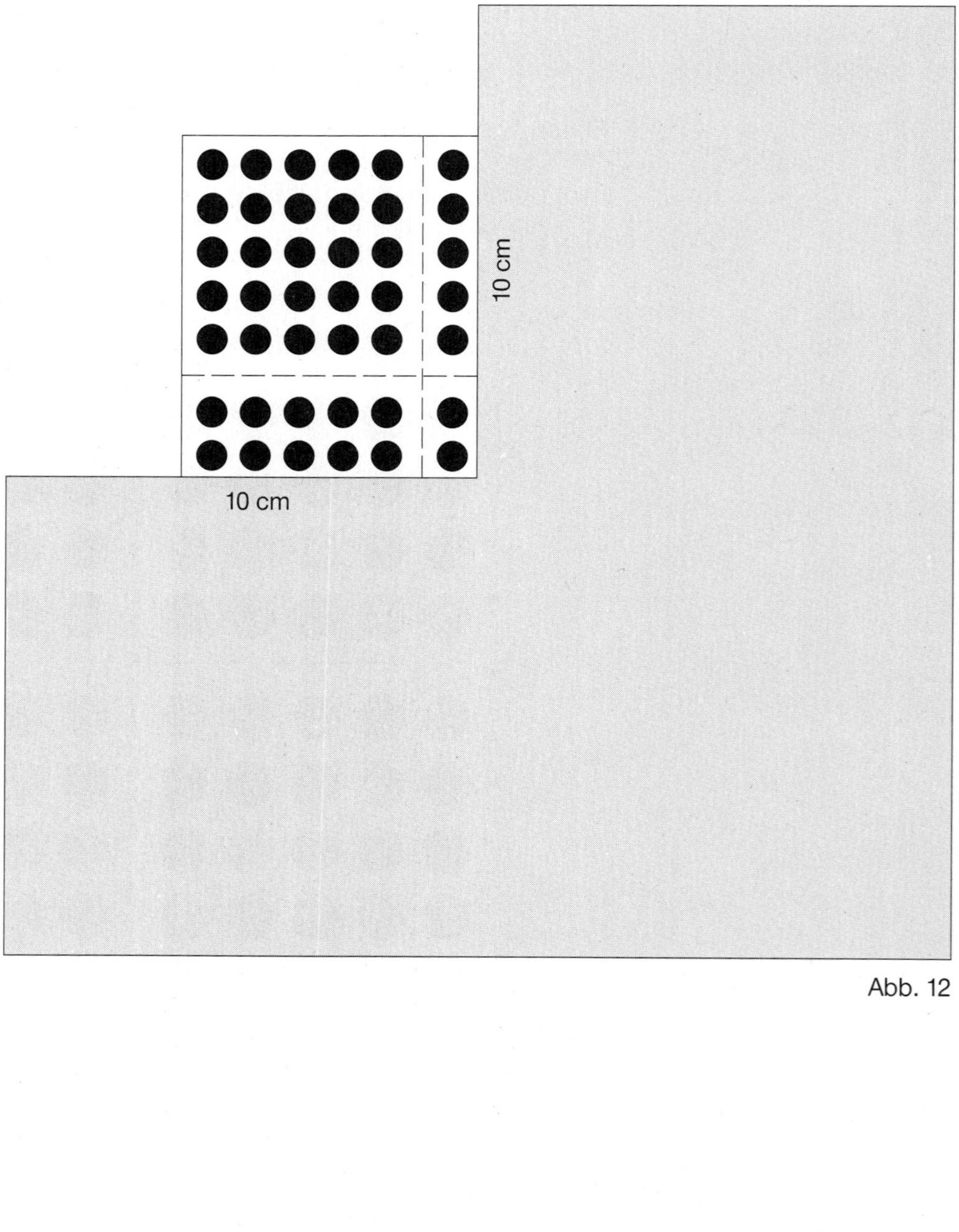

Abb. 12

F2 *Hunderterquadrat* (Abb. 13)
10 x 10 Quadratraster **ohne** Zahlen (jedes Feld 1 cm x 1 cm)

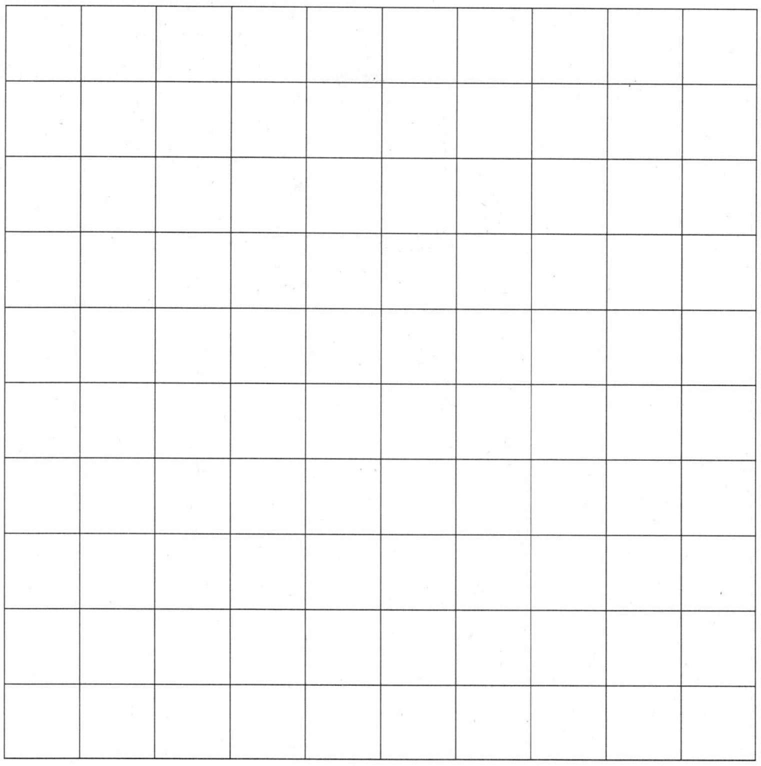

Abb. 13

F3 Hundertertafel (Abb. 6)
10 x 10 Quadratraster **mit** Zahlen (jedes Feld 1 cm x 1 cm)
Alle drei Folien sind von den Vorlagen zu kopieren oder mit Permanent-Stift zu zeichnen, damit man sie mit wasserlöslichem Stift beschriften kann.

Poster

P2 *Einmaleins-Tafel* (kurz: Mal-Tafel) (Abb. 14, farbige Ausführung siehe Umschlag)
Farbiges Poster (ca. 90 cm x 120 cm) mit 100 Rautenfeldern, in denen sämtliche Einmaleinsaufgaben systematisch aufgelistet sind.[3]

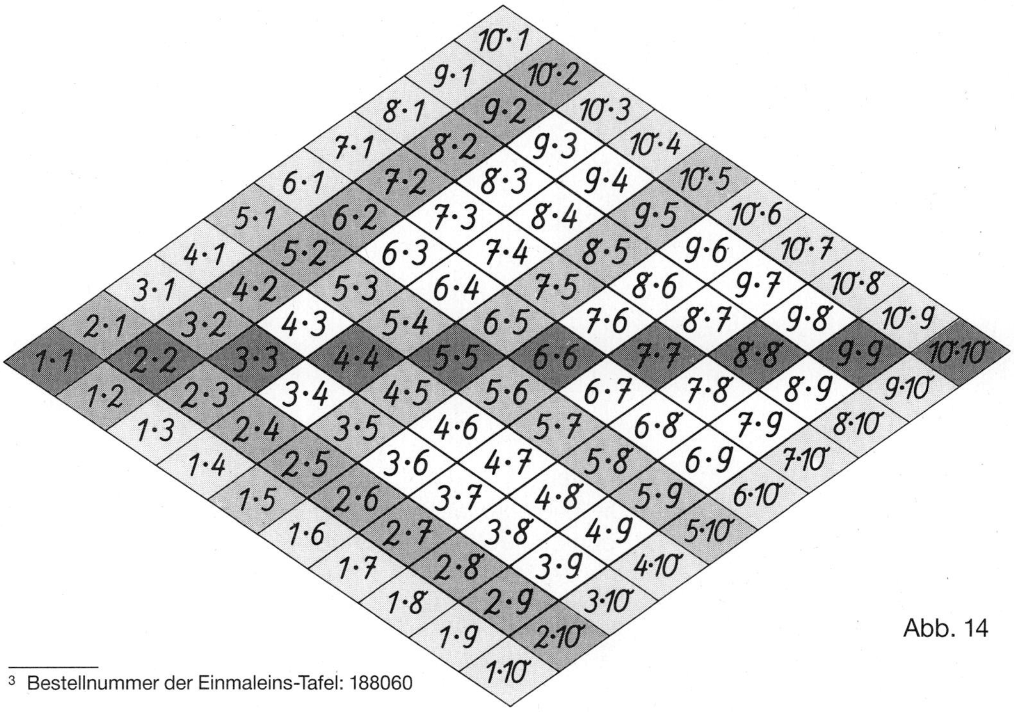

Abb. 14

[3] Bestellnummer der Einmaleins-Tafel: 188060

P3 *Einmaleins-Plan* (kurz: Mal-Plan) (Abb. 15, farbige Ausführung siehe Umschlag)
Farbiges Poster (ca. 90 cm x 120 cm)[4] mit Einmaleinsreihen, Hundertertafel und Hunderterband

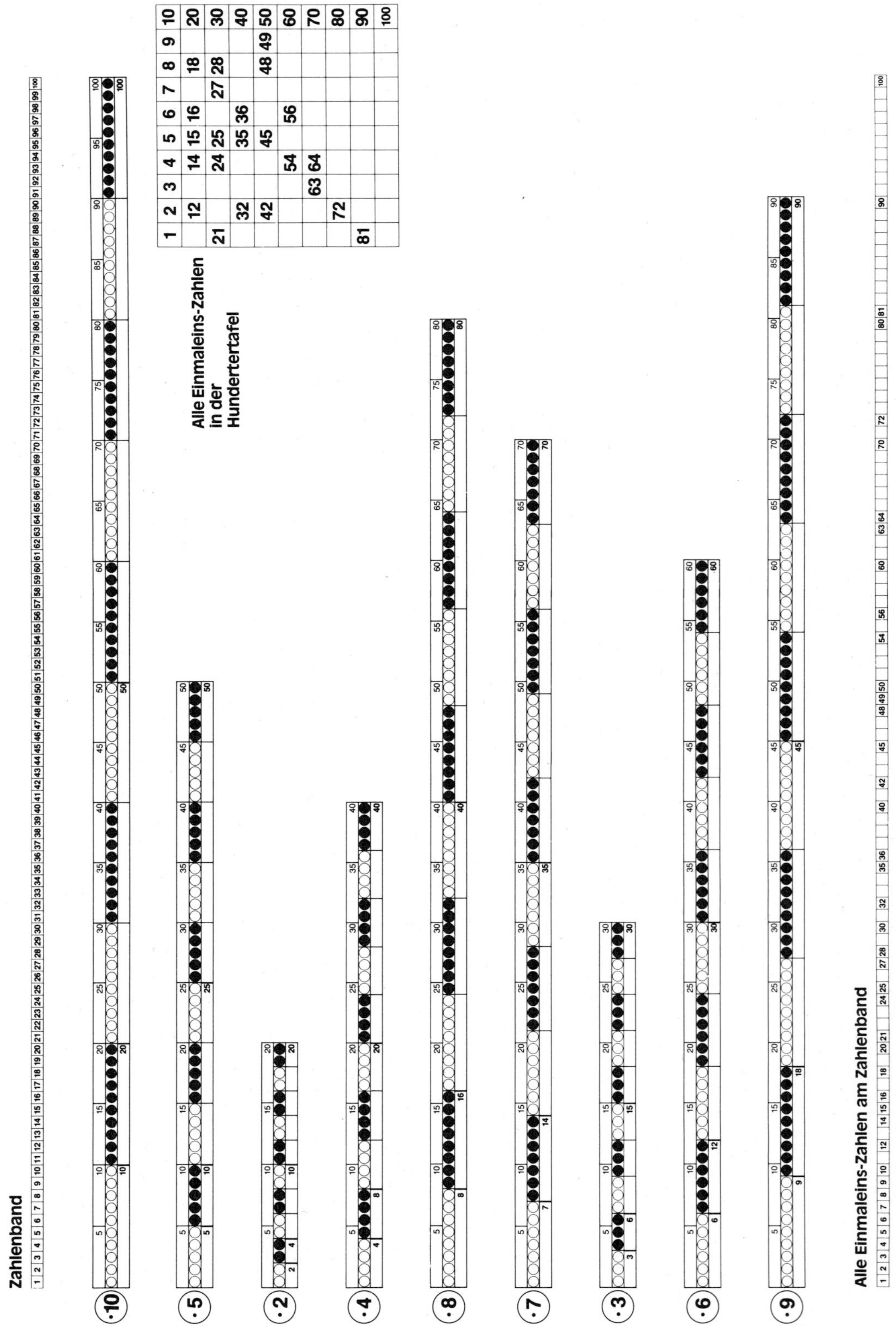

Hinweis:
Die Kopiervorlagen für unsere Arbeitsblätter finden sich am Ende des Buches. Sie sind nach Schuljahren geordnet und innerhalb jedes Schuljahres durchnumeriert. So ist z.B. Arbeitsblatt 1/5 das 5. Arbeitsblatt im 1. Schuljahr.

[4] Bestellnummer des Einmaleins-Planes: 188050
Bemerkung: Alle 3 Poster (P1, P2, P3) können als Sammelbestellung unter der Nummer 188080 bestellt werden.

Erstes Schuljahr: Zwanzigerraum

Die meisten heutigen Schulbücher führen in den Zwanzigerraum **gestuft** ein: Zuerst werden etwa die Zahlen 1 bis 5 und das Rechnen mit ihnen behandelt, dann die Zahlen von 6 bis 10, anschließend die Zahlen von 11 bis 20, und zum Schluß kommt der Zehnerübergang an die Reihe. Im Gegensatz dazu schlagen wir vor, sofort den gesamten Zwanzigerraum in den Blick zu nehmen. Dieser ganzheitliche Zugang ist keineswegs neuartig, wie an zwei Beispielen aus der Literatur verdeutlicht werden soll.
Etwa um 1910 beobachtete ein junger Lehrer als Hospitant die erste Rechenstunde eines "Alten". In einem Buch[1] gab er später folgenden Bericht darüber:

> *Ich kann nur noch verblaßte Erinnerungsbilder bringen, denn es sind schon fast 20 Jahre her, seit ich sie als Zuhörer miterlebte. Das war also in einer Zeit, in der man noch nicht mit den Begriffen "alte" und "neue" Schule jonglierte. Und doch war alles so ganz anders, als ich es vorher gewohnt war.*
> *"Kinder, ich kenne euch noch gar nicht", begann er. "Sagt mir mal eure Namen." – "Und so viele Kinder beisammen! 1, 2, 3, 4, 5, ... 21 Kinder auf dieser Seite, 1, 2, 3, 4, 5, ... 17 Kinder auf jener."*
> *Alle zählten mit, soweit sie kamen. "Und wenn wir mal alle Kinder auf beiden Seiten zusammenzählen wollen!" 1, 2, 3, 4, 5, ... 38. Oh, das sind viel!*
> *"Voriges Jahr waren es aber noch mehr, nämlich 44. Wer kann denn da weiter zählen?" "39 dahin" (Hansi zeigt auf den leeren Bankplatz), 40 da, 41 da, 42 da 43 da ... Aber wenn morgen der Franz nicht kommt, dann sind auf dieser Seite nur ...? Und wenn der Otto auch noch fehlt ...? Dann sind es nur? 15 ...*
> *"Und morgen früh kommt vielleicht zuerst der Paul und der Max." "Dann sind es 2", rufen einige. "Dann kommt der Fritz." "Dann sind es 3, Herr Lehrer!" "Dann ich und der Jakob, nachher sind wir 5." "Und noch der Alois ...!" Und so weiter, bis alle da sind. – "Und in der Pause dürft ihr in den Hof und euer Brot essen, das euch die Mutter mitgegeben hat. Habt ihr auch alle eins? 1, 2, 3, 4, 5, ... 9 Buben haben keins. Aber morgen müßt ihr eins mitbringen." –"Gelt, so ein großes Zimmer wie das Schulzimmer habt ihr zu Hause nicht! Schaut mal diese vielen Fenster! 1, 2, 3, ... 8. Und über uns sind nochmal 8. Da kann man doch weiter zählen, ohne daß man sie sieht ... 9 ... 16. Und unter uns sind nochmal 8 ... 24. – Und die ganzen Fenster sind voll Blumen 1, 2, 3, 4, ... 15 Blumentöpfe. Und diese schönen Bilder 1, 2, 3, 4, 5, ... 7.*
> *Wenn die Schule aus ist, gehen wir schön geordnet die Treppe hinab, damit keiner fällt.*
> *Da kommen zuerst der Franz und der Jakob ... "2"*
> *dann der Paul und der Max ...."4"*
> *dann der Otto und der Peter............"6"*
>
> *So sah und hörte ich dem Unterricht des alten Kollegen eine Weile zu. Zwar konnten das noch nicht alle Kinder, einige kamen bis 8, andere bis 15, 20, 30, ... So war ihr Können graduell verschieden, aber im Prinzip hatten alle dasselbe geleistet: Ihre Kraft gesteigert zur zahlenmäßigen Auffassung der Wirklichkeit. Ich verstand das damals nicht. Mir schien es am "System" zu fehlen, am langsam planmäßigen Aufbau vom "Leichten zum Schweren", an der Veranschaulichung, an der gleichmäßigen Förderung aller Kinder. So hielt ich nicht viel von dieser "Schulmeisterei"; um so mehr aber von meiner Methode, die doch mit der einfachsten Rechenkunst, mit "1 + 1=2" begonnen hätte, gesprochen, natürlich auch geschrieben: Ziffern, mathematische Zeichen und Form.*

Zwanzig Jahre später erschien der Bericht einer Lehrerin über die spontane Entwicklung des Zählens und Rechnens ihrer Tochter Marie im Alter von 2 bis 7 Jahren[2]. Die Autorin faßt ihre Beobachtungen in folgenden "Hauptpunkten" zusammen (vgl. S. 35):

1. Der Zahlenraum, in dem sich Marie bewegt ist unbegrenzt.
2. Die hohen Zahlen sind überaus gefühlsbetont, und zwar im positiven Sinne. Sie vermögen Freude und Verwunderung zu erregen.

---

[1] *G. Oberhauser,* Entdeckerfahrten in die Welt der Zahl. Dresden 1929, S. 20-22.
[2] *D. Jaehner,* Selbständiges Rechnen des 2–7jährigen Kindes im Elternhaus und im ersten Schuljahr. Ein Beitrag zur Praxis des Rechnens in der Grundschule, herausgegeben von *Prof. Dr. Petersen.* Weimar 1932.

3. Marie kehrt nach ihren Ausflügen in große Zahlenbereiche immer wieder von selbst zu überschaubaren Bereichen zurück und erarbeitet sich das Rechnen von kleinen Zahlen aus.

Aus diesen Beobachtungen leitet die Autorin folgende Kritik an der traditionellen "gestuften" Einführung der Zahlen ab (vgl. S. 42f., Hervorhebungen im Original):

> *"Man kann gar nicht vorbei an der Frage:* ***"Wie sind wir eigentlich in der Schule zur Aufstellung unserer Stufenfolge gekommen?*** *Zuerst bis 4 (oder 5, oder 6), dann bis 10, dann bis 20 und in einem oder mehreren Schritten bis 100. ...* ***Schuld trägt ganz offenbar der logische, scharf ausgeprägte, überaus praktische Aufbau unseres auf 10 gegründeten Zahlensystems.*** *Darum die starke Betonung des Zahlenraums bis 10. Ist die 10 Grundlage des ganzen Aufbaus, und ist es erste Pflicht des Unterrichts, für sichere* ***Grundlagen*** *alles weiteren Wissens zu sorgen, so ergibt sich gleichsam "zwangsläufig": kein Weichen und Wanken aus dem Zahlenraum 1–10, bevor in ihm nicht "klare Begriffe" und alle gegenseitigen Zahlen"beziehungen" herausgearbeitet sind. Es kam der Glaube: wer die Zahlen bis 10 wirklich "hat", hat sie alle – sind sie alle zusammen doch nichts anderes als die Wiederkehr von abermals und abermals wieder 10 Zahlen.*
> *Ja – für uns* ***Große!*** *Wir wissen, was wir an unserem Zahlensystem haben und möchten es gewiß nicht missen. Aber folgt daraus, daß besagtes System das Kind von* ***seinem*** *Weg abbringen soll, und ein Lehr"plan" den Lernanfänger an Grenzen binde, die* ***nicht*** *die seinen sind? ... Verhängnisvoll für die Stoffverteilung im Rechenunterricht ist außerdem geworden, daß man auch auf kleinstem Raume schon rechnen* ***kann.*** *Ist damit aber gesagt, daß man es auch tun* ***muß*** *– wochenlang – monatelang? ... Die Schulneulinge bringen* ***Zahlenerlebnisse*** *mit, die weit öfter einen weiten Zahlenraum als einen engen umfassen. Schon in der Schule erlebt sich das Kind als Teil einer Vielheit: in der Familie, im Gespielenkreise, auf der Straße und in der Eisenbahn ... Sicher ist in unseren Kinderköpfen noch ein rechter Zahlenkuddelmuddel und es bleibt* ***begreiflich***, *wenn man durch energische Beschränkung auf einen kleinen Zahlenraum dem Wirrwarr zu Leibe geht. Es ist nur die Frage, ob es nicht besser wäre, den Stier kurzerhand bei den Hörnern zu packen und die Zahl da zu nehmen, wo sie erlebt wird, und* ***wie*** *sie erlebt wird, um so weit auszuschreiten, wie die eigene kleine Kraft des Kindes trägt. ... So (steht) am Ende dieser Untersuchungen (folgende) Forderung:*
> ***Gebt Zahlenweite von Anfang an****! Für* ***alle*** *Schüler* ***Sicherheit*** *im Zählen bis 100 und* ***Ausblick*** *auf die Unendlichkeit der Reihe. Das Weiterforschen im Zahlenraum über 100 sei Sonderbetätigung für die ganz großen Zahlenliebhaber."*

Die sofortige Betrachtung des gesamten Zwanzigerraumes und darüber hinaus vom ersten Schultag an, die zu Beginn unseres Jahrhunderts nur auf die kühne didaktische Intuition einzelner Lehrer und Mitte des Jahrhunderts auf eng begrenzte wissenschaftliche Untersuchungen gegründet war, ist heute durch repräsentative Untersuchungen an Tausenden von Schulanfängern abgesichert[3]. Die übergroße Mehrheit der Kinder verfügt bereits über so gute Zahlkenntnisse im Zahlbereich bis 10 und darüber hinaus, daß es eine künstliche Einengung wäre, die Zahlen vom Fünferraum aus Schritt für Schritt "einzuführen".

Auch wenn sich die heutigen Schulbücher dieser Einsicht nur sehr zögernd öffnen, haben wir unser Übungskonzept darauf eingestellt. Wir beginnen demgemäß mit **Orientierungsübungen**, die **sofort** den **vollen** Zwanzigerraum erfassen und immer wieder zu einer kleinen Überschreitung des Zwanzigerraumes auffordern. Der Nachdruck liegt dabei auf der Anordnung der Zahlen in der **Reihe** *(ordinaler Zahlaspekt)*.
Bei der zweiten Gruppe von Übungen zur **Zahlerfassung** und zur Umstrukturierung von konkret und bildlich dargestellten Zahlen konzentrieren wir uns dagegen auf den Zehnerraum (mit kleinen Überschreitungen) und arbeiten mit Plättchen und Punktmustern. Wir benutzen also Zahlen als **Anzahlen** (*kardinaler Zahlaspekt*).

---

[3] vgl. z. B. *R. Schmidt*, Zahlkenntnisse von Schulanfängern. Hess. Institut für Bildungsplanung und Schulentwicklung 1982.
S. Schmidt/W. Weiser, Zählen und Zahlverständnis bei Schulanfängern, Journal für Mathematik - Didaktik 3 (1982), S. 227-263

Da wir der Auffassung sind, daß im ersten Schuljahr das **mündliche** Rechnen und der **handelnde** Umgang mit Material ganz deutlich den Vorrang vor dem schriftlichen Rechnen haben müssen, bringen wir **Übungen zum Einspluseins** erst verhältnismäßig spät (Abschnitt 3).
Die **Sachrechenübungen** in Abschnitt 4 sind nicht als geschlossener Block zu verstehen, sondern können je nach den benötigten Voraussetzungen in die Abschnitte 1 bis 3 eingestreut werden. Den Abschluß bildet ein Kurs zum **Blitzrechnen**, in dem zehn grundlegende Fertigkeiten automatisiert werden sollen, **nachdem** ein solides, auf Anschauung und Handlung gegründetes Verständnis erarbeitet worden ist.

1. Orientierungsübungen

Die folgenden Übungsformen gehören sämtlich zum Typ des **gestützten** Übens. Arbeitsgrundlage sind die Zwanzigerreihe in verschiedenen Konkretisierungen, das Zwanzigerfeld und Plättchen. Damit die unterschiedlichen Voraussetzungen der Schüler "aufgefangen" werden können, sind die Übungen so konzipiert, daß Aufgaben verschiedenen Schwierigkeitsgrades anfallen und somit für das gesamte Spektrum von lernschwachen bis hin zu leistungsstarken Kindern immer "etwas dabei ist". Auch lernschwache Kinder werden von dieser reichhaltigeren Lernumgebung profitieren (vgl. Anhang, 4.(2)).

1.1 "Räuber und Goldschatz"

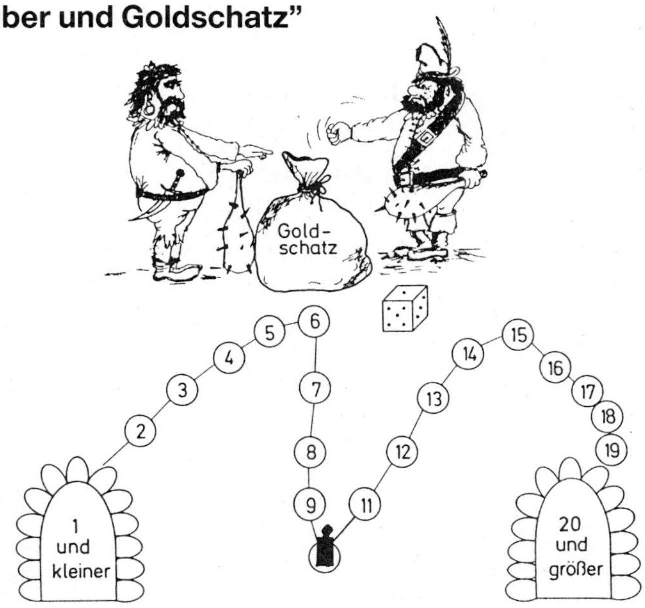

Abb. 1

Worum geht es?

Grundlage dieser Übung ist ein "Märchen" von zwei "Räubern" (oder "Rittern", ...), die tief im Wald in Höhlen hausen (oder in Schlößchen wohnen usw.) (Abb. 1). Den Weg zwischen den Höhlen haben sie mit 20 Platten ("Feldern") belegt, die von 1 bis 20 numeriert sind. An diesen Feldern machen die Räuber nach Feierabend und an Sonntagen allerlei Spiele. Eines Tages streifen die Räuber im Wald herum und entdecken in einer Felsspalte eine alte Kiste. Sie öffnen die Kiste – und vor ihnen liegt ein glitzernder Goldklumpen. Sofort entbrennt ein wilder Kampf, weil jeder behauptet, die Kiste **zuerst** entdeckt zu haben. Sie kämpfen und kämpfen, aber keiner kann den anderen besiegen. Als sie beide erschöpft dasitzen, sagt der eine Räuber zum anderen: „Lassen wir doch den Würfel entscheiden, wer den Schatz bekommen soll! Wir stellen den Schatz zwischen unseren Höhlen auf, nämlich auf unser Feld Nr. 10. Dann würfeln wir abwechselnd und rücken den Schatz so viele Felder zu unserer Höhle, wie der Würfel anzeigt. Wer den Schatz zuerst in seiner Höhle hat, dem soll er gehören! Weil das Feld Nr. 10 etwas näher an **meiner** Höhle liegt, darfst **du** anfangen. Einverstanden?" „Einverstanden", antwortet der andere Räuber. So schleppen sie ihren Schatz nach Hause, stellen ihn auf Feld Nr. 10, und das Spiel kann beginnen.

Mathematisch gesehen handelt es sich bei diesem Spiel um einen Zufallsprozeß, der dann beendet ist, wenn der Schatz in einem der beiden "absorbierenden" Bereiche "1 oder weniger", "20 oder mehr" landet. Wie sich der Schatz bewegt, hängt ganz vom Zufall ab. Jedes Spiel verläuft anders. Manchmal ist es schnell beendet, manchmal zieht es sich länger hin und her. Durch eine Computerberechnung[4] wissen wir, daß ein Spiel durchschnittlich **25** Züge erfordert, d. h. ungefähr **4** Minuten dauert. Spiele können aber auch schon nach 1 Minute beendet sein oder bis zu 10 Minuten dauern, in seltenen Fällen sogar darüber hinaus.

Was soll geübt werden?

Die Kinder können lernen, auch **voneinander**, Würfelergebnisse und Felder zu benennen, entsprechende Zahlen von Feldern richtig aufwärts und abwärts zu ziehen und die neuen Felder immer sicherer in einem einzigen Schritt zu finden. Dabei prägen sie sich die Zahlreihe von 1 bis 20 immer genauer ein. Das Spiel kann bereits auf dem Niveau von "Mensch, ärgere dich nicht!" mit sehr geringen Zahlkenntnissen gespielt und von den Spielern in den Anforderungen um so mehr gesteigert werden, je mehr diese zum denkenden Rechnen übergehen.

Was wird benötigt?

Demonstrationsmaterial: Spielfeld für Magnettafel, Magnetplättchen, Schaumstoffwürfel
Arbeitsmaterial: Spielfelder (Arbeitsblatt 1/1)[5], Halmasteine, Würfel

Wie kann man vorgehen?

1. Wenn man ein hübsches Spielfeld gezeichnet hat, kann man es zunächst zeigen und die Schüler sich spontan dazu äußern lassen, insbesondere zu den numerierten Feldern. Dann erzählt man das Märchen und erklärt die Spielregeln.
2. Zwei Freiwillige, die sich als "Räuber" zur Verfügung gestellt haben, spielen das Spiel **vor** der Klasse, indem sie mit dem Schaumstoffwürfel würfeln.
   Abschließend werden die beiden Räuber benannt: Der Räuber, der weiterzählt, heißt **"Plusräuber"**, der andere, der zurückzählt, **"Minusräuber"**.
3. Spiel in Partnerarbeit, wobei die Partner die Rollen von Plus– und Minusräuber hin und wieder tauschen.
4. Spiel in zwei Gruppen, wobei die Kinder einer Gruppe der Reihe nach würfeln.

Wie könnte es weitergehen?

5. Spielen und Notieren des Spielverlaufs
   Beispiel: 10, 13, 8, 9, 6, 12,...

Die erste Begegnung mit dem Spiel wird bis zur Aktivität 3 führen. Das Spiel kann im weiteren als Gruppen- oder Partnerspiel immer wieder in den Unterricht eingestreut werden (Anfang/Ende einer Stunde), wobei zu einem geeigneten Zeitpunkt auch die Notation des Spielverlaufs eingeführt werden könnte.
"Räuber und Goldschatz" wird in Abschnitt 3 in Zusammenhang mit dem Einspluseins wieder aufgenommen.

1.2 Zwanzigerreihe

Worum geht es?

Diese Übung ist eine Zusammenstellung unterschiedlicher Aufgaben zur Strukturierung der Zahlreihe. Zentrales Darstellungsmittel ist dementsprechend die **Zwanzigerreihe**.

Was soll geübt werden?

Vorwärts und rückwärts zählen, Vorgänger/Nachfolger benennen, Rangplatz und Zahlnamen koordinieren.

Was wird benötigt?

Demonstrationsmaterial: Ausführliche Zwanzigerreihe an Magnettafel, Magnetplättchen

Wie kann man vorgehen?

Aktivitäten an der "offenen" (d. h. nicht von Plättchen abgedeckten) Reihe:

1. Zählen von 1 aufwärts (jedes Kind soweit es kommt) und von einer selbstgewählten Zahl abwärts. Dabei wird zu jedem gesprochenen Zahlnamen das entsprechende Feld angetippt.

---
4 Wir verdanken sie unserem Kollegen *G. Schrage*.
5 Die Kopiervorlagen für Arbeitsblätter finden sich am Ende des Buches.

2. Abzählen von Plättchenmengen, die man selbst bestimmt oder von anderen Kindern bestimmen läßt, durch "Abmessen" an der Reihe.
   Beispiel: 7 Plättchen (Abb. 2)

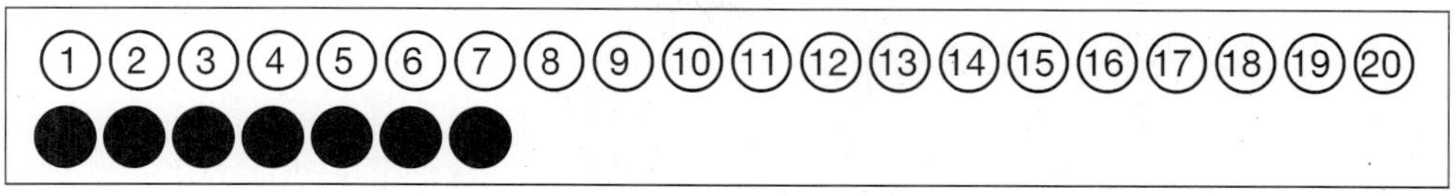

Abb. 2

3. Zahlen sprechen, zeigen, schreiben:
   Ein Kind spricht eine Zahl, ein anderes zeigt sie an der Reihe, ein drittes schreibt sie. Analog in anderer Reihenfolge.

Aktivitäten an verdeckter Reihe:

4. Zahlen identifizieren
   Die Zahlen der Zwanzigerreihe sind durch Plättchen verdeckt.
   Man zeigt auf irgendein Plättchen und fragt, welche Zahl sich darunter verbirgt, oder man nennt eine Zahl und fragt, unter welchem Plättchen sie steckt.

5. Zahlen nach Regeln aufdecken
   Man denkt sich eine Regel aus, nach der man Plättchen aus der anfänglich ganz verdeckten Reihe entfernt und damit Zahlen aufdeckt. Die Schüler müssen die Regel erraten und die Folge fortsetzen.

   Beispiele: 1, 3, 5, 7, 9, 11, 13, 15, 17, 19, (21)
   (von 1 aus immer 2 Felder weiter)

   2, 4, 6, 8, 10, 12, 14, 16, 18, 20, (22)
   (von 2 aus immer 2 Felder weiter)

   1, 4, 7, 10, 13, 16, 19, (22)
   (immer 3 weiter)

   1, 5, 6, 10, 11, 15, 16, 20, (21)
   (abwechselnd 4 und 1 weiter)

   1, 3, 6, 10, 15, (21)
   (immer 1 **mehr** weiter)

   1, 20, 2, 19, 3, 18, 4, 17, ...
   (abwechselnd von unten und oben aufdecken)

   1, 11, 2, 12, 3, 13, 4, 14, ..., 10, 20
   (ersten und zweiten Zehner abwechselnd aufdecken)

   usw.

Wie könnte es weitergehen?

6. Die Aktivität 5 wird bei offener Reihe in **schriftlicher Form** durchgeführt, d. h. anstatt die Zahlen durch Wegnehmen von Plättchen zu markieren, werden sie angeschrieben, und die Reihe wird von den Schülern fortgesetzt.

Nach unseren Vorstellungen ist die ausführliche Zwanzigerreihe an der Magnettafel beliebig lange verfügbar, so daß die obigen Aktivitäten auf mehrere Wochen verteilt werden können.

Besonders zu beachten ist wieder, daß sich innerhalb jeder Aktivität Aufgaben verschiedener Schwierigkeitsniveaus ergeben, die es erlauben, auf verschiedene Lernvoraussetzungen einzugehen. So sind z. B. in Aktivität 4 zu Beginn die Zahlen in der Mitte schwerer zu identifizieren als die Zahlen am Rand. Je mehr Zahlen aufgedeckt sind, desto leichter wird die Identifikation der restlichen. **Alle** Schüler können sich somit aktiv beteiligen.

1.3 Verzahnung verschiedener Darstellungsformen

Was soll geübt werden?

Bei dieser Übung geht es darum, die grundlegenden Darstellungsformen für Zahlen im ersten Schuljahr zu koordinieren. Die Schüler sollen außerdem die Übersetzung konkret dargestellter Zahlen in die schriftliche und mündliche Form üben.

Was wird benötigt?

Demonstrationsmaterial: Zwanzigerreihe (ab jetzt in normaler Ausführung) und Zwanzigerfeld an Magnettafel, Magnetwendeplättchen. Zusätzlich wird ein kleiner Zahlwinkel benötigt, mit dem man am Zwanzigerfeld Zahlen darstellen kann.

Arbeitsmaterial (für Kleingruppenarbeit): Zwanzigerreihe (in normaler Ausführung) und Zwanzigerfeld für die Hand der Schüler, Wendeplättchen, kleiner Zahlwinkel aus Karton.

Wie kann man vorgehen?

1. Man zeigt zuerst an Beispielen, wie man eine vorgegebene Zahl anschreiben und an der Zwanzigerreihe, am Zwanzigerfeld und durch Plättchen darstellen kann (Abb. 3):

Zwanzigerreihe

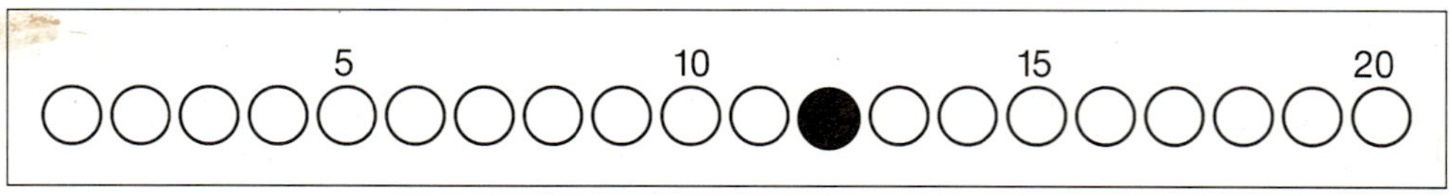

Zwanzigerfeld
mit Zahlwinkel

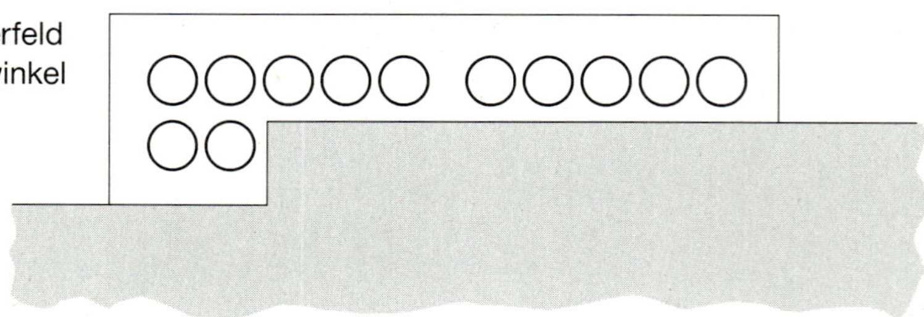

Plättchen auf einem Tisch,
an der Magnettafel oder auf
dem Tageslichtschreiber

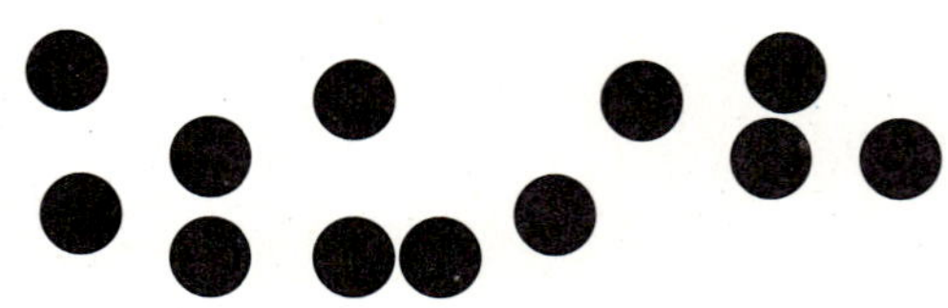

Abb. 3

2. "Vier-Gruppen-Übung"
Man teilt die Kinder der Klasse in vier Gruppen ein und ordnet den Gruppen der Reihe nach die Tafel, die Zwanzigerreihe, das Zwanzigerfeld und die Plättchen zu. Dann nennt man eine Zahl. Ein Kind der ersten Gruppe (die Gruppe muß sich einigen, wer) schreibt die Zahl an die Tafel, ein Kind der zweiten Gruppe markiert sie an der Zwanzigerreihe durch ein rotes Plättchen usw. ... Zum Schluß werden die Ergebnisse kontrolliert. Anschließend wird eine neue Zahl genannt, und die Gruppen arbeiten analog.
Wenn man darauf achtet, daß sich die aufeinanderfolgenden Zahlen nicht allzusehr unterscheiden, wird der Legeaufwand für die vierte Gruppe nicht so groß, vorausgesetzt diese Kinder nützen die Ergebnisse der vorhergehenden Aufgabe aus. Man kann die Klasse auch alleine arbeiten lassen, indem man sie folgendermaßen organisiert: Reihum gibt jede Gruppe auf ihre Weise eine Zahl an, und die anderen drei Gruppen müssen diese Zahl mit ihren Mitteln darstellen.

3. Die Aktivität 2 kann in verkürzter Form auch in Kleingruppenarbeit (je ein Kind zuständig für Zwanzigerreihe, Zwanzigerfeld und Wendeplättchen) durchgeführt werden, wobei die Kinder reihum die jeweils darzustellende Zahl nennen. Das Aufschreiben der Zahl entfällt. Diese Arbeitsform eignet sich besonders für den Förderunterricht, sollte aber nicht zu sehr ausgedehnt werden, da sie inhaltlich nicht attraktiv ist.

1.4 "Dreiecks-Memory"

Worum geht es?
Was soll geübt werden?

Als letzte Orientierungsübung stellen wir eine von uns vorgenommene Abwandlung eines alten Spieles vor, das Kinder in Tansania mit großer Leidenschaft spielen[6]. Man benötigt dazu ein Spielfeld mit dreiecksförmig angeordneten Feldern (Abb. 4):

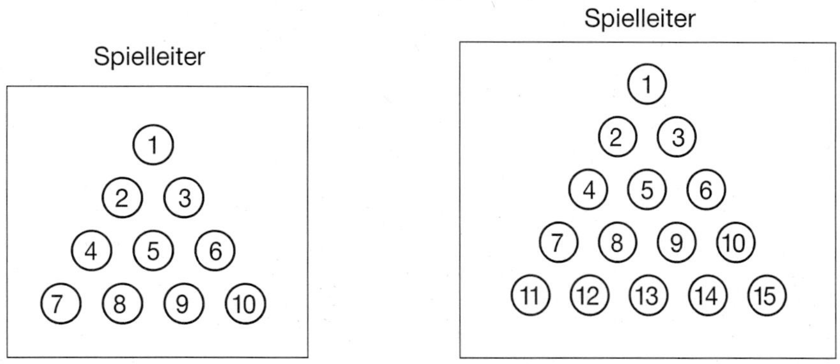

Abb. 4

Spielfeld mit 4 Reihen (10 Feldern)

Spielfeld mit 5 Reihen (15 Feldern)

Mit der Anzahl der Reihen und Felder wächst das Schwierigkeitsniveau. Afrikanische Kinder spielen mit 9 Reihen (45 Feldern).
Das Spiel ist eine ausgezeichnete Schulung für die Verinnerlichung der Zahlreihe und für konzentriertes Arbeiten. Mit zunehmender Übung können sich die Kinder immer mehr steigern und werden immer ehrgeiziger, das Spiel ohne Fehler durchzustehen.
Benötigt werden vier Kinder: der Spielleiter, zwei Assistenten und der Kandidat. Zuschauer sind in beliebiger Zahl zugelassen.

Spielregel:
Der Spielleiter sitzt an der Spitze des (hinreichend großen) Spielfeldes und achtet darauf, daß die Regeln eingehalten werden. Ihm gegenüber sitzt mit **verbundenen Augen** der Kandidat. Die beiden Assistenten sitzen vom Kandidaten aus gesehen links (l) bzw. rechts (r) an der Seite und legen **abwechselnd** ein Plättchen nach dem anderen auf die Felder und zwar in der obersten Reihe beginnend, jeder von seiner Seite aus von außen nach innen. Sie gehen erst dann zur nächst tieferen Reihe über, wenn eine Reihe voll belegt ist. Zu legen beginnt der (vom Kandidaten aus gesehen) links sitzende Assistent mit Feld 1.

Für das Spielfeld mit 5 Reihen ergibt sich daraus folgende Reihenfolge der Felder[7]:

1	3	2	6	4	5	7	10	8	9	11	15	12	14	13
l	r	l	r	l	r	l	r	l	r	l	r	l	r	l

Die Assistenten legen aber ihr Plättchen erst, wenn der Kandidat die Nummer des Feldes **vorher genannt** hat. Aufgabe des Kandidaten ist es also, die Reihenfolge der Felder richtig aufzusagen. Sobald er einen Fehler macht, hat er die Prüfung nicht bestanden, und ein anderer Kandidat kommt zum Zuge.

Was wird benötigt?

Zur Demonstration und zum Spiel in der Klasse braucht man ein größeres Spielfeld mit 5 Reihen (15 Feldern), für das Spiel in Gruppen genügen kleinere Spielfelder. Weiter werden Wendeplättchen benötigt.

Wie kann man vorgehen?

1. Man teilt den Kindern mit, daß sie das afrikanische Zahlenspiel **"Dreiecks-Memory"** lernen werden und zeigt ihnen das Spielfeld mit den Positionen des Spielleiters, der Assistenten und des Kandidaten.

---

6 *C. Zaslavsky,* Africa counts: Number and Pattern in African Culture. Boston 1973.

7 *Im afrikanischen Original werden die Felder von links unten beginnend numeriert und belegt, was an den Kandidaten höhere Anfoderungen stellt. Weil dadurch der Übergang zu größeren Spielfeldern erschwert wird, haben wir das Spiel abgewandelt.*

Dann werden die Kinder um einen Tisch versammelt, zwei von ihnen werden zu Assistenten ernannt und lernen vor den Augen der Klasse die Legeregel. Am günstigsten ist es, wenn der eine Assistent die Wendeplättchen mit der **roten** Seite, der andere mit der **blauen** Seite nach oben legt. Auf diese Weise lassen sich die schwierigen Lagebeziehungen "links"/"rechts" durch die Farben "rot" und "blau" ersetzen. Wenn 15 erreicht ist, werden die Legeregeln ein zweites Mal demonstriert, indem die Plättchen (von 1 beginnend) wieder weggenommen werden. Man erspart sich dadurch das "Abräumen" der Plättchen nach jedem Spiel. Anschließend werden die Plättchen noch ein paarmal gelegt bzw. weggenommen, wobei zusätzlich die Feldnummern **laut** genannt werden. Abschließend stellt man den Kindern die Aufgabe, sich die Reihenfolge der Nummern einzuprägen, damit sie bald als "Kandidat" auftreten können.

2. Nach einigen Tagen: Spiel mit Kandidaten, Assistenten, Spielleiter in der Klasse und in einzelnen Gruppen.

Wie könnte es weitergehen?

Wenn **alle** Kinder die Rolle des Kandidaten erfolgreich spielen können, kann ein größeres Spielfeld mit 15 + 6 = 21 Feldern angeboten werden, dessen letzte Zeile von 16 bis 21 numeriert ist. Die Lege-Reihenfolge ist jetzt:

(.........	14	13)	21	16	20	17	19	18
(.........	r	l)	r	l	r	l	r	l

Kinder, die Spaß am Spiel haben, können sich im 2. Schuljahr bis zu einem Spielfeld mit 9 Reihen (45 Felder) steigern, was eine gute Übung für das Kopfrechnen ist.

Abschließende Bemerkungen:
Da sich das Spiel über Jahrhunderte hinweg erhalten hat, muß es auf Kinder einen besonderen Reiz ausüben. Für die Motivation günstig ist sicherlich, daß es bei dem Spiel keinen Verlierer gibt. Das Kind kann, wenn es nicht bis zu Ende kommt, weiterüben und sich erneut "zur Prüfung" stellen. Kinder, die sich die Rolle des Kandidaten noch nicht oder noch nicht wieder zutrauen, können als Assistenten mitspielen, bis sie (wieder) Selbstvertrauen gewonnen haben.
Die als Anzahlen der Felder auftretenden Zahlen gehören zur Folge 1, 3, 6, 10, 15, 21, 28, 36, 45, 55, 66, ... der **Dreieckszahlen** (Abb. 5). Diese Zahlen entstehen, wenn man von einem Punkt aus durch Hinzufügung immer längerer Punktreihen immer größere Dreiecke erzeugt. Die Anzahl der Punkte des n-ten Dreiecks ist gerade die Summe 1+2+3+...+n der ersten n Zahlen.

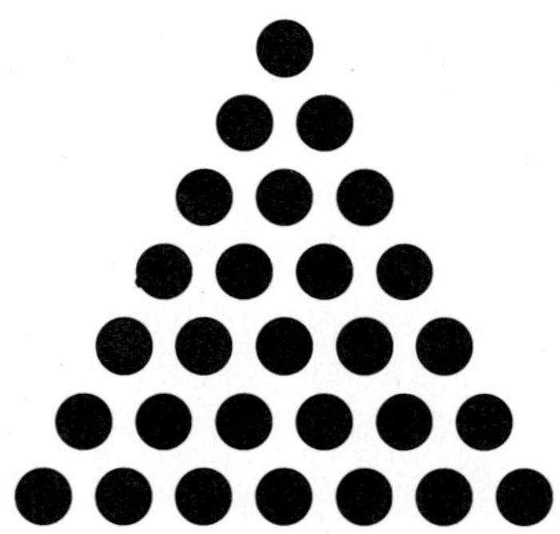

usw.

$$1$$
$$3 = 1+2$$
$$6 = 1+2+3 = 3+3$$
$$10 = 1+2+3+4 = 6+4$$
$$15 = 1+2+3+4+5 = 10+5$$
$$21 = 1+2+3+4+5+6 = 15+6$$
$$28 = 1+2+3+4+5+6+7 = 21+7$$

Abb. 5

Die Dreieckszahlen haben eine fast dreitausend Jahre alte Geschichte. Den Pythagoräern (um 500 v. Chr.) war die Summe 1+2+3+4=10 der ersten vier Zahlen, die Zehnzahl (tetraktys) (Abb. 6), heilig.

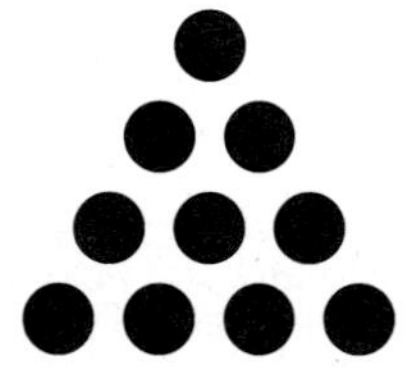

Die pythagoräische Zehnzahl

Abb. 6

2. Übungen zur Anzahlerfassung

Die Einsicht, daß das sichere und flexible Operieren mit konkreten Zähldingen (Plättchen, Stäben, usw.) eine unentbehrliche Grundlage für die Beweglichkeit und Sicherheit im denkenden Rechnen ist, hat eine über hundertjährige Tradition. Wir finden Ansätze für entsprechende Übungen z. B. in der um 1850 entwickelten "monographischen" Methode von *A. W. Grube*. Unter gestaltpsychologischen Aspekten spielte das Strukturieren und Umstrukturieren von "Feldern" in der von *J. Wittmann* (1885–1960) begründeten ganzheitlichen Rechendidaktik eine grundlegende Rolle für die Begriffsbildung bei Zahlen und Zahloperationen. Die heutige Didaktik beruft sich bei ihrer operativen Begründung des Zählens und Rechnens, zu der *A. Fricke* (1913–1986) entscheidende Beiträge geleistet hat, auf die genetische Psychologie *J. Piagets* (1896–1980) und die psychologische Didaktik von *H. Aebli*.

Bei den Übungen dieses Abschnittes verlassen wir die Ebene des **handelnden** Umgangs mit Plättchen und Punktmustern an keiner Stelle. Zahlen werden zwar mündlich und schriftlich als Anzahlen verwendet und Zerlegungen von Plättchenmengen und Punktmustern werden unter Verwendung des Pluszeichens additiv notiert. Es wird aber **nicht** formal gerechnet, und zwar mit Absicht nicht. Einen zu frühen Übergang zum schriftlichen Rechnen halten wir nämlich für einen Kardinalfehler. Dieser Übergang ist erst dann sinnvoll, wenn die Kinder an konkretem und zeichnerischem Material genügend **Zahlerfahrungen** und Sicherheit im **mündlichen** Rechnen erworben haben.

2.1 Spiele mit Plättchen

Wir beginnen mit drei Spielen, bei denen der Spielkontext zu einer großen Vielfalt von Umstrukturierungen und Anzahlbestimmungen führt.

Was soll geübt werden?

Simultanerfassung der Anzahl kleiner und Bestimmung der Anzahl größerer Plättchenmengen, Zerlegung in Teilmengen, Beachtung von Regeln.

Was wird benötigt?

Demonstrationsmaterial: Magnetwendeplättchen, eventuell Tageslichtschreiber
Arbeitsmaterial: Wendeplättchen

2.1.1 Freies Ordnen einer Plättchenmenge

Worum geht es?

Diese Übung beruht auf der Vielzahl der Möglichkeiten, eine gegebene Plättchenmenge räumlich unterschiedlich anzuordnen und diese Anordnung sprachlich und zahlenmäßig zu beschreiben.

Wie kann man vorgehen?

1. Man legt eine kleine Anzahl von Plättchen (z. B. 6) an der Magnettafel und bringt sie fortlaufend in unterschiedliche Lagen, so daß "schöne" Muster und/oder Zerlegungen in Teilmengen entstehen, die von den Kindern beschrieben werden (Abb. 1 bis 4):

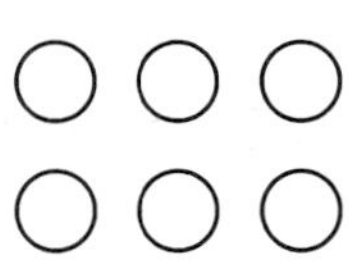

Wie viele Plättchen sind es? ("6")
Wie liegen sie? („Oben drei und unten drei.")

Abb. 1

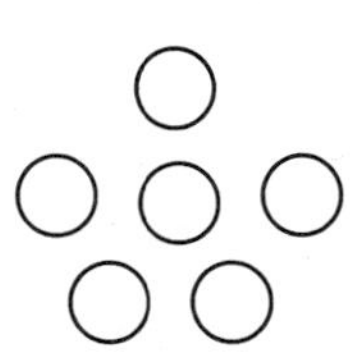

Wie liegen sie jetzt?
(„Außenherum 5, in der Mitte eines.")

Abb. 2

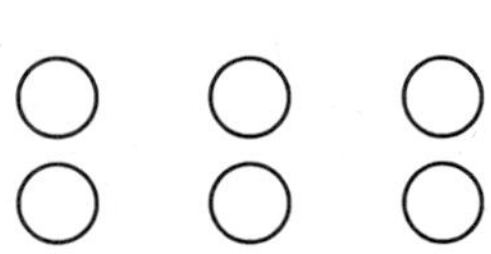

Wie jetzt?
(„Zwei und zwei und zwei" oder „dreimal 2".)

Abb. 3

Wie können wir sie noch legen?

Abb. 4

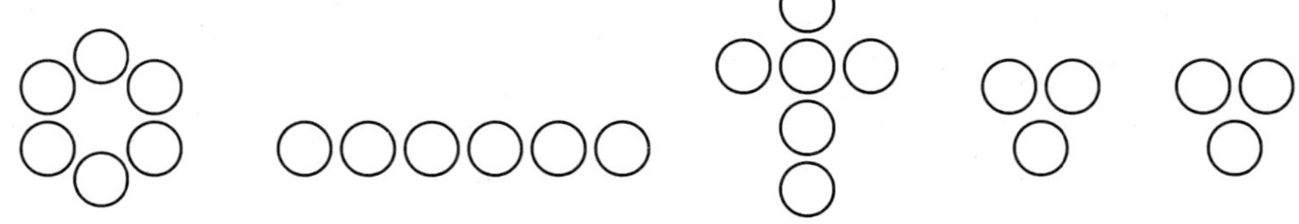

usw.

Die Schüler sollen bei diesen Aktivitäten **ungezwungen** Zahl- und Formbegriffe verwenden. Zum Abschluß jeder Übung können die Zerlegungen in 2 Summanden systematisch aufgezählt werden.

2. Einzelarbeit
   Jedes Kind wählt sich eine Zahl von Plättchen ("nicht zu wenig, nicht zu viel"), ordnet sie verschieden an und malt diese Muster auf eine Seite des Rechenhefts. Die betreffende Zahl wird als Überschrift über die Seite geschrieben. Auf diese Weise entstehen "Monographien" von Zahlen.

2.1.2 "Plättchen-wechsle-dich!"

Worum geht es?

Es handelt sich um ein kombinatorisches Spiel, das mit 10, 15, 21, ... Wendeplättchen gespielt werden kann. Dies sind gerade wieder die Dreieckszahlen, die uns schon im Spiel "Dreiecks-Memory" begegnet sind.
Betrachten wir das Spiel mit 10 Plättchen. Es beginnt damit, daß man die 10 Plättchen mit der blauen Seite nach oben irgendwie in Teilmengen aufteilt (z. B. in 3 Teilmengen mit 4, 4, 2 Plättchen) (Abb. 5). Ausgehend von dieser Zerlegung werden nun fortlaufend nach folgenden Regeln neue Zerlegungen erzeugt:

(1) In jeder Teilmenge wird **genau ein** Plättchen auf die rote Seite gedreht.
(2) Die roten Plättchen werden zu einer neuen Teilmenge zusammengeschoben und **anschließend** umgedreht (blau nach oben).
(3) Die Anzahl der Plättchen in jeder neuen Teilmenge wird genannt. Die Reihenfolge spielt dabei keine Rolle.
(4) Auf die neue Zerlegung werden die Regeln (1) bis (3) angewandt, usw. ...

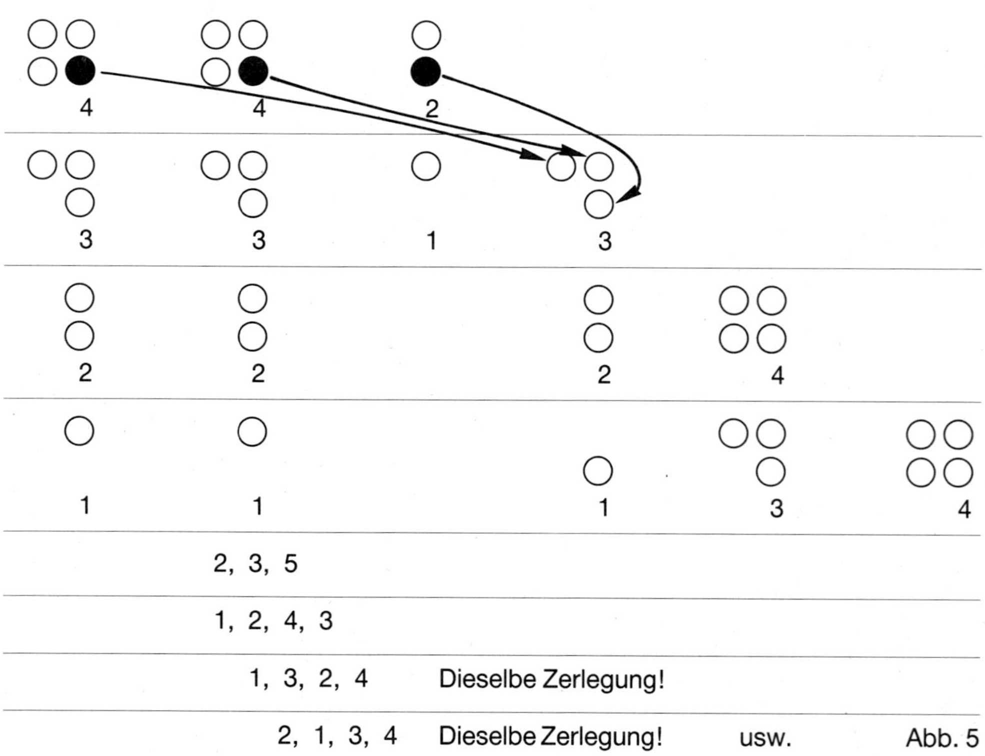

Abb. 5

Wir sehen: Die Zerlegung 1, 2, 3, 4 reproduziert sich. Daher wird das Spiel beendet, sobald diese Zerlegung erreicht ist.

Man kann beweisen, daß **jede** Ausgangszerlegung zu der Endzerlegung 1, 2, 3, 4 führt, d. h. das Spiel bricht in jedem Falle ab. Diese Situation besteht eigenartigerweise bei allen Dreieckszahlen. Z. B. führt jede Ausgangszerlegung von 21 Plättchen schließlich zu der Zerlegung in 1, 2, 3, 4, 5, 6 Plättchen (die sich im weiteren reproduzieren würde). Bei Nicht-Dreieckszahlen dreht sich das Spiel fortlaufend "im Kreis": Bestimmte Zerlegungen lösen sich periodisch ab.

Wie kann man vorgehen?

1. Die Regeln des Spieles werden an der Magnettafel mit 10 Magnetplättchen an einem Beispiel erklärt. Die betreffenden Veränderungen werden zunehmend von den Kindern durchgeführt, bis man sieht, daß sie die Regeln verstanden haben.
2. Spiel in Kleingruppen
   Am einfachsten spielen 4 Kinder, die an den vier Seiten eines Tisches sitzen. Ein Kind wählt eine Anfangszerlegung und benennt sie. Dann wenden die Kinder reihum die Regeln an, bis ein Kind auf die Zerlegung 1, 2, 3, 4 stößt.
   Dadurch, daß es sehr viele Ausgangszerlegungen gibt, entsteht eine große Vielfalt an Spielverläufen, und es ist spannend, wie lange die Endzerlegung 1, 2, 3, 4 auf sich warten läßt. Jedes Kind hofft, den letzten Zug tun zu können!

Wie könnte es weitergehen?

Das Spiel kann auf 15 oder 21 Plättchen ausgedehnt werden, wodurch sich der gesamte Zwanzigerraum erfassen läßt.

2.1.3 "Halbieren verboten"

Worum geht es?

Diese Übung ist ein strategisches Spiel für zwei Spieler oder zwei Gruppen. Ausgangspunkt ist eine bestimmte Zahl von Plättchen, die zu einer Gesamtheit zusammengeschoben sind (z. B. 8 Plättchen) (Abb. 6). Die Menge wird von den Spielern abwechselnd immer feiner in Teilmengen zerlegt, wobei jedesmal eine der vorhandenen Teilmengen in genau 2 **ungleiche** Teilmengen aufzuspalten ist. Das Spiel endet, wenn nur noch 1er und 2er Teilmengen übrig sind, da sich solche Teilmengen nicht mehr in ungleiche Teile zerlegen lassen. Der Spieler, der nicht mehr zerlegen kann, hat verloren. Das Spiel kann aber auch als reines Zerlegungsspiel durchgeführt werden: Die Kinder ziehen abwechselnd, bis es nicht mehr geht, ohne daß der zuletzt ziehende Spieler zum "Gewinner" erklärt wird.

Beispiel:

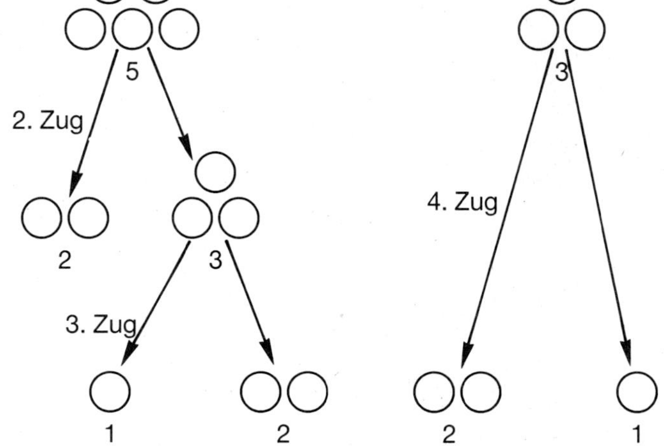

Abb. 6

Die jeweils ziehenden Spieler kommentieren ihren Spielzug: „Ich zerlege 8 in 5 und 3 (oder 5 plus 3)", „Ich zerlege 5 in 2 und 3".
Am Schluß kann man sich überzeugen, daß man kein Plättchen verloren hat (2+1+2+2+1 = 8).

Wie kann man vorgehen?

1. Die Spielregeln werden am Beispiel erklärt.
2. Je 2 Kinder spielen das Spiel an der Tafel vor.
3. Partnerarbeit
4. Spiel in 2 Gruppen, wobei sich jede Gruppe untereinander beraten soll.

Anmerkung:
Das Spiel kann im Unterricht in unterschiedlicher Form immer wieder aufgegriffen werden, wobei die Zahl der Plättchen allmählich vergrößert werden kann. Die systematische Herausarbeitung der (ziemlich komplizierten) Gewinnstrategie ist im ersten Schuljahr kein Thema. Es genügt, wenn die Kinder gegen Ende jeder Partie strategisch denken.

Wie könnte es weitergehen?

5. Im weiteren Verlauf des Schuljahres kann das Spiel auch schriftlich gespielt und folgendermaßen notiert werden (Abb. 7):

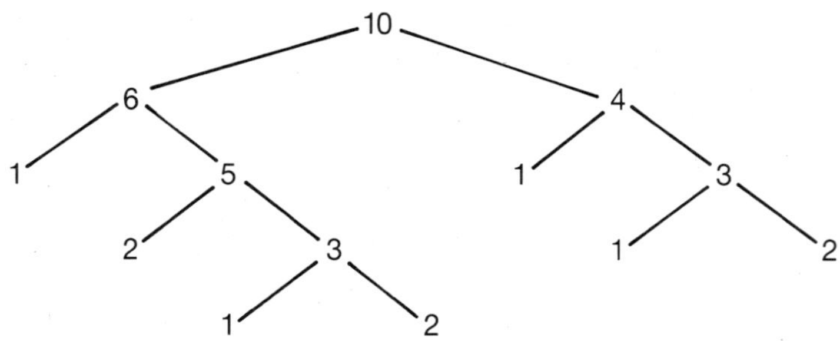

Abb. 7

Wenn die Spieler Farbstifte mit verschiedenen Farben verwenden, können sie sehen, wer welchen Zug gemacht hat. Dies erleichtert die rückblickende Analyse.

2.2 Zerlegen von Anzahlen

Während bei den Zerlegungsübungen des ersten Abschnitts **konkretes** Material (Plättchen) verwendet wurde, geht es im folgenden darum, **zeichnerisch** gegebene Anzahlstrukturen zu bearbeiten.

Was soll geübt werden?

Additives Zerlegen einer Zahl auf unterschiedliche Weise.

Was wird benötigt?

Strukturierbare Bilder von realen Objekten, Punktmuster (für Einzelarbeit auf Arbeitsblättern z.B. 1/2)

2.2.1 "Grasersches Bauernfenster"

Worum geht es?

Von *J. B. Graser*, einem in der ersten Hälfte des 19. Jahrhunderts wirkenden Didaktiker, stammt die hübsche Idee, die Struktur eines großen Fensters mit "Oberlicht" für Zerlegungsübungen zu verwenden (Abb. 8a). Ähnliche Strukturen findet man in Glastüren (Abb. 8b).

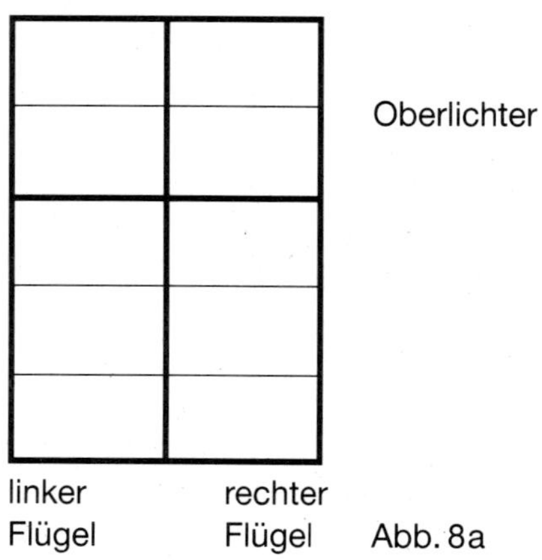

Abb. 8a

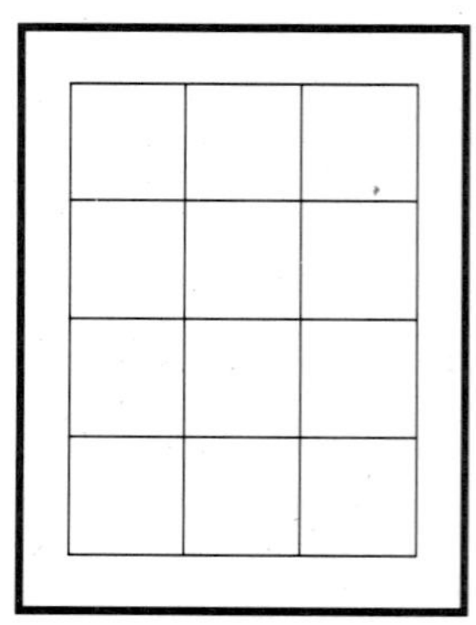

Glastüre

Abb. 8b

Wie kann man vorgehen?

1. Man zeichnet das Bauernfenster an die Tafel und erklärt seine Teile.
   Frage: *Welche "Zahlen" kann man am Fenster sehen?*
   Mögliche Antworten: *10 (alle Scheiben), 5 (linker oder rechter* Flügel), 4 (beide Oberlichter), 2 (ein Oberlicht) usw. ...

2. Zerlegungen
   Frage: *Wie kann man das Fenster mit Zahlen beschreiben?*
   3+2+2+3; 5+5; 6+4; 4+6; 4+3+3; usw.
   Während des Sprechens werden die entsprechenden Teile gezeigt: 3 (linker unterer Flügel), 2 (linkes Oberlicht), 2 (rechtes Oberlicht), 3 (rechter Flügel).

Analog können die Glastür und andere Strukturen erarbeitet werden.

2.2.2 Punktmuster

Worum geht es?

Regelmäßige Punktmuster lassen sich durch Verbindung benachbarter Punkte auf unterschiedliche Weise in Teile zerlegen.
Beispiel: Gegeben ist ein Muster (Abb. 9).

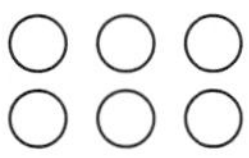

Abb. 9

Mit dem Stift werden Punkte in unterschiedlicher Weise zu Gruppen zusammengefaßt (Abb. 10).

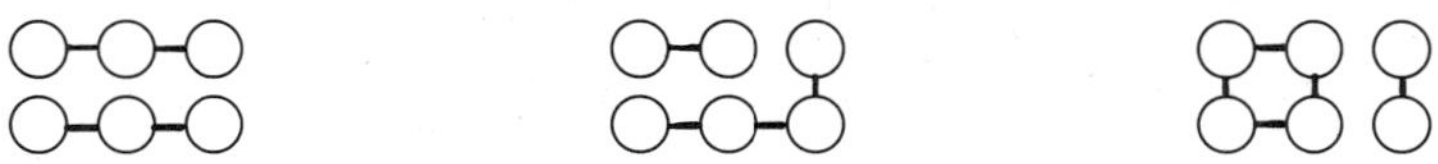

3+3 2+4 4+2

Abb. 10

Wie kann man vorgehen?

1. Man zeichnet ein bestimmtes Punktmuster mehrfach an die Tafel und erarbeitet mit den Schülern, wie die Punkte unterschiedlich zusammengefaßt werden können (Abb. 11).

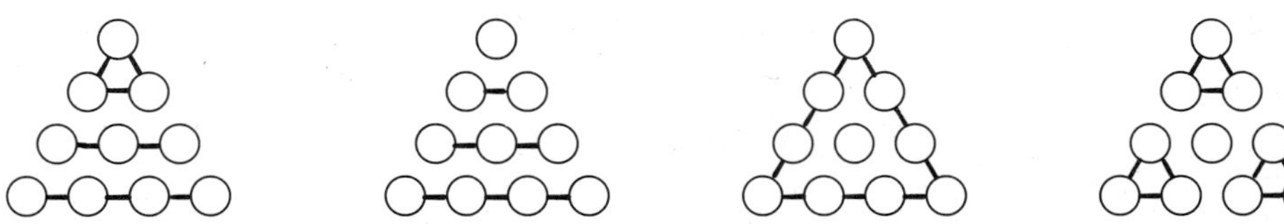

3+3+4 1+2+3+4 9+1 3+3+3+1

Abb. 11

2. Anschließend erhalten die Schüler Arbeitsblätter mit analogen Aufgaben (Arbeitsblatt 1/2).

Wie könnte es weitergehen?

Die Zerlegeübungen können mit Aufaddierungsübungen verbunden werden:
3 plus 3 gleich 6, 6 plus 4 gleich 10. Kurz: 3, 6, 10.
3 plus 3 gleich 6, 6 plus 3 gleich 9, 9 plus 1 gleich 10. Kurz: 3, 6, 9, 10.
Die Schüler können anschließend diskutieren, wie man die Anzahl der Punkte am geschicktesten abzählen kann.

2.3 Verdoppeln mit dem Spiegel

Worum geht es?

Welche besondere Rolle das Verdoppeln und das Halbieren im Rechnen spielen, kann man daraus ersehen, daß beide noch im Mittelalter als eigene Rechnungsarten behandelt wurden. Im operativen Rechenunterricht gehören die Verdopplungsaufgaben 1+1, 2+2, ... 10+10 zu den **Kernaufgaben**, auf die sich viele andere Additionsaufgaben zurückführen lassen (Abb. 12).

Beispiel:

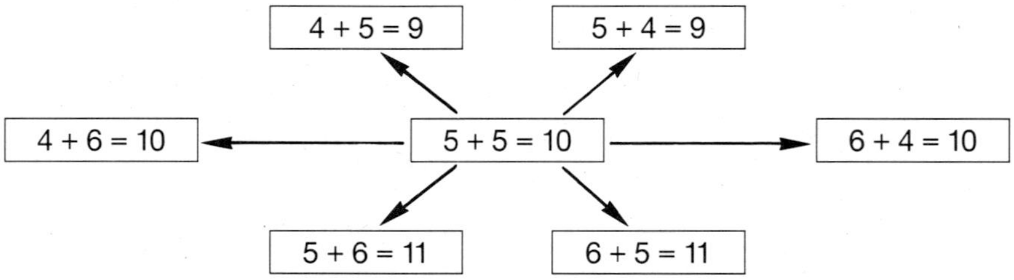

Abb. 12

Für das Erlernen des Einspluseins ist eine absolut sichere Beherrschung der Verdopplungsaufgaben unerläßlich. Daher muß das Verdoppeln sehr gründlich und vielseitig behandelt werden.
Der folgende Übungsvorschlag stützt sich auf ein Instrument, das von Natur aus verdoppelt, nämlich den **Spiegel**.

Was wird benötigt?

Demonstrationsmaterial: Größere Spiegel (ca. 30 cm x 30 cm), Plättchen, Tageslichtschreiber mit Folien (für die letzte Aufgabe)

Arbeitsmaterial: Taschenspiegel (möglichst unzerbrechlich, ohne Rahmung), Arbeitsblätter (Beispiel: Arbeitsblätter Nr. 1/3a und 1/3b)

Was soll geübt werden?

Bestimmung von Anzahlen, Verdoppeln.

Wie kann man vorgehen?

1. Verdoppeln mit dem Spiegel
   Man versammelt die Kinder im Kreis um einen Tisch (oder auf dem Boden) und legt einige Plättchen (z. B. 5 Plättchen). Die Kinder bestimmen die Anzahl.
   Dann wird der große Spiegel angelegt, so daß sich alle Plättchen oder ein Teil von ihnen spiegeln (Abb. 13a). Durch Fragen gelenkt stellen die Kinder fest, wie viele Plättchen **vor** dem Spiegel liegen, wie viele im Spiegel sichtbar sind (nämlich genau so viele) und wie viele insgesamt sichtbar sind (doppelt so viele, wie vor dem Spiegel liegen). Der Spiegel darf auch so gehalten werden, daß einzelne Plättchen "halbiert" werden (Abb. 13b).
   Beispiele:

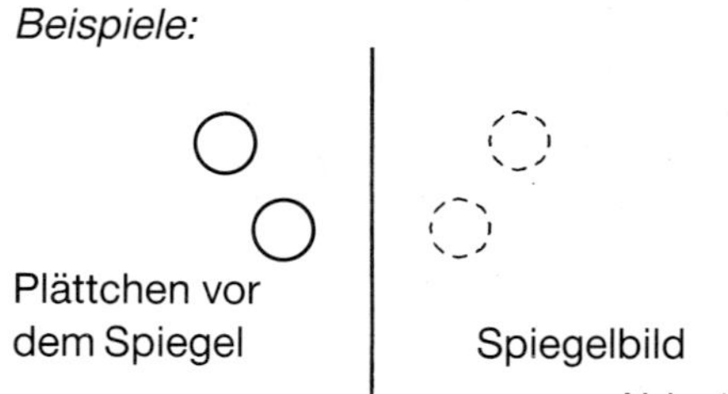

Abb. 13a

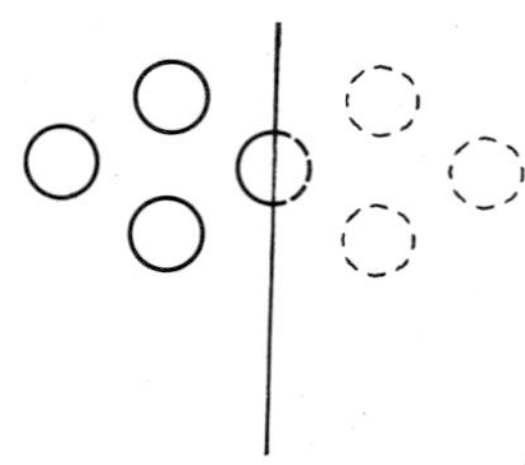

Abb 13b

   Sprechweisen: *2 plus 2 sind 4. 3 plus 3 plus 1 sind 7.*
   Ich sehe jetzt 4 Plättchen ...
   Jetzt 7.

2. Gezielte Fragen:
   Kann ich mit dem Spiegel auch 1 Plättchen sehen?
   Oder 6 Plättchen?
   Zur Lösung verändern die Kinder die Lage des Spiegels (Abb. 14).
   Lösungen:

Abb. 14

   Wie viele Plättchen kann ich höchstens sehen? (5+5 = 10)
   Kann ich 0 Plättchen bekommen?

3. Einzelarbeit
   Die Schüler erhalten Arbeitsblätter mit verschiedenen Punktmustern (siehe Arbeitsblätter 1/3a und 1/3b) sowie Taschenspiegel. Der Arbeitsauftrag lautet:
   Finde heraus, welche Punktezahlen du mit dem Spiegel bekommen kannst.

   Für weitere Arbeitsblätter eignen sich folgende Muster (Abb. 15).

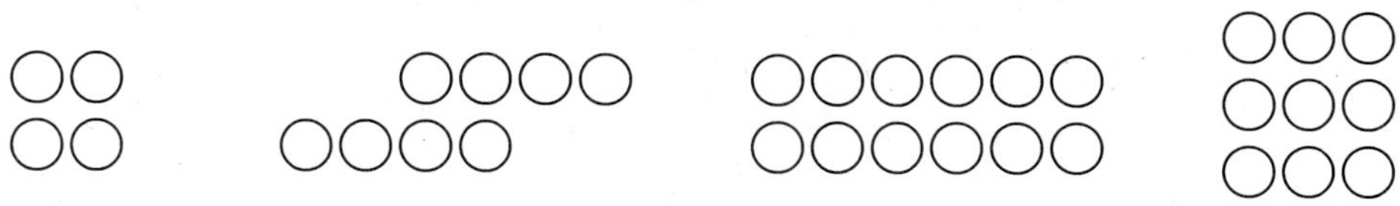

Abb. 15

4. Arbeit am Tageslichtschreiber
   Man legt eine Folie mit einem Punktmuster des Arbeitsblattes auf den Tageslichtschreiber. Mit einem Blatt deckt man das Punktmuster teilweise ab. Die Kinder müssen sich **vorstellen**, daß der Blattrand ein Spiegel ist und daß die sichtbaren Punkte **vor dem Spiegel** liegen.
   Fragen: *Wie viele Punkte vor dem Spiegel und im Spiegel sind es zusammen?* (Mehrere Beispiele)
   Wie muß ich den Spiegel legen, wenn ich insgesamt... Punkte haben will?
   Zur Beantwortung dieser Fragen können die Kinder notfalls auf ihren Taschenspiegel und ihr Arbeitsblatt zurückgreifen. Eigentlicher Zweck der Übung ist aber die Verdopplung in der Vorstellung.

2.4 "Plättchen werfen"

Worum geht es?

Das einfachste Zufallsexperiment ist das Werfen einer Münze. Die beiden Ausgänge des Experiments "Wappen" und "Zahl" haben je eine Chance von 50%. Daher wird der Münzwurf oft angewandt, wenn der Zufall zwischen zwei Alternativen unparteiisch entscheiden soll (z. B. welche von zwei Mannschaften Anstoß hat). Sehr lehrreich für eine Einsicht in die Welt des Zufalls ist das Studium des gleichzeitigen Wurfes mehrerer Münzen. Hier sind nämlich nicht mehr alle möglichen Ausgänge gleichwahrscheinlich. Man beobachtet vielmehr eine typische "Verteilung" der Häufigkeiten von "sehr selten" bis "häufig".
Erfahrungen zum Zufall können Kinder im Rechenunterricht oftmals nebenbei gewinnen. Ein Beispiel dafür ist die folgende Übung.

Was soll geübt werden?

Bestimmung von Anzahlen, Anfertigen von Strichlisten

Was wird benötigt?

Arbeitsmaterial: Wendeplättchen (oder reale Pfennige), Würfelbecher oder als Ersatz Plastikbecher, Arbeitsblatt 1/4

Wie kann man vorgehen?

1. Man zählt 10 Wendeplättchen ab, wirft sie in einen Würfelbecher, schüttelt und setzt den Würfelbecher vor einem Kind auf dem Tisch auf. Das Kind stellt fest, wie viele Plättchen mit der roten und wie viele mit der blauen Seite nach oben liegen.
   Anschließend führt jedes Kind das Experiment einmal durch (lernt dabei, gut zu schütteln) und schreibt sich sein Ergebnis auf.
   Am Schluß nennen die Schüler ihre Ergebnisse reihum.
2. Fragen: *Welche Ergebnisse können bei dem Experiment überhaupt herauskommen?*
   Welche Möglichkeiten gibt es?
   Mit den Kindern wird an der Tafel die Tabelle des Arbeitsblatts erarbeitet. Anschließend werden die Würfelergebnisse der Kinder in Strichlisten festgehalten.
3. Jeder Schüler erhält einen Würfel- (oder Plastik)becher, legt 10 Wendeplättchen hinein, führt das Experiment ca. 10 Minuten lang durch und notiert die Ergebnisse auf dem Arbeitsblatt.

4. Einige Schüler werden aufgefordert zu berichten, welche Ergebnisse bei ihnen aufgetreten sind. Aus den Berichten ergibt sich:
   Die Ergebnisse "4 rote", "5 rote" und "6 rote" treten am häufigsten auf, die Ergebnisse "7 rote", "8 rote", "2 rote" und "3 rote" nicht so häufig, "9 rote" und "1 rotes" sehr selten, "10 rote" und "kein rotes" fast nie.

Diese Übung sollte nicht in einer einzigen Stunde durchgeführt werden, obwohl die Zeit dafür reichen würde. Ein natürlicher Einschnitt ergibt sich nach Aktivität 2. Man könnte die Tabelle auf einer seitlichen Klapptafel stehen lassen und am nächsten Tag noch einmal aufgreifen. Daran kann sich dann die Aktivität 3 anschließen.

2.5 Wendekärtchen legen

Worum geht es?
Was soll geübt werden?

Bei den Orientierungsübungen des 1. Abschnitts ist die Zwanzigerreihe stets als Ganzes vorgegeben, und der Akzent liegt auf dem **ordinalen** Aspekt der Zahlen. Im vorliegenden 2. Abschnitt wird dagegen der **kardinale** Aspekt durch Übungen betont, bei denen in unterschiedlichen Strukturzusammenhängen Punktmustern oder Plättchenmengen Zahlen als Anzahlen zuzuordnen sind. Die nun folgenden Übungen mit Wendekärtchen sollen der Integration der beiden Aspekte dienen. Zu Beginn jeder Übung liegen der rote und der blaue Satz der Wendekärtchen jeweils getrennt, aber in sich ungeordnet vor, und es geht darum, nach verschiedenen Regeln die Zahlreihe von 0 bis 20 zu legen, wobei jede Zahl als Ziffer und als Punktmuster in Erscheinung tritt. Die schnelle und sichere Koordination von Ziffern und Punktmustern ist eine wichtige Voraussetzung für die Gründung des Einspluseins auf das Zwanzigerfeld, die Thema des folgenden Abschnitts ist.

Was wird benötigt?

Demonstrationsmaterial: 42 Wendekärtchen für die Zahlen von 0 bis 20 (ein roter und ein blauer Satz mit je 21 Kärtchen), magnetisch (für Magnettafel) oder aus Karton (zum Befestigen an Wandtafel, Klebeband)

Arbeitsmaterial: Für je 3 Kinder einen roten und blauen Satz Wendekärtchen aus Karton

Wie kann man vorgehen?

Der Satz der Wendekärtchen mit roten Punktmustern auf der Rückseite wird mit der Ziffernseite nach oben ungeordnet hingelegt, der blaue Satz entsprechend mit dem Punktmuster nach oben. Es ist darauf zu achten, daß jeder der beiden Sätze ein 0-Kärtchen enthält, das ja auf der Rückseite **keine** Punkte aufweist.

Nach jeder der folgenden Übungen sind die roten und blauen Kärtchen getrennt einzusammeln, damit sie für die folgende Übung wieder getrennt zur Verfügung stehen.

1. Ziffernreihe legen
   Aus dem ungeordneten Satz der roten Kärtchen wird Kärtchen für Kärtchen frei herausgegriffen und der Größe nach in einer Reihe angeordnet. Ob die Kinder die Reihe von unten her aufbauen, indem sie mit 0 beginnen und das jeweils nächste Kärtchen "herauskramen", oder ob sie die Kärtchen in eine gedachte Reihe einordnen und geschätzte Lücken lassen, sollte ihnen überlassen bleiben. Wenn die Ziffernreihe fertiggestellt ist, wird aus dem blauen Satz (Punktmuster nach oben) Kärtchen für Kärtchen herausgegriffen und unter das zugehörige Ziffernkärtchen der fertigen Ziffernreihe gelegt. Am Ende der Übung steht eine Doppelreihe von 0 bis 20 (oben in Ziffern, unten in Punktmustern). Zur Kontrolle können einzelne Kärtchen (oder am Schluß alle Kärtchen einer Reihe) umgedreht werden.

2. Punktmusterreihe legen
   Als Umkehrung der vorherigen Übung wird nun zuerst die Punktmusterreihe (blau) von 0 bis 20 gelegt. Anschließend werden die Ziffernkärtchen passend zugeordnet, so daß wiederum eine Doppelreihe entsteht (Kontrolle wie unter 1.).

3. Ziffern und Punktmuster im Wechsel legen
   Beginnend mit 0 wird die Zahlreihe schrittweise aufgebaut, wobei Ziffern und Punktmuster im Wechsel gelegt werden.

In einem zweiten Schritt sind die verbleibenden Kärtchen wieder entsprechend zuzuordnen, so daß erneut eine Doppelreihe entsteht (Abb. 16).

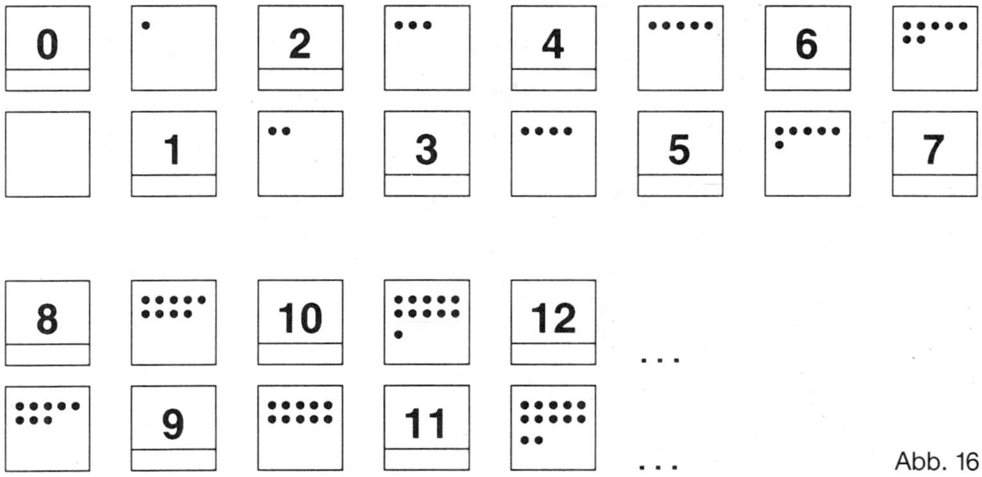

Abb. 16

Als Gegenstück ist die Doppelreihe zu sehen, die entsteht, wenn man mit dem „leeren" Punktmuster beginnt und wieder Punktmuster und Ziffern im Wechsel legt. In diesem Fall sind in der ersten Reihe die ungeraden Zahlen durch Ziffern und die geraden durch Punktmuster dargestellt (Kontrolle wie unter 1.).

Bemerkungen zur Sozialform:
Die obigen Übungen können im Klassenverband oder mit Kleingruppen (Förderunterricht) durchgeführt werden, wobei im letztgenannten Fall auch mit Teilsätzen (Wendekärtchen von 0 bis 10) gearbeitet werden kann. Für selbständiges Üben in Dreiergruppen empfehlen sich folgende Versionen: Die Kärtchen des roten und des blauen Satzes werden jeweils für sich gemischt und jedes der drei Kinder erhält 7 blaue und 7 rote Kärtchen. Bei den Übungen 1 und 2 legt jedes Kind reihum 1 Kärtchen. Das „Recht", das erste Kärtchen legen zu dürfen, geht ebenfalls reihum. Bei der Übung 3 darf jedes Kind so viele Kärtchen legen, wie es passend legen kann. Es beginnt das Kind, das beim Verteilen zufällig die 0 (Ziffer bzw. Punktmuster) bekommen hat. Ein Kind, das die Reihe nicht passend fortsetzen kann, muß aussetzen. Für die Fortsetzung der Reihe nach beiden Seiten eignet sich folgende Variante („10 beginnt"): Es beginnt das Kind, das die 10 (Ziffer bzw. Punktmuster) hat. Fortgesetzt werden darf aber nach **beiden** Seiten, wobei jedes Kind wieder so viele Kärtchen legen darf, wie es passend legen kann. Je nachdem, wie der Zufall die Kärtchen verteilt hat, kann ein Kind bei einem Zug „Glück" – und zwei, drei oder noch mehr Kärtchen legen können – oder „Pech" haben – und aussetzen müssen.

Wie könnte es weitergehen?

4. „Schwarzer Peter mit Zahlkärtchen"
Für die Freiarbeit eignet sich gut das folgende Kartenspiel für 5 Kinder: Schwarzer Peter mit Zahlkärtchen.
Benötigt wird ein selbstgefertigtes Kartenspiel mit 25 Karten: 12 Karten mit den Zahlen 9 bis 20 in Zifferndarstellung, 12 Karten mit den Zahlen 9 bis 20 in Punktmusterdarstellung, 1 Schwarzer Peter.
Die Karten werden gut gemischt und ausgeteilt, so daß jedes Kind 5 Karten erhält. Gespielt wird nach den üblichen „Schwarzer Peter"-Regeln, wobei je 2 Karten, die ein und dieselbe Zahl in Ziffern bzw. als Punktmuster darstellen, abgelegt werden dürfen. Am Schluß bleibt die Schwarzer-Peter-Karte bei einem Kind übrig, das damit verliert.
Die verringerte Zahl der Karten ist notwendig, weil Erstkläßler noch nicht so viele Spielkarten übersichtlich in der Hand halten können.
Selbstverständlich kann man die Zahl der Kinder und der Spielkarten variieren.

3. Übungen zum Einspluseins

Die Übungen der Abschnitte 1 und 2 haben nicht nur eine solide Anschauungsgrundlage für das Operieren mit Zahlen geschaffen, sondern das Einspluseins schon soweit vorbereitet, daß es nun systematisch in Angriff genommen werden kann. Wir gehen wieder ganzheitlich vor und ziehen dazu ganz wesentlich zwei Demonstrationsmittel heran: das **Zwanzigerfeld** und die **Plustafel**.

3.1 Einführende Übungen zur Addition und Subtraktion

Addition und Subtraktion erwachsen aus einer Verinnerlichung von Handlungen an konkretem Material: die Addition aus dem **Hinzufügen** einer Menge zu einer anderen und dem **Weiterzählen** an der Zahlreihe, die Subtraktion entsprechend aus dem **Wegnehmen** und dem **Zurückzählen**. Um beide "Begründungen" angemessen zu berücksichtigen, arbeiten wir einerseits mit **Plättchen** (kardinaler Aspekt), andererseits mit der **Zahlreihe** (ordinaler Aspekt).

3.1.1 Zwanzigerfeld und Zwanzigerreihe: Die "Kraft der Fünf"

Im Mathematikunterricht des 1. Schuljahres wird oft sehr frühzeitig (unserer Meinung nach zu früh) auf konkrete Materialien verzichtet. Damit nimmt man den Kindern nicht nur die Möglichkeit, Rechenaufgaben nach individuellem Bedarf mit Hilfe von Material zu lösen, sondern man vernachlässigt auch wichtige höhere Ziele des Mathematikunterrichts. Rechenwege und Gesetzmäßigkeiten können in der symbolischen Zahlsprache von Schülern ja meistens nicht beschrieben und begründet werden. Dies wird anders, wenn Material zur Verfügung steht. Wenn z. B. auf dem Zwanzigerfeld die Aufgabe "6 + 6" gelegt wird, erhält man eine **anschauliche Begründung**, weshalb das Ergebnis 12 sein muß (Abb. 1).

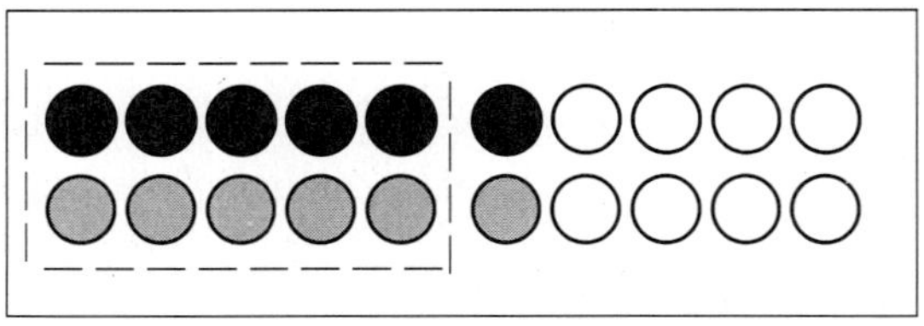

Abb. 1

6 + 6 = 1 Zehner + 2 Einer = 12

Weiter erhält man durch Umlegen und Wenden eines Plättchens aus 6+6 = 12 eine neue Aufgabe mit dem **gleichen** Ergebnis (Abb. 2).

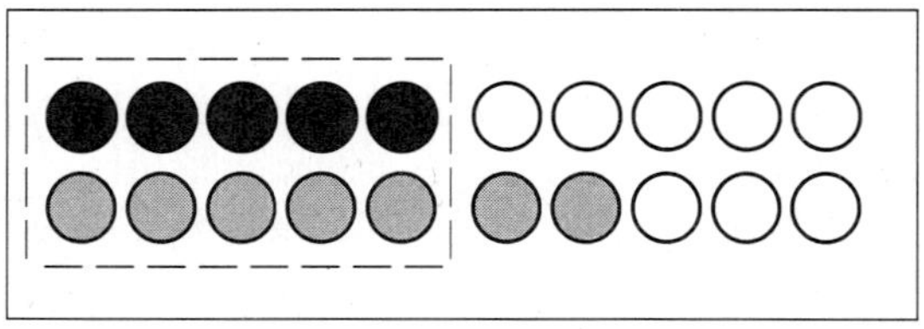

Abb. 2

5 + 7 = 1 Zehner + 2 Einer = 12

(Nebenbei bemerkt ist dies ein Beispiel für das Gesetz von der Konstanz der Summe: Eine Summe ändert sich nicht, wenn ein Summand verkleinert und der andere **entsprechend** vergrößert wird: 6 + 6 = (6–1) + (6 + 1).)

Bei einem solchen materialgestützten Vorgehen lernen die Schüler nicht nur das Begründen, sondern sie können auch gute innere Zahlvorstellungen entwickeln, die schließlich unabhängig vom Material verfügbar sind.
Nur wenn mathematische Symbole von sinnvollen Vorstellungen getragen werden, ist ein inhaltsreiches und einsichtiges Mathematiklernen möglich.
Im folgenden soll dargestellt werden, wie sich Additions- und Subtraktionsaufgaben an der Zwanzigerreihe und am Zwanzigerfeld behandeln lassen und welche inneren Vorstellungen dabei am Material entwickelt werden können.

Worum geht es?

Das Zwanzigerfeld besteht aus einem Feld mit 20 Kreisen (in der Größe von Wendeplättchen), die so angeordnet sind, daß je zwei nebeneinander oder übereinander stehende Fünfer einen Zehner ergeben (Abb. 3).

Zwanzigerfeld

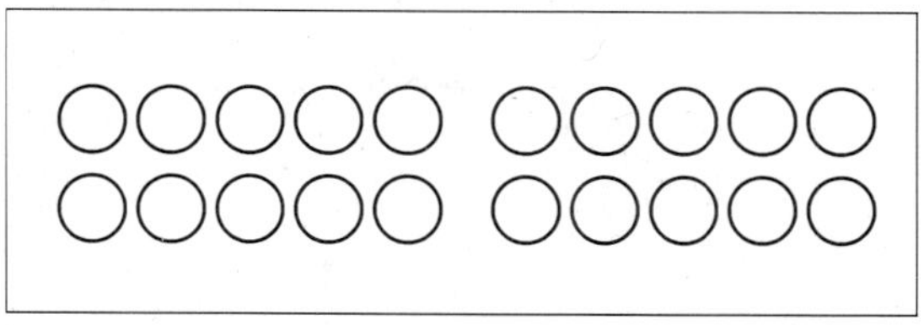

Abb. 3

Durch Belegung der Kreise mit Wendeplättchen lassen sich Zahlen in einfacher Weise darstellen und erfassen, wodurch sowohl die dekadische Gliederung des Zwanzigerraumes als auch die "Kraft der Fünf" voll zur Geltung kommen können. Das Legen und Lösen einer Aufgabe ist dabei nicht eindeutig festgeschrieben, wie an einigen Beispielen erläutert werden soll.

Aufgabe: 6 + 6 (Abb. 4)

1.Darstellung

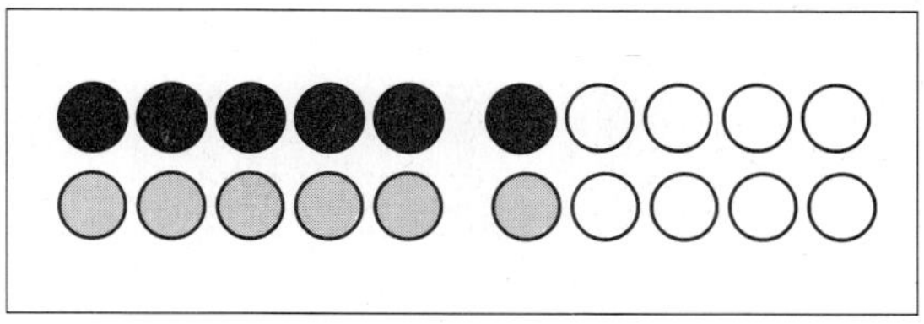

2. Darstellung

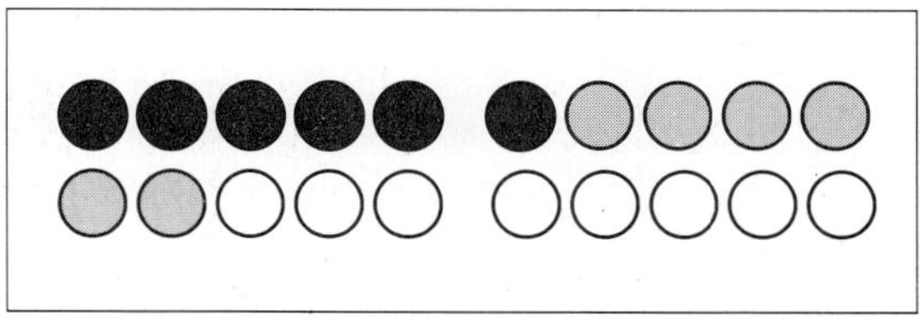

Abb. 4

Bei der 1. Darstellung sind die Summanden getrennt untereinander gelegt, was einer Verdoppelung mit dem Spiegel entspricht. Das Ergebnis kann leicht abgelesen werden, weil die übereinander liegenden Fünfer einen Zehner ergeben ("Kraft der Fünf") (Abb. 5).

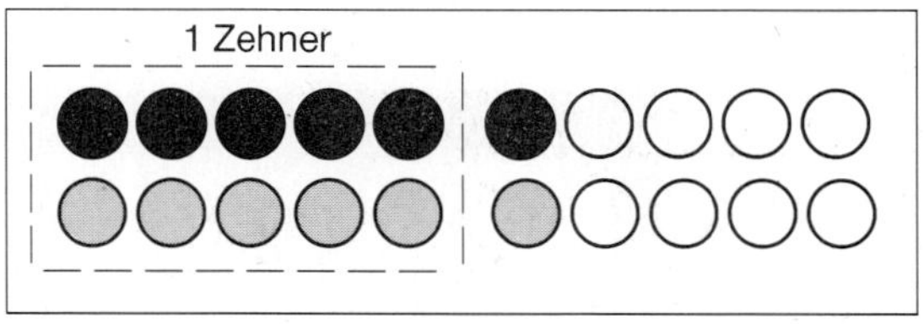

Abb. 5

Bei der 2. Darstellung sind die Summanden "hintereinander" gelegt, was der üblichen Zehnerergänzung entspricht (Abb. 6):

$$6+6=6+4+2=10+2.$$

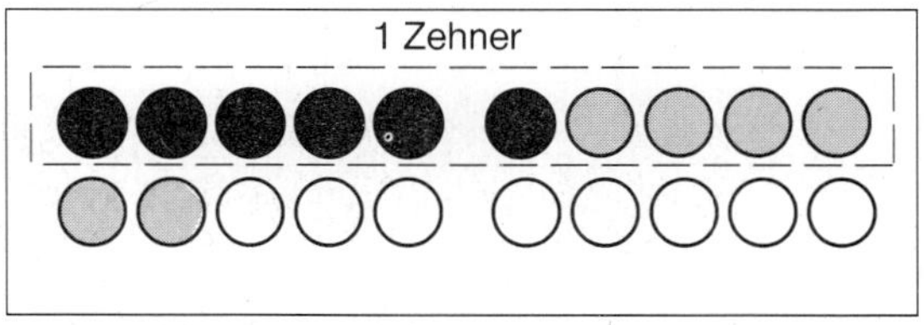

Abb. 6

Hierbei werden schon verschiedene Strategien für den Zehnerübergang deutlich. Betrachten wir analog die Aufgabe "6+7" (Abb. 7):

6 + 7

⑤ + 1 + ⑤ + 2 = 10 + 3

Abspaltung von zwei Fünfern ("Kraft der Fünf")

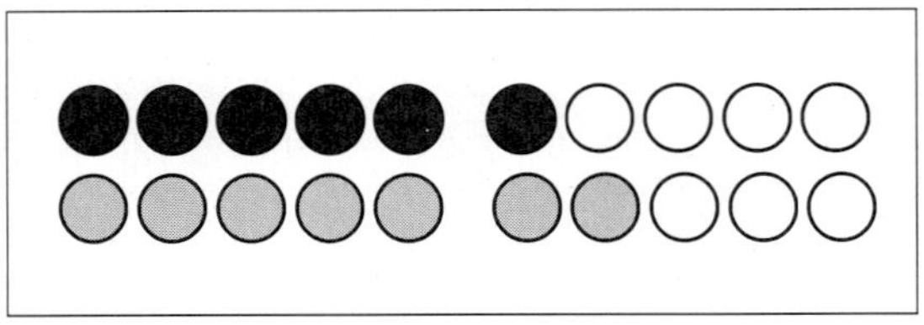

6 + 7

6 + 4 + 3 = 10 + 3

Zehnerübergang

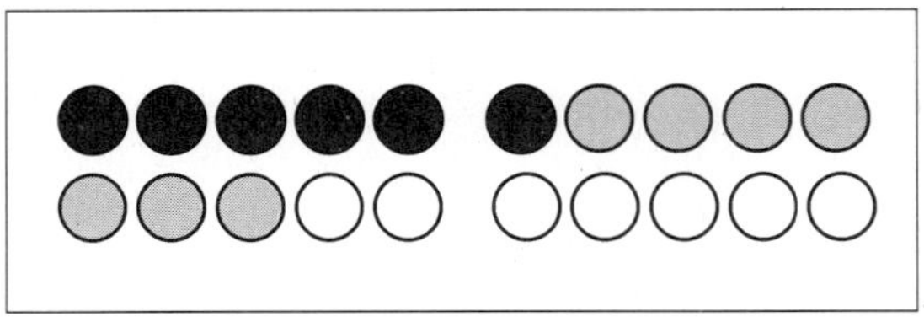

Abb.7

Hilfreich ist das Zwanzigerfeld auch deshalb, weil andere Lösungsstrategien nicht verstellt werden, die in gewissen Fällen einfacher sind als die oben genannten.

Beispiel: 9+9 (Abb. 8)

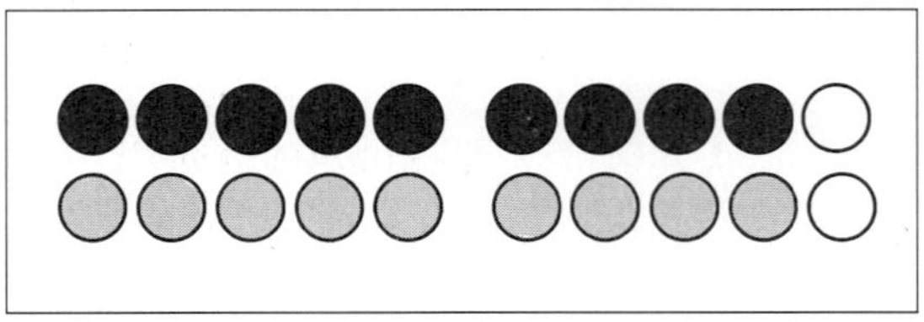

Abb. 8

9 + 9 = 20 – 2 = 18 oder 9 + 9 = 10 + 8 oder 9 + 9 = 9 + 1 + 8 = 10 + 8

Das **Zwanzigerfeld** betont den **kardinalen Aspekt** der Zahlen. Durch die Fünfer- und Zehnereinteilung soll es den Kindern erleichtert werden, sowohl die einzelnen Summanden als auch die Summe simultan (ohne Abzählen) zu erfassen, wobei die "Kraft der Fünf" einen wichtigen Dienst leistet.

Die **Zwanzigerreihe** betont dagegen den **ordinalen Zahlaspekt**. Sie besteht aus einer Reihe von 20 Kreisen (wieder in der Größe der Wendeplättchen) (Abb. 9).

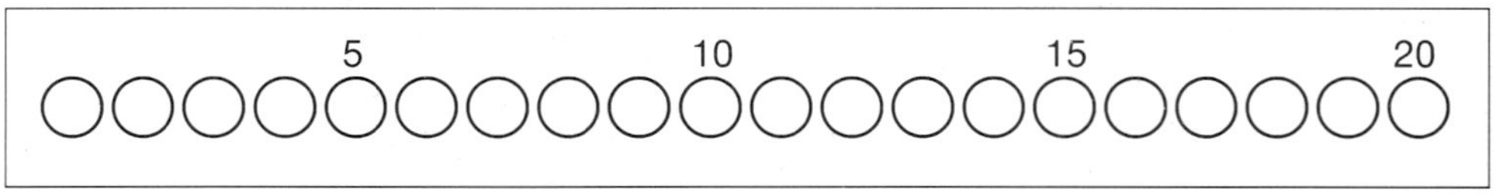

Abb. 9

Durch die Bezeichnung des 5ten, 10ten, 15ten und 20ten Platzes soll die Fünfergliederung betont und die Orientierung erleichtert werden. Beispiele (Abb. 10)

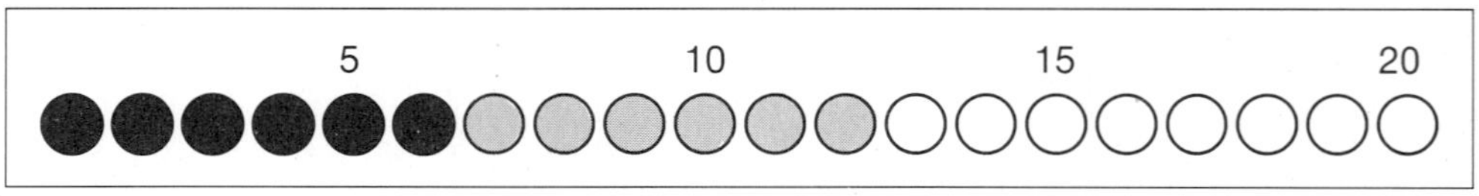

6 + 6 = 10 + 2 = 12

4 + 2

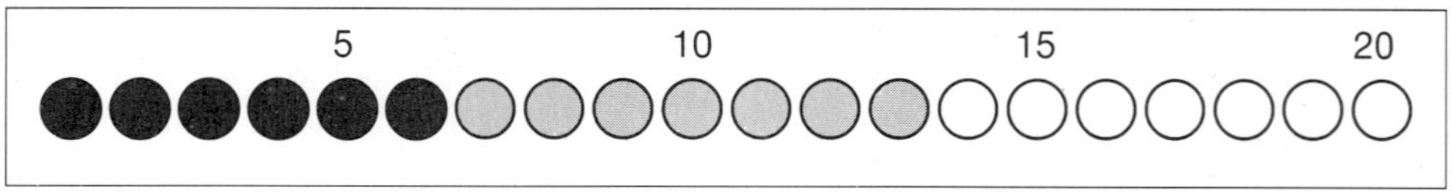

6 + 7 = 10 + 3 = 13

4 + 3

Abb. 10

Subtraktionsaufgaben können sowohl als Umkehrungen von Additionsaufgaben oder direkt durch das Legen von Wendeplättchen am Zwanzigerfeld oder an der Zwanzigerreihe gelöst werden.

Beispiel: 13 – 4

Zuerst werden von 1 aufwärts 13 Plättchen gelegt (Abb. 11).

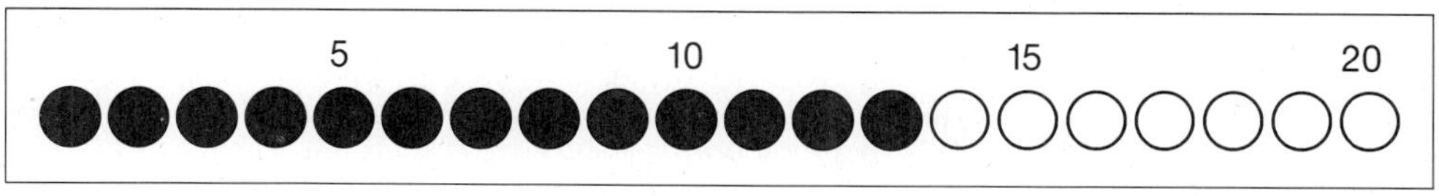

Abb.11

Dann werden auf verschiedene Weisen 4 Plättchen weggenommen.

1. Darstellung: 4 Plättchen werden "von unten" weggenommen bzw. gewendet. (Abb. 12)

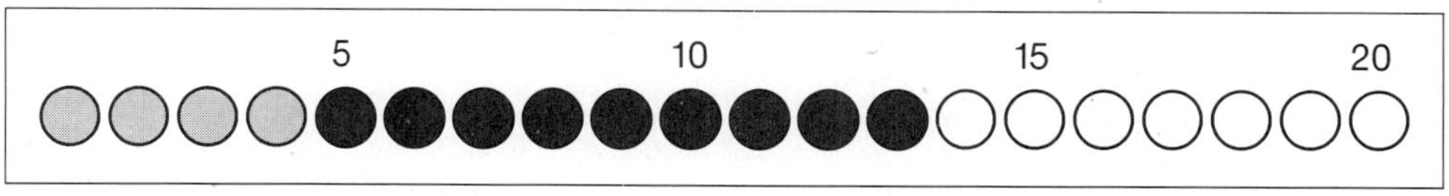

Abb. 12

4 + 9 = 13 oder 13 – 4 = 9

2. Darstellung: 4 Plättchen werden "von oben" weggenommen bzw. gewendet. (Abb. 13)

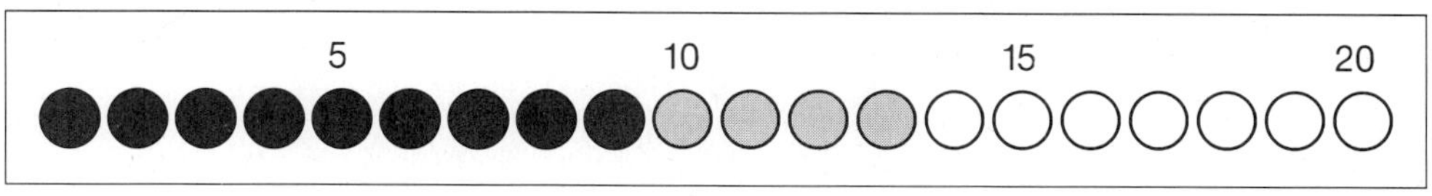

Abb. 13

13 – 4 = 9

Die erste Darstellung entspricht dem "Ergänzen", nämlich

4 + $\boxed{9}$ = 13.

Die zweite Darstellung entspricht dem "Subtrahieren" oder "Rückwärtszählen", nämlich

13 – 4 = $\boxed{9}$.

Was soll geübt werden?

Legen und Rechnen von Additionsaufgaben (z. B. 7 + 8), Ergänzungsaufgaben (z. B. 7 + □ = 13), Subtraktionsaufgaben (z. B. 13 – 6) am Zwanzigerfeld und an der Zwanzigerreihe, operatives Abwandeln dieser Aufgaben durch Verändern (Umlegen, Wegnehmen, Hinzulegen) von Plättchen, Aufschreiben und Rechnen dieser abgewandelten Aufgaben, Erwerb von inneren Vorstellungen zu Additions- und Subtraktionsaufgaben im Zwanzigerraum.

Was wird benötigt?

Demonstrationsmaterial: Zwanzigerfeld, Zwanzigerreihe, Wendeplättchen

Arbeitsmaterial: Arbeitsblätter (1/5a und 1/5b) und Wendeplättchen

Wie kann man vorgehen?

1. Einführende Additionsaufgabe
   Man stellt die einführende Aufgabe, 7 + 7 am Zwanzigerfeld zu legen. Dabei sind verschiedene Darstellungen möglich (Abb. 14).

1. Darstellung

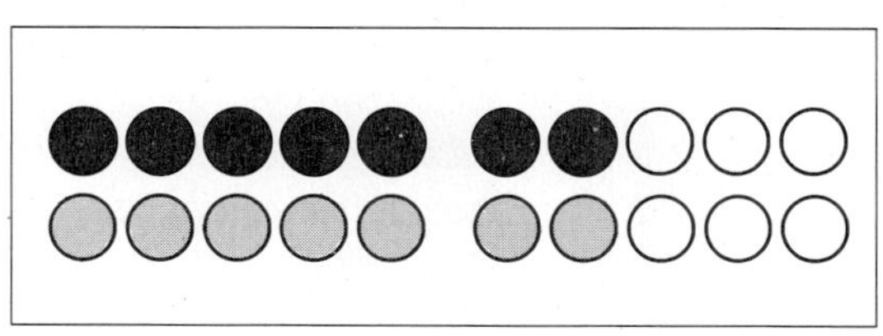

Abb. 14

2. Darstellung

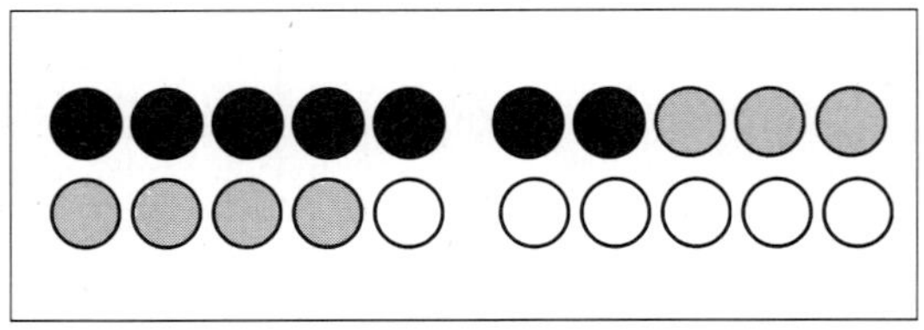

3. Darstellung

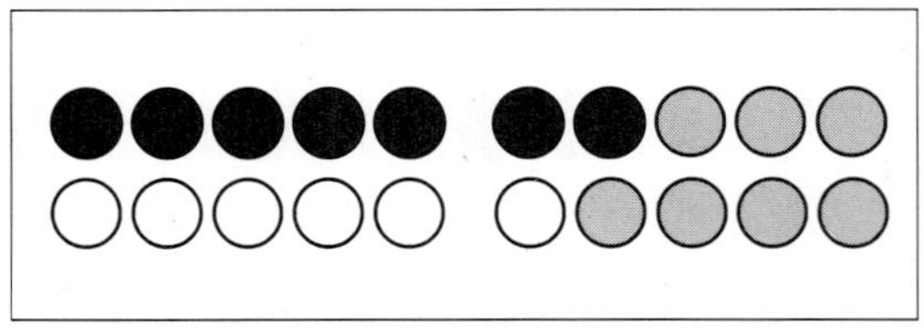

(noch Abb. 14)

Auch die erste Darstellung ist für Schüler durchaus naheliegend, da sie der Verdopplung durch den Spiegel entspricht.

L: *„Wie erkennt ihr die Aufgabe?"*
S: *„Da sind 7 rote und 7 blaue Plättchen."*
(umfährt sie jeweils mit dem Zeigefinger)
L: *„Könnt ihr das Ergebnis sehen?"*
S: *„Ich sehe 10 Plättchen (umfährt sie mit dem Zeigefinger) und noch einmal 4 Plättchen, insgesamt 14."*
L: *„Wir schreiben das so auf:*
7 + 7 = 14."

2. Abwandlung der Aufgabe
Man wandelt nun die Aufgabe operativ ab, indem man ein blaues Plättchen wegnimmt (Abb. 15).

1. Darstellung

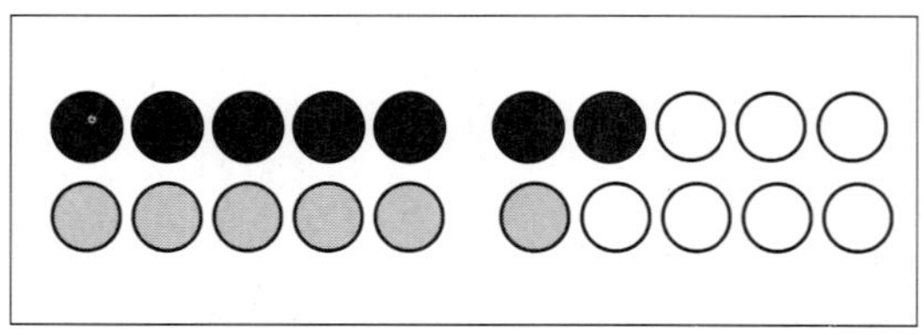

2. Darstellung

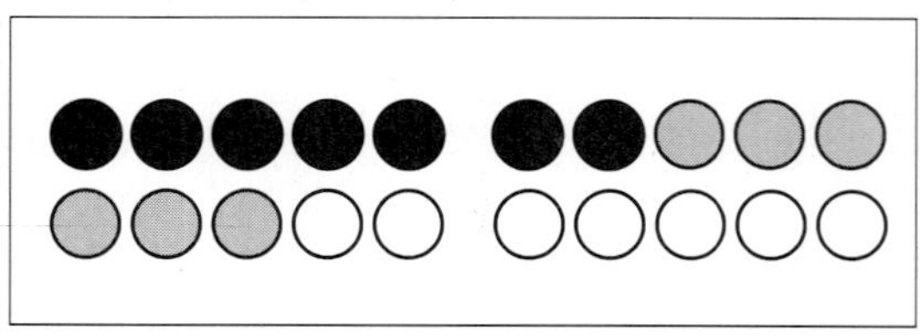

3. Darstellung

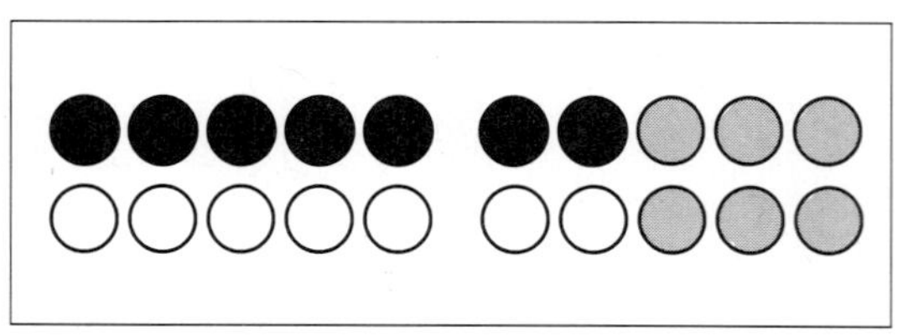

Abb. 15

L: *„Welche Aufgabe seht ihr nun?"*
S: *„Da sind 7 rote und 6 blaue Plättchen."*
L: *„Wie erkennen wir das Ergebnis der Aufgabe 7 + 6?"*
S: *„Da sind 10 Plättchen* (umfährt sie mit dem Finger) *und 3 Plättchen."*
L: *„Wir schreiben dies auf: 7 + 6 = 13.*
Warum sind es jetzt nur 13 Plättchen?"
S: *„Weil wir 1 Plättchen weggenommen haben."*

Man wandelt die Aufgabe weiter operativ ab, indem man noch ein blaues Plättchen wegnimmt, und behandelt die Aufgabe 7 + 5 analog (Abb. 16).

1. Darstellung

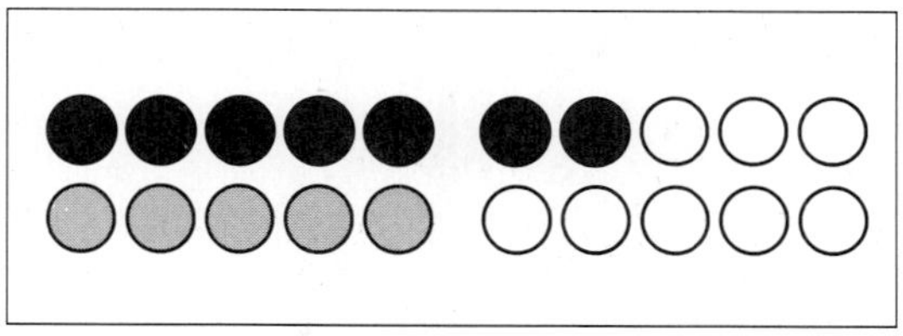

2. Darstellung

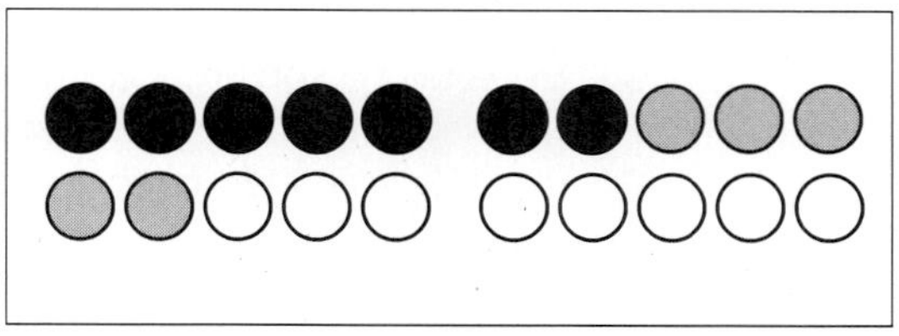

3. Darstellung

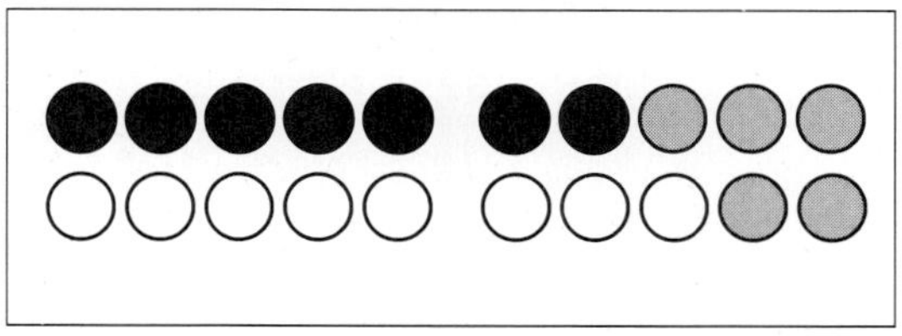

Abb. 16

Durch Verändern eines oder zweier Plättchen können nacheinander die Aufgaben

6 + 6 (Umlegen und Wenden eines roten Plättchens)
6 + 7 (Hinzulegen eines blauen Plättchens)
6 + 8 (Hinzulegen eines blauen Plättchens)
7 + 9 (Hinzulegen eines roten **und** eines blauen Plättchens)

gelegt und gerechnet werden.

Völlig analog kann die Aufgabe mit denselben operativen Abwandlungen auch an der Zwanzigerreihe gelegt und gerechnet werden (Abb. 17 bis 21).

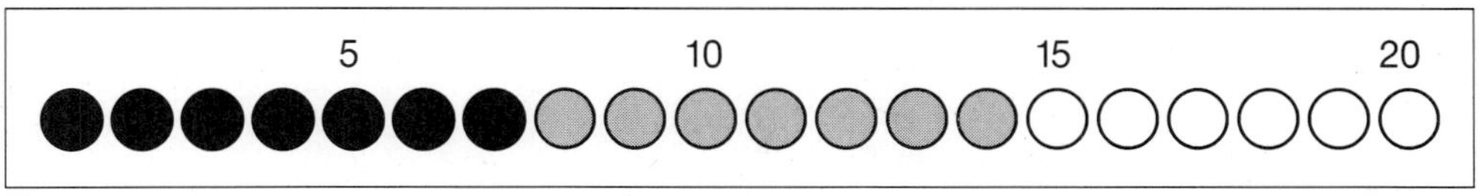

7 + 7 = 14 Abb. 17

1 blaues Plättchen weg:

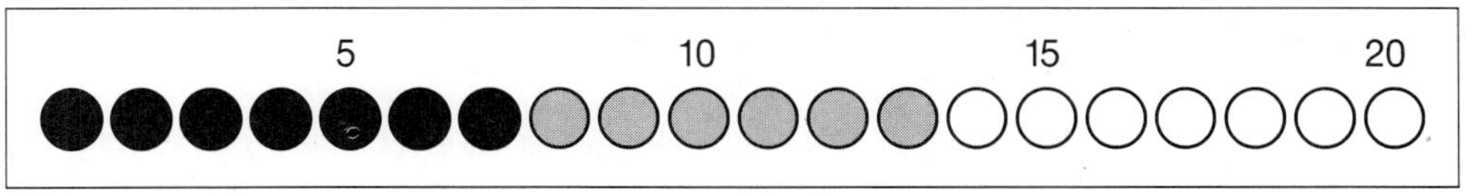

7 + 6 = 13 Abb. 18

1 blaues Plättchen weg:

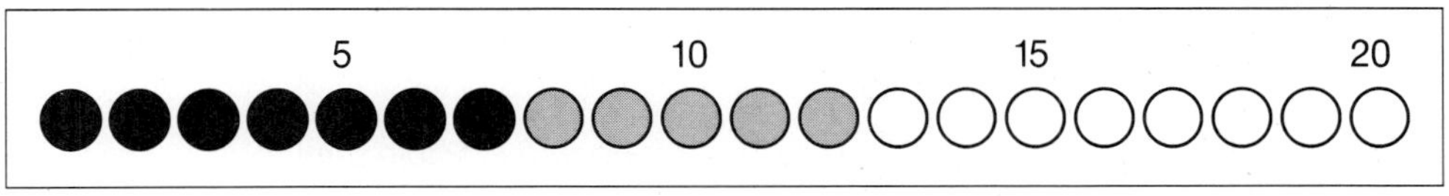

7 + 5 = 12 Abb. 19

1 rotes Plättchen auf die blaue Seite gewendet:

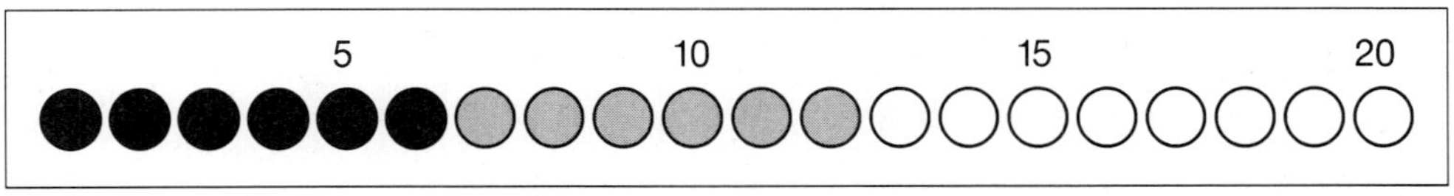

6 + 6 = 12 Abb. 20

1 blaues Plättchen hinzu:

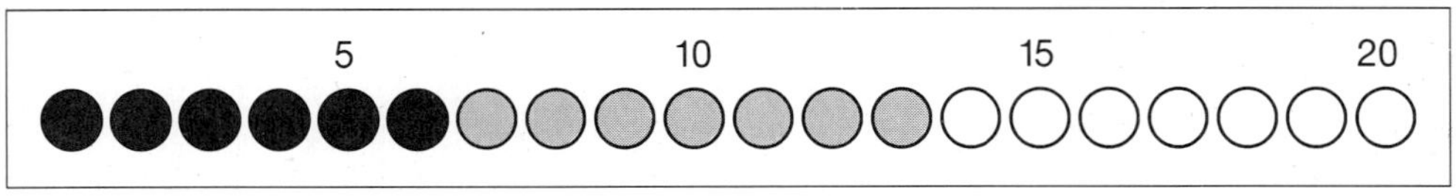

6 + 7 = 13

Abb. 21

3. Legen und Rechnen von Additionsaufgaben am Zwanzigerfeld und an der Zwanzigerreihe
   vgl. Arbeitsblatt 1/5a

4. Behandlung von Ergänzungsaufgaben
   Man legt 7 rote Plättchen auf die Zwanzigerreihe (Abb. 22).
   L: *„Wie viele Plättchen muß ich noch hinzulegen, um insgesamt 11 Plättchen zu erhalten?"*

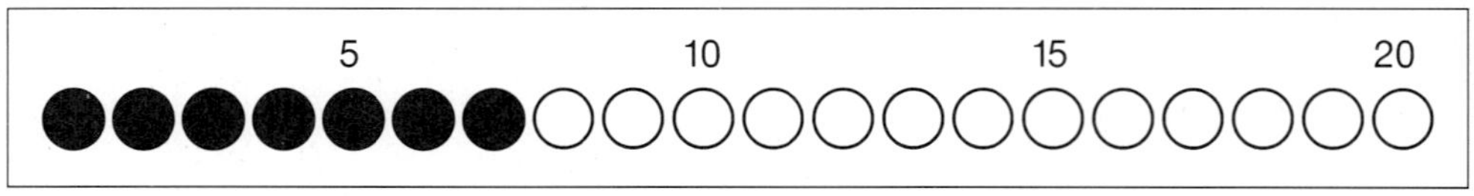

Abb. 22

L: *„Wir schreiben die Aufgabe so:*

7 + □ = 11.

Damit wir sehen, wie viele Plättchen wir hinzulegen müssen, nehmen wir blaue Plättchen."

Ein Schüler legt vor den Augen der Mitschüler 1, 2, 3, 4 Plättchen hinzu, bis er 11 erhalten hat (Abb. 23).

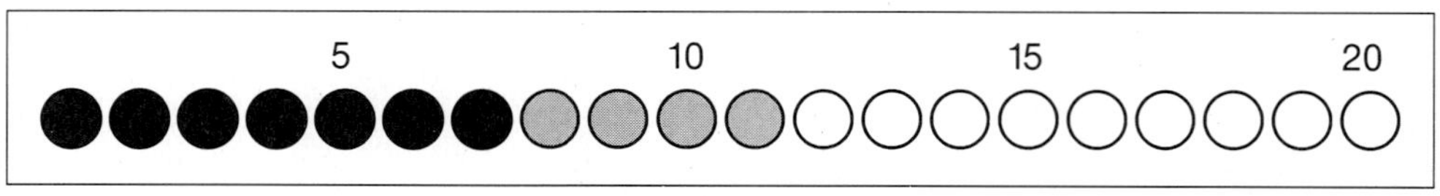

7 + 4 = 11

Abb. 23

Man wandelt nun die Aufgabe wieder operativ ab:

1 blaues Plättchen hinzu:	7 + □ = 12
2 blaue Plättchen weg:	7 + □ = 10
1 rotes Plättchen gewendet:	6 + □ = 10
1 blaues Plättchen hinzu:	6 + □ = 11

Die Aufgaben können wieder durch geringfügige Veränderungen (von 1 oder 2 Plättchen) gelöst werden.

Analog können die Aufgaben auch am Zwanzigerfeld gelegt werden. Die Zwanzigerreihe bietet jedoch bei den Ergänzungsaufgaben Vorteile.

Beispiele für operative Päckchen:

Lege und rechne an der Zwanzigerreihe:

5 + □ = 10	6 + □ = 13	9 + □ = 15
6 + □ = 10	7 + □ = 14	9 + □ = 14
7 + □ = 10	8 + □ = 15	8 + □ = 13
7 + □ = 11	9 + □ = 16	7 + □ = 13
7 + □ = 12	10 + □ = 17	6 + □ = 12

5. Einführende Subtraktionsaufgabe
Man legt 12 rote Plättchen auf die Zwanzigerreihe (Abb. 24).

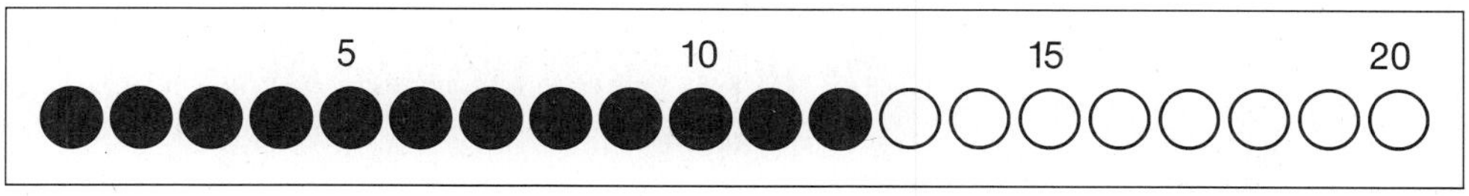

Abb. 24

L: *„Wir möchten 4 Plättchen wegnehmen. Wie viele bleiben übrig?"*
(Aufgabe: 12 – 4)

L: *„Damit ihr seht, wie viele Plättchen wir wegnehmen müssen, wenden wir sie zunächst."*

1. Möglichkeit: "Von vorne" wegnehmen (Abb. 25)

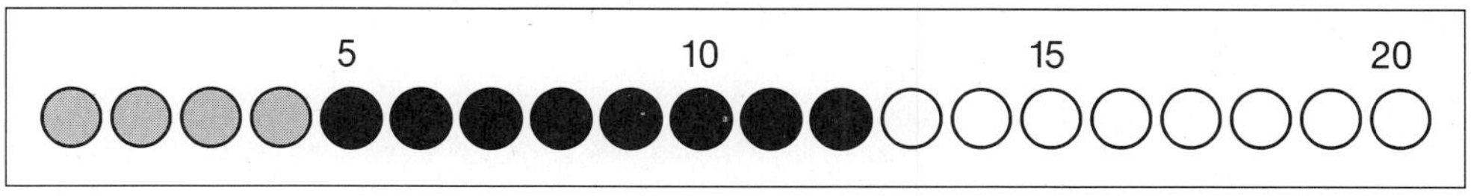

Abb. 25

Wir sehen hier: **4 + 8 = 12** und **12 – 4 = 8**

2. Möglichkeit: "Von hinten" wegnehmen (Abb. 26)

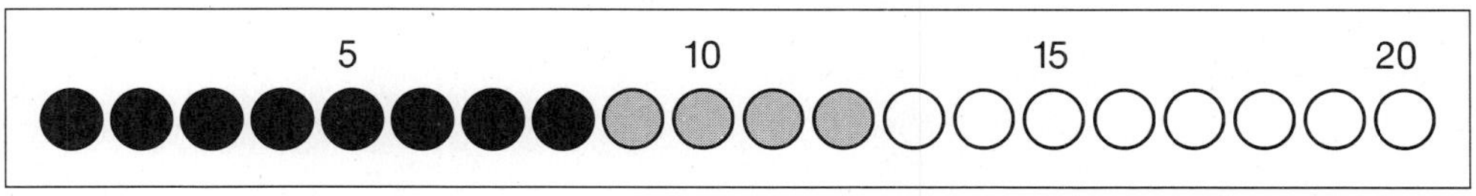

Abb. 26

Wir sehen: **8 + 4 = 12** und **12 – 4 = 8**

6. Abwandlung der Subtraktionsaufgabe
L: *„Ich nehme nun 5 statt 4 Plättchen weg. Wie viele bleiben übrig?"*

1. Möglichkeit (Abb. 27):

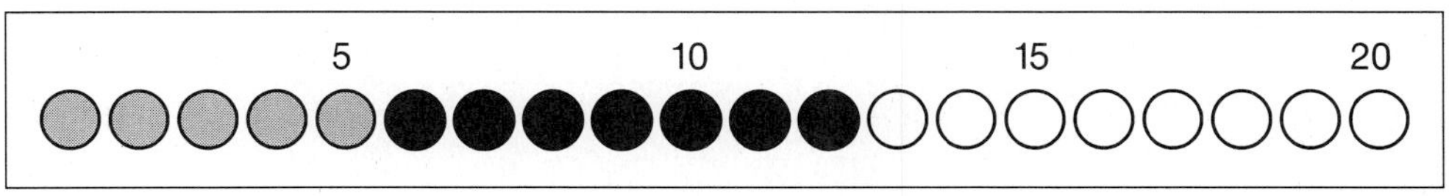

Abb. 27

2. Möglichkeit (Abb. 28):

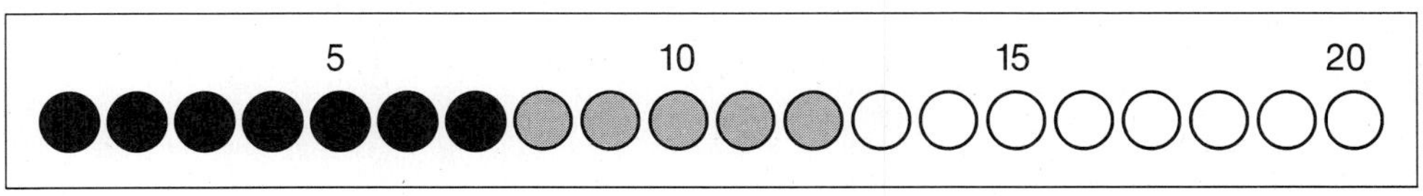

Abb. 28

S: *„Es bleiben nur sieben rote Plättchen übrig, eines weniger als vorher."*
(12 – 5 = 7)

L: *„Ich nehme nun 3 statt 4 Plättchen weg."*

1. Möglichkeit (Abb. 29):

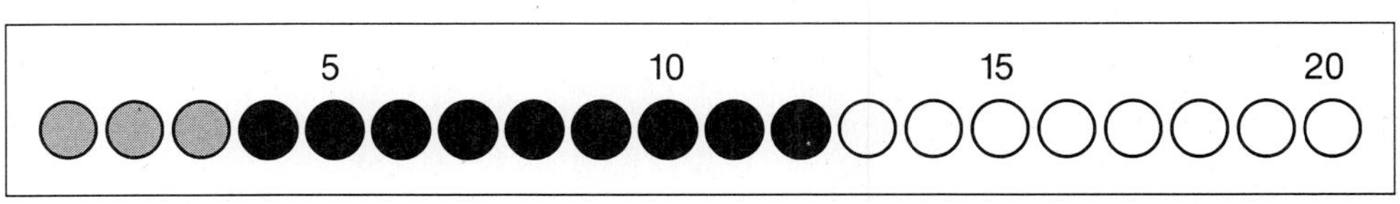

Abb. 29

2. Möglichkeit (Abb. 30):

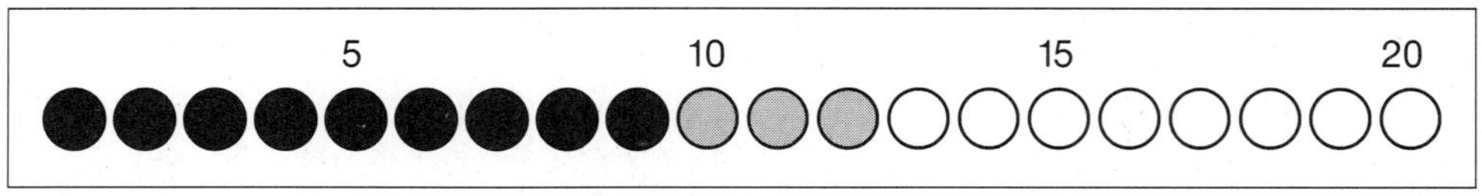

Abb. 30

S: *„Dann bleiben 9 rote Plättchen übrig, zwei mehr als vorher."*
(12 – 3 = 9)

Weitere operative Abwandlungen sind:

12 – 4 =	13 – 5 =	14 – 6 =
11 – 4 =	12 – 4 =	13 – 5 =
10 – 4 =	11 – 5 =	12 – 6 =

7. Legen und Rechnen von Subtraktionsaufgaben am Zwanzigerfeld und an der Zwanzigerreihe (vgl. Arbeitsblatt 1/5b)

8. Übergang zum denkenden Rechnen
L: *„Wir haben 6+6 = 12 gelegt und gerechnet."* (Abb. 31)

6 + 6 = 12

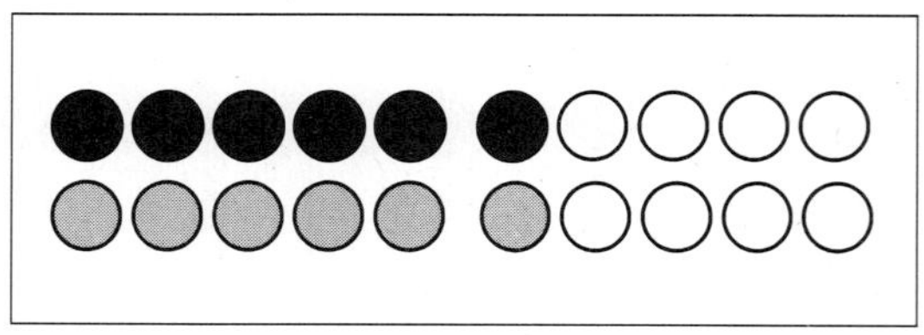

Abb. 31

„Nun stellt euch (ohne Legen!) vor: 6 + 7. Was kommt heraus?"

Analog werden die Aufgaben	6 + 8	5 + 6	gestellt.
	6 + 9	5 + 7	
		5 + 8	

L: *„Wir haben 6 rote Plättchen gelegt* (Abb. 32). *Nun stellt euch (ohne Legen) vor:*

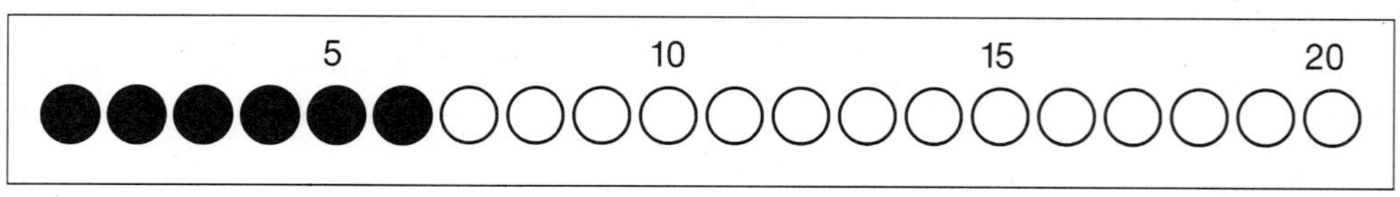

Abb. 32

6 + □ = 10
6 + □ = 11
6 + □ = 12
5 + □ = 10
5 + □ = 11"

Später sollen dann die Aufgaben ganz ohne Legen von Plättchen gerechnet werden. Die Schüler dürfen sich dabei aber noch das Zwanzigerfeld (oder die Zwanzigerreihe) anschauen und in der Vorstellung die Aufgaben legen, umwandeln und das Ergebnis ablesen.

3.1.2 Weiterführung von "Räuber und Goldschatz"

Was soll geübt werden?

Die erste Begegnung mit dem Spiel "Räuber und Goldschatz" (Abschnitt 1.1) diente der Orientierung auf der Zahlreihe. Nun sollen mit dem Spiel die Addition und Subtraktion mündlich und schriftlich geübt werden. Die Aktivitäten sind so angelegt, daß sie ebenfalls zum denkenden Rechnen hinführen.

Was wird benötigt?

Demonstrationsmaterial: Zwanzigerreihe an der Magnettafel (als Spielfeld), Magnetplättchen, Schaumstoffwürfel

Wie kann man vorgehen?

1. Spiel im Klassenverband in zwei Gruppen, wobei die neuen Spielpositionen möglichst durch Rechnen vom Platz aus bestimmt werden sollen. Kinder, die im Rechnen noch unsicher sind, dürfen allerdings herauskommen und die neue Position am Spielfeld bestimmen.

2. Spiel in zwei Gruppen und Notation des Spielverlaufes an der Tafel auf einem besonderen Rechenfeld (Abb. 33).

+	–
10 + 6 = 16	16 – 3 = 13
13 + 5 = 18	18 – 3 = 15
15 + 4 = 19	19 – 6 = 13
13 + 3 = 16	16 – 6 = 10
10 + 1 = 11	11 – 6 = 5
5 + 1 = 6	6 – 3 = 3
3 + 2 = 5	5 – 6 =
	H

"Wir brauchen gar nicht zu rechnen. Der Schatz ist in der Höhle."

"H" ist die Abkürzung für "Höhle".

Abb. 33

(Es gibt immer wieder Kinder, die schon 5–6 = "minus 1" rechnen können. Diese Lösung wird natürlich gewürdigt, aber nicht forciert.)
Wenn das Rechenfeld voll ist, wird das Spiel ohne Notation zu Ende geführt. Es wird nur noch der letzte Zug eingetragen.

3. Spiel in zwei Gruppen (eventuell ohne Spielplan) und Notation an der linken und rechten Klapptafel in zwei getrennten Spalten (Abb. 34).

Linke Seite

+
10 + 4 = 14
13 + 2 = 15
12 + 6 = 18
17 + 4 = 21
H

Rechte Seite

–
14 – 1 = 13
15 – 3 = 12
18 – 1 = 17

Abb. 34

Wieder notiert man nur soweit, wie Platz an den Tafeln zur Verfügung steht und spielt das Spiel ggf. ohne Notation zu Ende.
Anschließend wird die rechte Klapptafel umgeklappt, und die Kinder erhalten die Aufgabe, die Minusaufgaben aus den Plusaufgaben zu erschließen. Dies gelingt durch folgende Überlegung:
Aus 10 + 4 = **14**
13 + 2 = 15
ersieht man, daß der Minusräuber die Position 14 übernimmt und die Position 13 übergibt. Er muß also 1 gewürfelt und 14 – 1 = 13 gerechnet haben usw. ...
Ebenso kann die linke Klapptafel umgeklappt und die Aufgabe gestellt werden, die Plusaufgaben aus den Minusaufgaben zu erschließen.

4. Bearbeitung von Arbeitsblättern, auf denen nur eine Spalte ausgefüllt ist (1/6). Hier wird man Spielverläufe erfinden, die voll auf das Blatt passen.

5. Reflektives Üben im Klassengespräch
Mögliche Fragen:
Der Schatz steht auf 9. Der Plusräuber ist dran. Wohin kann er kommen?

Der Plusräuber übernimmt bei 16. Wieviel muß er würfeln, damit er gewinnt?
Der Plusräuber hat 5 gewürfelt und den Schatz nach 14 gerückt. Wo stand der Schatz vorher?
Der Schatz steht auf 8. Erst würfelt der Minusräuber, dann der Plusräuber. Wo kann der Schatz hinterher stehen?

Wie könnte es weitergehen?

6. Spiel ohne Spielfeld
Kinder, die es sich zutrauen, können **ohne** Spielfeld spielen, indem sie die Spielpositionen im Kopf ausrechnen.

3.2 Die Einspluseins-Tafel

Vielleicht erinnern Sie sich, daß im Chemieraum Ihrer Schule eine Tafel mit dem Periodensystem der Elemente an der Wand hing und im Laufe der Jahre im Unterricht immer gründlicher erarbeitet wurde. Am Anfang war die Tafel ziemlich unverständlich, aber durch das Kennenlernen der Elemente und ihre Einordnung in das System sowie durch die Aufdeckung von Beziehungen zwischen verwandten Elementen wuchs die Einsicht allmählich, bis das Periodensystem schließlich seine Rolle als ökonomisches Ordnungsschema und Verständnishilfe ausspielen konnte.
Im vorliegenden Abschnitt wird ein Demonstrationsmaterial vorgestellt, das gewissermaßen als "Periodensystem" des Einspluseins fungieren soll, die **Einspluseins-Tafel** (kurz: Plus-Tafel).

Worum geht es?

Wir gehen aus von der üblichen "1 + 1-Tabelle" (Abb. 35).

+	0	1	2	3	4	5	6	7	8	9	10
0	0	1	2	3	4	5	6	7	8	9	10
1	1	2	3	4	5	6	7	8	9	10	11
2	2	3	4	5	6	7	8	9	10	11	12
3	3	4	5	6	7	8	9	10	11	12	13
4	4	5	6	7	8	9	10	11	12	13	14
5	5	6	7	8	9	10	11	12	13	14	15
6	6	7	8	9	10	11	12	13	14	15	16
7	7	8	9	10	11	12	13	14	15	16	17
8	8	9	10	11	12	13	14	15	16	17	18
9	9	10	11	12	13	14	15	16	17	18	19
10	10	11	12	13	14	15	16	17	18	19	20

Abb. 35

Obwohl in der mathematischen Theorie der Stellenwertsysteme nur die Aufgaben mit einstelligen Summanden zum "1 + 1" des Zehnersystems gehören, ist es aus didaktischen Gründen sinnvoll, die Aufgaben mit dem Summanden 10 trotzdem dazuzunehmen, genauso wie beim "1 × 1".
Unsere Plus-Tafel entsteht nun aus der "1+1-Tabelle", indem anstelle der Ergebnisse die **Aufgaben** eingetragen werden, die Tabelle gedreht und geometrisch verformt wird (Abb. 36).

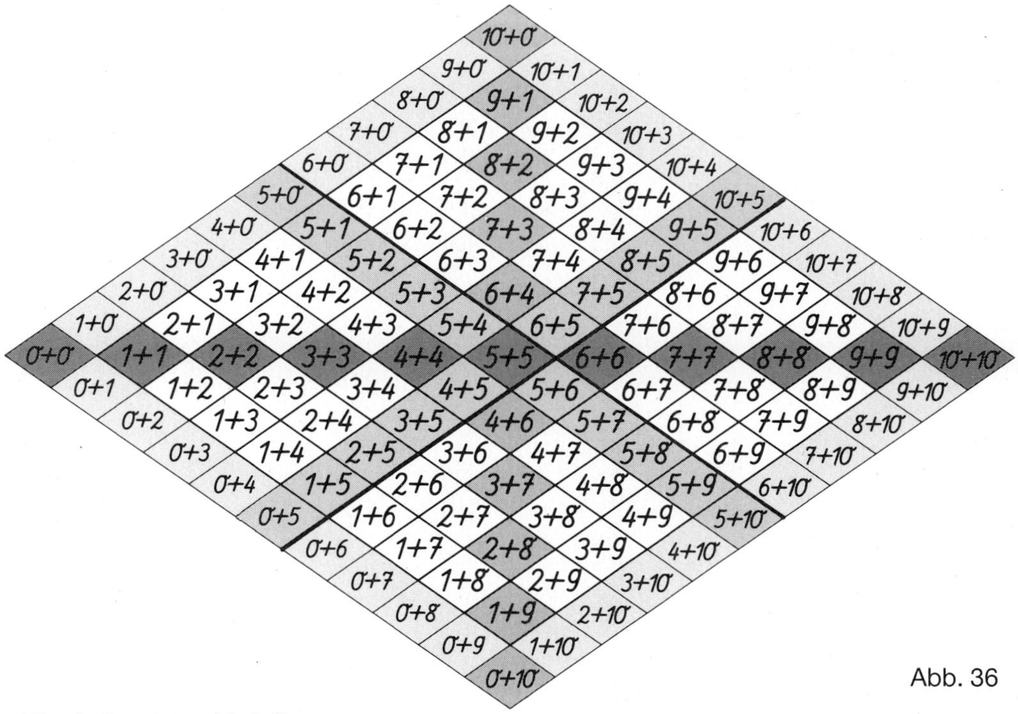

Abb. 36

Dies hat mehrere Vorteile:

- Die Ergebnisse der Aufgaben werden **in Leserichtung** von links nach rechts größer. Untereinander stehende Aufgaben haben stets das gleiche Ergebnis.
- Die für Schüler schwierigeren Aufgabenserien (beide Summanden ändern sich) sind in den Hauptrichtungen von links nach rechts und von oben nach unten angeordnet.
- Die für Schüler leichteren Aufgabenserien (nur ein Summand ändert sich) stehen in den etwas ungewohnteren Diagonalen.

Unsere Plus-Tafel stellt somit den operativen Zusammenhang zwischen den 121 **Aufgaben** des "1 + 1" und nicht zwischen deren Ergebnissen in den Vordergrund. Dies ist für den Lernprozeß günstiger.
Durch Farbgebung wird die Tafel übersichtlich strukturiert. Die wichtigste Aufgabe 5 + 5 befindet sich genau in der Mitte. Dort treffen sich verschiedene Aufgabenserien, die für das Erlernen des Einspluseins besonders wichtig sind. In der traditionellen Rechendidaktik werden sie als **Kernaufgaben** bezeichnet:

Die mittlere (rot markierte) Zeile besteht aus den **Verdopplungsaufgaben**:
0 + 0, 1 + 1, 2 + 2, 3 + 3, 4 + 4, 5 + 5, 6 + 6, 7 + 7, 8 + 8, 9 + 9, 10 + 10.

Die beiden (gelb markierten) Diagonalen bestehen aus **Plusaufgaben mit 5** (Kraft der Fünf!):
5 + 0, 5 + 1, 5 + 2, 5 + 3, 5 + 4, 5 + 5, 5 + 6, 5 + 7, 5 + 8, 5 + 9, 5 + 10

0 + 5, 1 + 5, 2 + 5, 3 + 5, 4 + 5, 5 + 5, 6 + 5, 7 + 5, 8 + 5, 9 + 5, 10 + 5.

Die mittlere (blau markierte) Spalte besteht aus Aufgaben zur **Zehnerergänzung:**
10 + 0, 9 + 1, 8 + 2, 7 + 3, 6 + 4, 5 + 5, 4 + 6, 3 + 7, 2 + 8, 1 + 9, 0 + 10.

Die grün markierten **Randaufgaben** (Plusaufgaben mit 0 oder 10) sind ganz einfach und müssen nicht gesondert gelernt werden. Das gleiche gilt für Plusaufgaben mit 1. Beachtet man das Vertauschungsgesetz und läßt die einfachen Randaufgaben sowie die einfache Aufgabe 1 + 1 weg, so müssen nur 20 **Kernaufgaben** wirklich erlernt werden, nämlich:

8 Verdopplungsaufgaben:
2 + 2, 3 + 3, 4 + 4, 5 + 5, 6 + 6, 7 + 7, 8 + 8, 9 + 9

8 Plusaufgaben mit 5 (außer 5+5):
5+1 (1+5), 5+2 (2+5), 5+3 (3+5), 5+4 (4+5)

5+6 (6+5), 5+7 (7+5), 5+8 (8+5), 5+9 (9+5)

4 Aufgaben zur Zehnerergänzung (außer 5+5):
9+1 (1+9), 8+2 (2+8), 7+3 (3+7), 6+4 (4+6)

Wer die Kernaufgaben und die Randaufgaben beherrscht, kann die restlichen Aufgaben operativ erschließen. Hierfür gibt es meist mehrere Möglichkeiten (Abb. 37).

Beispiele:

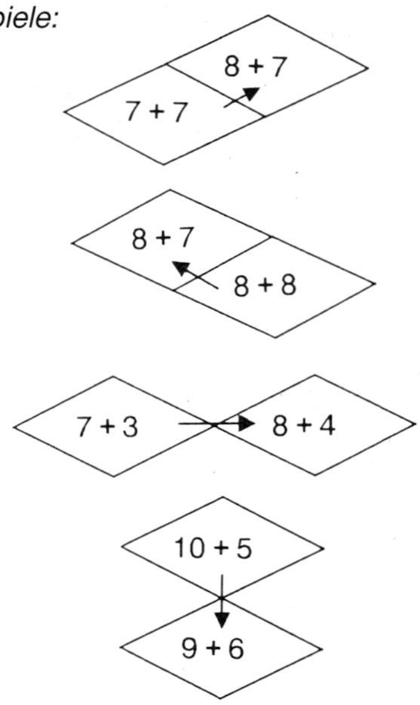

Aus 7+7 = 14 (Verdoppelung)
ergibt sich 8+7 = 15 ("1 mehr")

Aus 8+8 = 16 (Verdoppelung)
ergibt sich 8+7 = 15 ("1 weniger")

Aus 7+3 = 10 (Zehnerergänzung)
ergibt sich 8+4 = 12 ("2 mehr")

Aus 10+5 = 15 (Plusaufgabe mit 5)
ergibt sich 9+6 = 15 ("gleiches Ergebnis")

Abb. 37

Mathematische Gesetze spiegeln sich ebenfalls in der Tafel wider. Z. B. haben die zur Verdopplungsreihe spiegelsymmetrisch liegenden Aufgaben jeweils das gleiche Ergebnis (**Vertauschungsgesetz**) (Abb. 38).

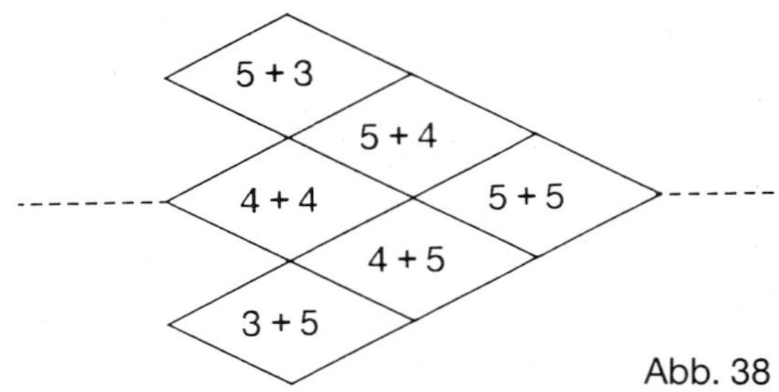

Abb. 38

Die Aufgaben in einer (senkrechten) Spalte haben immer das gleiche Ergebnis (Gesetz von der **Konstanz der Summe**).

Beispiel: 10+2 = 9+3 = 8+4 = 7+5 = 6 + 6 = ... = 12

In den Diagonalen nimmt das Ergebnis von links nach rechts (in Leserichtung) immer um 1 zu.

Beispiele: 8 + 1 = 9, 8 + 2 = 10, 8 + 3 = 11, 8 + 4 = 12, ...
1 + 6 = 7, 2 + 6 = 8, 3 + 6 = 9, ...

In den (waagerechten) Zeilen erhöht sich das Ergebnis von Feld zu Feld um 2.

Beispiel: 6 + 0 = 6, 7 + 1 = 8, 8 + 2 = 10, 9 + 3 = 12, ...

Wie läßt sich nun mit der Plus-Tafel arbeiten?

Zunächst gibt die Tafel eine Übersicht über alle möglichen Einspluseinsaufgaben. Jede einzelne Aufgabe läßt sich auf dem Zwanzigerfeld legen und rechnen, Nachbaraufgaben können durch Verändern (Umlegen, Wenden, Hinzulegen, Wegnehmen) von **einem** oder höchstens zwei Plättchen erschlossen werden. Betrachten wir zur Illustration einen Ausschnitt (Abb. 39).

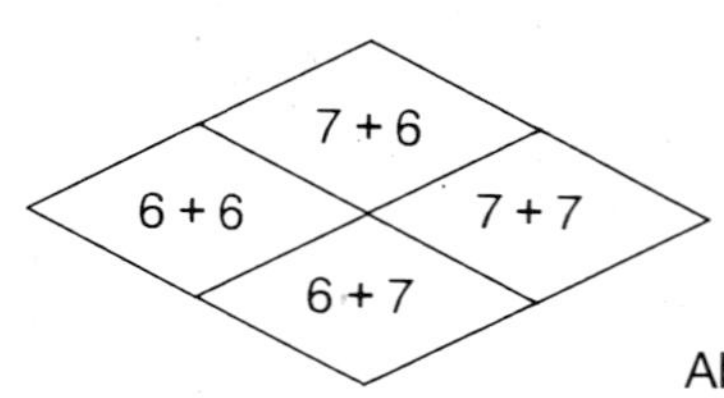

Abb. 39

Die Behandlung dieser Aufgaben mit Plättchen geht aus Abbildung 40 hervor.

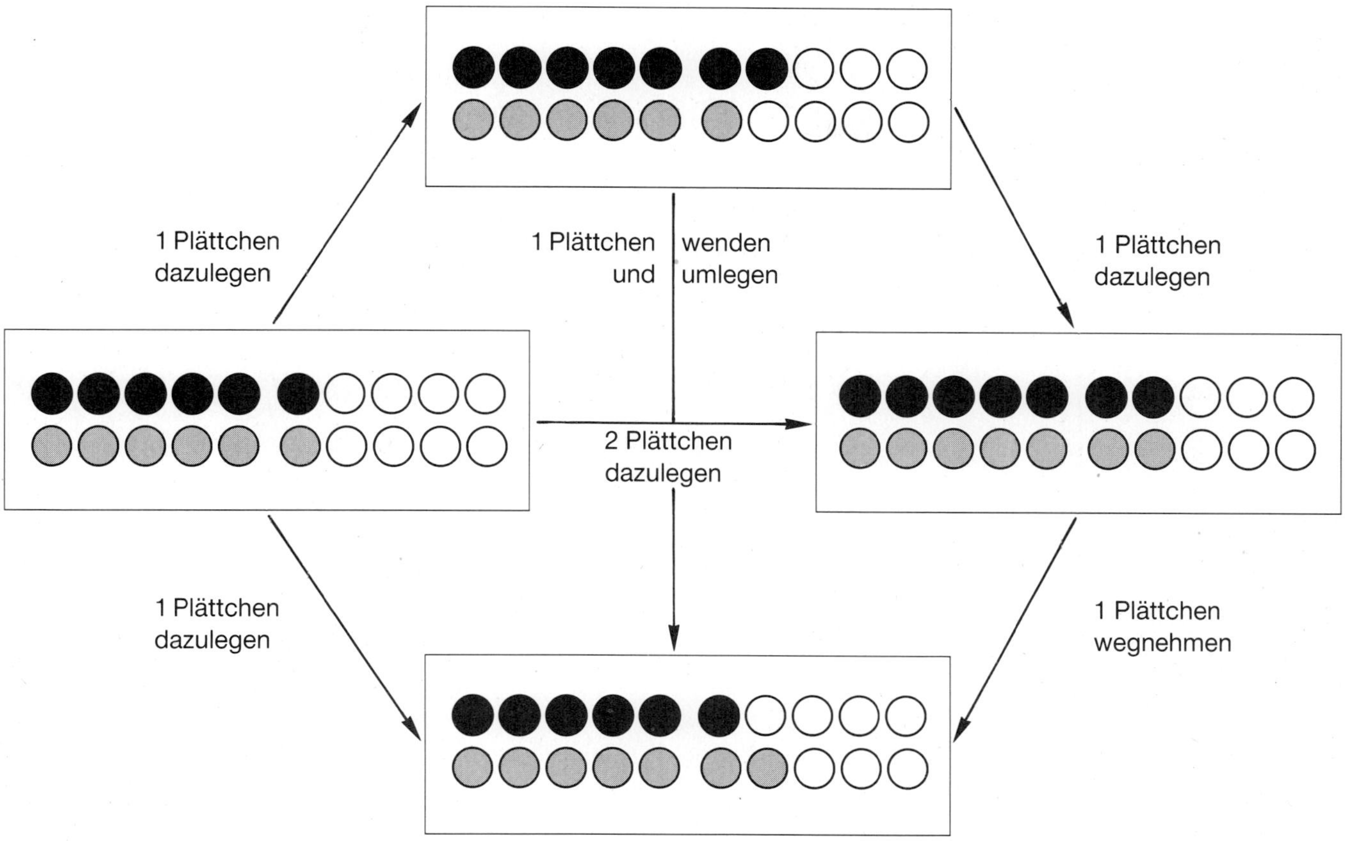

Abb. 40

Die Einspluseinsaufgaben stehen auf der Tafel nicht wild durcheinander, sondern wohlgeordnet, so daß geometrische Unterstrukturen der Tafel (Reihen, Spalten, Diagonalen, Ausschnitte, Muster) zwangsläufig zu operativen Aufgabenserien (**"Päckchen mit Pfiff"**) führen, die zur Reflexion der Ergebnisse auffordern.
Besonders wichtig ist, daß sich die Lösungen dieser Päckchenaufgaben durch Umlegen von jeweils wenigen Plättchen auseinander ergeben, was für das Arbeiten mit Plättchen sehr zeitsparend ist.

Beispiele:	6 + 6 =	7 + 6 =	8 + 6 =
	6 + 7 =	7 + 7 =	8 + 7 =
	6 + 8 =	7 + 8 =	8 + 8 =
	6 + 9 =	7 + 9 =	8 + 9 =
	10 + 2 =	1 + 2 =	1 + 1 =
	9 + 3 =	2 + 3 =	3 + 2 =
	8 + 4 =	3 + 4 =	5 + 3 =
	7 + 5 =	4 + 5 =	7 + 4 =
	6 + 6 =	5 + 6 =	9 + 5 =
	5 + 7 =	6 + 7 =	
	4 + 8 =	7 + 8 =	
	3 + 9 =	8 + 9 =	
	2 + 10 =	9 + 10 =	

Zusammenfassung:
Wie das Periodensystem den Chemieunterricht und das Buchstabenhaus den Erstlese- und Schreibunterricht soll die Plus-Tafel den Mathematikunterricht des 1. Schuljahres begleiten. Sie soll dem Schüler helfen, die Einspluseinsaufgaben ganzheitlich zu sehen und sich ihre Ergebnisse ökonomisch einzuprägen.
Darüber hinaus kann der Lehrer die Plus-Tafel im mündlichen und schriftlichen Rechnen als **Aufgabendisplay** benutzen, d. h. er kann auf Aufgaben zeigen oder "Aufgabenwege"

vorgeben und die Schüler das Ergebnis nennen lassen. Die Tafel wird durch die Markierung der Plusaufgaben mit dem Summanden 5 in natürlicher Weise in 4 Felder zerlegt (Abb. 41):

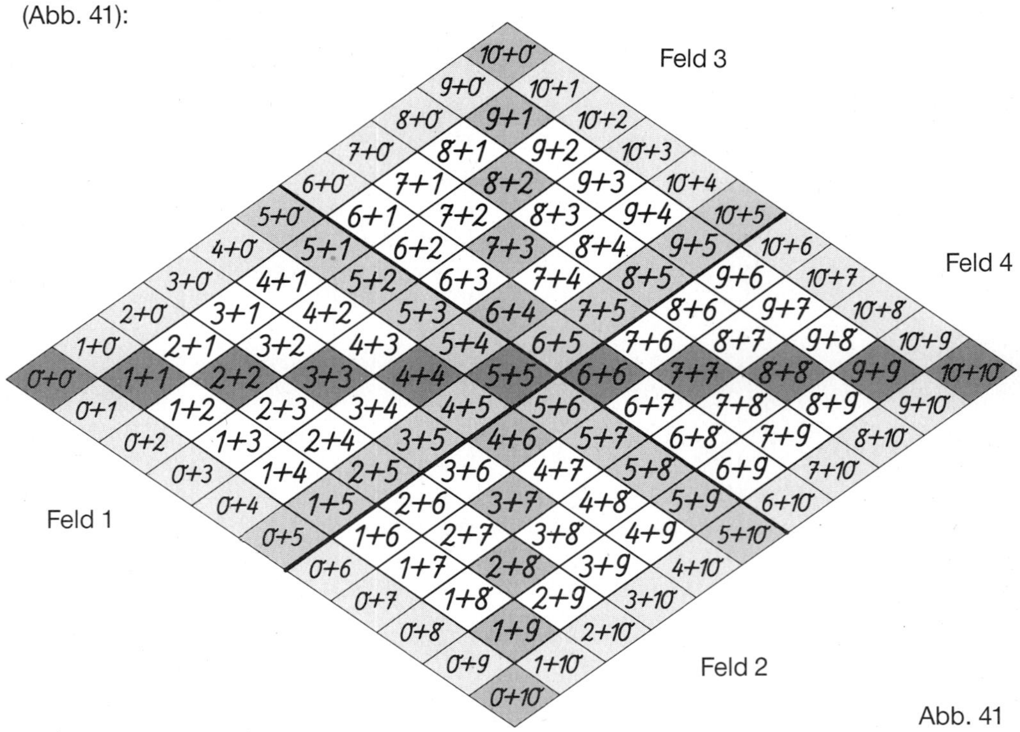

Abb. 41

Feld 1:
"einfache" Aufgaben (beide Summanden sind kleiner gleich 5)

Felder 2 und 3:
"mittlere" Aufgaben (ein Summand ist größer als 5, ein Summand ist kleiner gleich 5)

Feld 4:
"schwere Aufgaben" (beide Summanden sind größer als 5)
Die unterschiedlichen Schwierigkeitsniveaus können zur Differenzierung herangezogen werden.

Nach dieser eingehenden didaktischen Analyse der Möglichkeiten der Plus-Tafel wollen wir uns nun ihrer Verwendung im Unterricht im einzelnen zuwenden.

Was soll geübt werden?

Auffinden von "1 + 1-Aufgaben" in der Plus-Tafel, lokales Ordnen von Aufgaben (in leichte, in schwere Aufgaben, in verwandte Aufgaben, in Aufgaben mit hohem, mit niedrigem Ergebnis, usw.), Erkennen und Benennen von Kernaufgaben und einfachen Aufgabenserien (z. B. Verdopplungsaufgaben, Plusaufgaben mit 5 (10)), einsichtiges Berechnen einer Aufgabe aus einer Nachbaraufgabe oder aus der Tauschaufgabe, Automatisierung aller Kern- und Randaufgaben des 1 + 1, Automatisierung der übrigen 1 + 1-Aufgaben.

Was wird benötigt?

Demonstrationsmaterial: Plus-Tafel (als Poster, ca. 90 cm x 120 cm), Zwanzigerfeld, Zwanzigerreihe, Wendekärtchen für Magnettafel
Arbeitsmaterial: kleine Plus-Tafeln (1/7) für die Hand der Schüler, Arbeitsblätter (vgl. Arbeitsblatt 1/8), Wendeplättchen

Wie kann man vorgehen?

Die Orientierung an einem so großen Plan ist für Kinder am Anfang ungewohnt. Die Arbeitsphasen direkt am Plan dürfen deshalb zunächst nicht zu lang ausgedehnt werden. Kinder und Lehrer verständigen sich zunächst mehr durch Hinzeigen (Demonstrieren), weniger durch sprachliche Beschreibungen. Die farbigen Felder, ein Zeigestock und, falls die Plus-Tafel mit Folie überzogen ist, ein Folienstift (non-permanent) helfen hierbei.

1. Orientierungsübungen
   Wenn die Schüler am Zwanzigerfeld und der Zwanzigerreihe alle 1 + 1-Aufgaben legen und mehr oder weniger geläufig rechnen können, ist der Zeitpunkt gekommen, die Plus-Tafel im Klassenzimmer aufzuhängen und erste Orientierungsfragen zu stellen:

L: *„Diese Tafel heißt Einspluseins-Tafel oder kurz Plus-Tafel. Warum wohl?"*
S: *„Da stehen lauter Plusaufgaben. Einige davon sind farbig angemalt."*
L: *„Findet ihr Aufgaben, die ihr schon im Kopf rechnen könnt?"*
S: *„1+2 = 3 oder 2+2 = 4, 3+1 = 4, ..."*

Die Aufgaben werden jeweils an der Tafel gezeigt. Vielleicht nennen die Schüler schon Aufgabenserien, z. B. 1+1, 2+1, 3+1, 4+1, ... 10+1, oder sie umfahren mit dem Zeigestock ein einfaches Aufgabenfeld (Abb. 42).

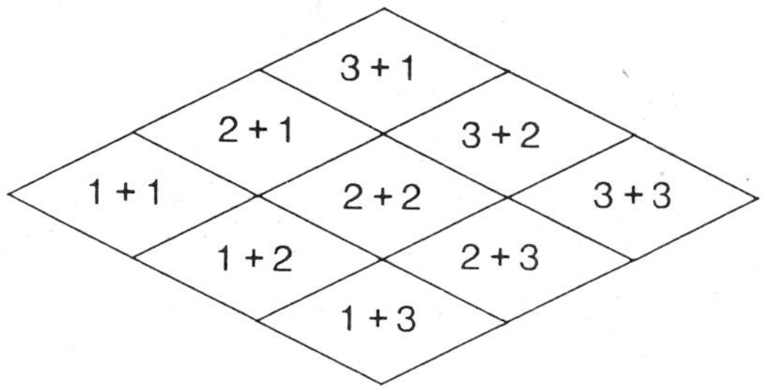

Abb. 42

Weitere mögliche Fragen:
Welche Aufgabe stehen in den roten Feldern? Welche Aufgaben stehen in den gelben Feldern? Welche Aufgaben stehen in den grünen Feldern? Wo stehen Plusaufgaben mit 1,2,...? Welche Aufgaben könnt ihr rechnen?

Zur Beantwortung der letzten Frage kann jeder Schüler eine Aufgabe auf der Tafel wählen und rechnen. Ist das Ergebnis richtig, markiert man die Aufgabe. Man läßt dabei zunächst bewußt offen, welche Aufgaben die Schüler rechnen und wie sie das Ergebnis bestimmen. Am Schluß stellt man die Fragen:

Wo stehen die Aufgaben mit niedrigem (hohem) Ergebnis?
S: *„Die Aufgaben mit kleinem Ergebnis* (2+2 = 4, 3+0 = 3, ...) *stehen links, die Aufgaben mit großem Ergebnis* (10+10 = 20) *stehen rechts. 5+5 = 10 steht in der Mitte."*

2. Übung mit Wendekärtchen:
In einem Karton sind Wendekärtchen für die Zahlen 0 bis 10 in doppelter Ausführung verfügbar (Abb. 43).

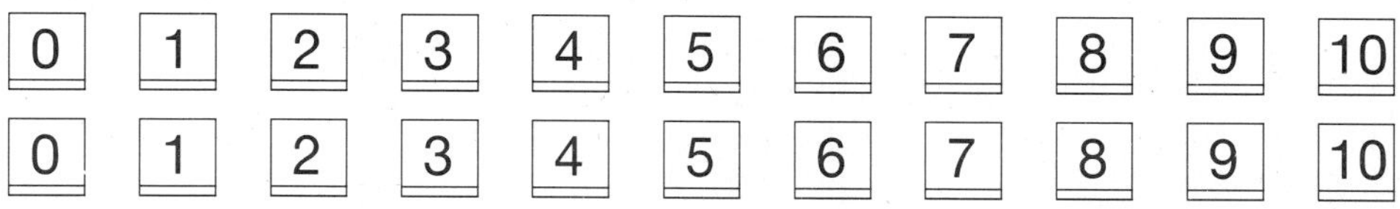

Abb. 43

Ein Schüler zieht jeweils zwei Wendekärtchen, nennt die mögliche(n) Plusaufgabe(n) und zeigt diese an der Plus-Tafel. Kennt der Schüler das Ergebnis, so kann er es sofort nennen. Wenn nicht, darf er die Kärtchen umdrehen und das Ergebnis aus den Punktdarstellungen der Zahlen ermitteln.

Beispiel:

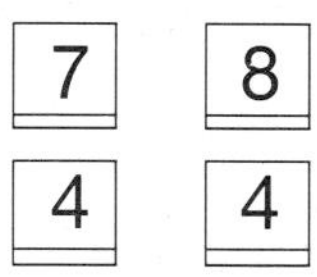

7+8 (oder 8+7)

4+4 = 8

Abb. 44

3. Übungen mit operativen Aufgabenserien ("Päckchen mit Pfiff")
Man gibt den Schülern **ungeordnet** eine Aufgabenserie zum Rechnen (Zwanzigerfeld und Zwanzigerreihe können bei Bedarf benutzt werden).

Beispiel:	5+3 =	5+10 =
	5+9 =	5+ 4 =
	5+5 =	5+ 8 =

5+7 =	5+ 0 =
5+2 =	5+ 6 =
5+1 =	

Nachdem die Schüler die Aufgaben gerechnet haben, fragt man:
Wo befinden sich diese Aufgaben in der Plus-Tafel?
Nachdem die Aufgaben gefunden worden sind, werden sie nun geordnet an die Tafel geschrieben, und das errechnete Ergebnis wird eingetragen:

5+0 = 5
5+1 = 6
5+2 = 7
5+3 = 8
5+4 = 9
...

Man stellt weitere ähnliche Beispiele aus der Plus-Tafel zusammen, wobei man nach Zeilen, Spalten, Diagonalen, Ausschnitten vorgehen kann. Schüler entdecken, daß die Aufgaben in der Plus-Tafel geschickt angeordnet sind und in dieser Reihenfolge leicht ausgerechnet werden können (Abb. 45).

Beispiele:

6+4 =	10+8 =		2+0 = 2
9+7 =	8+6 =	geordnet wie in der	3+1 = 4
5+3 =	7+5 =	Plus-Tafel	4+2 = 6
3+1 =	2+0 =		5+3 = 8
4+2 =			6+4 = 10
			...

7+4 =	10+4 =	geordnet wie in der	0+4 = 4
2+4 =	8+4 =	Plus-Tafel	1+4 = 5
5+4 =	6+4 =		2+4 = 6
9+4 =	1+4 =		3+4 = 7
4+4 =	3+4 =		4+4 = 8
0+4 =			...

3+7 =	2+ 8 =	geordnet wie in der	10+0 = 10
8+2 =	7+ 3 =	Plus-Tafel	9+1 = 10
10+0 =	4+ 6 =		8+2 = 10
6+4 =	0+10 =		7+3 = 10
5+5 =	9+ 1 =		6+4 = 10
1+9 =			...

4+7 =	5+7 =	geordnet wie in der
6+9 =	4+8 =	Plus-Tafel
6+7 =	5+9 =	
5+8 =	6+8 =	
4+9 =		

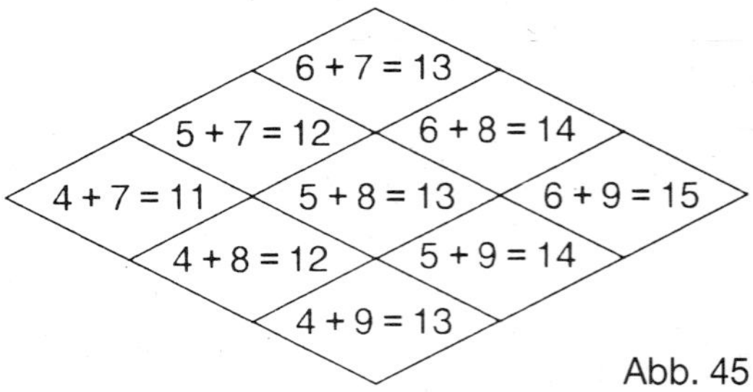

Abb. 45

Diese Aktivitäten können in Arbeitsblättern (1/8) weiterverfolgt werden. Die Schüler können jeweils mit einer einfachen Aufgabe anfangen und sich das Aufgabenfeld schrittweise erobern. Dabei sind zahlreiche "Entdeckungen" möglich:
z. B. 9+5 ergibt 1 weniger als 10+5
9+6 ergibt 1 weniger als 10+6 ...

Das Aufgabenfeld kann vielfältig abgewandelt werden:

–Verdopplungsaufgaben (Abb. 46):

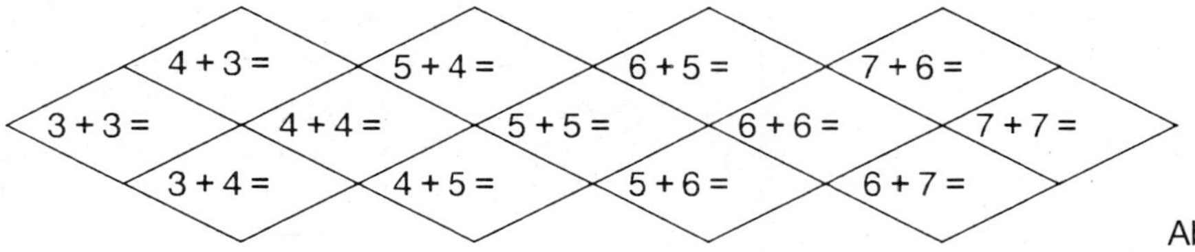

Abb. 46

Mögliche "Entdeckungen":
Das Ergebnis von 4+3 liegt zwischen 3+3 = 6 und 4+4 = 8.
Das Ergebnis von 4+5 liegt zwischen 4+4 = 8 und 5+5 = 10.

–Zehnerergänzung (Abb. 47):

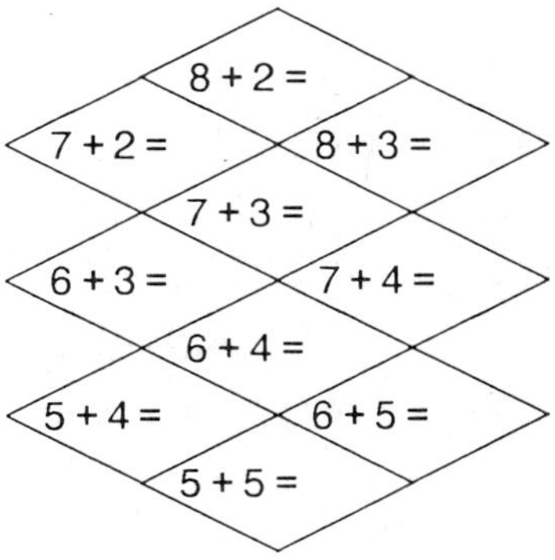

Abb. 47

Mögliche "Entdeckungen":
Wenn ich 8+2 = 10 weiß, kann ich 7+2 und 8+3 ausrechnen.

Die Aufgabenstellung wird dann in der folgenden Form variiert:
Schreibe alle Nachbaraufgaben von 3+8 auf und rechne sie. Fange mit der einfachsten Aufgabe an (Abb. 48).

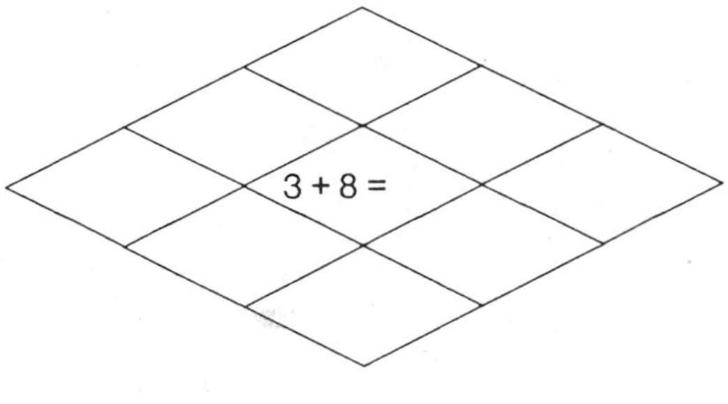

Abb. 48

Vielleicht können die Schüler die Nachbaraufgaben aufschreiben, ohne auf die Plus-Tafel zu schauen.

4. Die Plus-Tafel als Aufgabendisplay
Sowohl im mündlichen als auch im schriftlichen Rechnen kann die Plus-Tafel als Aufgabendisplay benutzt werden:
Man zeigt auf eine Aufgabe. Die Schüler rechnen sie.
Man zeigt auf die Nachbaraufgabe. Die Schüler rechnen wieder und nutzen das vorherige Ergebnis aus. Ganze "Aufgabenwege" können so durchlaufen werden, z. B.
3+5, 4+5, 4+6, 4+7, 5+7, ...

Anmerkung:
Die Schüler können auf ihrer kleinen Plus-Tafel die gut beherrschten Aufgaben ausstreichen Die noch zu lernenden Aufgaben sind mit ihren Zusammenhängen klar dargestellt, was sich für das weitere Lernen günstig auswirkt. Die Tafel unterstützt die Selbstorganisation der Schüler.

3.3 Beispiele für problemstrukturiertes Üben

Bei den Aufgabenserien des vorangehenden Abschnitts wurde eine Struktur durch operative Abwandlung der Zahlen in den Aufgaben erzeugt (**operativ strukturiertes Üben**). Ein Strukturzusammenhang läßt sich aber noch auf andere Weise herstellen: durch ein übergeordnetes Problem (**problemstrukturiertes Üben**) und durch eine Sachsituation (**sachstrukturiertes Üben**). Im folgenden Abschnitt bringen wir zunächst Beispiele für problemstrukturiertes Üben. Beispiele für sachstrukturiertes Üben folgen in Abschnitt 4.

3.3.1 "Würfelraten"

Worum geht es?
Was soll geübt werden?

Bei dieser Übung werden Summen mit drei Summanden berechnet und gegebene Summen in Summanden zerlegt. Nach der Rechenübung wird überlegt, wie viele Zerlegungen dieser Art es für eine bestimmte Zahl gibt.

Was wird benötigt?

Je drei Würfel für eine Gruppe von Kindern.

Wie kann man vorgehen?

1. Berechnung von Augensummen
   Ein Kind würfelt mit 3 Würfeln und nennt die Augen (z. B. 5, 4, 4).
   Frage: *Wie viele Augen sind es zusammen? Wie hoch ist die Augen***summe***?*
   Die Aufgabe wird zuerst aufgeschrieben und dann ausgerechnet: 5 + 4 + 4 = 13
   Analog werden einige weitere Beispiele behandelt. Bei den Rechnungen wird jedesmal überlegt, wie man geschickt vorgehen kann.

   Beispiele: 1 + 5 + 4 = 10 (1 + 4 = 5) 6 + 3 + 4 = 13 (6 + 4 = 10)

2. Spiel "gegen die Klasse"
   Man würfelt mit 3 Würfeln verdeckt (z. B. hinter einer Tasche) oder legt 3 Würfel verdeckt, nennt die Augensumme und läßt die Kinder die Augen der einzelnen Würfel raten.

   Beispiel:

   Abb. 49

   L.: *„Meine Augensumme ist 8."* (L. schreibt an: 8 =)
   S.: *„Ist eine 5 dabei?"*
   L.: *„Nein."*
   S.: *„Eine 4?"*
   L.: *„Ja."* (L. schreibt weiter 8 = 4 +)
   S.: *„Ist eine 2 dabei?"*
   L.: *„Nein."*
   S.: *„Dann ist es noch eine 1 und eine 3."*
   L.: *„Erraten!"* (L. schreibt zu Ende 8 = 4 + 1 + 3)

   Bei weiteren Beispielen kann das Anschreiben und später auch das Vorgeben der Augensumme von Schülern übernommen werden, so daß die Klasse das Spiel ganz alleine organisieren kann.

3. Spiel in Gruppen
   Das Spiel kann in Tischgruppen oder in Partnerarbeit gespielt werden, wobei sich die Schüler einigen müssen, wer jeweils die anderen raten läßt.

4. Reflektives Üben (Klassengespräch/Einzelarbeit)
   Es soll nun überlegt werden, wie man eine bestimmte Augensumme erhalten kann.

   Beispiel: Augensumme 10
   Frage: *Aus welchen Augenzahlen kann man die Augensumme 10 erhalten?*

   Die Kinder suchen und geben eine Zerlegung, z. B. 5 + 4 + 1, an.

   Wie geht es noch?

Die Kinder suchen weiter und finden weitere Zerlegungen, die an der Tafel notiert werden, z.B. 5+4+1, 4+4+2, 6+2+2, 4+3+3, 5+3+2.
Es ist zu erwarten, daß dieselben Zerlegungen in anderer Reihenfolge der Summanden genannt werden. z.B. 1+4+5. An einer solchen Doppelnennung ist dann herauszuarbeiten, daß es auf die Reihenfolge nicht ankommt. Um "Doppelgänger" zu vermeiden, schreibt man die Summen so auf, daß die Augenzahlen der Größe nach geordnet sind.
Bisher sind die Zerlegungen **unsystematisch** gesucht worden. Man weiß in diesem Fall nicht, ob man alle hat. Daher empfiehlt es sich, die Zerlegungen **systematisch** zu suchen und aufzuschreiben.
Folgende Systematik liegt nahe:
Man überlegt anhand dreier Würfel, welche Augenzahl als höchstes vorkommen kann. Bei der Augensumme 10 ist das 6. Ein Würfel wird also auf "6" gestellt. Dann überlegt man, wie die beiden anderen Augenzahlen gewählt werden können und ordnet jeweils der Größe nach (Abb. 50).

Abb.50

Von der **höchsten** Augenzahl 6 geht man zur nächstniedrigen, d.h. 5, über und ergänzt erneut (Abb. 51).

Abb.51

Entsprechend geht es mit 4 (Abb. 52).

Abb. 52

Mit Augenzahlen unter 4 läßt sich 10 nicht mehr darstellen.
Nach dieser Systematik erhält man die Zerlegungen in Abb. 53.

3	4	5	6	7	8	9	10
1+1+1	2+1+1	3+1+1	4+1+1	5+1+1	6+1+1	6+2+1	6+3+1
		2+2+1	3+2+1	4+2+1	5+2+1	5+3+1	6+2+2
			2+2+2	3+3+1	4+3+1	5+2+2	5+4+1
				3+2+2	4+2+2	4+4+1	5+3+2
					3+3+2	4+3+2	4+4+2
						3+3+3	4+3+3

11	12	13	14	15	16	17	18
6+4+1	6+5+1	6+6+1	6+6+2	6+6+3	6+6+4	6+6+5	6+6+6
6+3+2	6+4+2	6+5+2	6+5+3	6+5+4	6+5+5		
5+5+1	6+3+3	6+4+3	6+4+4	5+5+5			
5+4+2	5+5+2	5+5+3	5+5+4				
5+3+3	5+4+3	5+4+4					
4+4+3	4+4+4						

Abb. 53

Wie man sieht, gibt es bei kleinen und großen Augensummen weniger Möglichkeiten als bei mittleren. Daher bietet sich diese Aufgabe zur Differenzierung an. Jedes Beispiel kann anhand der drei zur Verfügung stehenden Würfel konkret erarbeitet werden.

3.3.2 Bunte Ostereier

Worum geht es?
Was soll geübt werden?

Die Schüler sollen im Rahmen der folgenden kombinatorischen Fragestellung das Zerlegen von Zahlen und die Arbeit mit Tabellen üben: *Welche verschiedenen Osternester mit 6 Eiern kann der Osterhase legen, wenn mindestens 1 Ei von jeder Farbe (rot, grün, blau) im Nest vorkommt?*

Was wird benötigt?

Arbeitsmaterial: Arbeitsblatt 1/9

Wie kann man vorgehen?

1. Vorstellen der Aufgabe und ungeordnetes Finden von Nestern
Man erzählt den Kindern folgende Geschichte:
Der Osterhase Hoppel hat Eier in den Farben rot, grün und blau gefärbt. Er überlegt sich, welche verschiedenen Nester er mit 6 Eiern pro Nest legen kann. Damit die Nester schön bunt sind, soll mindestens ein Ei von jeder Farbe vorkommen.
Man malt als Beispiel ein Nest an die Tafel und fordert die Schüler auf, weitere Nester zu malen (Abb. 54).

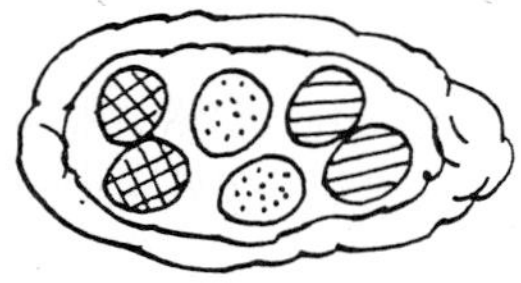

Abb. 54

2. Eintragen der Nester in eine Tabelle
Zur besseren Übersicht werden einige Nester in die folgende an die Tafel gezeichnete Tabelle eingetragen (Abb. 55).

3	2	1

3 rote, 2 grüne und 1 blaues Ei

Abb. 55

Die Schüler erhalten Arbeitsblatt 1/9 und tragen ihre gemalten Nester in die Tabelle ein.

3. Ordnen der Nester in der Tabelle (reflektive Phase, Klassengespräch)
Hoppel überlegt sich, wie er alle verschiedenen Nester mit ***System*** *finden kann. Als erstes beschließt er, die Eier in einer bestimmten Reihenfolge in die Nester zu legen: zuerst die roten, dann die grünen und dann die blauen Eier.*

Wie kann er anfangen?
Mit 6 roten Eiern kann er nicht beginnen, da er dann kein grünes und blaues Ei mehr legen darf.
Bei 5 roten Eiern kann er entweder ein blaues oder ein grünes Ei dazulegen, aber nicht beide, also darf er mit 5 roten Eiern auch nicht beginnen.
Er könnte folglich mit 4, 3, 2 oder 1 rotem Ei beginnen.

Wenn er mit 4 roten Eiern beginnt: Wie kann er weiterlegen?

4 rote, 1 grünes, 1 blaues Ei

Andere Möglichkeiten gibt es nicht!

Legt er zuerst 3 rote Eier, kann er folgendermaßen weiterlegen:

3 rote 1 grünes 2 blaue **oder**
3 rote 2 grüne 1 blaues Ei

Bei 2 roten Eiern ergeben sich die Nester:

2 r 3 g 1 b
2 r 2 g 2 b
2 r 1 g 3 b

Bei 1 rotem Ei erhält Hoppel:

1 r 4 g 1 b
1 r 3 g 2 b
1 r 2 g 3 b
1 r 1 g 4 b

Insgesamt ergeben sich 1 + 2 + 3 + 4 = 10 verschiedene Nester, die der Reihe nach in eine neue Tabelle eingetragen werden.

Wie könnte es weitergehen?

4. Aufgaben zur Durcharbeitung der geordneten Tabelle
Wie viele Nester gibt es mit 4 roten Eiern? (1 Nest)
Wie viele Nester gibt es mit 4 blauen Eiern? (1 Nest)
Wie viele Nester gibt es mit 4 grünen Eiern? (1 Nest)

Wie viele Nester gibt es mit 3 roten Eiern? (2)
Wie viele Nester gibt es mit 3 blauen Eiern? (2)
Wie viele Nester gibt es mit 3 grünen Eiern? (2) ...

5. Größere und kleinere Nester
   Außerdem könnte man weniger oder mehr Eier pro Nest verwenden.
   (Bei 5 Eiern gibt es 6 Nester, bei 7 Eiern 15 Nester, bei 8 Eiern 21 Nester usw. ... Wieder einmal treten hier die Dreieckszahlen in Erscheinung.)

3.3.3 Rechnen mit Wendekärtchen

Worum geht es?

Wir arbeiten mit je einem Wendekärtchen für die Zahlen 0 bis 10. Dann können alle 1+1-Aufgaben, ohne die Verdopplungsaufgaben, also insgesamt 110 Aufgaben, gebildet werden. Verzichtet man auf Tauschaufgaben, was naheliegend ist, so kann man 55 Additions- und Subtraktionsaufgaben bilden. Die **einmalige Verfügbarkeit** jeder Zahl durch ein Wendekärtchen ist für einige Aufgabenstellungen ausgesprochen günstig, wie durch einen "Film" an folgender Aufgabe gezeigt werden soll: *Gesucht sind zwei Wendekärtchen mit der Summe 10.*
Jedes gefundene Paar erleichtert das Suchen weiterer Paare, bis man schließlich alle gefunden hat (Abb. 56).

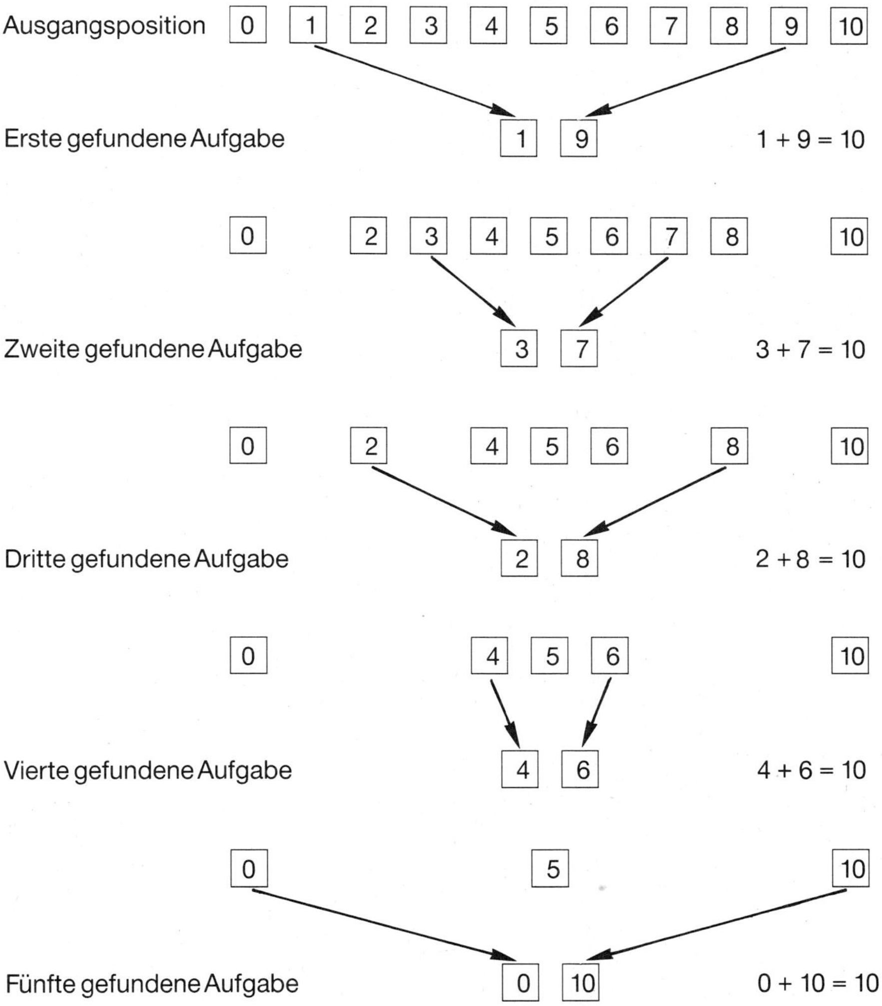

Abb. 56

5 bleibt übrig. Nur wenn wir eine zweite 5 hätten, dann könnten wir 5 + 5 = 10 legen.

Die Aufgabe bringt das Gesetz von der Konstanz der Summe sehr schön zum Ausdruck.

Bei den anderen möglichen Summen .., 8, 9, 11, ... ergibt sich ein analoges Bild.

Sucht man Zahlenpaare mit dem gleichen **Unterschied**, so erleichtert auch dort jede gefundene Lösung das Suchen und Finden weiterer Lösungen. Auch dies soll an einer Aufgabe aufgezeigt werden: *Gesucht sind alle Zahlenpaare mit dem Unterschied 6.*

In der Wahl der Zahlenpaare jeweils "im gleichen Abstand" drückt sich das Gesetz von der Konstanz der Differenz aus (Abb. 57).

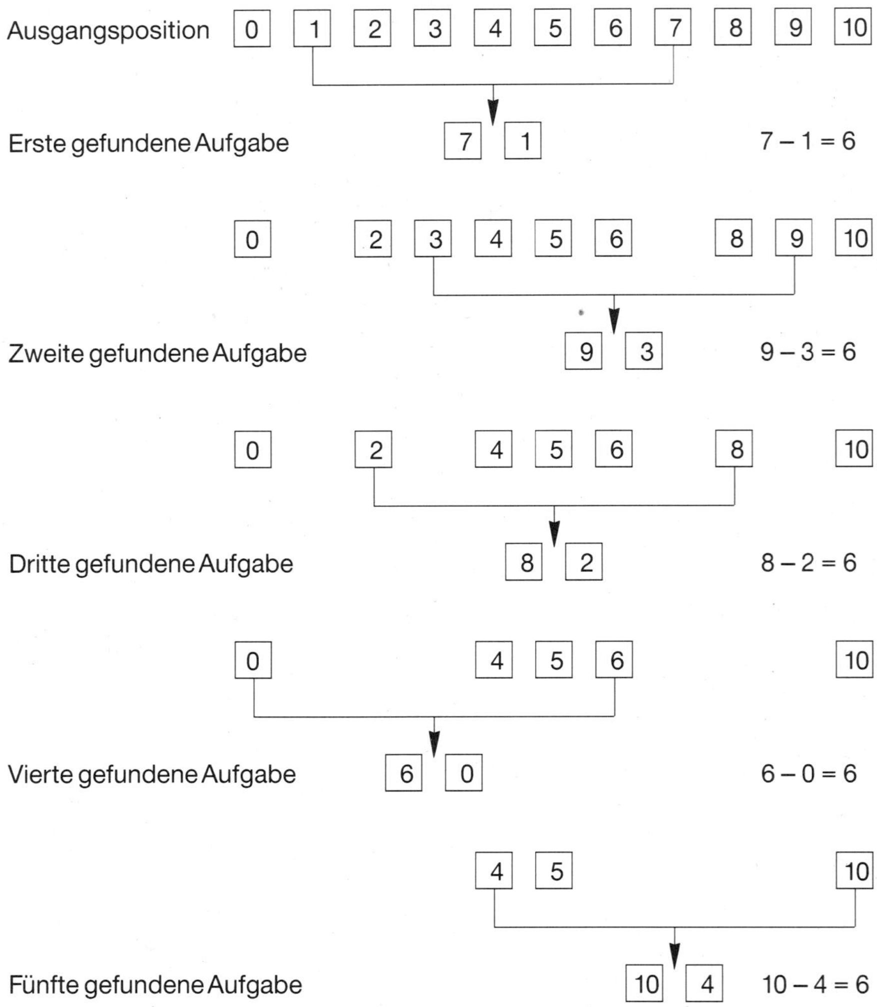

Abb. 57

Anmerkung:
Bei kleinen Unterschieden können u. U. nicht alle Lösungen gleichzeitig gelegt werden. Mit zwei Sätzen von Wendekärtchen lassen sich bei Bedarf alle Aufgaben lösen.

Übersicht über alle möglichen Summen:

0 + 1 = 1	kleinste Summe			
0 + 2 = 2				
0 + 3 = 3	1 + 2 = 3			
0 + 4 = 4	1 + 3 = 4			
0 + 5 = 5	1 + 4 = 5	2 + 3 = 5		
0 + 6 = 6	1 + 5 = 6	2 + 4 = 6		
0 + 7 = 7	1 + 6 = 7	2 + 5 = 7	3 + 4 = 7	
0 + 8 = 8	1 + 7 = 8	2 + 6 = 8	3 + 5 = 8	
0 + 9 = 9	1 + 8 = 9	2 + 7 = 9	3 + 6 = 9	4 + 5 = 9
0 + 10 = 10	1 + 9 = 10	2 + 8 = 10	3 + 7 = 10	4 + 6 = 10
1 + 10 = 11	2 + 9 = 11	3 + 8 = 11	4 + 7 = 11	5 + 6 = 11
2 + 10 = 12	3 + 9 = 12	4 + 8 = 12	5 + 7 = 12	
3 + 10 = 13	4 + 9 = 13	5 + 8 = 13	6 + 7 = 13	
4 + 10 = 14	5 + 9 = 14	6 + 8 = 14		
5 + 10 = 15	6 + 9 = 15	7 + 8 = 15		
6 + 10 = 16	7 + 9 = 16			
7 + 10 = 17	8 + 9 = 17			
8 + 10 = 18				
9 + 10 = 19	größte Summe			

Übersicht über alle möglichen Unterschiede (Differenzen):

10–0 = 10 größter Unterschied
10–1 = 9, 9–0 = 9
10–2 = 8, 9–1 = 8, 8–0 = 8
10–3 = 7, 9–2 = 7, 8–1 = 7, 7–0 = 7
10–4 = 6, 9–3 = 6, 8–2 = 6, 7–1 = 6, 6–0 = 6
10–5 = 5, 9–4 = 5, 8–3 = 5, 7–2 = 5, 6–1 = 5, 5–0 = 5
10–6 = 4, 9–5 = 4, 8–4 = 4, 7–3 = 4, 6–2 = 4, 5–1 = 4, 4–0 = 4
10–7 = 3, 9–6 = 3, 8–5 = 3, 7–4 = 3, 6–3 = 3, 5–2 = 3, 4–1 = 3, 3–0 = 3
10–8 = 2, 9–7 = 2, 8–6 = 2, 7–5 = 2, 6–4 = 2, 5–3 = 2, 4–2 = 2, 3–1 = 2, 2–0 = 2
10–9 = 1, 9–8 = 1, 8–7 = 1, 7–6 = 1, 6–5 = 1
5–4 = 1, 4–3 = 1, 3–2 = 1, 2–1 = 1, 1–0 = 1 kleinster Unterschied

Was soll geübt werden?

Rechnen von Additionsaufgaben, Ergänzungsaufgaben, Subtraktionsaufgaben mit Zahlen kleiner gleich 10, operatives Abwandeln dieser Aufgaben durch Verändern eines Summanden, des Minuenden oder des Subtrahenden.

Was wird benötigt?

Demonstrationsmaterial: Wendekärtchen, Magnettafel

Arbeitsmaterial: Wendekärtchen, Heft

Wie kann man vorgehen?

Zunächst werden an der Magnettafel (bzw. auf dem Schultisch) die Wendekärtchen in der richtigen Reihenfolge gelegt (Abb. 58).

0	1	2	3	4	5	6	7	8	9	10

Abb. 58

1. Freie Aufgaben zur Summe
   Die Kinder dürfen der Reihe nach je zwei Karten wegnehmen, nebeneinander legen und die Summe bilden. Die Aufgabe wird dann aufgeschrieben (Abb. 59).

4	7	4 + 7 = 11
1	3	1 + 3 = 4
2	5	2 + 5 = 7
10	8	10 + 8 = 18
9	0	9 + 0 = 9

Das Kärtchen 6 bleibt übrig.

Abb. 59

Treten bei den Kindern noch Schwierigkeiten bei der Addition auf, so dürfen sie die Wendekärtchen umdrehen und die Zahlbilder auf der Rückseite zum Rechnen benutzen. Anschließend werden die Wendekärtchen wieder in der "richtigen" Reihenfolge angeordnet.

2. Reflexion über Summenbildung
   Man kann die Reflexion durch folgende Aufgaben anregen:
   – *Mit welchen Karten kommt die kleinste (größte) Summe heraus?*
   – *Mit welchen Karten kommt ..., 12, 11, 10, 9, 8, ... als Summe heraus?*
   – *Versuche jeweils* **alle** *Aufgaben zur Summe ..., 6, 7, ... zu legen.*
   – *Wie viele verschiedene Summen sind überhaupt möglich?*

   Wie bereits oben erwähnt, ist die Aufgabenstellung, **alle** Zahlpaare zu einer bestimmten Summe zu finden, besonders reizvoll.

Hier sieht man die Lösung, alle Zahlenpaare zur Summe 6 zu finden (Abb. 60).

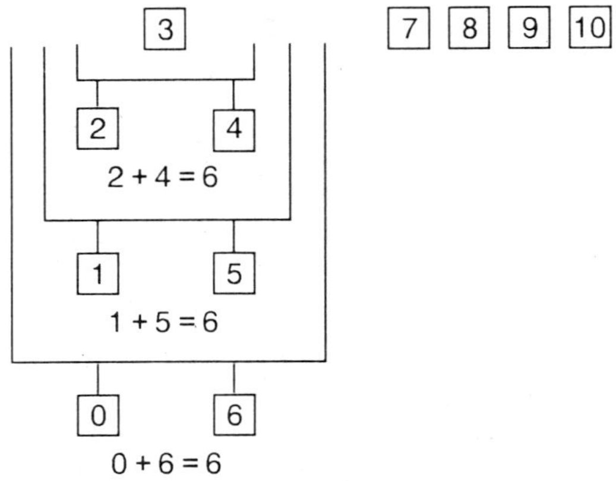

Abb. 60

3. Operative Übungen zur Addition

   Man legt die Karten 2 und 7 .

   Die Schüler rechnen 2 + 7 = 9.

   L: *„Jetzt soll* **ein** *Kärtchen ersetzt werden, so daß 10 herauskommmt."*
   1. S.: *„2 + 8 = 10."* (7 durch 8 ersetzt)
   2. S.: *„3 + 7 = 10."* (2 durch 3 ersetzt).

   Weitere Aufgabenstellungen für die Ersetzung eines Kärtchens:

2 + 9 = 11	5 + 3 = 8	2 + 8 = 10
gewünschte Summe 13	gewünschte Summe 4	gewünschte Summe 12

   Es gibt bei dieser Art Aufgabenstellung jeweils 1, 2 oder 0 Lösungen.

4. Übungen zum Ergänzen

   L. (legt die Karte [3]): *„Ich möchte als Summe 11."*

   S. (legt die Karte [8]): *„3 + 8 = 11."*

   L. (legt die Karte [5]).

   S. (legt die Karte [6]): *„5 + 6 = 11."*

   usw.

5. Freie Aufgaben zum Unterschied

   Je zwei Kärtchen werden genommen, nebeneinander gelegt, und es wird der Unterschied (die Differenz) gebildet.

   Die Aufgabe wird dann aufgeschrieben (Abb. 61).

   [7] [2] 7 – 2 = 5

   [10] [1] 10 – 1 = 9

   [8] [3] 8 – 3 = 5

   [6] [4] 6 – 4 = 2

   [9] [5] 9 – 5 = 4

   [0] bleibt übrig.

   Abb. 61

   Treten bei den Kindern noch Schwierigkeiten auf, so dürfen sie wieder die Zahlbilder auf der Rückseite benutzen. Anschließend werden die Wendekärtchen wieder "richtig" in die Zahlreihe eingeordnet. (Übung zur Größer/Kleiner-Relation).

6. Reflexion der Unterschiedbildung

   Man kann folgende Aufgaben stellen:
   - *Mit welchen Kärtchen kommt der* **größte** *(kleinste) Unterschied heraus?*
   - *Mit welchen Kärtchen kommt 4, 5, 6, 7, 8, 9 ... als Unterschied heraus?*
   - *Versuche jeweils möglichst viele Aufgaben zur Differenz (zum Unterschied)... 5, 6, 7, 8, ... zu legen.*
   - *Welche Unterschiede sind überhaupt möglich?*

Wiederum ist die Aufgabenstellung, möglichst viele Zahlpaare zu einer bestimmten Differenz zu finden, besonders reizvoll.
Hier ist die Aufstellung aller möglichen Zahlpaare zum Unterschied 7 (Abb. 62).

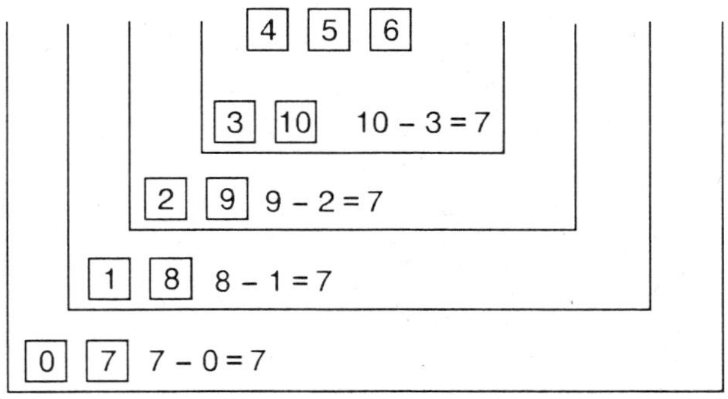

Abb. 62

7. Operative Übungen zum Unterschied
   Man legt die Karten [2] und [7].
   S: *„7–2 = 5."*
   L: „Ein Kärtchen darf ersetzt werden. Es soll 6 herauskommen."
   1. S.: *„8–2 = 6."* (7 durch 8 ersetzt)
   2. S.: *„7–1 = 6."* (2 durch 1 ersetzt)

Weitere Aufgabenstellungen:

10–3 = 7 gewünschter Unterschied 6	8–2 = 6 gewünschter Unterschied 8	6–2 = 4 gewünschter Unterschied 8,9,...

Wie bei der Addition gibt es bei dieser Art von Aufgabenstellung jeweils 1, 2 oder 0 Lösungen.

Wie könnte es weitergehen?

Anstelle der Wendekärtchen von 0 bis 10 kann man mit den Wendekärtchen von 0 bis 20 arbeiten.

Schlußbemerkung:
Wenn die Schüler selbst Wendekärtchen zur Verfügung haben, können sie einige der obigen Aufgabenstellungen auch in Einzelarbeit im Heft schriftlich bearbeiten.

3.3.4 Zauberquadrate

Worum geht es?

Die Legende erzählt, daß dem chinesischen Kaiser Yü vor 4000 Jahren beim Deichbau am gelben Fluß eine Schildkröte mit einer merkwürdigen Zeichnung der Felder ihres Rükkenpanzers erschienen sei. Die herbeigerufenen Weisen hätten neun im Quadrat angeordnete Felder und in diesen die Zahlen 1 bis 9 in eigentümlicher Anordnung identifiziert (Abb. 63).

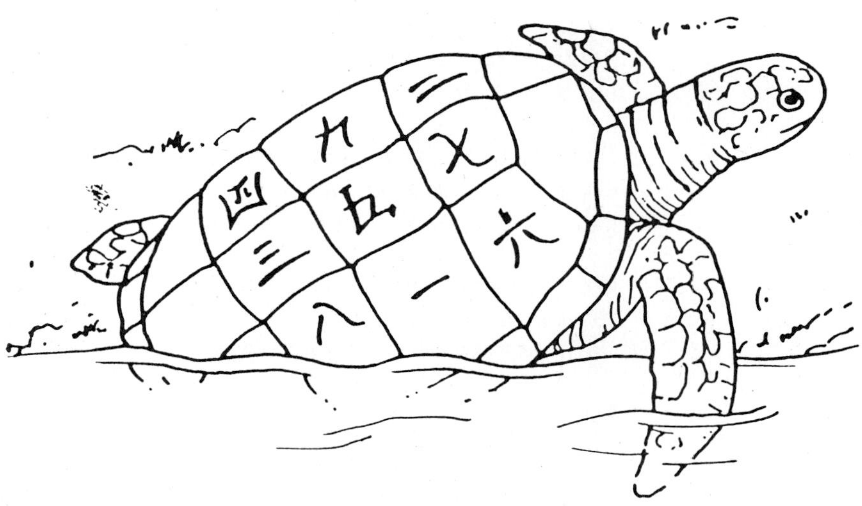

Abb. 63

In modernen Zahlzeichen sieht dieses Zahlenquadrat "lo shu" folgendermaßen aus (Abb. 64):

4	9	2
3	5	7
8	1	6

Abb. 64

Die Besonderheit des "lo shu" liegt darin, daß alle Zeilen, Spalten und Diagonalen die Summe 15 ergeben. Gruppiert ist das Quadrat um die **Fünf**, die geraden Zahlen stehen in den Ecken, die ungeraden Zahlen dazwischen. Die diametral gegenüberstehenden Zahlen ergänzen sich zu 10. Unter Beachtung dieser Beziehungen kann man eine Reihe weiterer "verwandter" magischer Quadrate konstruieren (Abb. 65).

6		8
	5	
2		4

→

6	1	8
7	5	3
2	9	4

2		6
	5	
4		8

→

2	7	6
9	5	1
4	3	8

Abb. 65

Magische Quadrate wie diese haben in alten Kulturen eine große Rolle gespielt, weil die Menschen sie als Sinnbild kosmischer Kräfte angesehen haben.
Wir wollen das altchinesische "lo shu" bei den folgenden Übungen dazu benutzen, die Kinder rechnen, Zahlbeziehungen entdecken und einen kleinen Blick in die Kulturgeschichte werfen zu lassen.

Was soll geübt werden?

Ausrechnen von Dreiersummen im Zwanzigerraum, operatives Abändern von Dreiersummen im Zwanzigerraum, geschicktes Ausrechnen von Dreiersummen, Ergänzen zu 10 und zu 15.

Was wird benötigt?

Demonstrationsmaterial: Magnetwendekärtchen mit Zahlen 1 bis 9 für Magnettafel
Arbeitsmaterial: Arbeitsblätter 1/10a und 10b, Wendekärtchen für Zahlen 1 bis 9 (oder Ziffernkärtchen)

Wie kann man vorgehen?

Den Leitfaden bildet das folgende Gedichtchen "Zahlenzauber":

Schreib' 1 bis 9 in Dreierreihn.
Addiere längs, addiere quer
und schräg dazu. Was findest du?

Tausch' 7 und 3, was ist dabei?
Addiere längs, addiere quer
und schräg dazu. Was findest du?

Die 5 laß steh'n, die andern dreh'n.
Addiere längs, addiere quer
und schräg dazu. Was findest du?

Vertausche zwei, sei schlau dabei,
vertausche sie, probiere gut.
Dann wirst du reich, hast alles gleich.

Auf die Magnettafel wird ein 3 x 3 Quadratschema gezeichnet (vgl. Arbeitsblatt 1/10a), so daß in jedes Feld genau ein Wendekärtchen hineinpaßt. Die Wendekärtchen werden dem ersten Vers des Arbeitsblattes entsprechend wie bei der Tastatur moderner Telefonapparate (übliche Reihenfolge 1 bis 9) aufgelegt. Der Lehrer fordert die Schüler auf, längs, quer und schräg zu addieren und demonstriert dies bei einigen Summen an der Magnettafel (Abb. 66).

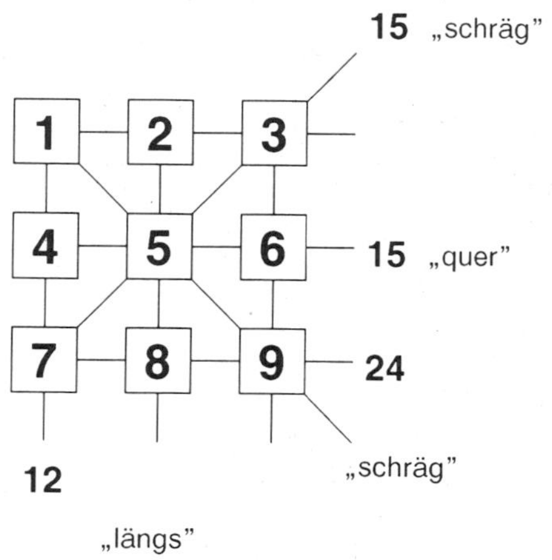

Abb. 66

Die Schüler legen ihre Kärtchen entsprechend hin, tragen auf dem Arbeitsblatt die Zahlen mit dem Bleistift in der angegebenen Art ein und rechnen die restlichen Summen aus. Vielleicht finden es die Schüler bereits erstaunlich, daß bei den acht Dreiersummen **viermal** die Summe 15 herauskommt.

Nun wird dem zweiten Vers entsprechend die Zahl 7 mit der Zahl 3 vertauscht. Die Zahlen werden wieder mit dem Bleistift in das entsprechende Quadrat des Arbeitsblattes eingetragen und die acht Dreiersummen neu berechnet (Abb. 67). Vielleicht fällt einigen Kindern auf, daß sie ihre alten Ergebnisse benutzen können.

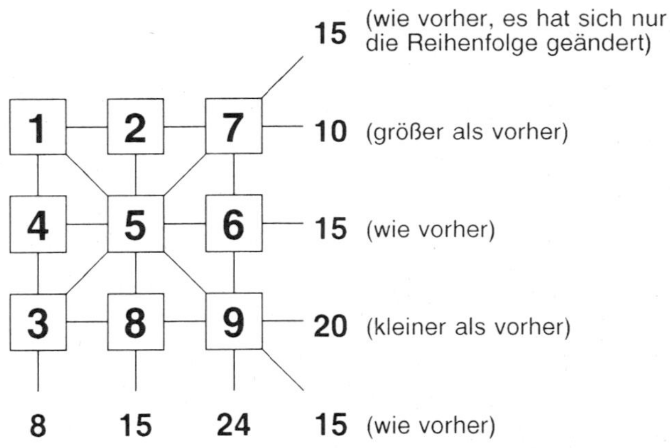

Abb. 67

L: *„Welche Summen sind gleich geblieben?*
Welche Summen haben sich verändert?"

Mögliche Schülerantworten:
Die erste Zeile hat sich um 4 erhöht (da 3 und 7 vertauscht).
Die zweite Zeile ist gleich geblieben.
Die dritte Zeile hat sich um 4 erniedrigt.
usw.

Interessant ist dabei auch die "Veränderung" der Diagonalen 3+5+7 zu 7+5+3, die an der Summe natürlich nichts ändert.

In der nächsten Stunde läßt man die Wendekärtchen "um die 5 tanzen" und die neuen Summen wieder mit dem Bleistift in das Arbeitsblatt 1/10b eintragen. Nun stehen die geraden Zahlen in den Ecken, und es ergibt sich folgende Überraschung: Bis auf zwei Zeilen kommt überall 15 heraus (Abb. 68).

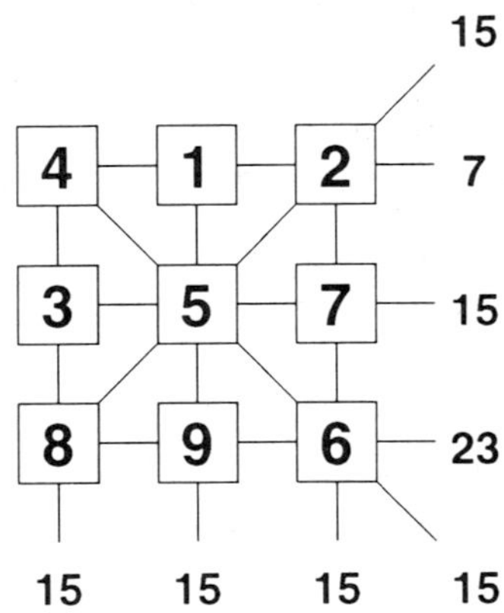

Abb. 68

Schließlich versuchen die Schüler, dem letzten Vers des Arbeitsblattes folgend, überall 15 zu erzielen. Sie probieren dies mit Wendekärtchen aus, wobei **viel** im Kopf gerechnet wird. Da man die Diagonalen, die Spalten und die mittlere Zahl möglichst nicht antasten sollte, weil dort die Summe stimmt, kommt man ziemlich zwangsläufig zur Vermutung, die Zahlen 1 und 9 zu vertauschen. Sollten die Schüler diese Lösung nicht selbst finden, muß man ihnen ggf. einen Tip geben.

Anschließend kann noch über das fertige Zauberquadrat gesprochen werden.
Mögliche Fragen: *Wo steht die 5?*
Welche Zahlen stehen in den Ecken?
Welche Zahlen stehen dazwischen?
Was geschieht, wenn ich die Zahlen um die 5 tanzen lasse?

Abschließend sollte man den Kindern die Legende vom Kaiser Yü und derSchildkröte erzählen.

Wie könnte es weitergehen?

In Weiterführung dieser Aktivitäten kann mit den Wendekärtchen das Spiel "15 gewinnt" gespielt werden: Man benötigt dazu wieder je ein Wendekärtchen der Zahlen 1 bis 9.

Spielregeln:
Zwei Spieler (Mannschaften) ziehen abwechselnd je ein Wendekärtchen und legen die gezogenen Kärtchen **offen** vor sich hin. Gewonnen hat derjenige Spieler, der zuerst die Summe 15 (als Zweier-, Dreier-, ... Vierersumme, ...) bilden kann. Diese wird dann aufgeschrieben. Dabei müssen aber nicht alle der gezogenen Kärtchen zur Summenbildung verwendet werden.

Mögliche Spielverläufe (Abb. 69):

1)

1. Spieler (Mannschaft)	2. Spieler (Mannschaft)
9 Beginn	
	6
8	
	7
2	
	5
4	

Der erste Spieler hat jetzt gewonnen, denn: 9 + 2 + 4 = 15

2)

1. Spieler (Mannschaft)	2. Spieler (Mannschaft)
	4
9	
	6
3	
	5

gewonnen, denn 4 + 6 + 5 = 15

3)

1. Spieler (Mannschaft)	2. Spieler (Mannschaft)
8	
	6
7	

gewonnen, denn 8 + 7 = 15

Abb. 69

Bei einiger Vertrautheit mit dem Spiel entdecken die Schüler, daß der erste Spieler immer gewinnen kann, wenn er strategisch richtig spielt (vgl. Spielverlauf (1)): 9, 8 , 2 , dann 4 oder 5 je nachdem, ob der Gegner 5 oder 4 als drittes Kärtchen wählt.
Zur Übung der Zehnergänzung kann analog das Spiel "10 gewinnt" gespielt werden. Beherrschen die Kinder die Zehnerergänzung schon gut, dann erkennen sie die Gewinnstrategie des ersten Spielers (Abb. 70).

1. Spieler (Mannschaft)	2. Spieler (Mannschaft)
6 Beginn	
	4
3	
	7
1	

gewonnen, denn 6 + 3 + 1 = 10

Abb. 70

Es muß deshalb unbedingt darauf geachtet werden, daß sich die Spieler (Mannschaften) mit dem Beginn abwechseln. Da die Zweiersumme 10 mit der einfachen Zehnerergänzung verhindert werden kann, besteht die Strategie darin, mit kleinen Zahlen die Summe 10 zu bilden, z. B. 1 + 2 + 3 + 4 = 10.

4. Sachstrukturiertes Üben

In diesem Abschnitt sind Sachsituationen zusammengetragen, bei denen jeweils eine **bestimmte** Fertigkeit **wiederholt** geübt wird. Es handelt sich also nicht um Sachaufgaben im üblichen Sinn, bei denen zur Lösung ja nur einige wenige, oft auch unterschiedliche Rechnungen durchzuführen sind.
Zahlen treten im folgenden als **Anzahlen** oder **Maßzahlen** auf.

4.1 Geschicktes Zählen

Worum geht es?
Was soll geübt werden?

Unter "geschicktem" Zählen verstehen wir die Fähigkeit, die Anzahl der Elemente einer Menge nicht durch elementweises Zählen, sondern durch geschicktes Zusammenfassen zu kleinen Teilgruppen und entsprechend gruppenweises Voranschreiten auf der Zahlreihe zu ermitteln.
Beispiel: Zu zählen sind Plättchen in folgender Anordnung (Abb. 1):

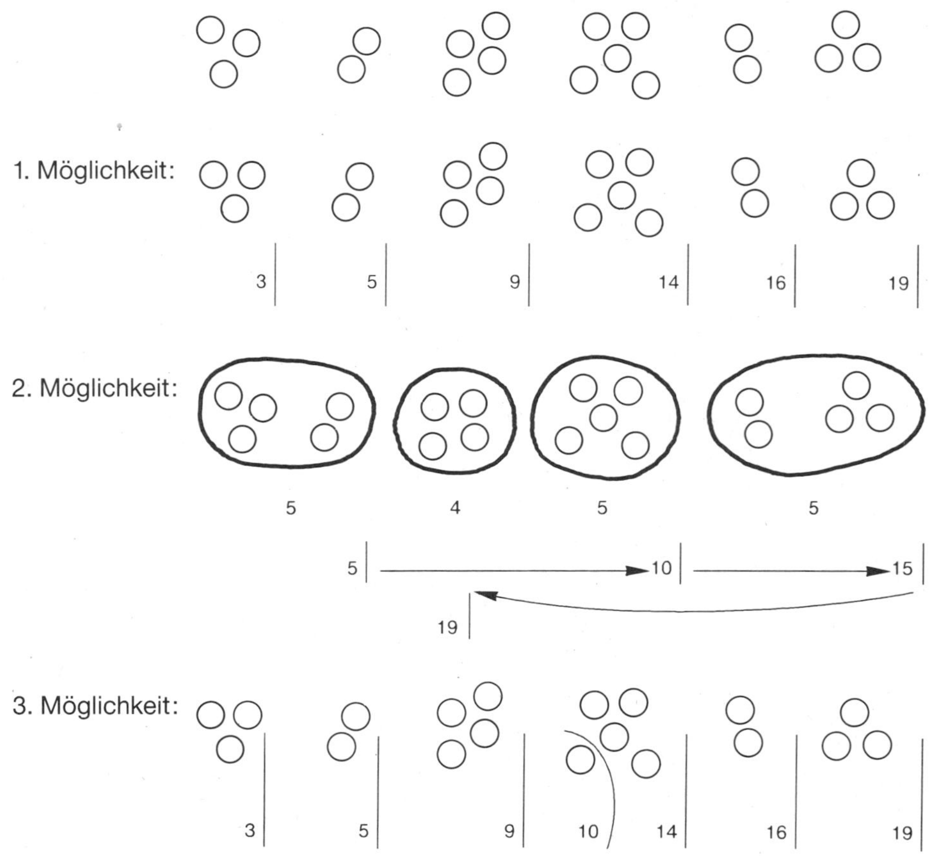

Abb. 1

Wichtige Strategien des geschickten Zählens sind:
- Zählen in Zweierschritten (2,4,6,8,10,...)
- Zählen in Fünferschritten (5,10,15,20,...)
- Zählen in gemischten Schritten unter Anpassung an die "Struktur" der zu zählenden Menge (vgl. obiges Beispiel).

Da geschicktes Zählen eine sehr wichtige Fertigkeit ist, muß es intensiv geübt werden.

In der Schule und in der täglichen Umgebung der Kinder gibt es viele Zählmöglichkeiten, von denen hier nur einige genannt seien:
- Kinder in der Klasse (*Wie viele Kinder sind heute da?*)
- Stühle/Tische/Fenster u. ä. im Klassenzimmer
- Treppenstufen verschiedener Treppen im Schulhaus
- Klassenräume im Schulhaus
- Fahrradständer/Parkplätze auf dem Schulgelände
- Fenster am Schulhaus

Bei Unterrichtsgängen ergeben sich oftmals interessante Zählaufgaben:
- Fahnen vor einem Gelände
- Drähte einer Überlandleitung
- Stockwerke in einem Hochhaus
- Entenküken einer Entenmutter im Teich (schwer zu zählen!)
- Wagen eines Güterzuges ...

Es empfiehlt sich die Anlage eines Ordners mit Klarsichtfolien, in die Bilder interessanter Zähldinge eingesteckt werden können. Anregungen hierzu bieten die beigefügten Fotos (Abb. 2). Auf passendes Material stößt man immer wieder in Zeitungen, Zeitschriften, Kalendern, Prospekten etc. ... Man kann aber auch eigene Fotos anfertigen und beisteuern. Die Kinder und vielleicht auch einige Eltern werden gerne an der Erweiterung des Ordners mitwirken, wenn man sie darum bittet.

Abb. 2

Was wird benötigt?

Arbeitsmaterial: Bilder mit Zählmotiven

Wie kann man vorgehen?

Zählaufgaben können in den Unterricht (nicht nur den Rechenunterricht!) eingestreut werden. Die Kinder sollten immer wieder gebeten werden zu erklären, wie sie geschickt gezählt haben.
Den Ordner können jeweils zwei oder drei Kinder in Freiarbeitsstunden durchsehen und sich dabei austauschen, wie sie die jeweiligen Dinge abzählen.

4.2 Rechnen mit Geld

Das Rechnen mit Geld ist ein wichtiges Thema des Rechenunterrichts im 1. Schuljahr und zwar in doppelter Hinsicht: Einerseits ist der Umgang mit Geld eine wichtige Kulturtechnik, andererseits kann arithmetisches Verständnis auch vom Umgang mit Geld her erschlossen werden. An drei typischen Beispielen (Wechseln, Ausrechnen des Preises, Bezahlen und Zurückgeben) soll im folgenden die Reichhaltigkeit des Übungsangebots zum Thema "Geld" erläutert werden.

4.2.1 Münzzerlegungen

Worum geht es?

In der Bundesrepublik Deutschland hat man als Kleingeld Münzen mit den Werten 1 Pf, 2 Pf, 5 Pf und 10 Pf. Stehen von jeder Sorte genügend Münzen zur Verfügung, so kann man damit alle Geldbeträge zwischen 1 Pf und 99 Pf legen.
Man braucht z. B. für den Betrag 23 Pf mindestens 4 Münzen (**Minimalzerlegung**) (Abb. 3):

Abb. 3

Man kann 23 Pf aber auch mit 23 Pfennigmünzen legen (**Maximalzerlegung**). Durch Wechseln kommt man zu weiteren Möglichkeiten, (z. B. Abb. 4).

4 Münzen

5 Münzen

6 Münzen ...

Abb. 4

Eine genaue Analyse aller Wechselmöglichkeiten zeigt, daß 23 Pf durch jede Anzahl von Münzen darstellbar ist, die zwischen der Minimalanzahl 4 und der Maximalanzahl 23 liegt. Ebenso wie für 23 Pf gibt es für jeden anderen Geldbetrag unter 1 DM eine Minimal- und eine Maximalzerlegung (Minimal- bzw. Maximalanzahl von Münzen). Ausgehend von der Maximalzerlegung (lauter Pfennige) kann man durch Wechseln die Zahl der Münzen schrittweise um 1 erniedrigen, bis man bei der Minimalzerlegung angelangt ist. Es gibt dabei nur zwei Ausnahmen: Für 5 Pf (Minimalanzahl 1, Maximalanzahl 5) gibt es keine Darstellung durch zwei Münzen, für 10 Pf (Minimalanzahl 1, Maximalanzahl 10) keine Darstellung durch drei Münzen.

Die Fragestellung macht deutlich, daß zwischen der **Anzahl** der Münzen und dem dargestellten **Münzbetrag** genau unterschieden werden muß. Für Kinder ist dies keine Selbstverständlichkeit, denn **zehn** 1-Pf-Münzen stellen eine größere Anzahl dar als **eine einzige** 10-Pf-Münze.

Was soll geübt werden?

Addieren von Münzbeträgen im Zwanzigerraum und darüber hinaus, Wechseln mit 1-Pf-, 2-Pf-, 5-Pf-, 10-Pf-Münzen, Eintragen des Ergebnisses in eine Tabelle, Bestimmen der Anzahl von Münzen im Gegensatz zum Münzbetrag (Geldwert) und Eintragen in eine Tabelle.

Was wird benötigt?

Demonstrationsmaterial: Jeweils zehn 1-Pf-, 2-Pf-, 5-Pf- und 10-Pf-Münzen für die Magnettafel
Arbeitsmaterial: Entsprechende Anzahlen von Münzen (Spielgeld), ggf. Arbeitsblätter (vgl. Arbeitsblatt 1/11)

Wie kann man vorgehen?

1. Zerlegungen im Zwanzigerraum
   Man läßt die Schüler an der Magnettafel den Betrag 19 Pf legen (Abb. 5).

   Mögliche Lösung:

Abb. 5

L.: *„Wie viele Münzen sind dies?*
Kann man denselben Betrag mit weniger (mehr) Münzen legen?
Probiert es mit eurem Spielgeld aus!"

Anschließend werden an der Tafel die Ergebnisse gezeigt (Abb. 6).

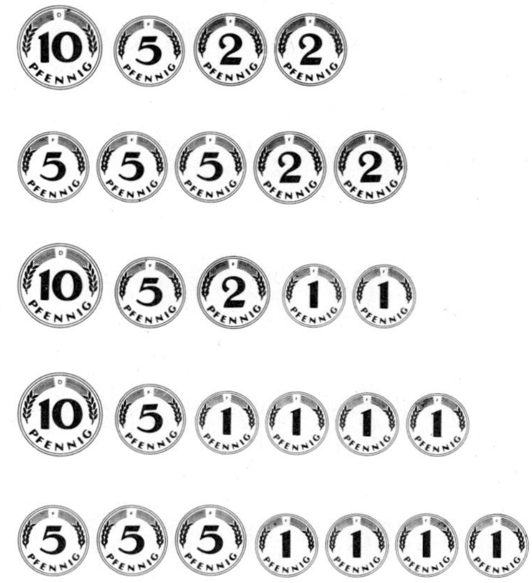

4 Münzen

5 Münzen

5 Münzen

6 Münzen

7 Münzen

Abb. 6

Die Schüler erläutern, wie sie jeweils gewechselt haben:
Eine 10-Pf-Münze wird durch zwei 5-Pf-Stücke ersetzt.
Eine 2-Pf-Münze wird durch zwei 1-Pf-Stücke ersetzt.
Der Übergang zu 8 Münzen ist etwas schwieriger, jedoch findet man leicht eine Zerlegung in 9 Münzen (Abb. 7):

Abb. 7

Dabei werden 5 Pf in 2 Pf + 2 Pf + 1 Pf gewechselt.
Wenn nun 1 Pf + 1 Pf wieder in 2 Pf zurückgewechselt werden, erhält man in natürlicher Weise eine Zerlegung in 8 Münzen. Die Wechselregel

$$5 \text{ Pf} + 1 \text{ Pf} = 2 \text{ Pf} + 2 \text{ Pf} + 2 \text{ Pf}$$

hätte direkt zu dem Ergebnis geführt.
Vielleicht finden die Schüler noch weitere Zerlegungen mit 8 Münzen, (z. B. Abb. 8).

Abb. 8

2. Arbeitsblätter
   Weitere Münzzerlegungen können nach dem Schema des Arbeitsblattes 1/11 untersucht werden. Auch Münzbeträge, die den Zwanzigerraum etwas überschreiten, sind zugelassen. Dabei kommt es keineswegs darauf an, jeweils alle möglichen Zerlegungen zu finden. Wenn sich Schüler für diese Fragestellung interessieren, so sollte man ihnen genügend Zeit geben, ihr nachzugehen.

Wie könnte es weitergehen?

3. Zerlegungen im Hunderterraum
   Zur Orientierung im Hunderterraum können auch schon größere Geldbeträge (insbesondere 10er Zahlen) unter Hinzunahme der 50-Pf-Münze gewechselt werden.
   Mögliche Fragen: *Welche Zerlegungen gibt es für 50 Pf?*
   Geht es mit 10-Pf-, 5-Pf-Münzen?
   Gibt es eine Zerlegung in 5, 6, 7, 8 Münzen?

4.2.2 Eintritt zur Delphinschau

Worum geht es?

Im täglichen Leben muß oft für Familien, Kinder und Erwachsene Eintritt gezahlt werden, z. B. im Kino, im Zoo, im Schwimmbad usw. ... Es liegt deshalb nahe, diese Erfahrungen für eine genaue Erforschung der Preisberechnung zu nutzen.

Was soll geübt werden?

Berechnen von Eintrittspreisen, Verdoppeln, Halbieren, Addition/Subtraktion, Zerlegen.

Was wird benötigt?

Demonstrationsmaterial: Rechengeld (2-DM- und 1-DM-Münzen), evtl. Plakat (Delphinschau)
Arbeitsmaterial: Rechengeld (2-DM- und 1-DM-Münzen), Arbeitsblatt 1/12

Wie kann man vorgehen?

An der Tafel (oder auf dem Arbeitsblatt) ist das Plakat "Große Delphinschau" zu sehen. Zunächst wird es gelesen und besprochen (Delphine, Zoobesuche und Eintrittsgelder). Schließlich stellt man den Kindern die Aufgabe, einmal selbst wie die Kassiererin im Kassenhaus Eintrittsgelder zu berechnen. Wie auf dem Arbeitsblatt bietet sich eine einfache Tabelle an (Abb. 9):

Tafelbild

Erwachsene	2	1	3	5	4
Kinder	1	2	2	3	2
Beträge in Münzen	② ② ①	② ① ①	② ② ② ①①		
Gesamtbetrag	5 DM	4 DM	8 DM		

Abb. 9

Die Situation an der Kasse sollte gespielt, die Eintrittsgelder sollten zunächst in 2-DM- und 1-DM-Münzen gelegt werden, bevor die Schüler in Stillarbeit auf dem Arbeitsblatt verschiedene Eintrittspreise berechnen.
Dabei sind auf dem Arbeitsblatt und im Unterricht eine Fülle von Aufgabenstellungen möglich:

– *12 DM waren zu bezahlen. Es waren keine Kinder dabei (Abb. 10).*

In Tabellenform:

Erwachsene	
Kinder	–
Betrag	12 DM

Abb. 10

– *9 DM waren zu bezahlen. Es waren 3 Kinder dabei (Abb. 11).*

In Tabellenform:

Erwachsene	
Kinder	3
Betrag	9 DM

Abb. 11

– *10 DM mußten bezahlt werden. Wie viele Kinder, wie viele Erwachsene können es gewesen sein?* (Abb. 12)

Erwachsene	5	4	3	2	1	–
Kinder	–	2	4	6	8	10
Betrag in DM	10	10	10	10	10	10

Abb. 12

Im Hintergrund dieser Rechnungen steht das Prinzip, daß in der Preisberechnung ein Erwachsener durch zwei Kinder ersetzt werden kann und umgekehrt.
Einige Kinder sind vielleicht in der Lage, die folgende Aufgabe zu lösen:
8 Personen mußten 14 DM bezahlen. Wie viele Kinder waren dabei?
Natürlich können sich die Schüler während der ganzen Übung auch gegenseitig Aufgaben stellen.

Wie könnte es weitergehen?

Man erzählt den Schülern, daß im Kassenhaus folgende Tabelle hing (Abb. 13).

		Erwachsene					
		–	1	2	3	4	5
Kinder	–	–	2	4	6	8	10
	1	1	3	5	7	9	11
	2	2	4	6	8	10	12
	3	3	5	7	9	11	13
	4	4					
	5	5					

Abb. 13

Wie hat die Kassiererin die Tabelle benutzt?
Aufgabe der Schüler ist es, die Tabelle weiter auszufüllen.

Eine weitere Möglichkeit der Fortsetzung besteht darin, mit höheren Eintrittspreisen zu rechnen: Erwachsene 3 DM, Kinder 1 DM oder Erwachsene 3 DM, Kinder 2 DM.

4.2.3 Einkaufen

Worum geht es?

Beim Einkaufen muß insbesondere das Bezahlen und Berechnen des Rückgeldes geübt werden. Bei den Kassenbons moderner Ladenkassen wird zwischen (Rechnungs-)**Summe**, **gegebenem** Geld und **zurückgegebenem** Geld unterschieden (Abb. 14a). Nach diesem Muster ist die Übung aufgebaut.

Pluskauf

1 Buch	6 DM
Summe	6 DM
gegeben	10 DM
zurück	4 DM

4.3.88

Abb. 14a

Was wird benötigt?

Spielgeld, Gegenstände als Verkaufsattrappen (z. B. alte Schallplatten, Cassetten, Bücher, Farbstifte), Preisschilder, Arbeitsblatt 1/13

Wie kann man vorgehen?

1. Im Rollenspiel "Einkaufen" werden folgende Fragen geklärt:
   Was kostet ...? (Angabe auf dem Preisschild)
   Wie und wo kann man den Preis bezahlen? (An der Kasse. Wenn man das Geld nicht passend hat, muß der Verkäufer/die Verkäuferin Wechselgeld herausgeben.)
   Wieviel Wechselgeld erhält man zurück?
2. Wenn danach im Rollenspiel der Einkauf (Preis erfragen, Geld bezahlen, Wechselgeld zurückgeben) geübt worden ist, können Aufgaben in Form des Arbeitsblatts 1/13 gestellt und gelöst werden (Abb. 14b).

Schallplatte

Preis	gegeben	zurück
16 DM	20 DM	4 DM
16 DM	16 DM	–
16 DM	17 DM	1 DM

Abb. 14b

Wie könnte es weitergehen?	3. Im Rollenspiel werden zwei und mehr Gegenstände gekauft, der Gesamtpreis (Summe) berechnet und analog wie im ersten Teil verfahren. *Beispiel:* Eine Cassette und ein Buch kosten 14 DM. Bezahlt wird mit 15 DM. Man erhält 1 DM zurück.

Anmerkung:
Das Wechselgeld an der Kasse wird meist in Form einer Ergänzungsaufgabe zurückgegeben: 16 DM + **4 DM** = 20 DM.
Oder: 16 DM + **2 DM** + **2 DM** = 20 DM.
Auch darüber sollte man mit den Kindern sprechen und es im Rollenspiel nachspielen.

4.3 Messen mit dem Meterstab

Was soll geübt werden?

Messen von Längen, Schätzen von Längen, Gefühl für die Längeneinheit 1 m.

Was wird benötigt?

Demonstrationsmaterial: Metermaß in verschiedenen Ausführungen (am besten **ohne** Unterteilung)
Arbeitsmaterial: Meterstäbe, selbsthergestellte Stöcke, Maßbänder, aufrollbare Metermaße, selbsthergestellte Meterschnüre.

Wie kann man vorgehen?

1. Sammlung und Herstellung von Metermaßen
Die (in der Schule und zu Hause) verfügbaren Metermaßstäbe werden gesammelt, verglichen, und als gleich lang erkannt: 1 Meter. Eventuell wird die Sammlung durch selbsthergestellte Maße ergänzt, so daß je zwei Kinder ein Metermaß zur Verfügung haben.

2. Messen, messen, messen, ...
Die Kinder messen aus:
Zimmer (Länge, Breite, Höhe), Türen (Breite, Höhe), Tafel (Breite, Höhe), Tische, Stühle (Höhe), Flur, Turnhalle (insbesondere die auf dem Boden eingezeichneten Spielfelder), Schulhaus, Schulhof, Autos, Fahrräder, ...
Die Messungen können von zwei Kindern mit je einem Metermaß durchgeführt werden. Die Kinder sollen aber in Gruppenarbeit bestimmte Längen auch mit Metermaßen voll auslegen, weil dabei die Erfassung von Längen durch Maßzahlen noch deutlicher wird. Die Meßergebnisse werden **mündlich** folgendermaßen formuliert: 2 m, ziemlich genau 2 m, etwas mehr als 1 m, etwas weniger als ½ m, ungefähr 3½ m, fast 4 m, ...

3. Bestimmung der Länge eines Kinderschritts
Auf dem Schulhof wird mit Kreide ein Strich (Startlinie) gezogen. Jedes Kind legt von dieser Linie aus in einer festen Richtung (z. B. auf einen Baum zu) 20 normale Schritte zurück. Die Fußspitze des letzten Schrittes wird mit Kreide markiert. Diese Kreidepunkte werden etwas verstreut liegen, da die Schrittlängen der Kinder unterschiedlich lang sind. Man wählt den Mittelwert und mißt mit dem Metermaß seinen Abstand von der Startlinie. Das Experiment zeigt: Ungefähr 10 m. Ein Kinderschritt ist also ungefähr ½ m lang. Man kann den Kindern zeigen, daß ein gespreizter Erwachsenenschritt ungefähr 1 m lang ist, indem man die von etwa 20 Kinderschritten zurückgelegte Strecke mit 10 gespreizten Schritten durchmißt.

4. Einprägung markanter Längen
Zum Abschlüß der Meßübungen werden folgende Längen als grundlegendes Sachwissen festgehalten:

Kinderschritt:	ungefähr ½ m
Gespreizter Erwachsenenschritt:	ungefähr 1 m
Breite einer Schulzimmertür:	ungefähr 1 m
Höhe einer Türe:	2 m
Höhe eines Zimmers:	zwischen 2½ und 3 m
Länge eines Autos:	ungefähr 4 m

4.4 Rechnen mit natürlichen Zeiteinheiten

Daß unser Leben in der Zeit verläuft, ist eine existentielle Grunderfahrung des Menschen. Fundamental wichtig und für Kinder frühzeitig erleb- und erfahrbar sind zunächst die natürlichen Zeiteinheiten: **der Tag** (gekennzeichnet durch den Tag- und Nachtrhythmus) und **das Jahr** (gekennzeichnet durch den Jahreszeitenrhythmus Frühling, Sommer, Herbst, Winter).
Der eigene Geburtstag bettet jeden Menschen in den Jahresrhythmus ein. In Familien und auch in Kindergärten ist es üblich, daß "Geburtstagskalender" geführt werden. Durch Informationen wie z. B.:

Du hast erst wieder Geburtstag, wenn die Äpfel reif werden.
Bevor Du Geburtstag hast, hat erst Klaus Geburtstag ...

lernt das Kind, den eigenen Geburtstag in Beziehung zu den anderen "Fixpunkten" des Jahres (z. B. kirchlichen Festen, Geburtstagen der Familienmitglieder, Kirmes) und zu den Jahreszeiten zu setzen.
Wie oft muß ich noch bis zu meinem Geburtstag schlafen?
Diese Frage hat wohl jedes Kind immer und immer wieder gestellt und den "countdown" mit umso brennenderem Interesse verfolgt, je näher dieser Tag herangerückt ist.

Im 1. Schuljahr bietet sich vielfach Gelegenheit, natürliche Zeiteinheiten (Jahr, Tag, Woche) ganzheitlich zu behandeln.

4.4.1 Klassenkalender

Worum geht es?

Der Kalender soll in seinem Aufbau innerhalb des jahreszeitlichen Rhythmus entwickelt und verstanden werden.

Was soll geübt werden?

Aufteilung des Jahres in die Reihe der 12 Monate, Aufteilung eines Monats in Tage (30,31 oder auch 28 (29) Tage), Ausrechnen von Zeitspannen in Tagen mit Hilfe eines Kalenders, Aufteilung einer Woche in die Reihe der 7 Tage, Bestimmen des Wochentags eines Datums mit Hilfe eines Kalenders.

Was wird benötigt?

Tapetenrolle (für Poster), dicker Filzstift, Klebepunkte als Markierungen.

Wie kann man vorgehen?

Schon kurz nach der Einschulung, wenn der erste volle Monat im Schuljahr beginnt, kann man mit der Einführung des Kalenders beginnen. Im Klassenzimmer wird ein Poster (ca. 120 cm x 15 cm) mit 32 Feldern aufgehängt (Abb. 15a).

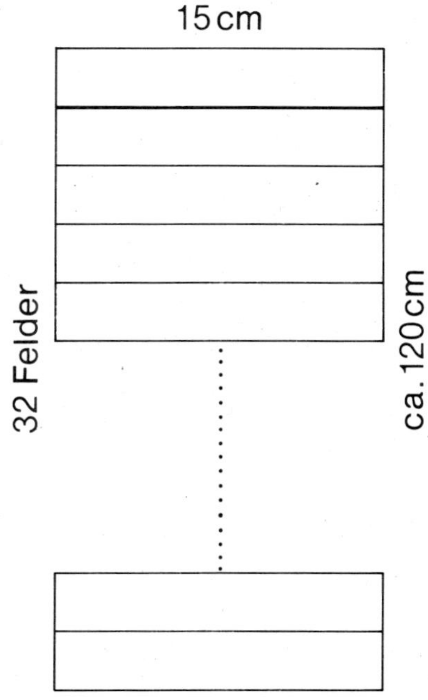

Abb. 15 a

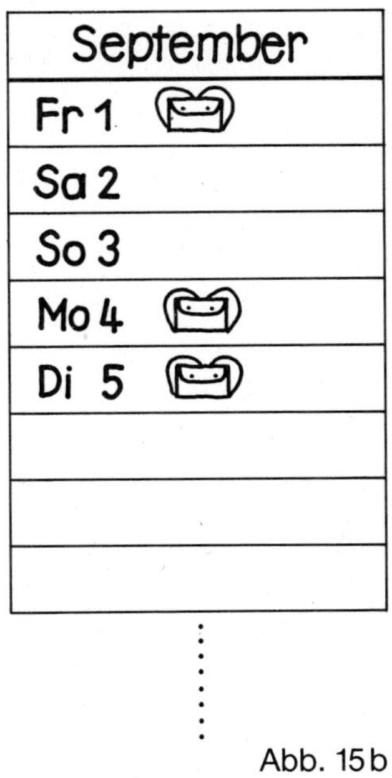

Abb. 15 b

Am 1. Tag des Monats (hier September 1989) schreibt man den Namen des Monats in das oberste Feld und trägt den 1. Tag (zusammen mit der Abkürzung des Wochentags) ein (Abb. 15b). Am nächsten Tag wird entsprechend der 2. Tag eingetragen usw., bis der letzte Tag des Monats eingetragen ist. Dabei müssen die schulfreien Tage (Wochenende) natürlich jeweils vor- oder nachgetragen werden. Sobald die Kinder vorschlagen, Tage im voraus einzutragen (weil z. B. Sandra in 5 Tagen Geburtstag hat), sollte man darauf eingehen. Um Schultage von freien Tagen zu unterscheiden, kann man sie mit einem Tornister (auf einem farbigen Klebepunkt) kennzeichnen. Hier können bereits erste Übungen eingestreut werden:
Heute ist der 9. September. Welches Datum hatten wir gestern, vorgestern? Welches Datum haben wir morgen, übermorgen, in 3 Tagen, ...?
Angenommen heute wäre der 20. September. Welchen Tag hätten wir morgen, übermorgen?

Während so der erste Monat Schritt für Schritt auf dem Poster entsteht, sollte der nächste Monat auf einem zweiten Streifen direkt neben dem ersten Poster in einem einzigen Zug aufgeschrieben werden. Die Kinder der Klasse nennen die Tage der Reihe nach, und man selbst trägt sie ein. Ist der ganze Monat (Oktober) aufgeschrieben und sind die Schultage gekennzeichnet, so kann die erste Sachaufgabe gestellt werden:
Wie viele Tage im Monat sind **schulfrei?**
Weiter können wichtige Daten (Geburtstage von Kindern, evtl. Ferientage, Schulfeiern) durch kleine Symbole bzw. Namen der Kinder vorgemerkt werden.
Wenn der nächste Monat (November) seinen Platz neben den beiden ersten Monaten findet, können die Schüler vielleicht schon einige Zahlen und Buchstaben selbst schreiben und z. B. alle Sonntage (So) bzw. Samstage (Sa) herausfinden.

Wie lange ist es noch bis Heiligabend?[1]
Durch die Adventssonntage (mit 1, 2, 3 bzw. 4 Kerzen) wird der Siebenerrhythmus besonders verdeutlicht. Die Adventssonntage sind der 3. Dezember, der 10. Dezember, der 17. Dezember, der 24. Dezember (Abb. 16).

Weitere Fragen:
Wie viele Sonntage, Montage, Dienstage, ... hat der Dezember? Wie viele Tage sind schulfrei?

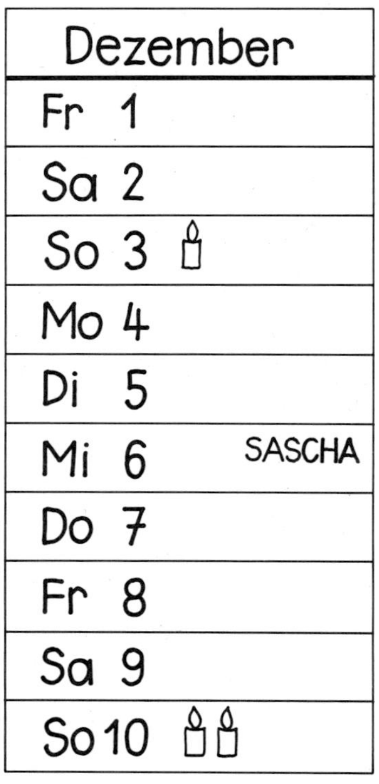

Abb. 16

Im Januarkalender liegt es nahe, die Kinder ausrechnen (bzw. abzählen) zu lassen, wie viele Tage die Kinder Ferien hatten (z. B. 8 Tage im Dezember und 7 Tage im Januar).
Im Laufe dieser Kalenderentwicklung können auch Wetter- und Naturbeobachtungen (Schnee, Regen, Sonne, Wolken, Tulpen blühen, Obstbäume blühen, ...) notiert und schwierigere Fragen gestellt werden:

Wenn der 2. ein Montag ist, welcher Tag ist (welche Tage sind) wieder ein Montag?
Wer kann das schon ohne Kalender rechnen?

---

[1] vgl. hierzu *H. Winter*, Sachrechnen in der Grundschule, Bielefeld 1985, S. 39–42.

Auch erste Zeitspannen können addiert werden:
Bis zu Katrins Geburtstag sind es noch 6 Tage, zwischen Katrins und Verenas Geburtstag liegen 7 Tage. Wie lange ist es noch bis zu Verenas Geburtstag?
Solche Aufgaben regen an, über die Monatsgrenzen hinweg zu rechnen.
Die letzten Monate des Schuljahres können von den Schülern auf einem Arbeitsblatt selbst entwickelt und aufgeschrieben werden. Entsprechende Aufgaben können von den Schülern selbsttätig gelöst werden.
Am Schuljahresende verfügt die Klasse schließlich über einen Schuljahreskalender (in Form eines Posters) an der Wand, der für weitere Rechnungen herangezogen werden kann.
Wenn die Geburtstage aller Kinder verfolgt werden, stellt sich heraus, daß noch die Monate Juli und August angefügt werden müssen. Wenn man dann feststellt, wie viele Kinder in jedem Monat Geburtstag haben, stellt sich heraus: Die Summe der Anzahlen aus allen zwölf Monaten ergibt genau die Anzahl der Kinder in der Klasse oder 1 mehr, wenn der Geburtstag der Lehrerin eingetragen ist. Rückblickend kann auch untersucht werden, in welchem Monat die meisten Schultage (Ferientage) waren.
Zum Abschluß der Kalenderbetrachtung kann aus einem Taschenkalender der Vollmond in den Wandkalender übertragen werden. Dann wird deutlich, daß das Wort "MONAT" mit dem Wort "MOND" verwandt ist.

Anmerkung:
Es empfiehlt sich, nach Klärung des Wochenrhythmus mit den Kindern den Stundenplan der Klasse zu besprechen und in die Kalenderbetrachtung einzubeziehen.

Beispiel:
Welchen Wochentag haben wir heute? Welche Fächer stehen auf dem Stundenplan? Wie viele Stunden haben wir Unterricht? Zu welcher Stunde beginnt bzw. endet der Unterricht?

Bei Änderung des Stundenplans sollten die Kinder versuchen, den neuen Stundenplan selbst zu erstellen. Für ein Verständnis der Stundeneinteilung des Tages und allgemein des Aufbaus von Tabellen ist dies eine gute Übung.

Wie könnte es weitergehen?

Am Beginn des 2. Schuljahres wird ein (kleinerer) fertiger Schuljahreskalender als Poster aufgehängt. Diesen Kalender kann man leicht durch Zerteilen von zwei Jahreskalendern (Werbung von Firmen) herstellen.
Dann werden sofort alle Geburtstage und wichtigen Daten eingetragen. Im weiteren wird der Kalender für allerlei "Tagesrechnungen" benutzt.
Beispiele:
Welche Zahl ist größer, die Anzahl der Schultage oder die Anzahl der Ferientage?
Um wie viele Tage verschiebt sich jeweils der Wochentag von Monat zu Monat?
Wie kommt das zustande?
Warum beginnen der November und der März eines Jahres mit dem gleichen Wochentag?

4.4.2 Altersunterschiede

Worum geht es?

Ein beliebtes Gesprächsthema bei Kindern im Grundschulalter ist der Altersvergleich:
„Als ich 2 Jahre alt war, war Katrin 5 Jahre. Wenn ich 10 Jahre alt bin, ist Katrin 13 Jahre. In 3 Jahren bin ich auch 3 Jahre älter, Katrin ist dann auch 3 Jahre älter, zusammen sind wir 6 Jahre älter."
Beim Betrachten des Fotoalbums ergibt sich z. B. die Frage:
„Wie alt war ich, wie alt Katrin, als wir am Meer in Urlaub waren?"

Die adäquate Veranschaulichung für solche Altersverschiebungen ist der **Zahlenstrahl**, der natürlich bei der Geburt mit 0 Jahren, nicht etwa mit 1 Jahr, beginnt.
Bei der Berechnung von Altersunterschieden beschreibt das Gesetz von der Konstanz der Differenz eine geradezu existentielle Erfahrung: **Der Altersunterschied zweier Personen ist konstant.**

Was soll geübt werden?

Suchen und Markieren von Punkten am Zahlenstrahl, Berechnen von Unterschieden, Berechnen von Summen.

Was wird benötigt?

Demonstrationsmaterial: Magnettafel mit Orientierungsmarken (evtl. Wendeplättchen)
Arbeitsmaterial: Arbeitsblatt 1/14 mit Zahlenstrahl

Wie kann man vorgehen?

Geschwister in der Klasse oder an der Schule regen dazu an, über Altersunterschiede zu sprechen. Als Anschauungshilfe heftet der Lehrer einen Zahlenstrahl an die Magnettafel und markiert das Alter von zwei oder drei Kindern (Abb. 17). Anja ist heute 2 Jahre, Frank ist 4 Jahre, Tim 7 Jahre alt.

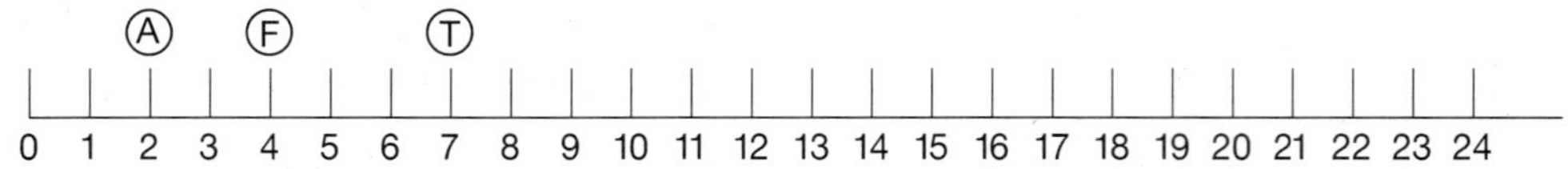

Abb. 17

Nun berechnen die Schüler Altersunterschiede:
Tim ist 5 Jahre älter als Anja, Frank ist 2 Jahre älter als Anja, usw. ...

Frage: *Wie alt werden die Kinder in 3 Jahren sein?*

Zur Beantwortung dieser Frage werden verschiedenfarbige Plättchen aus Magnetfolie mit den Anfangsbuchstaben der Namen der Kinder beschriftet, unter die Markierungen gelegt und dann um drei Jahre nach rechts verschoben.

Frage: *Wie groß sind nun die Altersunterschiede?*

Antwort: *Die Unterschiede sind gleich geblieben.*

Frage: *Warum ist das so?*

Etwas anspruchsvoller sind folgende Fragen:

Heute sind die Kinder zusammen 2+4+7 = 13 Jahre.
Wie alt werden sie zusammen in 2 Jahren sein? Wie kommt es, daß sie dann 6 Jahre älter sind?

Wenn Anja 10 Jahre ist: Wie alt sind dann Tim und Frank? Wie lange dauert das noch?
Als Tim 4 Jahre alt war, wie alt waren dann Frank und Anja? (Anja war noch nicht geboren).
Wie alt waren die Kinder bei der Geburt von Anja?

Als interessante Vergleichspunkte bieten sich die für Kinder wichtigen Lebenseinschnitte an.
Beispiel: Welche Kinder werden **gemeinsam** *zur Grundschule gehen und wie lange?*

Anschließend können Aufgaben über Altersunterschiede von den Schülern auf einem Arbeitsblatt bearbeitet werden. Die Besprechung einzelner Aufgaben erfolgt an der Magnettafel.

5. Blitzrechnen

Die folgenden formalen Übungen zur Automatisierung grundlegender Wissenselemente und Fertigkeiten sind als **Abschluß** der jeweiligen Lernprozesse gedacht. Sie dürfen also erst dann in Angriff genommen werden, wenn durch gestütztes und strukturiertes Üben eine feste Anschauungsgrundlage geschaffen worden ist.
Jede Übung stellt zunächst noch einmal den Bezug zu den standardmäßigen Darstellungsmitteln des 1. Schuljahres (Zwanzigerreihe, Zwanzigerfeld, Plättchen) her und führt dann die Kinder unter bewußtem Verzicht auf äußere Hilfen zum denkenden Rechnen, d. h. zum Rechnen an verinnerlichten Vorstellungen der Zahlreihe und des Zwanzigerfeldes.

Blitzrechnen kann im Klassenverband, in kleinen Gruppen und im Förderunterricht mit einzelnen Schülern geübt werden.

Bei allen Blitzrechenübungen kommt es auf eine besondere Arbeitsatmosphäre an: Es muß äußerste Ruhe herrschen. Bei der Stellung der Aufgaben, dem Aufrufen der Schüler und dem Nennen der Ergebnisse sind sparsamste Verständigungsmittel gefragt. Sowohl zur äußeren Beruhigung der Kinder als auch zur inneren Fixierung von Zahlvorstellungen ist es sehr hilfreich, wenn die Kinder bei reinen Kopfrechenübungen die Augen schließen.

Jede Übung hat einen kurzen Namen, der, wenn er einmal eingeführt ist, eine rasche Einstimmung der Kinder ermöglicht. Man braucht z. B. nur zu sagen "Blitzrechnen, Verdoppeln", und die Schüler wissen sofort, was zu tun ist.

Der "Blitzrechenkurs" des 1. Schuljahres umfaßt 10 Übungen.

B1 "Zählen"

1. Zählen bis zu einer bestimmten Grenze, schließlich bis 20 und zurück mit Antippen der Felder der Zwanzigerreihe oder Augenkontakt zur Zwanzigerreihe.
2. Zählen bis 20 und zurück **ohne** Unterstützung (wahlweise einzelne Kinder zählen oder Kinder der Reihe nach zählen lassen).

B2 "Wie viele?" (Anzahlbestimmung bei kleinen Punktmengen bis zu 10 Punkten)

Man benötigt hierzu einige Folien mit je 10 Punkten in unterschiedlicher Verteilung (insbesondere die Zehner des Zwanzigerfeldes) und einen Tageslichtschreiber.
Eine Folie wird auf den Tageslichtschreiber gelegt, mit einem Blatt werden einige Punkte abgedeckt, und die Kinder müssen jedesmal die Anzahl der jeweils sichtbaren Punkte bestimmen, wenn das Blatt in eine neue Lage gebracht ist.

B3 "Verdoppeln"/"Halbieren"

Man nennt Zahlen zwischen 1 und 10 (hin und wieder ein wenig darüber hinaus). Die Schüler antworten mit dem Doppelten. Analog für Halbieren (wobei hin und wieder auch **ungerade** Zahlen vorgegeben werden können).
Bei diesen Aufgaben ist eine operative Variation möglich
(z. B. 2/4, 7/14, 6/12, 5/10, 10/20, 9/18, 8/16, ...)

Die Schüler dürfen anfänglich Augenkontakt mit dem Zwanzigerfeld nehmen. Später rechnen sie ganz im Kopf.

B4 "Zweierschritte"

1. Man läßt Schüler unter Betonung der geraden Zahlen und entsprechendendes Antippen der Felder der Zahlenreihe rhythmisch zählen:
   1, **2**, 3, **4**, 5, **6**, 7, **8,** 9, **10,** ..., 19, **20**.
2. Die Schüler zählen in Zweierschritten unter Augenkontakt mit der Zwanzigerreihe.
3. Zählen in Zweierschritten im Kopf.

B5 "Zerlegen"

1. An der Magnettafel wird eine Reihe von bis zu 10 Punkten aufgereiht (z. B. 8) (Abb. 1).

Abb. 1

Man zerlegt sie mit dem Finger oder einem Zeigestab in 2 Teile, und die Schüler nennen die entsprechende Aufgabe (z. B. 5+3).

2. Zerlegen im Kopf
Es wird eine Zahl des Zehnerraums an die Tafel geschrieben (z. B. 7). Zu jedem vorgegebenen Summanden nennen Schüler den zweiten.

L	5	4	1	6
S	2	3	6	1

Auch hier ist wieder eine operative Variation möglich.
Ein wichtiger Spezialfall dieser Übung ist das **Ergänzen** bis 10.

B6 "Ergänzen bis 20"

Man nennt Zahlen des Zwanzigerraumes, die Schüler ergänzen (zuerst mit Augenkontakt zum Zwanzigerfeld, später im Kopf) zu 20.

B7 "Einspluseins"

Man nennt Einspluseinsaufgaben oder zeigt sie an der Plus-Tafel. Die Schüler nennen die Ergebnisse möglichst im Kopf, notfalls unter Benutzung äußerer Hilfen. Hierbei ist wieder eine operative Variation möglich, wie sie schon bei der Erarbeitung der Plus-Tafel aufgezeigt wurde. Das Schwierigkeitsniveau der Aufgaben kann dem Entwicklungsstand der einzelnen Schüler angepaßt werden.

B8 "Malaufgaben mit 2"

1. Am Zwanzigerfeld werden Malaufgaben vom Typ "zweimal ..." und "... mal zwei" gezeigt. Die Schüler nennen das Ergebnis (Abb. 2).

Beispiel:

"Zweimal 4 ist 8" oder
"Viermal 2 ist 8"

Abb. 2

Es handelt sich hier um die Aufgaben des Verdoppelns, die sprachlich nur anders beschrieben werden.

2. Malaufgaben mit dem Faktor 2 werden **sprachlich** vorgegeben, und die Schüler nennen jeweils das Ergebnis.

B9 "Zählen in Schritten"

Vorübung:
An der Zwanzigerreihe prägen sich die Kinder folgende Untergliederungen ein (Abb. 3a, b, c):

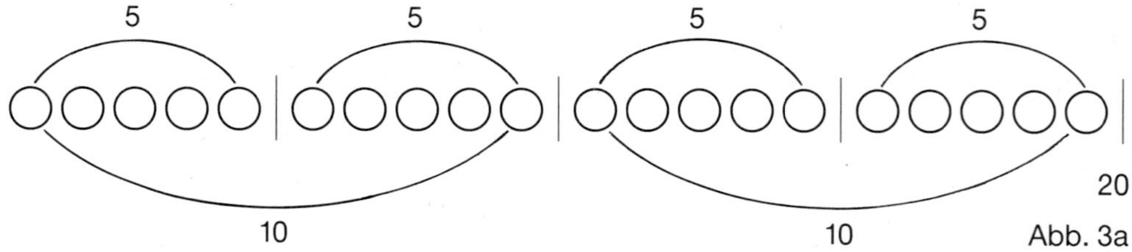

Abb. 3a

20 enthält 2 Zehner und 4 Fünfer:
20 ist zweimal 10, 20 ist viermal 5

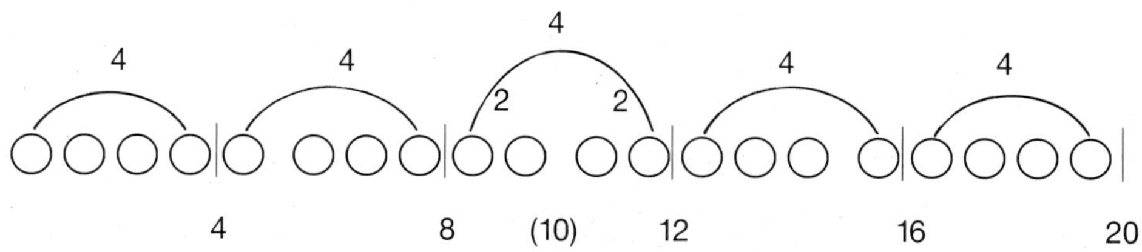

Abb. 3b

Im ersten Zehner sind 2 Vierer und ein halber Vierer, im zweiten Zehner ebenfalls. Daher enthält 20 **fünf** Vierer: 20 ist fünfmal 4.

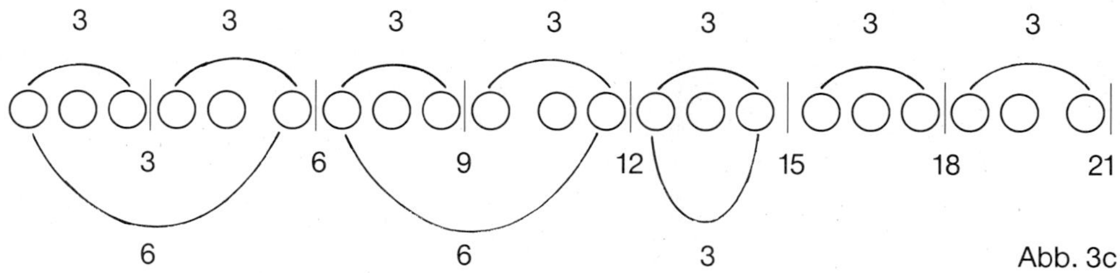

Abb. 3c

12 ist viermal 3, 15 ist fünfmal 3.

Die Kinder müssen die entsprechenden Zerlegungen der Zwanzigerreihe schließlich innerlich so plastisch vor sich sehen, daß diese gewissermaßen im Kopf "fest verdrahtet" sind. Unabhängig von der Vorbereitung des Einmaleins gehören diese Übungen zur Orientierung im Zwanzigerraum.

Nach dieser Vorübung wird das Zählen in 5er, 4er und 3er Schritten im Kopf geübt.

B10 „Mini-Einmaleins"

Unter dem Mini-Einmaleins werden die 20 Einmaleinsaufgaben

1 · 2,	2 · 2,	3 · 2,	4 · 2,	5 · 2
1 · 3,	2 · 3,	3 · 3,	4 · 3,	5 · 3
1 · 4,	2 · 4,	3 · 4,	4 · 4,	5 · 4
1 · 5,	2 · 5,	3 · 5,	4 · 5,	5 · 5

verstanden.

Die Lösungen dieser Aufgaben ergeben sich ohne weiteres aus dem Einspluseins, dem Verdoppeln und dem Zählen in Schritten. Daher paßt das Mini-Einmaleins an das Ende des 1. Schuljahrs. Es wird dort aber **nur mündlich** geübt. Der Malpunkt und die schriftliche Darstellung von Malaufgaben gehören unbedingt in das 2. Schuljahr.

Wie bei den anderen Blitzrechenübungen wird auch bei dieser letzten Übung zunächst in Augenkontakt mit Zwanzigerreihe und Zwanzigerfeld, später erst im Kopf geübt. Blitzrechnen beruht ja gewissermaßen auf dem Ablesen von Rechenergebnissen an **verinnerlichten Zahlvorstellungen**.

Zweites Schuljahr: Hunderterraum

Die ganzheitliche Behandlung des Zwanzigerraumes geht in der Regel gegen Ende des 1. Schuljahres in die ganzheitliche Erarbeitung des Hunderterraumes über. Es würde aber dem Prinzip der Ganzheitlichkeit widersprechen, wenn der Zwanzigerraum sozusagen bis zur "offiziellen" Freigabe des Hunderters "abgeschottet" und dann der Übergang abrupt vorgenommen würde. Jede Ganzheit ist ja Teil umfassenderer Ganzheiten, weist also über sich hinaus, und dies muß schon **vor** der eigentlichen Thematisierung einer Erweiterung durch sporadische Grenzüberschreitungen deutlich werden. Der russische Psychologe *L.S. Wygotski* hat in diesem Sinn gefordert, daß die Erkenntnistätigkeit von Kindern im Unterricht nicht nur auf die augenblicklich vorrangigen Lernziele, sondern auch auf die **"Zone der nächsten Entwicklung"** gerichtet werden muß.
Bei den **themenbezogenen** Übungen dieses Handbuchs brauchen solche Grenzüberschreitungen nicht künstlich herbeigeführt zu werden, sondern sie ergeben sich ganz natürlich aus der Sache heraus: Die Zahl 20 wird z. B. überschritten, wenn in "Räuber und Goldschatz" der Schatz auf 19 steht und der "Plusräuber" eine "5" würfelt, wenn beim "Dreiecks-Memory" ein Spielfeld mit 21 Feldern gewählt wird, wenn bei der Übung "Altersunterschiede" ein jüngeres Kind gedanklich auf "20" gesetzt hat und nach dem Alter eines älteren Kindes gefragt wird, usw. Da für alle Kinder der **"Versuchscharakter"** dieser grenzüberschreitenden Aufgaben klar ist, können sie sich unbeschwert an der Lösung versuchen oder, wenn ihnen eine Aufgabe zu schwer erscheint, einfach zusehen, wie sich andere Kinder mehr oder weniger erfolgreich um die Lösung bemühen.
Analog werden sich die folgenden Übungen auf den Hunderterraum konzentrieren, aber hin und wieder in den zweiten Hunderter hineinreichen.

1. Orientierungsübungen

Wann nach sporadischen Grenzüberschreitungen der **bewußte**, **thematisierte Übergang** vom Zwanziger- zum Hunderterraum am besten vorgenommen wird, läßt sich nicht generell festlegen, sondern sollte vom Lehrer nach den gegebenen Umständen entschieden werden. Einige Lehrpläne lassen hierfür den nötigen Spielraum, andere schreiben aber das Ende des 1. Schuljahres, einige wenige den Anfang des 2. Schuljahres vor. Wir selbst vertreten die Auffassung, daß man den Hunderterraum so spät wie nötig, aber so früh wie möglich erarbeiten sollte. In der Regel wird diese Voraussetzung schon im 1. Schuljahr gegeben sein. Einige der folgenden Übungen gehören daher eigentlich ins 1. Schuljahr. Da sie aber zu Beginn des 2. Schuljahres ohnehin erneut aufgegriffen werden müssen, haben wir uns entschlossen, sie im 2. Schuljahr aufzuführen.
An Materialien werden zunächst benötigt: die **Hunderterreihe** (als Fortsetzung der Zwanzigerreihe), die **Hundertertafel**, das **Hunderterquadrat** und die **russische Rechenmaschine** (als Fortsetzung des Zwanzigerfeldes) sowie Wendeplättchen. Hunderterreihe, Hundertertafel und Hunderterquadrat sollten an der Magnettafel (1 m x 1 m) fest montiert, die russische Rechenmaschine und die Wendeplättchen sofort greifbar sein.

1.1 Zahlen im Hunderterraum

Worum geht es?
Was soll geübt werden?

Diese Übungen dienen dazu, den systematischen Aufbau des Hunderters, insbesondere die dekadische Gliederung, zu verdeutlichen und die Schüler Zahlen sprechen, lesen, schreiben und an verschiedenen Anschauungsmitteln lokalisieren zu lassen.

Was wird benötigt?

Demonstrationsmaterial: Hunderterreihe, Hundertertafel, Hunderterquadrat (alle drei an Magnettafel), Hunderterfeld (für Tageslichtschreiber), Zahlwinkel, russische Rechenmaschine, Plättchen.

Für Gruppenarbeit entsprechende Arbeitsmaterialien.

Wie kann man vorgehen?

1. Zählen bis 100 (später auch zurück) zuerst in Einerschritten, dann auch in Schritten von 10, 5 und 2 unter Bezug auf verschiedene Anschauungsmittel.

2. Hunderter in gleichgroße Teile aufteilen und Größe jedes Teils bestimmen:
   100 = 2 mal 50, 100 = 4 mal 25,
   100 = 5 mal 20, 100 = 10 mal 10.
   Die Schüler sollen auch herausfinden, daß 100 nicht durch 3 teilbar ist:
   100 = 3 mal 33 + 1.
   Den glatten Aufteilungen entsprechend soll auch strukturiert gezählt werden:
   50, 100;
   25, 50, 75, 100;
   20, 40, 60, 80, 100 und 2 Zehner, 4 Z, 6 Z, 8 Z, 10 Z;
   10, 20, 30, ..., 90, 100 und 1 Z, 2 Z, 3 Z, ..., 9 Z, 10 Z

3. Zahlen sprechen, zeigen, schreiben
   Ein Kind spricht eine Zahl des Hunderterraumes, z. B. 78, ein zweites zeigt sie an der Hundertertafel, ein drittes an der Rechenmaschine, ein viertes mit dem Zahlwinkel am Hunderterfeld, ein fünftes deutet auf den entsprechenden Platz auf dem Hunderterquadrat, und ein sechstes Kind schreibt die Zahl an die Tafel. (Auch in anderer Reihenfolge)
   Diese auch für die Gruppenarbeit geeignete unscheinbare Übung ist sehr wichtig für die Koordinierung von Zahlvorstellungen.

4. Anzahlbestimmung
   Man legt eine Hand voll Plättchen auf den Tisch. Die Kinder erhalten die Aufgabe, die Anzahl zu bestimmen. Standardmethode ist die Strukturierung in Zehner (= Doppelfünfer) und Einer.

5. Verschiedene Fragestellungen:
   Wieviel fehlt bis zum nächsten vollen Zehner?
   Beispiel: Vorgegeben wird 54.
   Schüler: 54 **+ 6** = **60**

   Wieviel fehlt bis 100?
   Beispiel: Vorgegeben 54.
   Schüler: 54 **+ 46** = 100

1.2 Übungen an der Hundertertafel

Worum geht es?
Was soll geübt werden?

Die Schüler sollen lernen, sich auf der Hundertertafel flexibel und strategisch zu bewegen.

Was wird benötigt?

Demonstrationsmaterial: Hundertertafel, Hunderterquadrat auf Folie, Magnetplättchen, drei verschiedenfarbige und mit den Buchstaben T (Turm), S (Springer), L (Läufer) markierte Magnetplättchen.

Arbeitsmaterial: Arbeitsblatt 2/1

Wie kann man vorgehen?

1. Strategiespiel für zwei Gruppen (Personen) auf der Hundertertafel
   Die eine Gruppe bewegt ein rotes Plättchen, das zu Beginn auf 1 steht, ein oder zwei Felder nach rechts (+1, +2) oder nach unten (+10, +20), die andere Gruppe ein blaues Plättchen (zu Beginn auf 100) ein oder zwei Felder nach links (–1, –2) oder nach oben (–10, –20). Es wird abwechselnd gezogen. Das rote Plättchen darf das blaue niemals überschreiten, das blaue das rote niemals unterschreiten.
   Diejenige Gruppe, die diese Bedingung nicht mehr erfüllen kann, hat verloren. Wenn die beiden Plättchen zufällig auf ein und demselben Feld liegen, verliert der Spieler, der als nächster am Zug ist. Die Spielzüge werden in jeder Gruppe besprochen, der Schüler, der zieht, nennt das neue Feld. *Beispiel: „Ich ziehe auf 14."*

2. Nachbarn auf der Hundertertafel
   Ein Plättchen wird auf ein Feld des Hunderterquadrats gelegt. Die Schüler bestimmen die entsprechende Zahl und ihre Nachbarn.
   Für diese Aktivität ist ein Tageslichtschreiber mit einem permanenten Hunderterquadrat auf Folie am besten geeignet. Die Zahlen lassen sich mit wasserlöslichem Folienstift eintragen und leicht wieder löschen.
   Für die Einzelarbeit eignen sich Arbeitsblätter (z. B. 2/1) mit Ausschnitten aus der Hundertertafel. Die Zahlen in den dick umrandeten Feldern sind zu ergänzen. Je nachdem, wie viele "Hilfszahlen" vorgegeben sind, sind die Aufgaben unterschiedlich schwer.

3. Zahlenfolgen fortsetzen
   Man denkt sich eine Regel zur Erzeugung einer Zahlenfolge aus und markiert mit Magnetplättchen an der Hundertertafel Zahl für Zahl, bis die Schüler die Regel erraten haben und selber fortsetzen können. Zur Beschreibung der Regel sind arithmetische und geometrische Begriffe gleichberechtigt zugelassen.
   Von den vielen Möglichkeiten seien einige angedeutet:

100, 98, 96, ...	(*„Immer zwei weniger"*)
15, 30, 45, 60, ...	(*„Immer 15 mehr"*)
9, 18, 27, 36, ...	(*„Immer ein Zehner mehr und ein Einer weniger"*)
100, 99, 97, 94, ...	(*„Immer eins mehr zurück"*)
1, 21, 12, 32, 23, 43, 34, 54, ...	(*„Abwechselnd 20 weiter und Ziffern vertauschen"*)
1, 19, 22, 38, 43, 57, ...	(?)

   Die **allgemeine** sprachliche Beschreibung der Regel ist für die Kinder oftmals sehr schwierig. Daher darf man schon zufrieden sein, wenn die Kinder die Folge sinngemäß fortsetzen und Zahl für Zahl erklären können.

4. Turm-, Läufer- und Springerbewegungen
   Im Schachspiel darf ein **Turm** nur längs Zeilen und Spalten, ein **Läufer** nur diagonal gezogen werden. Verzwickter bewegt sich ein **Springer**, nämlich zwei Felder weiter, davon eines "gerade", das zweite "diagonal" (oder umgekehrt, was auf das gleiche hinausläuft) (Abb. 1):

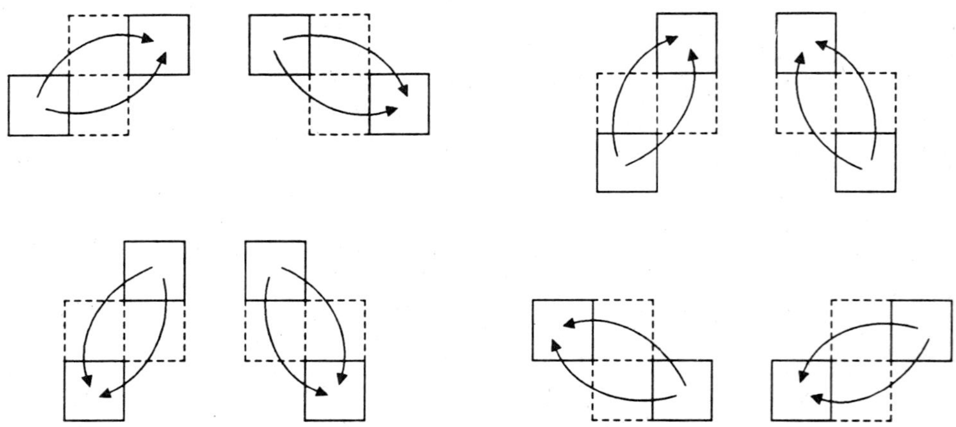

Abb. 1

Von einem Feld A aus sind also mit einem Springer die in Abb. 2 angegebenen Felder B erreichbar:

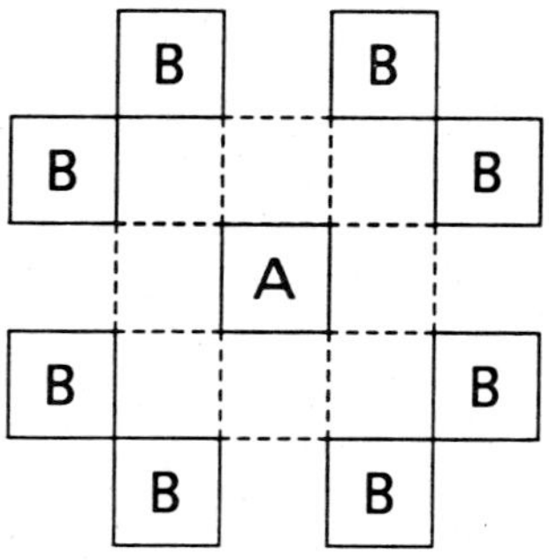

Abb. 2

Falls A in der Nähe des Randes liegt, wird die Zahl der mit dem Springer erreichbaren Felder entsprechend eingeschränkt.

Wir übertragen die drei Schachfiguren auf die Hundertertafel und betrachten folgenden Typ von Aufgaben:
Auf Feld A steht ein Turm (Läufer, Springer). Kann er auf Feld B gezogen werden? Wenn ja, wie?
Beispiele (Abb. 3): A=23, B=85

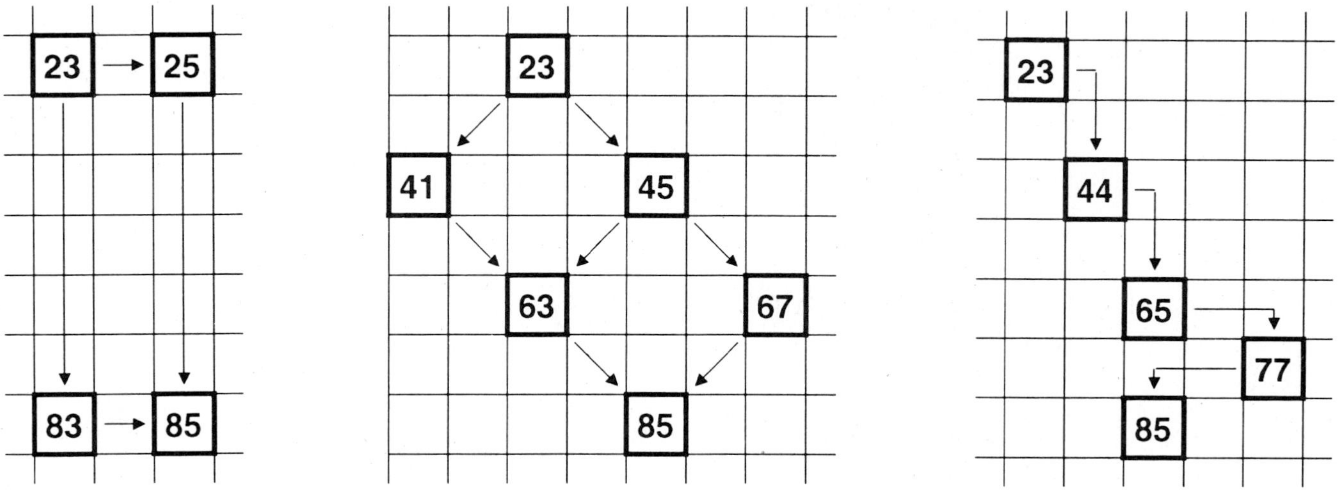

Turm **Läufer** **Springer**

Abb. 3

Lösungen sind nicht eindeutig bestimmt.
Wie man sieht, sind die **geometrisch** definierten Bewegungen der drei Schachfiguren **arithmetisch** bedeutungsvoll:

- Die beiden Grundbewegungen des Turms beschreiben gerade ein Fortschreiten nur in den Einern (abgesehen vom rechten Rand) bzw. nur in den Zehnern.
- Bei der Läuferbewegung ändern sich Zehner und Einer beim diagonalen Voranschreiten um ein Feld um ± 9, ± 11.
- Die Springerbewegung ist numerisch komplizierter (± 8, ± 12, ± 19, ± 21), aber für die Orientierung auf dem Hunderterfeld umso lehrreicher.

Mit dem **Turm** kann man offensichtlich von **jedem** Feld auf **jedes** andere gelangen. Schachfreunde wissen, daß dies auch mit dem Springer möglich ist. In der Tat macht man sich leicht klar, daß man mit **zwei** oder **drei** Springerbewegungen von einem Feld auf **jedes benachbarte** Feld gelangen kann, und dies sichert die freie Beweglichkeit des Springers.

Mit dem **Läufer** hingegen kann man **nicht** auf beliebige Felder kommen. Auf dem Schachbrett ist jeder Läufer an die schwarzen oder die weißen Felder gebunden. Entsprechend kann sich ein Läufer auf der Hundertertafel von einem Feld zu einem anderen nur bewegen, wenn die Quersummen der beiden Zahlen entweder beide gerade oder beide ungerade sind (ausgenommen die Zehnerzahlen, die das System durchbrechen).[1]

Durch die Wahl des Ausgangsfeldes A und des Endfeldes B lassen sich Aufgaben unterschiedlicher Schwierigkeitsniveaus bilden.

Wie könnte es weitergehen?

5. Die Aktivitäten 1, 3 und 4 lassen sich bei guter Beherrschung der entsprechenden Aufgaben von der Hundertertafel auf das Hunderterquadrat übertragen. Dies verlangt von den Schülern, die Nummern der Plätze gedanklich zu ergänzen, und trägt daher zur Verinnerlichung der Hunderterstruktur bei. Schüler, die mit dem Hunderterquadrat noch Schwierigkeiten haben, dürfen aber die Hundertertafel weiterhin benutzen.

[1] Auf der (mathematisch gesehen) "wahren" Hundertertafel, deren Felder von 00 bis 99 numeriert sind, gilt die Quersummenregel uneingeschränkt.

1.3 "Räuber und Goldschatz" auf der Hunderterreihe

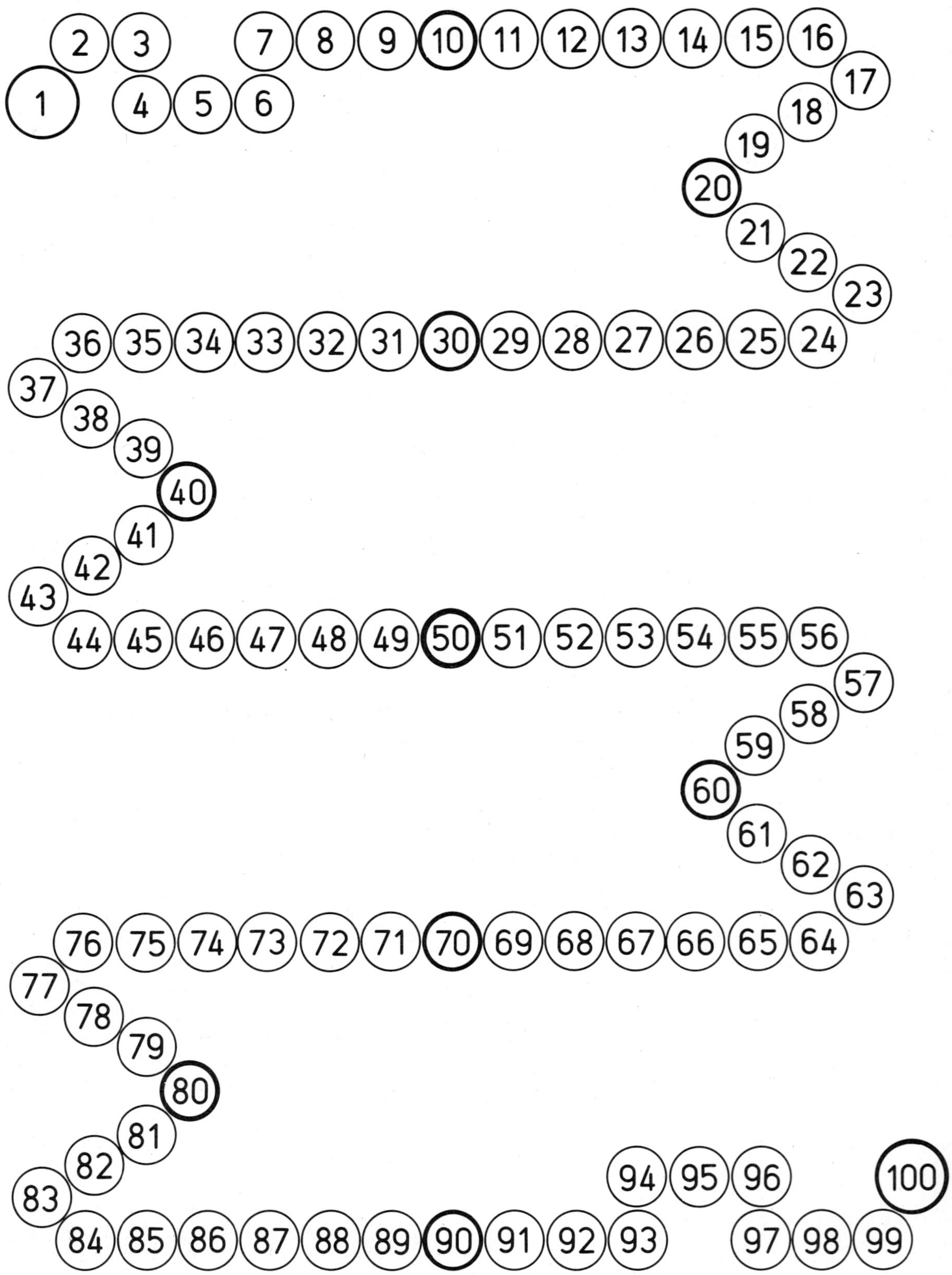

Abb. 4

Worum geht es?

Das Spielfeld "Räuber und Goldschatz" wird ausgedehnt auf die Hunderterreihe (mittlere Zahl: 50, Höhlen: "1 und weniger", "100 und mehr") (Abb. 4). Gewürfelt wird mit zwei Würfeln und weitergezogen werden darf um das Produkt der Augenzahlen.

Beispiel:

Man darf 3 mal 6
(oder 6 mal 3)
Felder weiterziehen.

Die meisten der auftretenden Malaufgaben sind im 1. Schuljahr schon als "Mini-Einmaleins" angesprochen worden. Den Schülern bleibt es aber überlassen, die Ergebnisse teilweise oder ganz additiv zu ermitteln.

Beispiele: Der Minusräuber übernimmt bei 54 und würfelt die Augenzahlen 3 und 4. Er zieht:

$42 \xleftarrow[4]{} 46 \xleftarrow[4]{} 50 \xleftarrow[4]{} 54$ oder: $42 \xleftarrow[2]{} 44 \xleftarrow[10]{} 54$

Der Plusräuber übernimmt bei 54 und würfelt die Zahlen 3 und 6. Er zieht:

$54 \xrightarrow[6]{} 60 \xrightarrow[6]{} 66 \xrightarrow[6]{} 72$ oder: $54 \xrightarrow[12]{} 66 \xrightarrow[6]{} 72$

Was wird benötigt?

Demonstrationsmaterial: Großer Spielplan mit geschlungener Hunderterreihe (durch zwei Farben dekadisch gegliedert) für Magnettafel, Magnetplättchen als Schatz, zwei Würfel. Zur Not kann man das Spiel auch auf der Hundertertafel spielen. Dann werden aber die Zehnerübergänge nicht so deutlich.

Arbeitsmaterial: Kleine Spielpläne (nach dem Vorbild des großen Planes von den Kindern selbst zu zeichnen), Spielsteine als Schatz, Würfel.

Wie kann man vorgehen?

1. Erklärung der Spielregeln
   Am großen Spielplan werden die Spielregeln erklärt, die Klasse wird in zwei Gruppen geteilt, und das Spiel wird gemeinsam gespielt. Die Kinder, die ziehen, erklären jeweils, wie sie Würfelergebnisse in Züge umsetzen.
2. Spiel in Partnerarbeit oder in kleinen Gruppen.

Wie könnte es weitergehen?

3. Ordnung der Würfelergebnisse nach der Größe der entsprechenden Züge
   Aufgabenstellung: *Welche Zahlen kommen als Ergebnisse von Malaufgaben mit Würfelzahlen vor?*

   Ungeordnete Nennung von Ergebnissen:
   z.B. 5 = 1 mal 5, 25 = 5 mal 5, 9 = 3 mal 3 usw.

   Kleinstes Ergebnis? Größtes Ergebnis?

   Systematische Durchmusterung der Zahlreihe von 1 bis 36 nach Malergebnissen:

1	1 mal 1
2	2 mal 1, 1 mal 2
3	3 mal 1, 1 mal 3
4	4 mal 1, 1 mal 4, 2 mal 2
5	5 mal 1, 1 mal 5
6	6 mal 1, 1 mal 6, 3 mal 2, 2 mal 3
8	4 mal 2, 2 mal 4
9	3 mal 3
10	5 mal 2, 2 mal 5
12	6 mal 2, 2 mal 6, 4 mal 3, 3 mal 4
15	5 mal 3, 3 mal 5
16	4 mal 4
18	6 mal 3, 3 mal 6
20	5 mal 4, 4 mal 5
24	6 mal 4, 4 mal 6
25	5 mal 5
30	6 mal 5, 5 mal 6
36	6 mal 6

Wie viele Möglichkeiten sind das? [36]
Warum gerade 36 Möglichkeiten?

2. Übungen zur Addition und Subtraktion

Während das additive Rechnen im 1. Schuljahr (Einspluseins) zum Kopfrechnen gehört, betreten wir mit dem additiven Rechnen im 2. Schuljahr den Bereich des sogenannten **halbschriftlichen Rechnens**. Dies bedeutet, daß die jetzt komplizierteren Additions- und Subtraktionsaufgaben in leichtere Teilaufgaben zerlegt und Rechenschritte sowie Teilergebnisse schriftlich festgehalten werden, bis am Schluß das Ergebnis ermittelt ist. Im Gegensatz zu **schriftlichen Rechenverfahren**, bei denen nur mit **Ziffern** operiert wird, stützen sich halbschriftliche Verfahren auf **Zahlvorstellungen** und **Zahlbeziehungen**.

Einen Höhepunkt erreicht das halbschriftliche Rechnen im 3. Schuljahr im Bereich des Tausenderraumes. Aber schon im 2. Schuljahr können die Kinder die Besonderheiten dieser Rechenform kennenlernen: die Ausnutzung von Rechengesetzen für die Zerlegung von Additions- und Subtraktionsaufgaben in einfachere Aufgaben sowie die Wahl möglichst vorteilhafter Rechenwege.

Anders als bei den schriftlichen Rechenverfahren kommt für die Addition und Subtraktion im Hunderter- und Tausenderraum die Erarbeitung und Einübung je eines Normalverfahrens **nicht** in Frage. *J. Kühnel* hat dies in seinem "Neubau" sehr schön begründet *(Kühnel* 1950, S. 119–120, Hervorhebungen im Original):

> *"Wir wollen kein Normalverfahren [im halbschriftlichen Rechnen] den Kindern aufnötigen. Nicht darauf kommt es an, daß das Kind einen bestimmten Weg mit Sicherheit gehen lernt – das streben wir an bei der Gewöhnung der Pferde –, sondern daß es seinen Weg* ***allein zu suchen*** *und zu finden weiß. Bei der Menge des Stoffes und der "richtigen Wege", will sagen der allein gültigen Normalverfahren für die vielen Einzelgebiete, bei der zur Verfügung stehenden Zeit und bei den Kräften der Kinder kann jeder einzelne Weg gar nicht zu der Mechanisierung gelangen, die ihn vor dem Vergessen oder Verwechseln vollkommen schützte. Darum ist es besser, wir rüsten das Kind mit den mathematischen Kräften (Größen und Operationsgefühlen usw.) aus, die es zu jenem Wegsuchen befähigen. Sehen wir also, daß ein Kind einen ungeschickten Weg einschlägt, so wollen wir beobachten, wie die kleine Seele sich müht, die Zahlvorstellungen und die Zielvorstellung festzuhalten, um langsam an das Ziel zu gelangen. Stören wir sie nicht! Sie hat noch mit manchem Hemmnis zu kämpfen. Hier hineinfahren mit einem "So dumm!" oder "Falscher Weg!" würde das Kind nur irremachen und ihm auch dort die Sicherheit nehmen, wo es gar nicht irren kann ... Es dürfte ersichtlich sein, daß es dem Geiste des kindgemäßen Rechenunterrichts völlig widerspricht,* ***Regeln*** *einlernen zu lassen, etwa: Erst nehmen wir die Zehner von den Zehnern weg, dann die Einer von den Einern; oder: Erst zählen wir die Einer zu den Einern, dann die Zehner zu den Zehnern; oder gar: Wenn die Einer 10 oder mehr ergeben, machen wir erst den Zehner voll usw. Aus der Sache und dem Einzelfall heraus muß das Verfahren wachsen, das am raschesten und dabei sicher zum Ziel führt. Das Kind aber, das darüber noch nicht verfügt, überblickend und fühlend, das mag zunächst* ***den*** *Weg gehen, den es überblicken kann nach der bisherigen Entwicklung seiner Kräfte. Gerade im Gelingen des Versuchs werden diese wachsen; und der Blick auf den Nachbar, der "es anders kann", wird auch Schwächere dazu aneifern, solche Versuche zu wagen. Einer Aufgabe aber von* ***zwei*** *Seiten beikommen zu können, heißt nichts anderes, als die Herrschaft über sie in ganz erheblichem Maß vergrößern."*

In seinem Buch *"Lebensvoller Rechenunterricht"* hat *Kühnel* aufgezeigt, wie viele Lösungswege es bei Additions- und Subtraktionsaufgaben im Hunderter gibt und wie Schüler in diese Vielfalt eingeführt werden können (vgl. dazu Abb. 1: aus *Kühnel* 1949 , S. 79–80).

„Wer kriegt es heraus?“

38 + 45 =

a)	b)	c)	d)	
Fritz rechnet so:	Paul rechnet so:	Ernst rechnet so:	Max so:	
30 + 40 =	38 + 40 =	38 + 5 =	38 + 2 =	
8 + 5 =	+ 5 =	+ 40 =	+ 43 =	
70 + 13 =				
e)	f)	g)	h)	i)
Martha so!	Elfriede rechnet:	Kurt rechnet	Willi:	Walter
45 + 5 =	40 + 45 =	38 + 50 =	2 · 45 =	40 +40 =
+ 33 =	– 2 =	– 5 =	– 7 =	+ 3 =

47 + 58

a)	b)	c)
Fritz rechnet so:	Paul:	Ernst:
40 + 50 =	47 + 50 =	47 + 8 =
7 + 8 =	+ =	+ =

Wie geht es weiter?

d)	e)	f)
Max:	Martha:	Elfriede:
47 + 3 =	58 + 2 =	47 + 60 =
+ =	+ =	– =
g)	h)	i)
Kurt:	Willi:	Walter:
50 + 58 =	50 + 60 =	50 + 50 =
– =	– =	+ =

39 + 54 =

a) Rechne wie Fritz!	d) Rechne wie Max!	g) Wie würde Kurt rechnen?
b) wie Paul!	e) wie Martha!	h) wie Willi?
c) wie Ernst!	f) wie Elfriede!	i) wie Walter!

96 – 57

a)	b)	c)
Fritz rechnet so:	Paul macht's so:	Ernst so:
96 – 50 = 46	96 – 7 =	96 – 60 =
46 – 7 =	– =	+ =
d)	e)	f)
Max:	Martha:	Elfriede:
57 + 3 =	57 + 9 =	96 – 56 =
+ = 96	+ = 96	– =
g)	h)	i)
Kurt:	Willi:	Walter:
97 – 57 =	96 + 3 =	57 + 40 =
– =	– 60 =	– 1 =

Abb. 1

Er merkt dazu an:

"Einfache Aufgaben sind hier auf 9 verschiedenen Lösungswegen gerechnet. Und dabei sind feinfühligerweise nicht einmal sämtliche Möglichkeiten erschöpft. Kindliche Entdecker können also noch eigene Wege finden. Es kann sich gewiß niemand dem Eindruck entziehen, daß auf diese Art wahrhafte Geistesbildung getrieben wird, aber auch nicht dem andern, daß der alte Rechenunterricht von Geistesbildung weit weit entfernt war.

Fassen wir zusammen! **Ein selbständiges Suchen, Finden und Verstehen mehrerer Lösungswege***, das müssen wir an die Stelle der alten Normalverfahren setzen; es ist wirklich ein Zauberstab, dies Wörtchen: Wer kann es anders?"*

Wenn man die möglichen Lösungswege sorgfältig analysiert, stellt man allerdings fest, daß die Lösungsvielfalt **im Grunde genommen** doch nicht so groß ist, sondern daß es folgende Methoden gibt:

Addition

1. Methode: **"Zehner extra, Einer extra"**

Beispiel: $\underline{38+45} = 70+13 = 83$

$30+40$

$8+5$

2. Methode: **"Schrittweise"**

Beispiel: $\underline{38+45} = 78+5 = 83$ oder $\underline{38+45} = 43+40 = 83$

$38+40+5$ $\qquad$ $38+5+40$

oder $\underline{38+45} = 40+43 = 83$

$38+2+43$

3. Methode: **"Aufgabe vereinfachen"**

Beispiel: $\underline{38+45} = 83$

$40+43$

Bei der 3. Methode gelangt das "Gesetz von der Konstanz der Summe" zur Anwendung: Eine Summe ändert sich nicht, wenn der eine Summand auf Kosten des anderen um eine bestimmte Zahl vergrößert oder zugunsten des anderen um eine bestimmte Zahl verkleinert wird.

Subtraktion

1. Methode: **"Zehner extra, Einer extra"**

Beispiel: $\underline{96-57} = 40-1 = 39$

$90-50$

$6-7$ (Bitte keine Panik! Vgl. weiter unten)

2. Methode: **"Schrittweise"**

Beispiel: $\underline{96-57} = 46-7 = 39$ oder $\underline{96-57} = 89-50 = 39$

$96-50-7$ $\qquad$ $96-7-50$

oder $\underline{96-57} = 40-1 = 39$

$96-56-1$

3. Methode: **"Aufgabe vereinfachen"**

Beispiel: $\underline{96-57} = 39$

$99-60$

Hierbei gelangt das "Gesetz von der Konstanz der Differenz" zur Anwendung: Eine Differenz ändert sich nicht, wenn beide Zahlen um die gleiche Zahl vergrößert oder verkleinert werden.

4. Methode: **"Ergänzen"**

Beispiel: $\underline{96-57} = 3+36 = 39$ oder $\underline{96-57} = 9+30 = 39$

60 $\qquad$ 66

96 $\qquad$ 96

Mit dieser Aufstellung verschiedener Methoden haben wir auch mitgeteilt, wie sparsam nach unserer Auffassung die halbschriftlichen Verfahren notiert werden sollen: Unter die Aufgabe wird ein **Strich** gesetzt, der **Rechenweg** wird unter dem Strich notiert. Die **Zwischenergebnisse** werden hinter das Gleichheitszeichen gesetzt und weiterverarbeitet. Operatorpfeile oder Klammern sind u. E. völlig unnötig.
Bei wachsender Sicherheit werden die Kinder auf die Notierung des Rechenwegs verzichten. Dann entfällt der Strich, und es bleibt nur die erste Zeile stehen.

Beispiel: 96−57 = 40−1 = 39 (vgl. 1. Subtraktionsmethode)
Man rechnet im Kopf 90−50 = 40 und führt die Aufgabe "6−7" mit der Zwischenüberlegung *„Ich muß 7 von 6 wegnehmen. Ich nehme 6 weg und muß dann noch 1 von 40 wegnehmen"* in die Aufgabe "40−1" über.
(Wenn Sie gegen diese Methode immer noch Vorbehalte haben, bitte weiterlesen bis zur ersten Übung in 2.1, Aktivität 4.)

Die Benennung der Methoden hat den Vorteil, daß die Methoden bewußter gehandhabt werden und man sich über sie verständigen kann.

2.1 Einführende Übungen

Worum geht es?

Anhand von Beispielaufgaben sollen mit Hilfe geeigneter Anschauungsmittel die sich natürlicherweise anbietenden Methoden zur Addition und Subtraktion im Hunderterraum erarbeitet werden.

Was wird benötigt?

Demonstrationsmaterial: Russische Rechenmaschine, Rechengeld für Magnettafel.
Arbeitsmaterial: Arbeitsblatt 2/2.

Wie kann man vorgehen?

1. Mündliches Addieren mit Hilfe von Rechenmaschine und Rechengeld
   Man stellt etwa die Aufgabe 43+28.
   Die Schüler übertragen die Aufgabe auf die Rechenmaschine und ermitteln das Ergebnis.
   Hierbei sind verschiedene Wege möglich:
   - Man kann 43 darstellen, in die darunter liegenden Zeilen 28 schieben und dann 43 auf Kosten von 8 auf 50 oder 28 auf Kosten von 3 auf 30 auffüllen. Das Ergebnis 71 ist abzulesen.
   - Man kann zu 40 sofort 20 und dann die Einer dazuschieben. Wieder ist das Ergebnis ablesbar.
     Das Ergebnis wird notiert: 43+28 = 71.
     Dieselbe Aufgabe wird noch mit Hilfe von Rechengeld gelöst.
   - Anschließend kann man den Schülern einen dritten Weg zeigen: Man beginnt mit 41 (statt 43) und legt 30 (statt 28) dazu. Die Schüler begründen diesen Weg.

   Analog werden weitere Aufgaben behandelt, darunter auch solche, bei denen einer der Summanden ein Einer oder ein reiner Zehner ist, wie 27+30, 63+5, 75+8 usw. Die Schüler sollen **selbst** sehen, daß diese Aufgaben leicht sind.

2. Mündliches Subtrahieren mit Hilfe von Rechenmaschine und Rechengeld
   Die Behandlung erfolgt analog zur Addition, wobei man wieder darauf achten muß, daß die wesentlichen Methoden in Erscheinung treten. Bei der Ergänzungsmethode muß natürlich zuerst der Subtrahend dargestellt und bis zum Minuenden **"aufgefüllt"** werden.

3. Halbschriftliche Addition
   Anhand einer Beispielaufgabe werden die drei wesentlichen Methoden benannt, die entsprechenden Operationen an der Rechenmaschine ausgeführt und entsprechend **schriftlich notiert**.

4. Halbschriftliche Subtraktion
   Analog wird die Subtraktion behandelt, wobei man mit der Musteraufgabe 89−26 beginnen kann, bei der die 1. Methode "Zehner extra, Einer extra" völlig unproblematisch ist. Diese Methode sollte aber unbedingt auch auf Aufgaben wie 86−29 übertragen werden.
   Die Erfahrung zeigt, daß die Kinder folgenden Lösungsweg als völlig natürlich ansehen: *„Ich bilde 86. Von 80 nehme ich 20 weg. Dann habe ich noch 60. Jetzt muß ich noch 9 wegnehmen. Ich nehme erst 6 weg und muß dann von 60 noch 3 wegnehmen. Ergebnis: 57."*
   Die Schreibweise $\underline{86-29} = 60-3 = 57$
   80−20
   6− 9
   ist durch Operationen an der Rechenmaschine völlig abgedeckt.

Empirische Studien zeigen, daß viele Kinder, in deren Unterricht die 1. Methode für den kritischen Fall – wie allgemein üblich – **ausgeklammert** worden ist, Aufgaben wie 86–29 falsch lösen, indem sie 80–20 = 60 und 9–6 = 3 rechnen und zum Ergebnis 63 gelangen. Angesichts dieser Befunde ist es viel besser, den Stier bei den Hörnern zu packen und die Methode „Zehner extra, Einer extra" systematisch zu besprechen.

5. Halbschriftliches Rechnen mit zeichnerischer Unterstützung
Als Zwischenschritt zur vorstellungsmäßigen Beherrschung des halbschriftlichen Rechnens eignet sich die zeichnerische Darstellung nach *W. Oehl* (Abb. 2). **Einer** werden dabei durch **Punkte**, **Zehner** durch **Striche**, **Fünfer** durch **halb so lange Striche**, **Fünfziger** durch ein **Rechteck** (= halbes Quadrat) dargestellt (Hunderter im 3. Schuljahr durch ein Quadrat).

Beispiele:

43 + 28 = 60 + 11 = 71
40 + 20
3 + 8

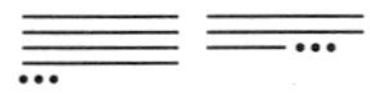

93 – 44 = 50 – 1 = 49
90 – 40
3 – 4

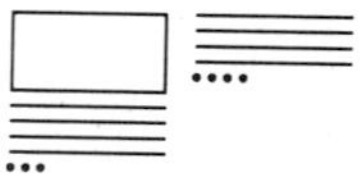

64 + 27 = 91
61 + 30

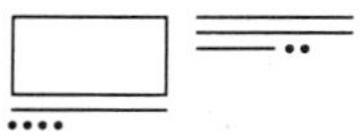

93 – 64 = 33 – 4 = 29
93 – 60 – 4

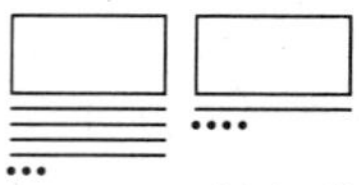

Abb. 2

6. Formales halbschriftliches Rechnen
Bei wachsender Vertrautheit werden die konkreten zeichnerischen Hilfen überflüssig, und die Kinder sind in der Lage, die Rechnungen an verinnerlichten Zahlvorstellungen durchzuführen und schließlich auch auf die Notation der Rechenwege zu verzichten.

7. Operatives Rechnen
In die obigen Erarbeitungsschritte wird man immer wieder operative Beziehungen einarbeiten, d. h. man wird die Aufgaben nicht wild aufeinanderfolgen lassen, sondern systematische Veränderungen vornehmen.

Beispiele:	43 + 28	75 – 36
	47 + 24	65 – 26
	53 + 18	66 – 25
	58 + 13	65 – 24

Arbeitsblatt 2/2 zeigt, wie man auf diese Weise **"operative Päckchen"** erzeugen kann, die zum Beobachten und Argumentieren anregen.
Die Bearbeitung des Arbeitsblatts könnte folgendermaßen erfolgen: **Bevor** die Kinder rechnen, werden die Aufgaben grob überflogen und besprochen:
Welche sind leicht und warum? Welche Aufgaben haben "kleine", welche "große" Ergebnisse?
Dann rechnen die Kinder. **Anschließend** werden die Ergebnisse verglichen, und es werden Beziehungen zwischen den Aufgaben herausgesucht: *Was fällt auf?*

2.2 Strukturiertes Üben der Addition

Die einführenden Übungen zum halbschriftlichen Addieren und Subtrahieren gehören vorwiegend dem Typ des **gestützten Übens** an: Die Lösungsfindung wird durch konkrete Materialien und zeichnerische Darstellungen unterstützt. Mathematische Beziehungen werden hauptsächlich im Umfeld der einzelnen Aufgaben benutzt. Arbeitsblatt 2/2 zeigt aber schon eine deutliche Strukturierung in dem Sinn, daß Beziehungen zwischen **verschiedenen** Aufgaben heraustreten. Wir sprechen von **strukturiertem Üben**, wenn **sämtliche** Aufgaben einer Serie in einem Zusammenhang stehen. Dieser Zusammenhang kann, wie wir schon gesehen haben, auf verschiedene Weise gestiftet werden: durch eine übergeordnete Fragestellung innermathematischer Art (**problemstrukturierte Übung**), durch operative Variation der Aufgaben (**operativ strukturierte Übung**), durch einen Sachzusammenhang (**sachstrukturierte Übung**). Im vorliegenden und folgenden Abschnitt sollen einige Beispiele problem- und operativ strukturierter Übungen zur Addition und Subtraktion vorgestellt werden.

2.2.1 Zahlfelder am Kalender

Worum geht es?

Wir betrachten in dieser Übung die Monatsfelder von Kalendern (Abb. 3).

Februar

Mo	Di	Mi	Do	Fr	Sa	So
	1	2	3	4	5	6
7	8	9	10	11	12	13
14	15	16	17	18	19	20
21	22	23	24	25	26	27
28	29					

Abb. 3

Infolge des 7tägigen Wochenrhythmus wachsen die Zahlen zeilenweise um 1, spaltenweise um 7. Daraus ergeben sich zwangsläufig Regelmäßigkeiten:

– In jedem 2x2-Teilfeld haben die Diagonalen die gleiche Summe (Abb. 4).

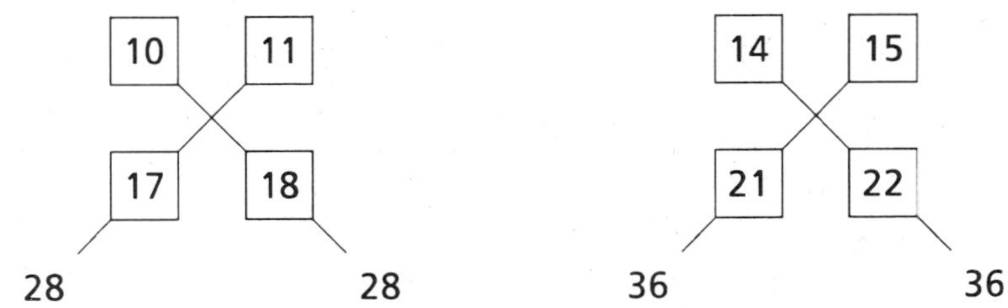

Abb. 4

– In jedem 3x3-Teilfeld haben die beiden Diagonalen, die mittlere Zeile und die mittlere Spalte gleiche Summen (Abb. 5).

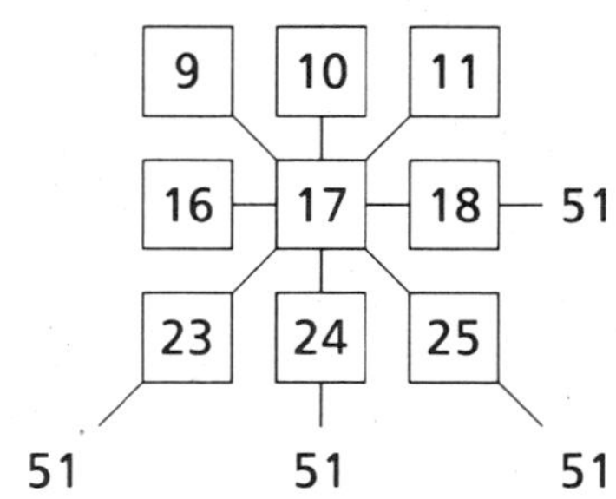

Abb. 5

Die Begründung ergibt sich in beiden Fällen aus dem Gesetz von der Konstanz der Summe, da einer der Summanden um 1 bzw. 7 erhöht, der andere um 1 bzw. 7 erniedrigt wird (Abb. 6).

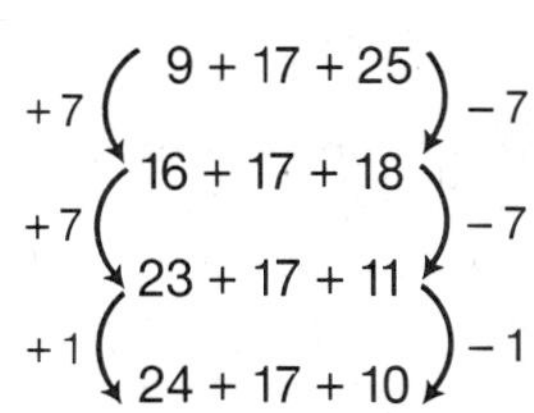

Abb. 6

Was soll geübt werden?

Addition von zwei bzw. drei Zahlen im Hunderterraum, Zählen in 7er Schritten, Erkennen von Mustern.

Was wird benötigt?

Demonstrationsmaterial: Monatskalender in der Form des 7er Feldes (Tafel, Plakat oder Tageslichtschreiber).

Arbeitsmaterial: Arbeitsblätter 2/3a und 2/3b mit Monatskalender und vorgefertigten Ausschnitten aus Monatsfeldern.

Wie kann man vorgehen?

1. Man zeigt einen Kalender mit Monatsfeldern und bespricht mit den Schülern den Aufbau.
   Fragen: *Was ist der Vorteil solcher Kalender?*
   Nenne immer das Datum der Sonntage (Montage)!
   Wie wachsen die Zahlen zeilenweise? Warum?
   Wie wachsen die Zahlen spaltenweise? Warum?

Man zeichnet dann einen 2x2-Ausschnitt (Abb. 7), und fordert die Schüler auf, verschiedene Summen zu bilden (Abb. 8).

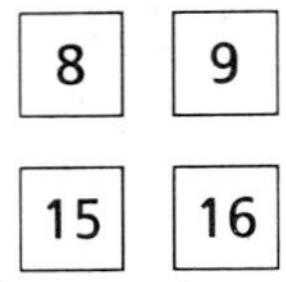

Abb. 7

Schreibweise:

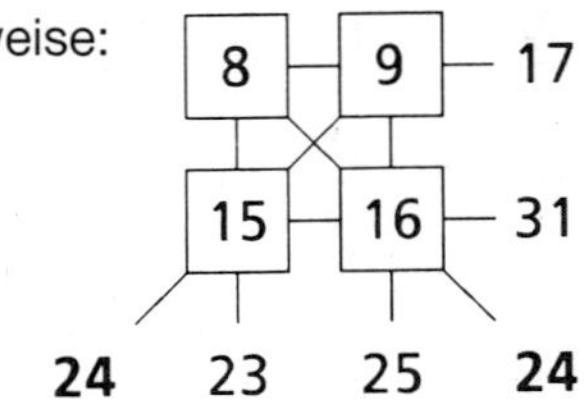

Abb. 8

Ebenso wird ein zweites Beispiel behandelt.

Fragen: *Warum kommt in beiden Diagonalen die gleiche Summe heraus?*
Warum ist eine Spaltensumme um 1 kleiner, die andere um 1 größer als die Diagonalsummen?
Warum ist die eine Zeilensumme um 7 kleiner, die andere um 7 größer als die Diagonalsumme?

2. Arbeitsblätter
Man verteilt die Arbeitsblätter 2/3a und 2/3b und fordert die Schüler auf, die Ergebnisse bei jedem Teilfeld zu vergleichen.

3. Reflexion
Nach der Bearbeitung der Arbeitsblätter bieten sich viele Möglichkeiten für eine operative Variation der Aufgaben und einen entsprechenden Vergleich der Ergebnisse.

Beispiele: **Benachbarte** 2x2-Ausschnitte

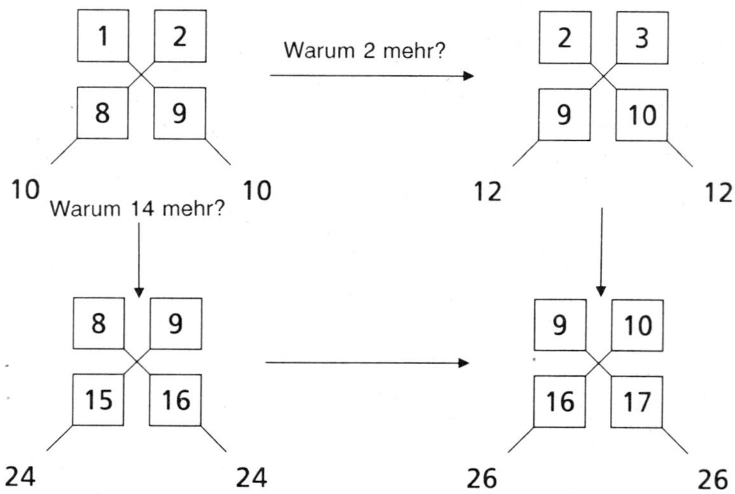

Abb. 9

3x3-Ausschnitte

Fragen: *Warum sind die Summen der Diagonalen, der mittleren Zeile und der mittleren Spalte gleich?*
Wie wachsen die Zeilensummen von oben nach unten an? Warum?
Wie wachsen die Spaltensummen von links nach rechts an? Warum?
In welcher Beziehung stehen die Summen benachbarter 3x3-Ausschnitte?

Wie könnte es weitergehen?

4. *Läßt sich ein 3x3-Ausschnitt so umstellen, daß ein magisches Quadrat entsteht?*
5. *Es werden 4x4-Ausschnitte berechnet und auf Muster untersucht.*

2.2.2 Das magische Quadrat in Dürers Kupferstich "Melencolia I"

Worum geht es?

Ein quadratisches Zahlenschema aus den Zahlen 1, 2, 3, 4, ..., n^2 heißt ein **magisches Quadrat** der Ordnung n, wenn die n Zahlen in jeder Zeile, Spalte und Diagonalen die gleiche (magische) Summe ergeben. Als Übungsbeispiel für das 1. Schuljahr haben wir bereits ein magisches Quadrat der Ordnung 3, das lo-shu aus dem alten China, behandelt (Abb. 10).

4	9	2
3	5	7
8	1	6

Abb. 10

Abb. 11

In diesem Abschnitt betrachten wir ein magisches Quadrat der Ordnung 4, das sich im Kupferstich "Melencolia I" von *A. Dürer* (1471–1528) findet (Abb. 11 und 12).
Es gibt zahlreiche Methoden, magische Quadrate der Ordnung 4 systematisch zu konstruieren. Uns soll es hier genügen, das Dürersche Quadrat durch gezieltes Probieren herzuleiten. Wir schreiben zunächst die Zahlen 1, 2, 3, ..., 15, 16 der Reihe nach in die leeren Kästchen eines 4x4-Quadrats (Abb. 13).

16	3	2	13
5	10	11	8
9	6	7	12
4	15	14	1

Abb. 12

1	2	3	4
5	6	7	8
9	10	11	12
13	14	15	16

Abb. 13

Natürlich sind die Zeilen-, Spalten- und Diagonalsummen in diesem Quadrat nicht gleich. Wenn wir ein magisches Quadrat konstruieren wollen, müssen insbesondere die vier Zeilen die gleiche magische Summe haben. Daher gilt
4 · magische Summe = Summe der vier Zeilen = Summe **aller** Zeilen

$$= 1 + 2 + 3 + \ldots + 14 + 15 + 16 = 17 \cdot 8 = 136,$$

woraus folgt, daß die magische Summe $136:4 = 34$ sein muß.

Rückblickend stellen wir fest, daß in unserem Ausgangsquadrat die Diagonalen bereits die richtige Summe aufweisen. Daher liegt es nahe, die acht Diagonalzahlen fürs erste festzuhalten und zu probieren, ob man nicht durch geschickte Veränderung der restlichen acht Zahlen weitere magische Summen in den Zeilen und Spalten erzeugen kann.
Die erste Zeilensumme beträgt 10, ist also um 24 zu klein, die letzte Zeilensumme beträgt 58, ist also um 24 zu groß. Wenn wir 14 und 2 sowie 15 und 3 austauschen, wird die erste Zeilensumme um $2 \cdot 12 = 24$ erhöht, die letzte Zeilensumme um 24 erniedrigt. Beide Zeilen erhalten also den magischen Wert 34. Entsprechend führt ein Austausch von 5 und 8 sowie von 9 und 12 zu magischen Summen in der ersten und letzten Spalte. Insgesamt sind wir damit zum Quadrat in Abb. 14 gelangt.
Eine Überprüfung zeigt, daß die zweite Zeilensumme um 8 zu klein, die dritte Zeilensumme um 8 zu groß ist. Dieser Mangel kann behoben werden, indem wir 8 mit 12 sowie 5 mit 9 vertauschen. Analog führt ein Austausch von 14 und 15 sowie von 2 und 3 zu magischen Werten in der zweiten und dritten Spalte. Da bei diesen Umformungen die schon erhaltenen Summen nicht zerstört werden, haben wir damit das **magische Quadrat** in Abb. 15 erhalten.
Es bleibt ein magisches Quadrat, wenn wir es um 180° drehen (Abb. 16) und wenn wir die zweite und dritte Spalte austauschen (Abb. 17). Dieses Quadrat ist genau das von Dürer.

1	14	15	4
8	6	7	5
12	10	11	9
13	2	3	16

Abb. 14

1	15	14	4
12	6	7	9
8	10	11	5
13	3	2	16

Abb. 15

16	2	3	13
5	11	10	8
9	7	6	12
4	14	15	1

Abb. 16

16	3	2	13
5	10	11	8
9	6	7	12
4	15	14	1

Abb. 17

Die beiden mittleren Felder der letzten Zeile ergeben vierstellig gelesen 1514, das Jahr der Entstehung des Stiches.

Die Deutungen der Absicht des Künstlers gehen auseinander [1]. Der lateinische Titel "Melencolia I" bedeutet "Weiche, Melancholie!". Nach der in der Renaissance neu belebten antiken Lehre von den vier Temperamenten (Sanguiniker, Choleriker, Melancholiker, Phlegmatiker) glaubte man, daß alle Genies Melancholiker seien. Das obige magische Quadrat, das in der mittelalterlichen Esoterik dem Jupiter zugeordnet war, läßt sich in dieser Auffassung als astrologischer Talisman deuten, der auf das Gemüt der sitzenden Frauengestalt, der personifizierten Melancholie, aufhellend einwirken soll.

Die folgende Übung nutzt aus, daß die magische Summe im Dürer-Quadrat nicht nur in den Zeilen, Spalten und Diagonalen, sondern in einer großen Vielfalt geometrischer Muster mit je 4 Feldern auftritt. Wir geben im folgenden eine Auswahl von je vier zusammengehörigen 4-Felder-Mustern, die **zusammen** jeweils das ganze Quadrat überdecken. Wenn wir die **vier** Felder eines einzelnen Musters mit der gleichen Farbe färben, wird das gesamte Quadrat jeweils mit **vier** Farben gefärbt.
Ähnliche Muster lassen sich auch in anderen magischen Quadraten der Ordnung 4 finden.
Das folgende Beispiel, ein sogenanntes **"teuflisches" Quadrat**, ist besonders reichhaltig. Hier ergibt z. B. **jedes** 2x2-Quadrat die magische Summe 34 (Abb. 18).

1	8	13	12
14	11	2	7
4	5	16	9
15	10	3	6

$1 + 8 + 14 + 11 = 34$
$8 + 13 + 11 + 2 = 34$
usw.

Abb. 18

[1] E. Panofsky, Das Leben und die Kunst Albrecht Dürers. München 1977.
R. F. Tünken-Zurkany. Ein Mensch namens Dürer. Berlin 1972.

Was soll geübt werden?

Addition von zwei (vier) Summanden im Vierzigerraum, Erkennen von geometrischen und arithmetischen Mustern.

Was wird benötigt?

Demonstrationsmaterial: Magisches Quadrat aus "Melencolia I" auf Folie für Tageslichtschreiber, Folienkopie des Stiches.

Arbeitsmaterial: Arbeitsblatt 2/4, auf dem das Dürerquadrat vielfach verfügbar ist, zum Einfärben.

Wie kann man vorgehen?

1. Man zeigt den Schülern den Stich am Tageslichtschreiber und läßt sie ihre Ideen dazu frei artikulieren. Dann lenkt man ihr Interesse auf das Quadrat und präsentiert es groß auf der Folie. Die Schüler erforschen die Zahlen und entdecken, falls nötig unter entsprechender Lenkung, den magischen Charakter. Auf einer leeren Folie, die **über** die Folie mit dem Quadrat gelegt wird, kann man die entsprechenden Summen notieren:

   $16 + 3 + 2 + 13 = 34$

   $5 + 10 + 11 + 8 = 34$

   usw.

2. Vierfarben-Übung

   Man legt eine neue leere Folie auf das magische Quadrat und demonstriert durch Färben zuerst an den Zeilen, dann an den Spalten, daß man 16 Felder in 4 mal 4 Felder zerlegen kann, so daß jede Feldergruppe die magische Summe 34 ergibt. Dann demonstriert man an zwei weiteren Beispielen, daß man auch andere Feldergruppen mit der magischen Summe 34 finden und färben kann (Abb. 19 a und b).

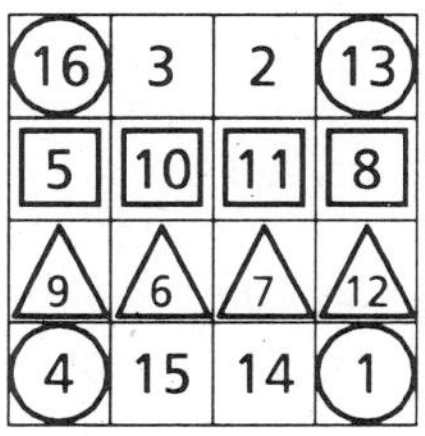

Abb. 19a

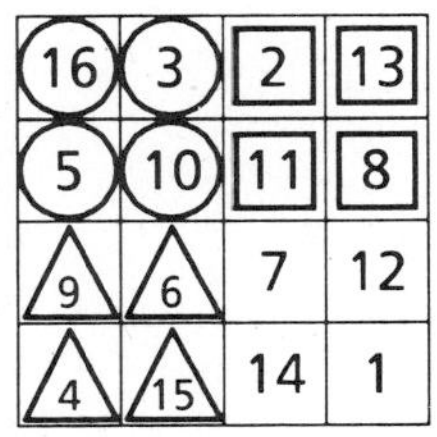

Abb. 19b

   Für die Schüler ist es überraschend, daß nach Einfärbung von 12 Feldern (drei Farben) die vier verbleibenden Felder **immer** die Summe 34 haben (Warum muß das so sein?).

3. Arbeitsblatt

   Die Schüler erhalten Arbeitsblatt 2/4, auf dem sie solche "Farbzerlegungen" des magischen Quadrats selbst finden können. Da es sehr viele verschiedene Möglichkeiten gibt, kann einzelnen Schülern auf Wunsch eine zweite oder dritte Kopie des Arbeitsblattes ausgehändigt werden.

Wie könnte es weitergehen?

4. Herleitung des Dürerquadrats

   Man erklärt den Schülern mit Hilfe von Ziffernkärtchen am Tageslichtschreiber, wie man das Quadrat finden kann.

   (1) Lege die Kärtchen von rechts unten beginnend der Reihe nach auf (Abb. 20)*!*

   (2) Laß die vier Eckkärtchen und die vier inneren Kärtchen fest und tausche die anderen "über Kreuz" aus: 15 ⟷ 2, 14 ⟷ 3, 12 ⟷ 5, 9 ⟷ 8!

   (3) Tausche die zweite und dritte Spalte aus!

   Frage: *Wer kann das nachmachen?*

   Wer weiß es noch am nächsten Tag?

16	15	14	13
12	11	10	9
8	7	6	5
4	3	2	1

Abb. 20

5. Weitere Beispiele

   Ebenso kann das o.g. teuflische Quadrat behandelt werden oder das magische Quadrat der Ordnung 5 mit der magischen Summe 65 in Abb. 21.

7	18	4	15	21
14	25	6	17	3
16	2	13	24	10
23	9	20	1	12
5	11	22	8	19

Abb. 21

2.2.3 Streichquadrate

Worum geht es?

Wenn man eine quadratische Additionstabelle ausrechnet (Abb. 22), so bilden die Ergebnisse ein besonderes Quadrat: ein **Streichquadrat** (Abb. 23).

+	8	12	17	4
5				
16				
3				
15				

oder

+	13	9	4
10			
12			
18			

Abb. 22

+	8	12	17	4
5	13	17	22	9
16	24	28	33	20
3	11	15	20	7
15	23	27	32	19

→

13	17	22	9
24	28	33	20
11	15	20	7
23	27	32	19

+	13	9	4
10	23	19	14
12	25	21	16
18	31	27	22

→

23	19	14
25	21	16
31	27	22

Abb. 23

Der Name erklärt sich aus folgendem "Streichalgorithmus":
Wähle aus dem Quadrat eine beliebige Zahl aus und kreise sie ein. Streiche die restlichen Zahlen der Zeile und Spalte, in der die Zahl steht, aus. Wähle eine noch nicht gestrichene Zahl, kreise sie ein und streiche auch hier die restlichen Zahlen der Zeile und Spalte. Wähle eine weitere noch nicht gestrichene Zahl und verfahre ebenso.
Schließlich bleibt eine Zahl übrig. Kreise sie ebenfalls ein. Addiere am Schluß alle eingekreisten Zahlen.
Björn geht folgendermaßen vor (Abb. 24) und erhält 20 + 24 + 9 + 27 = 80.

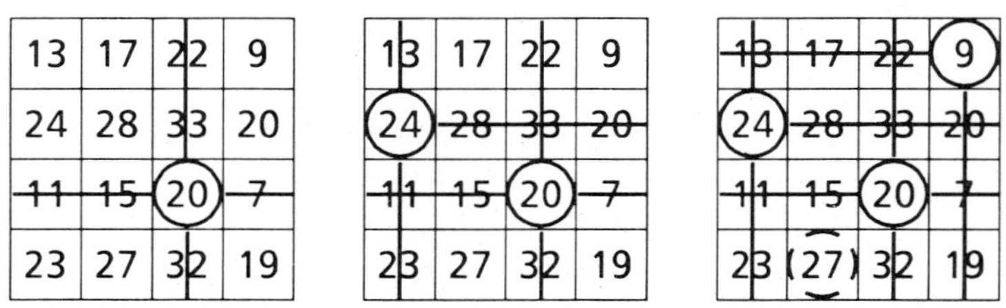

Abb. 24

Christa wählt andere Zahlen (Abb. 25) und erhält 23 + 17 + 33 + 7 = 80.

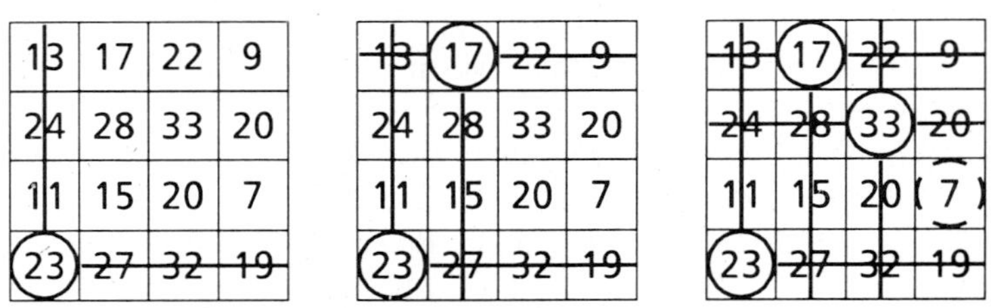

Abb. 25

Analog führen verschiedene Einkreisungen des 3x3-Quadrats zu gleichen Ergebnissen (Abb. 26 a und b).

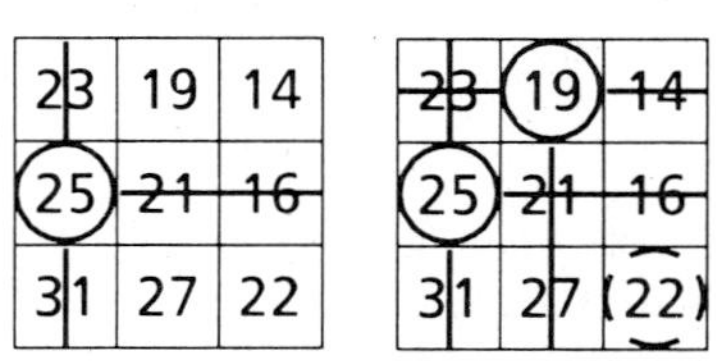

Abb. 26a

25 + 19 + 22 = 66

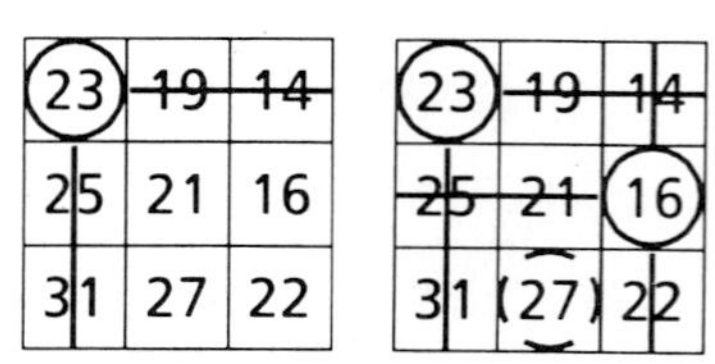

Abb. 26b

23 + 16 + 27 = 66

Die merkwürdige Eigenschaft eines Streichquadrats besteht darin, daß man die gleiche Endsumme erhält, wie **immer** man auch die Zahlen unter Beachtung der Streichregel auswählt.

Wie man sofort überprüft, haben beliebige quadratische Zahlschemata (Abb. 27)

27	12	8	4
19	21	18	14
2	9	15	11
7	3	21	6

Abb. 27

diese Eigenschaft nicht (Abb. 28 a und b):

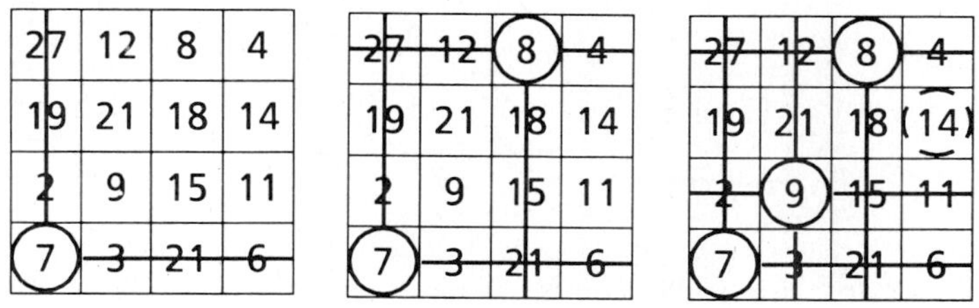

7 + 8 + 9 + 14 = 38

Abb. 28 a

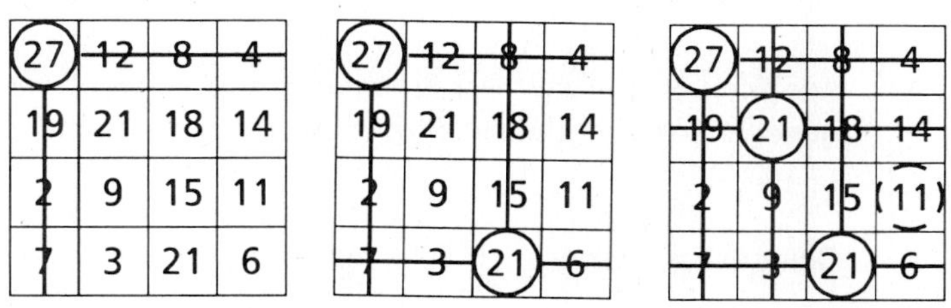

27 + 21 + 21 + 11 = 80

Abb. 28 b

Obwohl in beiden Fällen der Regel entsprechend vorgegangen wurde, ergeben sich mit 38 und 80 **verschiedene** Summen.

Wie kommt es, daß bei **Streichquadraten** die gleichen Summen zustandekommen?

Die Antwort ergibt sich, wenn man in Betracht zieht, wie jede Zahl bei der Berechnung der ursprünglichen Additionstabelle als Summe zweier Summanden entsteht:

Björn: 20 + 24 + 9 + 27

3 + 17 + 16 + 8 + 5 + 4 + 15 + 12

Christa: 23 + 17 + 33 + 7

15 + 8 + 5 + 12 + 16 + 17 + 3 + 4

In jedem Fall verstecken sich hinter den vier eingekreisten Zahlen, "getarnt" durch die unterschiedliche Reihenfolge, gerade die acht Randzahlen der Additionstabelle, nämlich

5, 16, 3, 15, 8, 12, 17, 4.

Die Streichregel sorgt dafür, daß jede Randzahl **genau einmal** auftritt.

Überprüfen wir diese Beziehung noch bei unserem 3x3-Streichquadrat:

25 + 19 + 22

12 + 13 + 10 + 9 + 18 + 4

23 + 16 + 27

10 + 13 + 12 + 4 + 18 + 9

Bis hierher ist nur addiert worden. Man kann aber auch die Subtraktion ins Spiel bringen, indem man die Regel leicht abändert: Man gibt eine feste Zahl vor, die größer ist als die Summe des Streichquadrats, und läßt jeweils die eingekreisten Zahlen fortlaufend subtrahieren.
Mit unserem Beispielquadrat und der vorgegebenen Zahl 100 geht das folgendermaßen (Abb. 29 und 30):

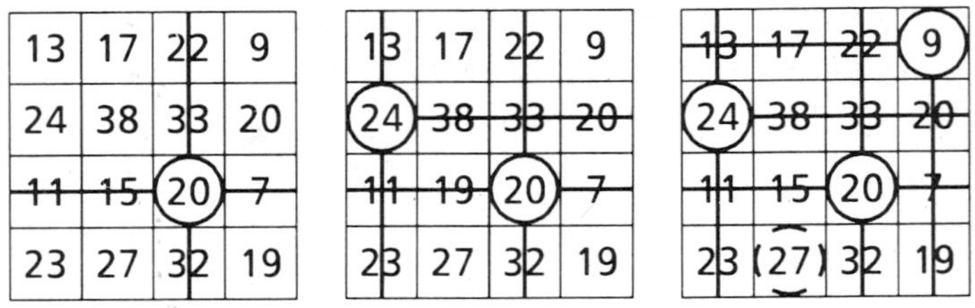

Björn: 100 − 20 = 80
80 − 24 = 56
56 − 9 = 47
47 − 27 = 20

Abb. 29

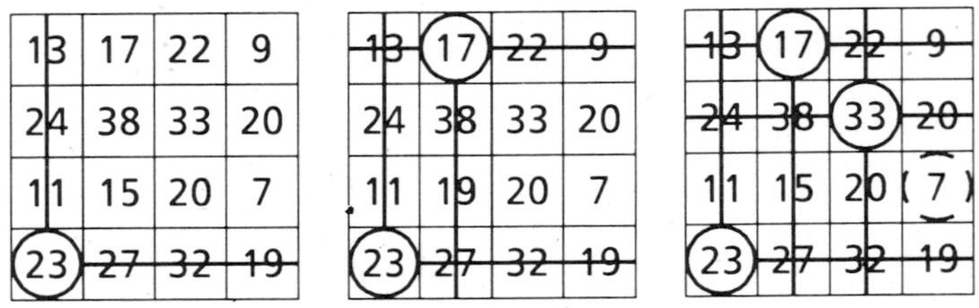

Christa: 100 − 23 = 77
77 − 17 = 60
60 − 33 = 27
27 − 7 = 20

Abb. 30

In beiden Fällen erhält man das Ergebnis **20**, da von 100 insgesamt die Summe der vier eingekreisten Zahlen, 80, subtrahiert wird.

Was soll geübt werden?

Addition von drei bzw. vier Summanden im Hunderterraum, genaues Befolgen eines vorgegebenen Algorithmus (Streichalgorithmus), Subtraktion von Zahlen im Hunderterraum.

Was wird benötigt?

Demonstrationsmaterial: Folie mit leerer Additionstabelle, Folie mit leerem Streichquadrat zum Einpassen in Additionstabelle (jeweils permanent).
Arbeitsmaterial: Arbeitsblätter 2/5 a und 2/5 b mit Streichquadraten.

Wie kann man vorgehen?

1. Vorstellen des Streichalgorithmus
   Man stellt den Streichalgorithmus an einem **beliebigen** quadratischen Zahlschema vor (Abb. 31 und 32).

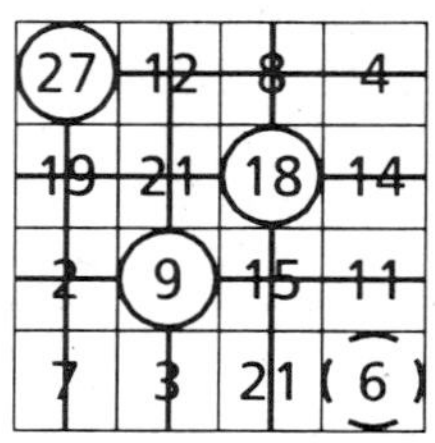

27 + 18 + 9 + 6 = 60

Abb. 31

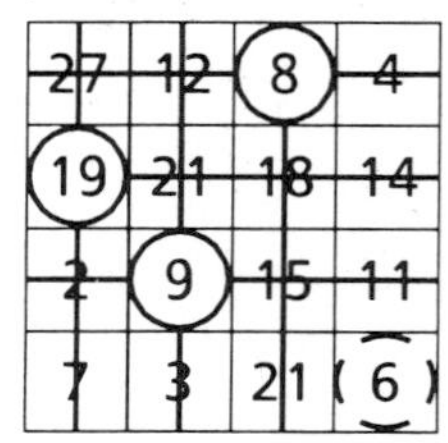

19 + 8 + 9 + 6 = 42

Abb. 32

Man fordert die Kinder auf, eine möglichst kleine (Abb. 33) bzw. große Summe (Abb. 34) zu finden.

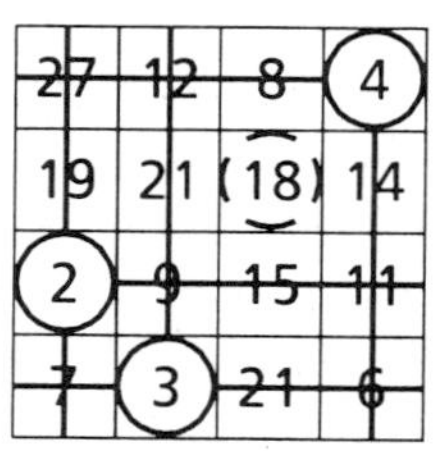

2 + 3 + 4 + 18 = 27

Abb. 33

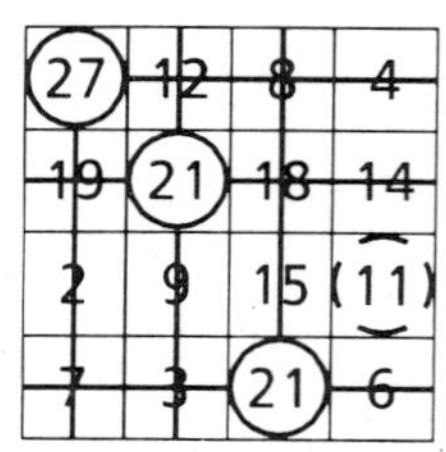

27 + 21 + 21 + 11 = 80

Abb. 34

Es ist leicht zu kontrollieren, ob der Streichalgorithmus richtig durchgeführt ist: In **jeder** Zeile **und** Spalte muß **genau eine** Zahl eingekreist sein.

2. Rechenübungen mit Streichquadraten
   Wenn alle Schüler das Verfahren verstanden haben, gibt man den Kindern ein Arbeitsblatt mit mehreren Exemplaren ein und desselben **Streichquadrats** (3x3-Feld) und fordert sie auf, eine möglichst große (bzw. möglichst kleine) Summe zu bilden.
   Nach einiger Zeit entsteht eine lebhafte Diskussion unter den Schülern, denn alle Schüler, die richtig gerechnet haben, erhalten immer wieder das gleiche Ergebnis, was nach dem Einführungsbeispiel **nicht** zu erwarten war. Die Schüler mit größeren oder kleineren Ergebnissen haben sich notwendigerweise verrechnet und müssen ihr Resultat korrigieren (gute Kontrolle für Schüler und Lehrer **aus der Sache heraus**).

Als Hausaufgabe gibt man den Schülern ein weiteres 3x3-Streichquadrat und läßt sie mehrere "Streichrechnungen" durchführen.

23	19	14
25	21	16
31	27	22

Abb. 35

3. Erste Reflexion
In der nächsten Stunde verrät man den Schülern, wie das Streichquadrat der Hausaufgabe zustandegekommen ist (Abb. 36).

+	13	9	4
10	23	19	14
12	25	21	16
18	31	27	22

→

23	19	14
25	21	16
31	27	22

Abb. 36

Dann führt man mit den Kindern den Streichalgorithmus durch und drückt die Summanden gemäß Additionstabelle als Summen aus:

25 + 27 + 14 = 66

12 + 13 + 18 + 9 + 10 + 4 = 66

Feststellung: Die Summe ist gerade die Summe der Randzahlen der Tabelle.

23 + 21 + 22 = 66

10 + 13 + 12 + 9 + 18 + 4 = 66

Die Schüler können dies anschließend bei ihren eingekreisten Zahlen überprüfen.

4. Eigene Konstruktion von Streichquadraten
Bei unseren Unterrichtsversuchen haben die Schüler den Wunsch geäußert, selbst Streichquadrate zu konstruieren. Dies ist nicht schwer. Man braucht nur eine Additionstabelle aufzustellen (Abb. 37) und kann erwarten, daß sie zu einem Streichquadrat mit der Summe 7 + 11 + 8 + 9 + 4 + 5 = 44 führen wird.
Dies wird überprüft (Abb. 38).

+	7	11	8
9			
4			
5			

Abb. 37

+	7	11	8
9	16	20	17
4	11	15	12
5	12	16	13

11 + 20 + 13 = 44

16	20	17
11	15	12
12	16	13

Abb. 38

Anmerkung:
In einer unserer Klassen entstand eine große Motivation zur eigenen Konstruktion von Streichquadraten dadurch, daß eine Schülerin ihrer Mutter ein Streichquadrat zum Geburtstag schenken wollte. Natürlich sollte als Summe genau das Lebensalter der Mutter herauskommen.
Wie ist so etwas zu machen? Antwort: Man muß die Randzahlen so wählen, daß sie die richtige Summe haben.

5. Streichquadrate für Subtraktionsübungen
Mit Streichquadraten kann, wie wir gesehen haben, auch die Subtraktion geübt werden. Der Streichalgorithmus ist bekannt; nun werden die eingekreisten Zahlen von einer vorgegebenen Zahl abgezogen (Abb. 39).

23	19	14
25	21	16
31	27	22

100 – 31 = 69
69 – 14 = 55
55 – 21 = 34

Abb. 39

Die Schüler können anschließend die Arbeitsblätter 2/5 a und 2/5 b bearbeiten. Wieder wird fleißig gerechnet. Den Zusammenhang mit der Addition werden wohl einige Schüler von sich aus entdecken.
Kinder, die Ergebnisse **ohne** Rechnung hinschreiben, sollten zur Übung ein **Nicht**streichquadrat erhalten und können dann prompt "überführt" werden.

Wie könnte es weitergehen?

6. Streichquadrate mit größeren Zahlen eignen sich zur Übung der (halb)schriftlichen Addition und Subtraktion im 3./4. Schuljahr.

2.3 Strukturiertes Üben der Subtraktion

Die folgenden Übungen dienen der Festigung des halbschriftlichen Subtrahierens und sollen das Entdecken und Argumentieren anregen.
Sie sind wieder so aufgebaut, daß zunächst eine Reihe von Aufgaben gerechnet wird und die Schüler anschließend über die Besonderheiten der Ergebnisse reflektieren können.

2.3.1 "Subtraktion mit Ziffernkärtchen"

Was wird benötigt?

10 Wendekärtchen mit den Ziffern 0, 1, 2, 3, ..., 9. Wenn Wendekärtchen (oder Ziffernkärtchen ohne rückseitige Punktmuster) nicht vorhanden sind, kann man notfalls die Ziffern 0, 1, 2, 3, ..., 9 auch einfach an die Tafel schreiben. Von den Schülern verlangt es aber dann eine besondere Aufmerksamkeit, keine Ziffer doppelt zu verwenden.

Worum geht es?

Aus den Ziffernkärtchen lassen sich jeweils zwei zweistellige Zahlen bilden und deren Unterschiede bestimmen. Es soll untersucht werden, wie die Ergebnisse von den gewählten Zahlen abhängen.

Wie kann man vorgehen?

1. Die Schüler erhalten die Aufgabe, aus den Ziffern 0, 1, 2, 3, ..., 9 zwei zweistellige Zahlen zu bilden und die kleinere Zahl von der größeren zu subtrahieren.

   Beispiel: Ein Schüler wählt die Kärtchen [3], [9], [8], [6] und rechnet 98–36 = 62.
   Mit denselben Kärtchen lassen sich auch noch andere Aufgaben bilden.

2. *Welche Aufgaben liefern ein möglichst kleines Ergebnis?*
   Lösung: 20–19 = 1
   30–29 = 1
   :
   80–79 = 1

3. *Welche Aufgaben liefern ein möglichst großes Ergebnis?*
   98–01 = 97
   (Dies ist die einzige Möglichkeit, da 98 die größte und 01 die kleinste Zahl ist, die man bilden kann.)

4. *Suche zu dem Ergebnis ... eine Aufgabe!*
   (Alle Zahlen zwischen 1 und 97 sind Ergebnisse.)
   Beispiel: 36 49–13 = 36
   72–36 = 36

Wie könnte es weitergehen?

5. Die Übung kann im 3. Schuljahr mit dreistelligen Zahlen fortgesetzt werden.

2.3.2 "Umkehrzahlen"

Worum geht es?

Aus jeder zweistelligen Zahl, die kein reiner Zehner ist (z. B. 52), erhält man durch Vertauschen ("Umkehren") der Ziffern wieder eine zweistellige Zahl (im Beispiel 25). Paare solcher Zahlen haben die merkwürdige Eigenschaft, daß ihr Unterschied stets ein Vielfaches von 9 ist. Dies kann man am einfachsten einsehen, wenn man sich überlegt, wo solche Paare auf der Hundertertafel liegen. Antwort: Sie liegen "diagonal", d.h. man kann von der kleineren zur größeren Zahl durch eine einzige **Läuferbewegung** schräg nach links unten gelangen. Von Feld zu Feld schreitet man dabei um +9 fort (Abb. 40). Der Unterschied der beiden Ziffern einer jeden Ausgangszahl (= Unterschied der Zehnerziffern der beiden Zahlen) gibt jeweils an, wie viele Felder man überbrücken muß.

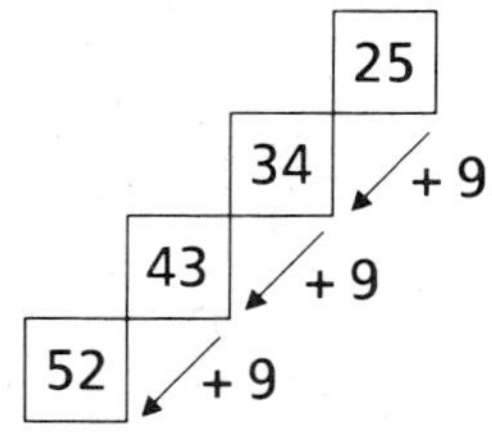

5−2 = 3,
also 52−25 = 3·9 = 27.

Abb. 40

Man sieht, welche guten Dienste die **"Läuferarithmetik"** leisten kann.

Was wird benötigt?

Demonstrationsmaterial: Hundertertafel

Wie kann man vorgehen?

1. Erkennen der Struktur einer Aufgabenserie
   Man schreibt einige Subtraktionsaufgaben an die Tafel,

   52−25 =
   94−49 =
   72−27 =

   merkt an, daß es besondere Aufgaben sind, und bittet die Schüler, weitere "solche" Aufgaben zu nennen. Wenn nicht-passende Aufgaben genannt werden, lehnt man sie ab und gibt ggf. ein weiteres Beispiel. Nach wenigen Beispielen ist die Struktur erkannt, und man kann beginnen, die Ergebnisse ermitteln zu lassen. Die ersten Aufgaben werden gemeinsam an der Tafel gerechnet, die weiteren und von den Schülern selbst ausgedachte Aufgaben im Heft.

   52−25 = 30 − 3 = 27
   50−20
   2− 5

   94−49 = 50−5 = 45
   90−40
   4− 9

   72−27 = 50−5 = 45
   70−20
   2− 7 usw.

2. Ordnen von Aufgaben nach gleichen Ergebnissen
   Die Schüler lesen zunächst aus ihrem Heft Aufgaben und die zugehörigen Ergebnisse vor. Dabei fällt auf, daß sich bestimmte Ergebnisse wiederholen.

   L: *„Welches ist das kleinste Ergebnis?"*
   S: *„9."*
   L: *„Welche Aufgaben mit diesem Ergebnis haben wir?"*

   Die Schüler nennen Aufgaben, die an der Tafel ungeordnet festgehalten werden (Abb. 41).
   In der Regel werden nicht alle 8 Aufgaben mit dem Ergebnis 9 gefunden. Die Schüler werden dann angeregt, die Zahlen jeder Aufgabe in der Hundertertafel zu suchen und die größere Zahl mit einem roten, die kleinere mit einem blauen Wendeplättchen abzudecken. Dabei dürfte auffallen, daß es noch weitere Paare mit der Differenz 9 gibt. Die vervollständigte Liste wird dann geordnet nochmals aufgeschrieben (Abb. 42).

Ergebnis 9
54 − 45
87 − 78
21 − 12
usw.

Abb. 41

Ergebnis 9
21 − 12
32 − 23
43 − 34
54 − 45
65 − 56
76 − 67
87 − 78
98 − 89

Abb. 42

Frage: *Von Zeile zu Zeile werden die Zahlen größer. Warum bleibt der Unterschied immer 9?*

Antwort: *32 ist 11 größer als 21. Aber dafür wird 23 abgezogen. Das ist 11 mehr als 12. – Immer kommen 11 dazu, und 11 mehr werden abgezogen.*

Welche Ergebnisse gibt es überhaupt?

Antwort: 9, 18, 27, 36, 45, 54, 63, 72

Verschiedene Gruppen erhalten den Auftrag, **alle** Aufgaben zu bestimmten Ergebnissen zu finden und auf Tapetenrollen zu schreiben. Sie sollen sich dabei überlegen, wo die Aufgabenzahlen in der Hundertertafel liegen. Am Schluß werden alle Rollen nach aufsteigenden Ergebnissen geordnet an der Wand befestigt und verglichen (Abb. 43).

Ergebnis 9	Ergebnis 18	Ergebnis 27	Ergebnis 36
21 – 12	31 – 13	41 – 14	51 – 15
32 – 23	42 – 24	52 – 25	62 – 26
43 – 34	53 – 35	63 – 36	73 – 37
54 – 45	64 – 46	74 – 47	84 – 48
65 – 56	75 – 57	85 – 58	95 – 59
76 – 67	86 – 68	96 – 69	
87 – 78	97 – 79		
98 – 89			
Ergebnis 45	**Ergebnis 54**	**Ergebnis 63**	**Ergebnis 72**
61 – 16	71 – 17	81 – 18	91 – 19
72 – 27	82 – 28	92 – 29	
83 – 38	93 – 39		
94 – 49			

Abb. 43

Es fällt auf, daß es acht Aufgaben zum Ergebnis 9, sieben Aufgaben zum Ergebnis 18, ... und nur eine Aufgabe zum Ergebnis 72 gibt.

Wie könnte es weitergehen?

3. Betrachtung der Grenzfälle
Die Schüler erhalten den Tip, daß an der Spitze jeder Rolle noch eine Aufgabe fehlt. Einige werden bestimmt die Aufgaben 10–01, 20–02, ..., 80–08 entdecken und auf die Idee kommen, daß man auch die Aufgabe 90–09 bilden kann, die das neue und größte Ergebnis 81 aufweist.
Schließlich kann man antippen, daß eigentlich "ganz links" noch eine Rolle hingehört. Einige Schüler dürften entdecken, daß das Ergebnis 0 sein muß, und dann ist es nicht schwer, die Aufgaben 11 – 11 = 0, 22–22 = 0, ..., 99–99 = 0 und auch 00–00 = 0 zu finden, eine für die Kinder keineswegs harmlose Aufgabe.
Schlußbemerkung:
Dies ist eine der typischen Übungen, die nicht in einer Stunde "durchgezogen" werden können. Ein natürlicher Einschnitt ergibt sich nach der Behandlung der Aufgaben mit dem Ergebnis 9. Es ist aber auch möglich, nach 1. zu unterbrechen und den Rest auf Teile der folgenden zwei Stunden zu verlagern.

2.3.3 "Abbau des Hunderters"

Worum geht es?

Zum uralten Bestand der Zahlentheorie gehört die Erkenntnis, daß man aus den ungeraden Zahlen durch fortlaufende Addition die Quadratzahlen erzeugen kann:
1, 1 + 3 = 4, 1 + 3 + 5 = 9, 1 + 3 + 5 + 7 = 16, 1 + 3 + 5 + 7 + 9 = 25, 1 + 3 + 5 + 7 + 9 + 11 = 36 usw.
Am einfachsten ist dies am Hunderterfeld einzusehen, wenn man nach dem Vorbild der Griechen "Winkelhaken" (gr. Gnomon) einzeichnet (Abb. 44).
Die aufeinanderfolgenden Winkelhaken erfassen 1, 3, 5, 7, 9, 11, ... Punkte. Jeder Winkelhaken schließt ein Quadrat ab.

Da dieses Konstruktionsprinzip über das Hunderterfeld hinaus anwendbar ist, begründet es die **universelle** Gültigkeit der additiven Erzeugung der Quadratzahlen durch die ungeraden Zahlen.

1
1 + 2 = 3
2 + 3 = 5
3 + 4 = 7
4 + 5 = 9
5 + 6 = 11
⋮
9 + 10 = 19

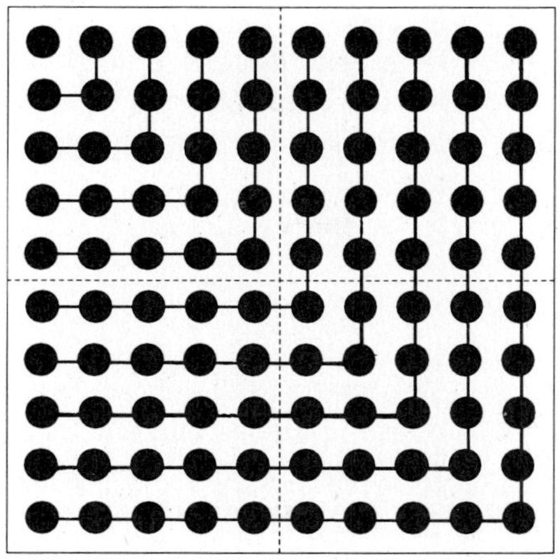

Abb. 44

Was soll geübt werden?

Subtrahieren, insbesondere die Unterschreitung von Zehnern innerhalb dieses zahlentheoretischen Kontextes, Kennenlernen der "Winkelhaken"-Struktur des Hunderterraumes.

Was wird benötigt?

Demonstrationsmaterial: Folie mit Hunderterfeld für Tageslichtschreiber, passende Folie mit Winkelhaken zum Auflegen auf das Hunderterfeld, Einmaleinswinkel.

Wie kann man vorgehen?

1. Abbau der Hunderter
Man schreibt die ersten Zeilen des folgenden Päckchens und fordert die Schüler auf, es fortzusetzen:

100 – 1 = 99
99 – 3 = 96
96 – 5 = 91
91 –   =   Wie geht es weiter?

Im Klassengespräch wird das volle Päckchen entwickelt und am Schluß eingerahmt (Abb. 45). (Die Aufgaben sind unterschiedlich schwer, so daß alle Schüler beteiligt werden können.)

96 –	5	=	91
91 –	7	=	84
84 –	9	=	75
75 –	11	=	64
64 –	13	=	51
51 –	15	=	36
36 –	17	=	19
19 –	19	=	0

Abb. 45

2. Abbau weiterer Zahlen
Nun sollen die Schüler analog die Zahlen 50 und 25 abbauen (Abb. 46).

Ergebnis:

50 –	1	=	49
49 –	3	=	46
46 –	5	=	41
41 –	7	=	34
34 –	9	=	25
25 –	11	=	14
14 –	13	=	1

Es geht nicht auf!

25 –	1	=	24
24 –	3	=	21
21 –	5	=	16
16 –	7	=	9
9 –	9	=	0

Es geht auf!

Abb. 46

3. Wir suchen Zahlen, bei denen "es aufgeht".
Die Schüler erhalten als nächstes den Auftrag, Zahlen zu suchen, bei denen es aufgeht. Dies ist eine sehr intensive Übung der Subtraktion, bei der aber auch das Denken nicht zu kurz kommt. Die Schüler können z. B. herausfinden, daß man eine Zahl, bei der es nicht aufgeht, so abwandeln kann, daß es geht.

Beispiel:
Wenn beim Abbau der Zahl 50 der Rest 1 bleibt, muß sich 49 vollständig abbauen lassen (Abb. 47).

49 – 1	=	48
48 – 3	=	45
45 – 5	=	40
40 – 7	=	33
33 – 9	=	24
24 – 11	=	13
13 – 13	=	0

Abb. 47

Gleichzeitig ist das eine gute Kontrolle der Rechnung für 50: Die Ergebnisse jeder Zeile müssen sich um 1 unterscheiden.
Die gemeinsamen Überlegungen der Schüler führen schließlich zu folgenden Zahlen, bei denen "es aufgeht":

4, 9, 16, 25, 36, 49, 64, 81, 100.

Zur Überraschung der Schüler wird man hier noch 1 hinzufügen:

1 – 1 = 0. Es geht auf!

4. Betrachtung der Lösungszahlen
Den Schülern wird aufgrund ihrer bisherigen Kenntnisse (insbesondere des Mini-Einmaleins) auffallen, daß einige dieser Zahlen Ergebnisse besonderer Malaufgaben sind:

1,	4,	9,	16,	25,	...,	100
1 mal 1,	2 mal 2,	3 mal 3,	4 mal 4,	5 mal 5,	...,	10 mal 10.

Vielleicht ist von "Räuber und Goldschatz auf der Hunderterreihe" schon 6 mal 6 = 36 bekannt. Dann drängt sich die Vermutung auf, daß 49 = 7 mal 7, 64 = 8 mal 8 und 81 = 9 mal 9 ist. Diese Vermutung läßt sich von den Kindern bestätigen, indem sie 7 mal 7, 8 mal 8 und 9 mal 9, wie umständlich auch immer, additiv ermitteln (Abb. 48).

Beispiele:

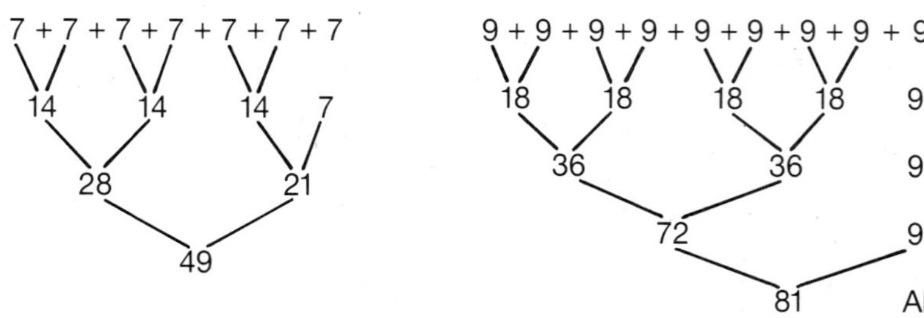

Abb. 48

Eine solche Übung ist keineswegs verfrüht, sondern liegt ganz in der "Zone der nächsten Entwicklung", dem Einmaleins.
Zum Schluß wird man die Lösungszahlen mit dem Einmaleinswinkel am Hunderterfeld zeigen und den Namen "Quadratzahlen" erklären.

Wie könnte es weitergehen?

5. Aufbau der Quadratzahlen
Die Schüler erhalten den Auftrag, folgende Aufgaben auszurechnen:
1 + 3 =
1 + 3 + 5 =
1 + 3 + 5 + 7 =
1 + 3 + 5 + 7 + 9 =
usw.

Man zeigt an Beispielen, daß man geschickt rechnen kann, indem man entweder die Summanden geschickt zusammenfaßt oder das Ergebnis einer Zeile für die nächste Zeile benutzt.

Beispiele:

10 (3 + 7)
1 + 3 + 5 + 7 + 9 = 10 + 10 + 5 = 25
10 (1 + 9)

1 + 3 = 4
1 + 3 + 5 = 4 + 5 = 9
1 + 3 + 5 + 7 = 9 + 7 = 16
usw.

Zur Überraschung erhalten die Schüler als Ergebnisse gerade wieder die Quadratzahlen. Man stellt nun das allererste Päckchen der allerletzten Summe gegenüber (Abb. 49) und läßt die Schüler den Zusammenhang begründen.

100 − 1 = 99	
99 − 3 = 96	
96 − 5 = 91	
91 − 7 = 84	
84 − 9 = 75	
75 − 11 = 64	1 + 3 + 5 + 9 + 11 + 13 + 15 + 17 + 19 = 100
64 − 13 = 51	
51 − 15 = 36	
36 − 17 = 19	
19 − 19 = 0	

Abb. 49

Als Zusammenfassung legt man das Hunderterfeld und die Winkelhakenfolie auf und zeigt den Abbau und den Aufbau des Hunderters mit ungeraden Zahlen bildlich.

2.4 Vermischte Übungen

Zum Abschluß dieses Abschnitts stellen wir strukturierte Übungen vor, bei denen Additionen und Subtraktionen ineinander greifen. Es wird vorausgesetzt, daß eine gewisse rechnerische Grundfertigkeit bereits vorhanden ist. Nun geht es um eine Steigerung der Geläufigkeit und der Flexibilität.

2.4.1 "Zahlen ziehen um"

Worum geht es?

Von zwei Zahlen a und b kann man die Summe a + b und den Unterschied a–b berechnen. Kann man umgekehrt aus der Kenntnis von Summe und Unterschied wieder die ursprünglichen Zahlen ermitteln? Dies ist tatsächlich möglich, wie wir uns an einem Beispiel klar machen wollen:
Für a = 19, b = 4   ist a + b = 23   und a–b = 15.

Da 23 um 4 größer ist als 19 und 15 um 4 kleiner als 19, gilt
23 + 15 = 19 + 19 = 2·19 und folglich 19 = ½(23 + 15).
Dies kann man auch an folgender Zeichnung ablesen (Abb. 50):

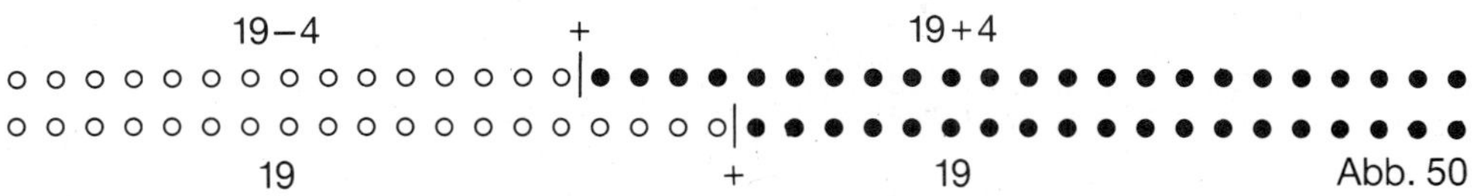

Abb. 50

Wir haben dabei einen Spezialfall des Gesetzes von der Konstanz der Summe vor uns: Der zweite Summand der Summe 19 + 19 wird auf Kosten des ersten um 4 vergrößert, und die Summe bleibt gleich.
Ähnlich sieht man, daß 23 − 15 = 2·4 und folglich 4 = ½(23 − 15) sein muß (Abb. 51).

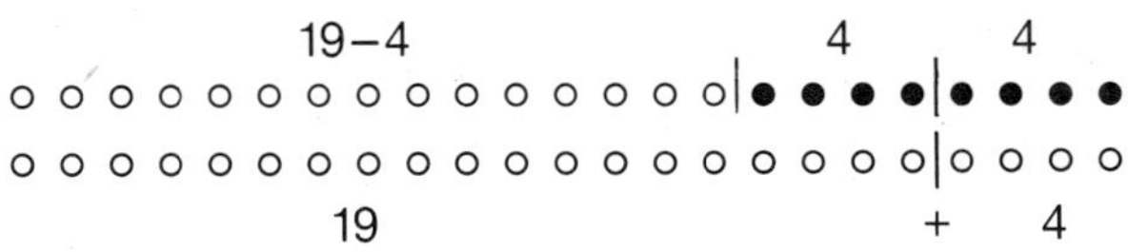

Abb. 51

Erläuterung: 15 = 19 − 4 ist um 4 kleiner als 19, 19 um 4 kleiner als 23 = 19 + 4. Daher ist 15 um 2·4 kleiner als 23.

Diese Überlegungen kann man auf beliebige Zahlen a, b anwenden, und man erhält

$$(a+b) + (a-b) = 2a,$$
$$(a+b) - (a-b) = 2b.$$

Die Resultate besagen: Wenn man von zwei Zahlen ausgeht, Summe und Differenz berechnet und davon noch einmal Summe und Differenz berechnet, erhält man das Doppelte der ursprünglichen Zahlen.
Diese Beziehung bildet den fachlichen Hintergrund der folgenden Übung.

Wie kann man vorgehen?

1. Zahlengeschichte
   Man erzählt etwa folgende Geschichte und zeichnet dabei folgende "Häuserreihe" (Abb. 52):

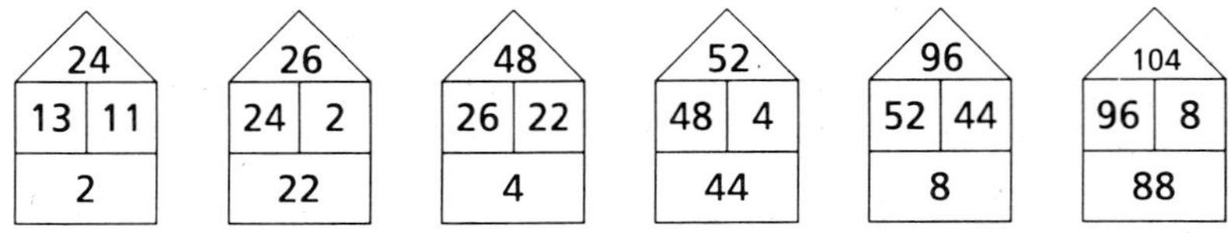

Abb. 52

"Dies ist ein Zahlenhaus. Im **Obergeschoß** *gibt es zwei Zimmer, in denen die Zahlen 13 und 11 wohnen. Da im Reich der Zahlen Ordnung herrschen muß, zieht in das* **Dachgeschoß** *die* **Summe** *der beiden Zahlen ein, also 24, in das* **Erdgeschoß** *der* **Unterschied**, *also 2. Nach einiger Zeit beschließen 24 und 2, sich eine Zweitwohnung im Obergeschoß eines neuen Zahlenhauses zu nehmen. Wieder muß in das Dachgeschoß die Summe, in das Erdgeschoß der Unterschied einziehen. Nach einiger Zeit mieten sich auch 26 und 22 eine Zweitwohnung in einem neuen Haus ..."*

Sobald die Kinder die einfache Regel zur Belegung eines neuen Hauses verstanden haben, können sie selbst die Häuserzeile fortsetzen, bis der Hunderter erstmals überschritten wird.
Zum weiteren Vertrautwerden mit der Regel wird analog eine zweite Häuserzeile entwickelt, die z. B. mit den Zahlen 12 und 7 beginnen kann (Abb. 53).

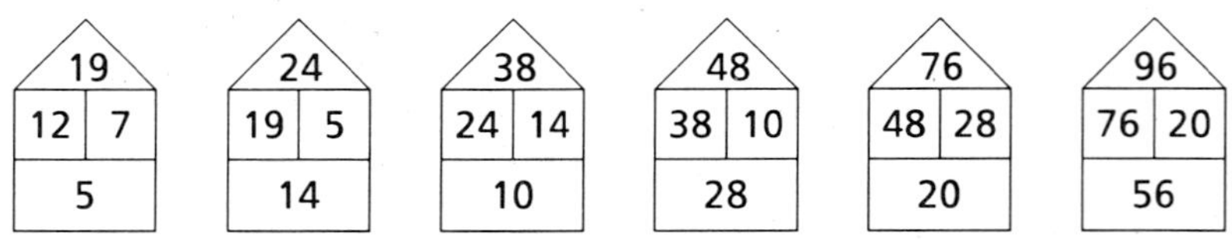

Abb. 53

2. Einzelarbeit
   Jedes Kind zeichnet im Rechenheft eine eigene Häuserzeile (oder mehrere), wobei es sich die ersten Obergeschoßzahlen selbst ausdenken darf.

3. Entdeckung eines Musters
   Vielleicht entdecken die Kinder schon bei den gemeinsam gerechneten Beispielen oder bei ihren eigenen Häuserzeilen, daß die Zahlen im 3. Haus doppelt so groß sind, wie die im 1. Haus, die im 4. Haus doppelt so groß wie im 2. Haus usw. Wenn nicht, kann man Tips geben, notfalls Häuserpaare mit besonders suggestiven Zahlen vergleichen oder folgende besonders einfache Häuserzeile berechnen lassen (Abb. 54).

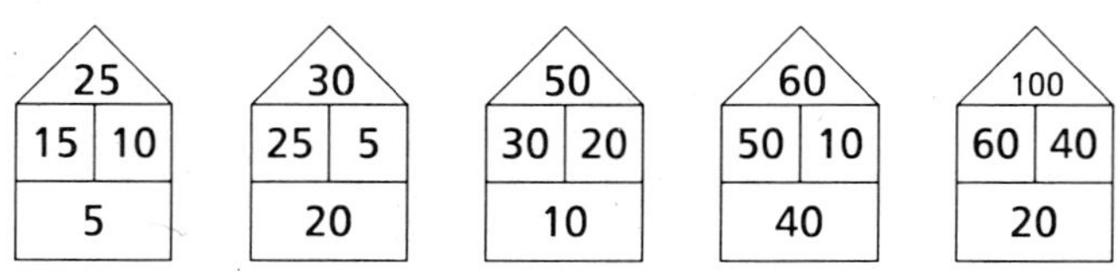

Abb. 54

Die Vermutung, daß in jedem übernächsten Haus doppelt so große Zahlen stehen, wird an verschiedenen Beispielen überprüft und bestätigt. Wo es nicht stimmt, sind Rechenfehler aufgetreten.

Wie könnte es weitergehen?

4. Begründung des Musters
   An einem Beispiel sollten die Schüler versuchen zu begründen, warum sich die Zahlen in jedem übernächsten Haus verdoppeln (Abb. 55).

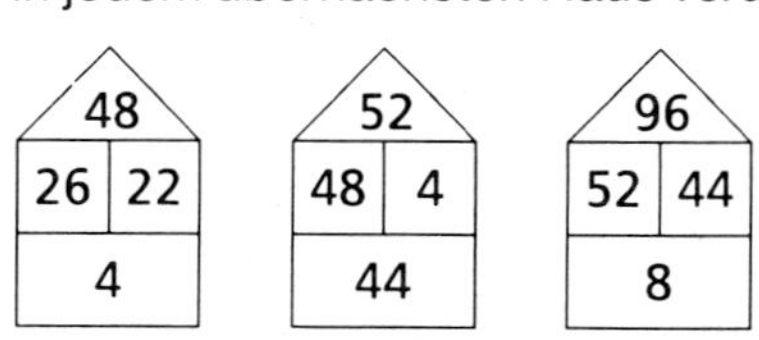

Abb. 55

Die oben gegebenen Begründungen liegen völlig auf dem Niveau der Schüler:
Aus den Beziehungen $48+4=52$, $48-4=44$ folgt die Beziehung
$52+44=48+48=2\cdot 48$.
Um von $44=48-4$ zu $52=48+4$ zu gelangen, läuft man erst 4 weiter bis 48, dann noch einmal 4 bis 52.

Der Unterschied zwischen 52 und 44 beträgt also 2 mal 4.
Die Summe von 52 und 44 ist offensichtlich doppelt so groß wie die Summe von 26 und 22. Daß auch der Unterschied von 52 und 44 doppelt so groß ist wie der Unterschied von 26 und 22, ist nicht so offenkundig.

5. Denkaufgaben (Abb. 56)

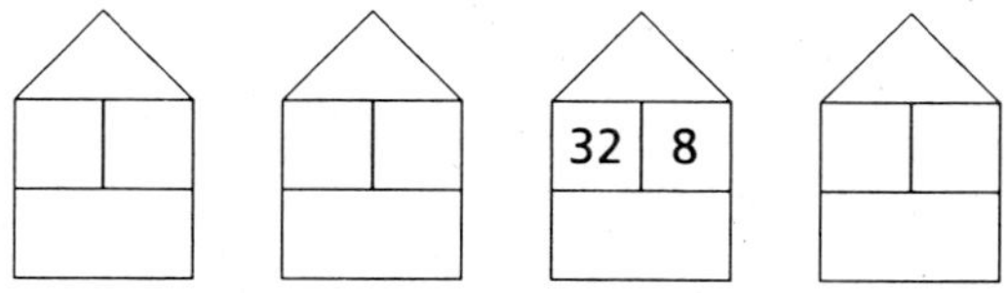

Abb. 56

Wie lauten die Zahlen in den leeren Feldern?

2.4.2 "Zahlmauern"

Worum geht es?

In diesem Abschnitt knüpfen wir an eine Übungsform an, die sich im Rechenunterricht sehr bewährt hat: an **Zahlmauern**. Eine Zahlmauer ist so aufgebaut, daß auf je zwei benachbarte Steine einer Schicht ein dritter Stein gesetzt wird, in den immer die Summe der beiden unteren Steine einzutragen ist.
Die Zahlmauer in Abb. 57a führt somit zu 6 Additionsaufgaben, die Mauer in Abb. 57b zu 6 Subtraktionsaufgaben und die Mauer in Abb. 57 c zu 3 Subtraktions- und 3 Additionsaufgaben.

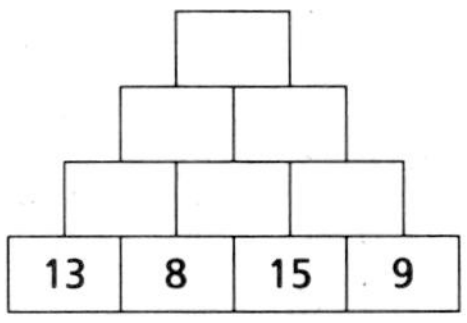

Abb. 57 a

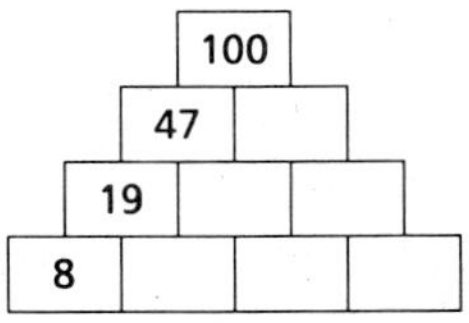

Abb. 57 b

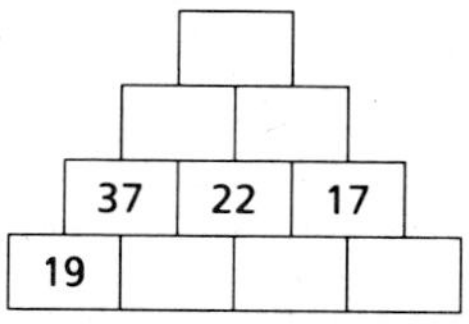

Abb. 57 c

Zahlmauern bieten folgende Vorteile:
- Während es im Format von Päckchen problematisch ist, Additions- und Subtraktionsaufgaben gemischt zu stellen, weil die Schüler dann leicht das wechselnde Operationszeichen übersehen, bereitet dies im Kontext der Zahlmauern keine Schwierigkeit.
- Durch Einführen von "Prüfsteinen" ist eine Selbstkontrolle möglich (Abb. 58).

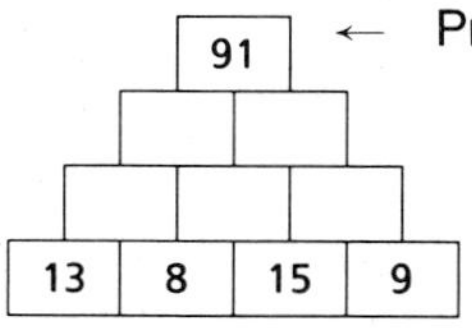

← Prüfstein

Abb. 58

- Im Aufbau einer Mauer lassen sich viele Gesetzmäßigkeiten (Muster) erkennen:
  Die Zahlen in den Diagonalen wachsen von unten nach oben an.
  Die Summe der Zeilen (Schichten) wächst von unten nach oben an.
  Die Muster bieten die Möglichkeit zur Reflexion und zur Selbstkontrolle.
- Es ergeben sich in natürlicher Weise Aufgabenstellungen, die **mehrere** Lösungen zulassen (Abb. 59).

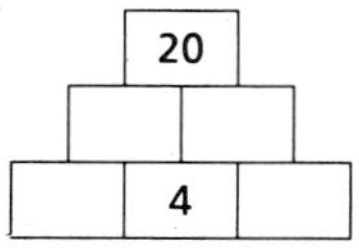

Lösung:

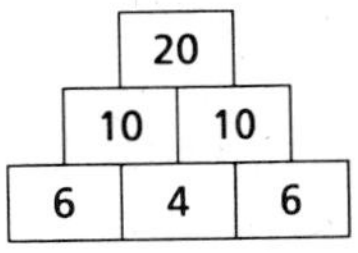

oder

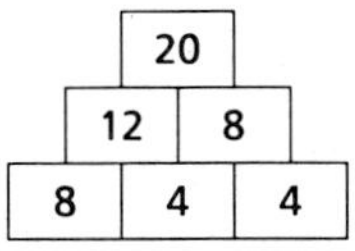

Abb. 59

- Zahlmauern lassen sich operativ variieren.

So läßt sich die Zahlmauer in Abb. 60 folgendermaßen lösen (Abb. 61a, b, c, d):

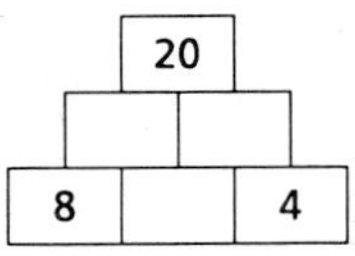

Abb. 60

Das Einsetzen von 1 in den freien Stellen der unteren Reihe ergibt als Deckstein 14:

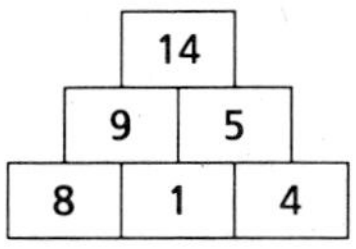

Abb. 61 a

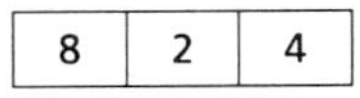

ergibt als Deckstein 16:
(2 mehr)

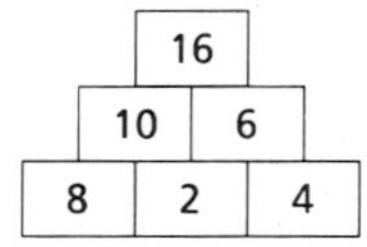

Abb. 61 b

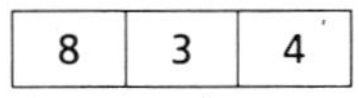

ergibt als Deckstein 18:

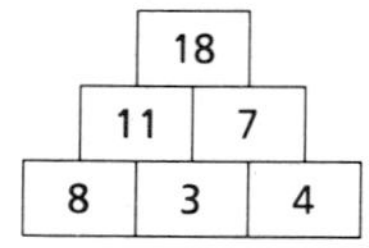

Abb. 61 c

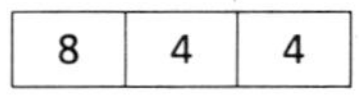

führt zur richtigen Lösung
mit Deckstein 20.

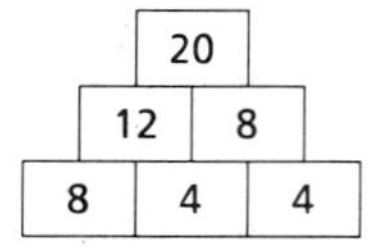

Abb. 61 d

– Eine Zahlmauer ist für Lehrer und Schüler leicht zu zeichnen und auszufüllen.

Was soll geübt werden?

Addition und Subtraktion von Zahlen im Hunderterraum.

Was wird benötigt?

Demonstrationsmaterial: Folien mit leeren Zahlmauern für Tageslichtschreiber.

Arbeitsmaterial: Arbeitsblatt 2/6 a und 2/6 b.

Wie kann man vorgehen?

Die Beschäftigung mit Zahlmauern sollte sich über einen längeren Zeitraum erstrecken. Die folgende Strukturierung bezieht sich deshalb nicht auf eine Unterrichtsstunde, sondern auf eine längere Unterrichtsreihe, die von anderen Themen unterbrochen sein kann.

1. Einführung der Zahlmauern
Man gibt an der Tafel eine Zahlmauer mit Zahlen in der unteren Reihe vor (Abb. 62 a) und berechnet diese vor den Augen der Schüler (Abb. 62 b).

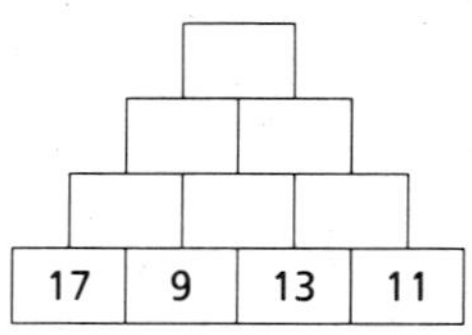

Abb. 62 a

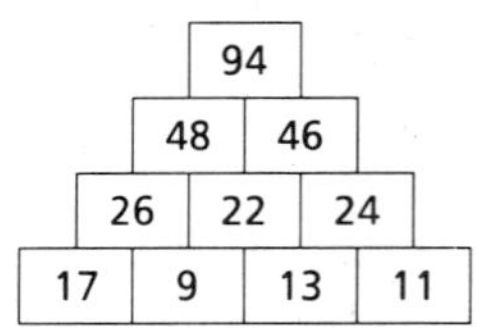

Abb. 62 b

Frage an die Schüler: *Wie habe ich die Mauer berechnet?*

2. Berechnen von Zahlmauern von unten her
Nachdem der Aufbau der Mauer geklärt ist, können Schüler sofort Mauern mit und ohne Prüfstein, deren unterste Schicht vorgegeben ist, berechnen (Arbeitsblatt 2/6 a).

3. Berechnen von Zahlmauern mit verstreuten Startzahlen
Solche Mauern kann man leicht selbst herstellen, indem man von der unteren Zeile aus nach oben rechnet und anschließend Zahlen auf den passenden Steinen löscht (Abb. 63). Auf diese Weise vermeidet man "unlösbare" Mauern.

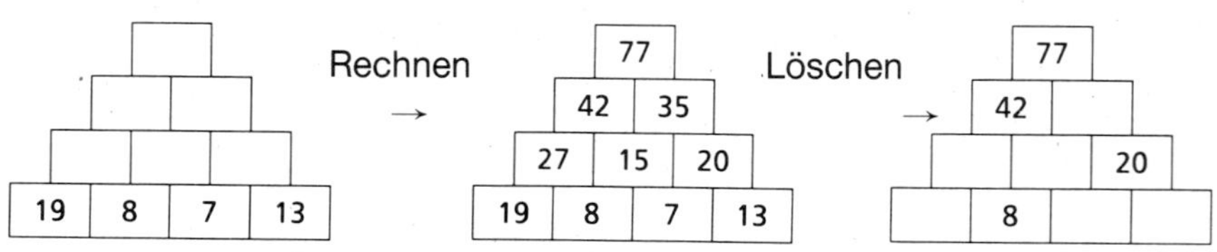

Abb. 63

Die Beispielmauer enthält 6 Subtraktionsaufgaben.

4. Erste Reflexion und leichte operative Veränderungen
L.: *„Was fällt euch an den gerechneten Zahlmauern auf?"*
S.: *„Die Zahlen wachsen von unten nach oben."*
L.: *„Was heißt das genau? Sind die Zahlen in der zweiten Reihe immer größer als in der ersten unteren Reihe?"*
S.: *„Nein, nicht unbedingt. Z.B. bei dieser Mauer* (Abb. 64) *ist 6 nicht größer als 14, aber in den Schrägen* (L.: *"Diagonalen"*) *wachsen die Zahlen von links unten nach rechts oben und von rechts unten nach links oben an."*
L.: *„Ihr habt in dieser Zahlmauer* (Abb. 65) *den Deckstein 91 berechnet. Wie verändert sich nun dieser Deckstein, wenn ich den linken untersten Stein um 3 erniedrige?"*

Man legt eine Folie mit der **alten** Lösung auf den Tageslichtschreiber und eine zweite leere Folie darüber. Die Schüler notieren daneben mit einem farbigen Folienstift die Veränderungen (Abb. 66) und stellen fest, daß sich der Deckstein auch um 3 erniedrigt.

L.: *„Könnt ihr den linken untersten Stein so verändern, daß als Deckstein 100 herauskommt?"*

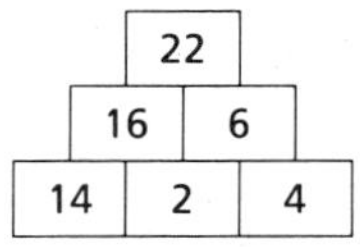

Abb. 64

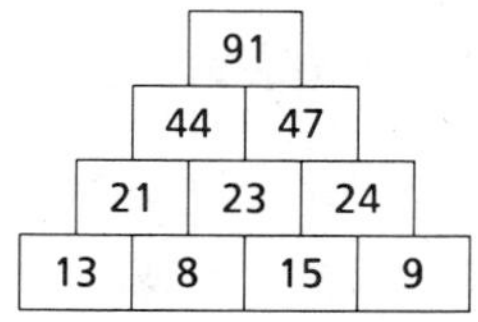

Abb. 65

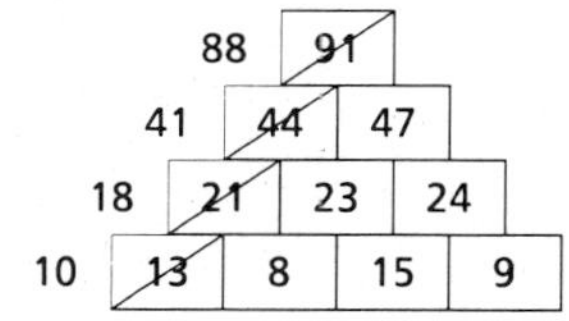

Abb. 66

Die Schüler probieren in ihrem Arbeitsheft. Dabei sollten die Zahlmauern durchaus von den Schülern selbst skizziert werden. Probieren führt zu den Zahlmauern in Abb. 67 a bzw. 67 b und schließlich zur Lösung (Abb. 67 c).

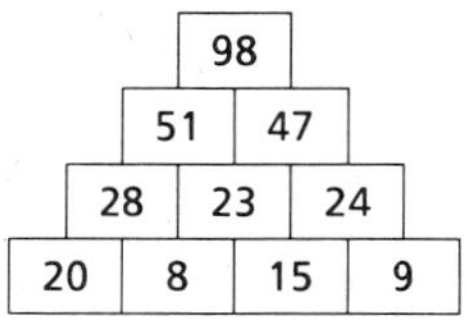

Abb. 67 a

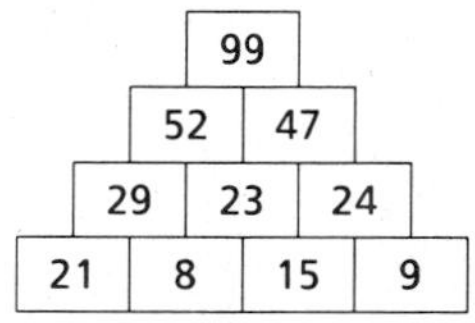

Abb. 67 b

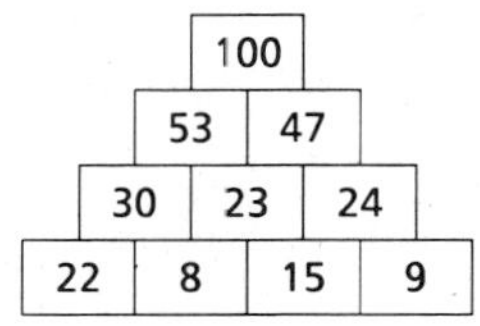

Abb. 67 c

Sicher finden einige Schüler heraus, daß bei der Erhöhung des linken untersten Steins um 1 sich auch der Deckstein um 1 erhöht.

L.: *„Ich habe nun eine weitere Aufgabe für die gleiche Zahlmauer* (Abb. 68). *Ihr sollt den zweiten Stein in der unteren Reihe (8) so abändern, daß als Deckstein 100 herauskommt."*

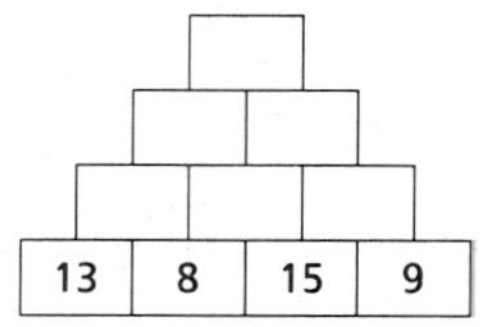

Abb. 68

Die Schüler probieren wieder in ihrem Arbeitsheft. Wahrscheinlich probieren es einige mit einer Erhöhung um 9 (Abb. 69 a), andere mit einer Erhöhung um 1 (Abb. 69 b). Weitere Versuche mit Zwischenwerten führen schließlich auf 11 (Abb. 70).

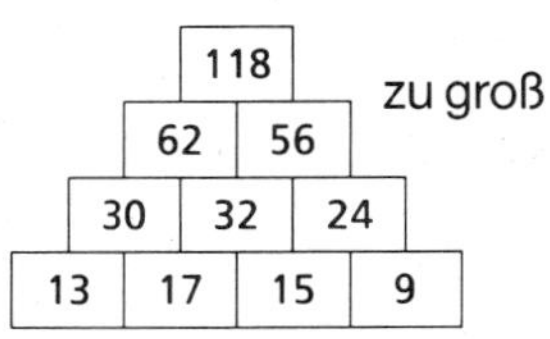

Abb. 69 a

statt 8 die Zahl 17
(Erhöhung um 9)

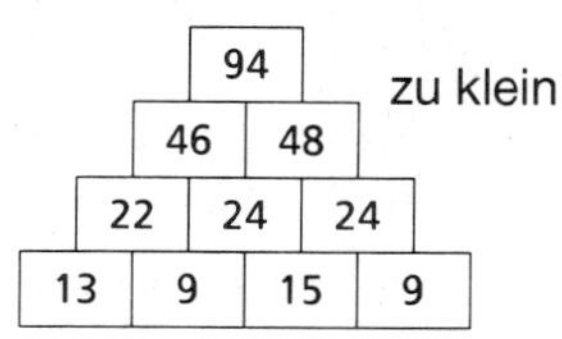

Abb. 69 b

statt 8 die Zahl 9
(Erhöhung um 1)

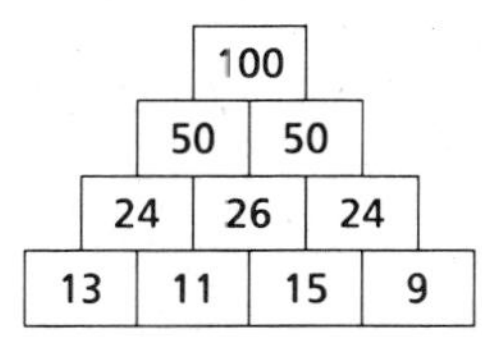

Abb. 70

statt 8 die Zahl 11
(Erhöhung um 3)

Wie ist die Erhöhung des Decksteins von 91 auf 100 zu erklären?

Ein Vergleich mit der ursprünglichen Mauer am Tageslichtschreiber zeigt, daß einige Steine ihren Wert um 3, andere um 3 + 3 = 6 und der Deckstein um 6 + 3 = 9 = 3 · 3 erhöht haben.

Analog lassen sich weitere Mauern operativ verwandeln.

5. Aufgaben, bei deren Lösung operative Veränderungen unumgänglich sind

L.: *„Wer kann die folgende Zahlmauer berechnen?"* (Abb. 71)

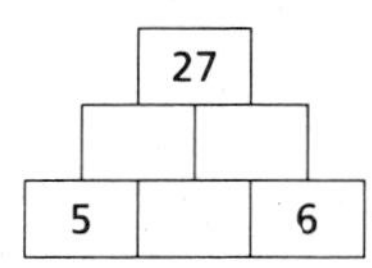

Abb. 71

Gemeinsam wird durch systematische Variation die Lösung erarbeitet (Abb. 72).

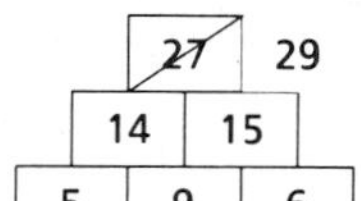

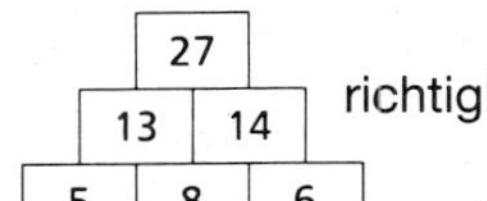

Abb. 72

Weitere Aufgaben siehe Arbeitsblatt 2/6 b.

Reizvoll ist die folgende Aufgabenstellung:
Eine Mauer, deren **zweite** Schicht gegeben ist, soll so ergänzt werden, daß in dem linken und rechten Außenstein der untersten Zeile die gleiche Zahl steht (Abb. 73). Die drei oberen Steine lassen sich sofort berechnen, nicht aber die Grundsteine. Die operative Variation der untersten Zeile kann man folgendermaßen "protokollieren" (Abb. 74):

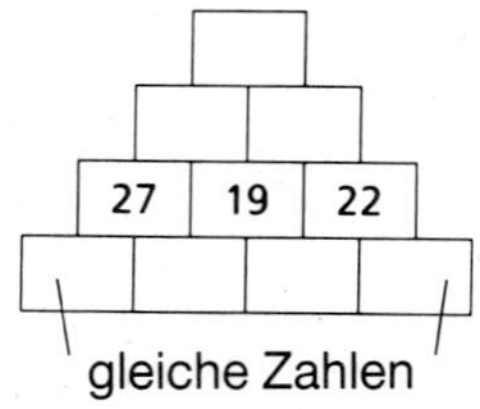

Abb. 73

Bei dieser Lösung sollten die Schüler in Ruhe experimentieren können. Es besteht kein Druck, daß die Schüler die Lösung gezielt finden. Hauptsache ist zunächst, daß sie fleißig rechnen. Einige Schüler erkennen ganz von selbst, daß sich die Zahlen in benachbarten Spalten gegenläufig verändern und finden die Lösung früher oder später.

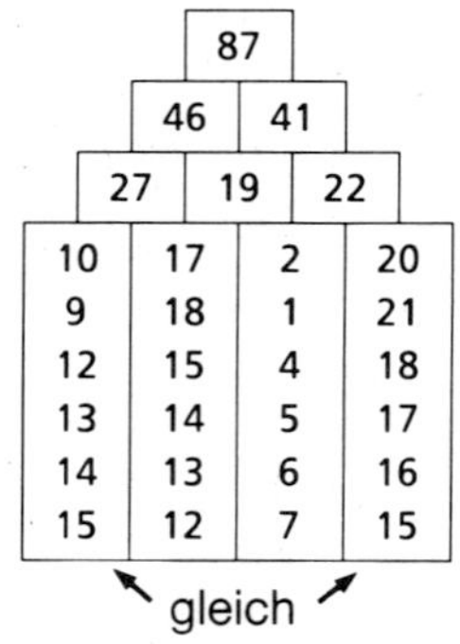

Abb. 74

2.4.3 "Rechnen mit Schachfiguren"

Worum geht es?

Eine der Übungen zur Orientierung im Hunderterraum war die Bewegung dreier Schachfiguren (Turm, Läufer, Springer) auf der Hundertertafel (vgl. 1.2). Diese Übung soll hier als Rechenübung weitergeführt werden.
Beispiel: Der Turm (Läufer, Springer) steht auf 27. Wie kann er nach 85 gelangen?

Turm: $27 \xrightarrow{+60} 87 \xrightarrow{-2} 85$ Läufer: $27 \xrightarrow{+36} 63 \xrightarrow{+22} 85$

Springer: $27 \xrightarrow{+21} 48 \xrightarrow{+21} 69 \xrightarrow{+8} 77 \xrightarrow{+8} 85$

In allen drei Fällen kann man ablesen: 27 + 58 = 85
Wir treffen hier erstmalig auf eine Situation, in der **Operatorpfeile** zur Notation einer Serie von Rechenbefehlen **wirklich nützlich** sind. Genau aus diesem Grund wollen wir sie verwenden. An vielen anderen Stellen des Unterrichts, an denen Operatorpfeile heute verwendet werden (z.B. beim halbschriftlichen Rechnen), sind sie u.E. überflüssig, wenn nicht eher hinderlich.

Wie kann man vorgehen?

1. Einführende Aufgaben
   Im Klassenverband wird an Beispielen die Notation erklärt.

   Aufgabe: $35 \xrightarrow{T} 83$ Lösung: $35 \xrightarrow{-2} 33 \xrightarrow{+50} 83$
   $35+48 = 83$

   Aufgabe: $27 \xrightarrow{L} 85$ Lösung: $27 \xrightarrow{+36} 63 \xrightarrow{+22} 85$
   $27+58 = 85$

   Aufgabe: $27 \xrightarrow{S} 56$ Lösung: $27 \xrightarrow{+21} 48 \xrightarrow{+8} 56$
   $27+29 = 56$

2. Bearbeitung weiterer Aufgaben in Einzelarbeit
   Den Schülern können an der Tafel oder auf einem Arbeitsblatt Aufgaben vorgegeben werden, wobei man operative Variationen einbauen kann.
   Beispiele:

   $35 \xrightarrow{T} 83$ $29 \xrightarrow{L} 25$ $45 \xrightarrow{L} 85$ $62 \xrightarrow{S} 85$

   $45 \xrightarrow{L} 12$ $22 \xrightarrow{T} 85$ $83 \xrightarrow{T} 35$ $13 \xrightarrow{T} 67$

   $45 \xrightarrow{S} 12$ $29 \xrightarrow{S} 25$ $12 \xrightarrow{L} 85$ $49 \xrightarrow{S} 75$

3. Reflexion
   Zum Abschluß dieser Übung können die Schüler systematisch überlegen, welche minimalen Rechenbefehle mit den Figuren erzeugt werden können.
   Lösung:

   Turm: $\xrightarrow{+1}$, $\xrightarrow{-1}$, $\xrightarrow{+10}$, $\xrightarrow{-10}$ Läufer: $\xrightarrow{+9}$, $\xrightarrow{-9}$, $\xrightarrow{+11}$, $\xrightarrow{-11}$

   Springer: $\xrightarrow{+8}$, $\xrightarrow{-8}$, $\xrightarrow{+12}$, $\xrightarrow{-12}$, $\xrightarrow{+19}$, $\xrightarrow{-19}$, $\xrightarrow{+21}$, $\xrightarrow{-21}$

3. Übungen zum Einmaleins

Die methodischen Grundprinzipien zur Einführung und Behandlung des 1x1 scheinen seit langem ein für allemal festzustehen. Schon die "Kurfürstlich-Braunschweig-Lüneburgische Schulordnung" von 1737 weist die Lehrer an, die Multiplikation zum besseren Verständnis auf die fortgesetzte Addition zurückzuführen. So üben die Schüler heute bereits bei der Einführung der Multiplikation den additiven Aufbau von Malaufgaben, z. B. in der Form:

$3 \cdot 7 = 7 + 7 + 7$ $\qquad$ $6 \cdot 7 = 7 + 7 + 7 + 7 + 7 + 7$

Von hieraus führt der Weg anscheinend zwangsläufig zu den **Einmaleinsreihen**, aus denen die Ergebnisse von Malaufgaben durch Aufsagen der Reihe erschlossen werden können.

Beispiel: 7er-Reihe: 7, 14, 21, 28, 35, 42, 49, 56, 63, 70
$6 \cdot 7 = ?$ 7, 14, 21, 28, 35, 42, also $6 \cdot 7 = 42$

Nach traditionellem Verständnis steht und fällt die Behandlung des 1x1 mit der Behandlung der Reihen, wobei es allenfalls noch unterschiedliche Auffassungen über die Reihenfolge von den "leichten" zu den "schweren" Reihen und über die Untergliederung in zusammengehörende Reihen gibt. Typisch ist z. B. die folgende Anordnung:

2er-Reihe, 4er-Reihe;
10er-Reihe, 5er-Reihe;
3er-Reihe, 6er-Reihe;
8er-Reihe, 9er-Reihe, 7er-Reihe.

Das 1x1 wird aber auf diese Weise allzu leicht in getrennte Abteilungen zerlegt, und die Einsicht in Zusammenhänge zwischen den einzelnen Aufgaben **über die Reihen hinaus** wird oft verbaut.

Im folgenden möchten wir einen anderen Zugang zum 1x1 vorschlagen, der **von Anfang an** auf eine **ganzheitliche** Sicht **aller** 1x1-Aufgaben ausgerichtet ist. Dementsprechend soll sowohl bei der einführenden Darstellung und Berechnung von Malaufgaben an Punktfeldern als auch bei der Durcharbeitung des 1x1 konsequent auf **Zusammenhänge** hingearbeitet werden. Wir haben dafür eigens neuartige Lehr- und Lernmittel entwikkelt: den **Einmaleins-Plan** (kurz: Mal-Plan) und die **Einmaleins-Tafel** (kurz: Mal-Tafel).

Bei aller Begeisterung für einen ganzheitlichen Zugang zum 1x1 verzichten wir aber im folgenden darauf, ihn kompromißlos und ausschließlich zu vertreten. Wir folgen vielmehr einer **pragmatischen** Linie. Unser Ziel ist es, **neue Möglichkeiten zu eröffnen**. Insbesondere wollen wir zeigen, daß man die Reihen keineswegs der Reihe nach behandeln **muß**.

Das Kapitel ist "bausteinartig" abgefaßt und erlaubt daher eine fließende Verwendung einzelner Übungen von der traditionellen bis hin zu der von uns favorisierten ganzheitlichen Sicht des 1x1. Wir geben damit dem Leser die Möglichkeit, unsere Vorschläge schrittweise in seinen Unterricht einzubauen und auf Grund seiner Erfahrung selbst zu entscheiden, wie weit er mit einer ganzheitlichen Behandlung jeweils gehen will. Wenn er zunächst bei seinem gewohnten Lehrgang bleiben will, wird er im folgenden zahlreiche Anregungen für eine **Bereicherung** seines Unterrichts finden. Wer eine Stufe weiter gehen will, kann mit einem **ganzheitlichen Einstieg** in das 1x1 (3.1) beginnen, dann die Reihen wie gewohnt **einzeln** durchnehmen und mit einer **integrierenden Wiederholung** der Reihen schließen, wozu sich der Mal-Plan, die Mal-Tafel und die Übungen in 3.3, 3.4 und 3.5 gut eignen. Die nächste Stufe würde darin bestehen, statt der (vollen) Reihen die **"kurzen Reihen"** (vgl. 3.2) zu betonen. Die Endstufe wäre schließlich eine wahrhaft ganzheitliche Behandlung des 1x1 unter frühzeitiger Verwendung des Mal-Plans.

Das Kapitel ist folgendermaßen gegliedert: Im ersten Abschnitt wird eine anschauliche Grundlage für das 1x1 gelegt, wobei **Punktfelder** intensiv genutzt werden. Im zweiten Abschnitt werden die Reihen am **Mal-Plan** übersichtlich dargestellt und erforscht. Großes Gewicht wird dabei auf die **"kurzen Reihen"** gelegt. Die drei letzten Abschnitte sind einer **Gesamtbehandlung** des 1x1 gewidmet, wobei eine systematische Aufstellung aller Malaufgaben an der **Mal-Tafel**, die Verteilung der 1x1-Zahlen in der Hundertertafel und die Vorbereitung der halbschriftlichen Multiplikation im Vordergrund stehen.

3.1 Einführende Übungen mit Punktfeldern

Worum geht es?

Die 1x1-Aufgaben 4 · 6 (gesprochen: viermal [Pause] sechs) und 6 · 4 (sprachlich: sechsmal [Pause] vier) lassen sich auf verschiedene Weise mit Plättchen legen und veranschaulichen (Abb. 1 bis 4).

1. Darstellung (Abb. 1)

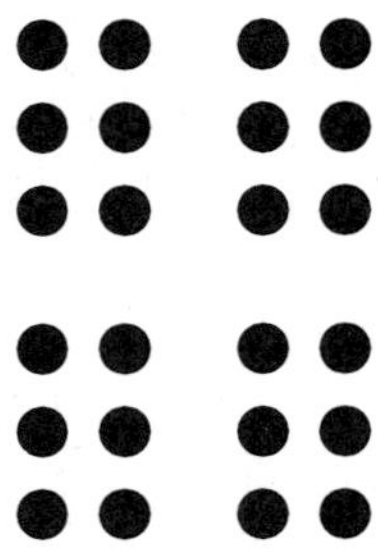

viermal das Zahlbild (Muster) sechs

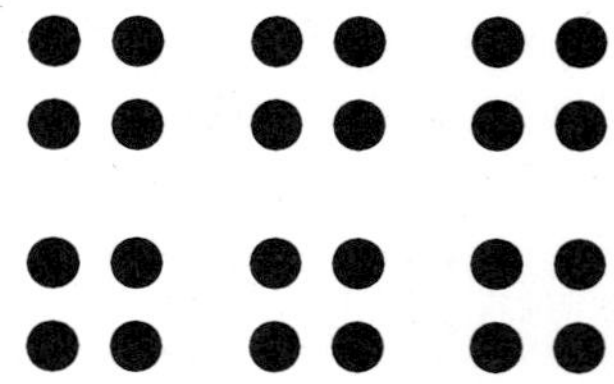

sechsmal das Zahlbild (Muster) vier

2. Darstellung (Abb. 2)
4 · 6 viermal sechs Plättchen (linear angeordnet)

6 · 4 sechsmal vier Plättchen (linear angeordnet)

3. Darstellung (Abb. 3)
4 · 6 viermal sechs Plättchen (zusammengefaßt zu Mengen)

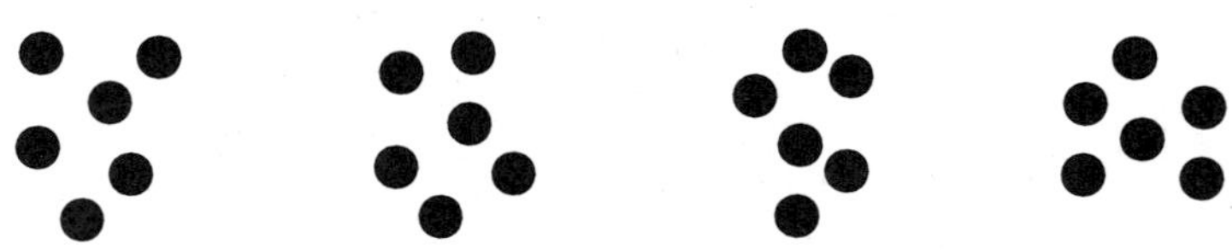

6 · 4 sechsmal vier Plättchen (zusammengefaßt zu Mengen)

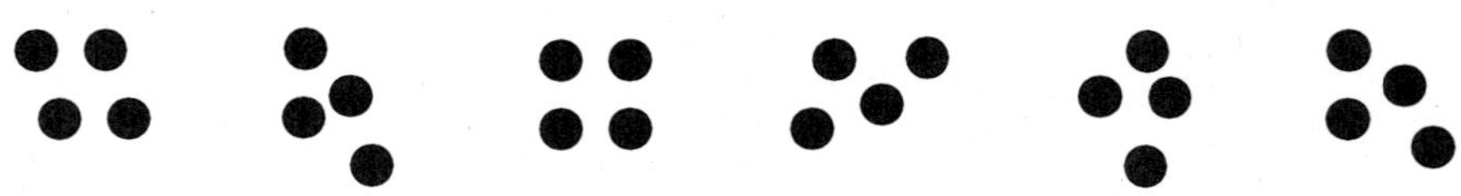

4. Darstellung (Abb. 4)

4 · 6

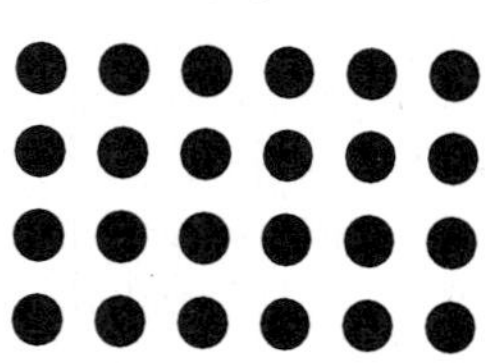

viermal sechs Plättchen (geordnet als Feld)

6 · 4

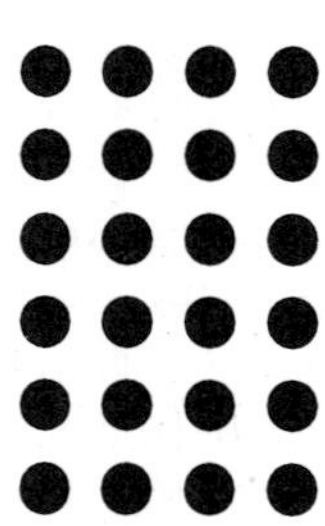

sechsmal vier Plättchen (geordnet als Feld)

Bei den ersten drei Veranschaulichungen (Zahlbilder, lineare Anordnung, Mengenanordnung) ist das Vertauschungsgesetz 4 · 6 = 6 · 4 jeweils nur schwer einzusehen. Außerdem besteht im Gegensatz zur Addition eine **Unsymmetrie bei den Zahlbedeutungen:**

sechs *Plättchen*	**vier** *Plättchen*
vier *Sechsermengen*	**sechs** *Vierermengen*

In **ein- und demselben** Feld (4. Darstellung) kann man jedoch **vier** Plättchen, **sechs** Plättchen, **viermal** sechs Plättchen und **sechsmal** vier Plättchen **gleichzeitig** sehen (Abb. 5).

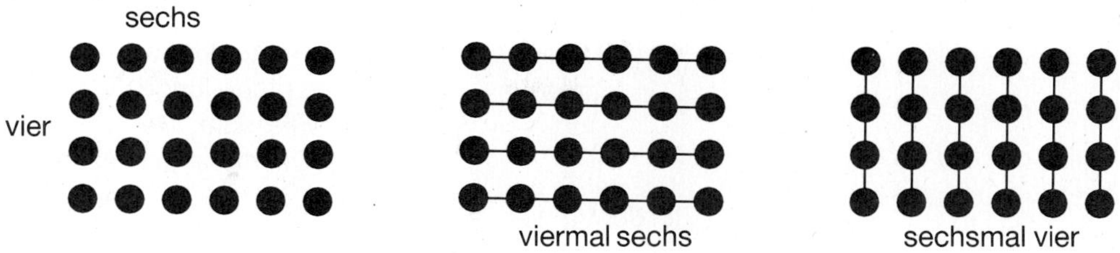

Die übersichtliche Darstellung gestattet außerdem eine **Ökonomie des Abzählens**. Obwohl viermal sechs Plättchen dargestellt werden, braucht man wegen der Reihung nur die erste Reihe abzählen, ein Vorteil, der bei größeren Zahlen nicht hoch genug eingeschätzt werden kann.
Für das folgende wird vereinbart, ein Feld (in der Regel) **zeilenweise** zu lesen (Abb. 6).

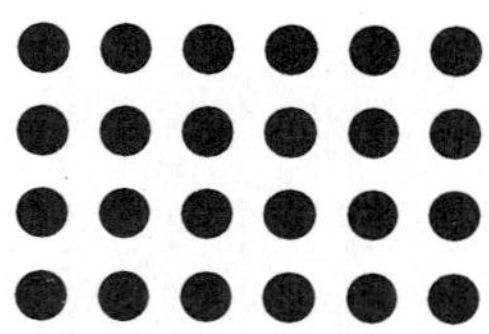

4 · 6 (viermal sechs)

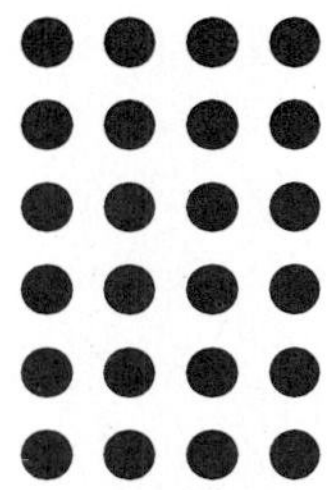

6 · 4 (sechsmal vier)

Anmerkung:
Wenn Schüler in dem 4 · 6-Feld auch 6 mal 4 Plättchen (spaltenweise) sehen und konsequenterweise das Feld auch mit 6 · 4 bezeichnen, darf man dies aber auf keinen Fall als Fehler werten.

Für die Betonung von Feldern bei der Behandlung des 1x1 sprechen auch noch folgende Argumente:
- Zahlreiche multiplikative Muster des täglichen Lebens haben bereits von sich aus Felderstruktur.
- Wegen der leichten Uminterpretierbarkeit der beiden Faktoren lassen sich an Feldern am besten algebraische Gesetzmäßigkeiten entdecken und veranschaulichen.
- Alle Felder zum 1x1 sind Teilmuster des Hunderterfeldes ("zehnmal zehn"-Feld).
- Felder betonen im Gegensatz zu linearen Anordnungen die Eigenständigkeit der Multiplikation gegenüber der Addition und führen konsequent zur Veranschaulichung von Produkten bei Bruchzahlen (Dezimalzahlen) mit Hilfe von Flächen.
- Die durch das Feld definierte Malaufgabe und ihr Ergebnis können ökonomisch bestimmt werden.

Was soll geübt werden?

Erkennen von multiplikativen Situationen, Darstellen und Berechnen von 1x1-Aufgaben.

Was wird benötigt?

Demonstrationsmaterial: Bilder multiplikativer Situationen, Material für multiplikative Situationen, Wendeplättchen für Magnettafel, Hunderterfeld, 1x1-Winkel, farbige Folie, Foliengerade für Tageslichtschreiber.
Arbeitsmaterial: Wendeplättchen, Hunderterfeld, 1x1-Winkel, Arbeitsblatt 2/7.

Wie kann man vorgehen?

1. Multiplikative Situationen und Bilder
   Bei der Beschreibung von Anzahlen in multiplikativen Situationen (konkret und auf Bildern) benutzen die Schüler spontan das Wörtchen "mal".
   Hier eine Auswahl von Möglichkeiten:

   Klassenzimmer (Schule):
   - Kinder an Vierertischen
   - Kakao- bzw. Milchbecher auf Paletten
   - Adventskalender mit 4 mal 6 kleinen Geschenken
   - Bücher- und Heftstapel
   - Mannschaften (Staffeln) beim Sport
   - evtl. Klassenzimmerverteilung auf Stockwerken (Gebäude) in der Schule (3 mal 4 Klassen) usw.

Außerhalb der Schule:

- Verpackungen verschiedenster Art (Druckknöpfe, Garnrollen, Pralinen, Mohrenköpfe, Limonadenflaschen und -dosen, Schokolade, Eierkartons usw.)
- Fenster an Gebäuden
- Lichterketten
- Unterteilungen von Fenstern
- Fliesenmuster
- Quadrate an Holzdecken usw.

In der Umwelt "wimmelt" es geradezu von multiplikativen Strukturen, so daß die Schüler bei einem Unterrichtsgang leicht fündig werden. Es empfiehlt sich auch, geeignetes Verpackungsmaterial zu sammeln und einen Aktenordner mit Bildern multiplikativer Strukturen anzulegen (Tip: Warenhauskataloge). Beispiele liefern die Fotos.

2. Legen von Malaufgaben mit Plättchen
   Man bittet die Schüler, z. B. 4 · 6 Plättchen zu legen. Es gibt dann verschiedene Lösungen (Muster, lineare Anordnungen, zu Mengen zusammengefaßt, wahrscheinlich auch Felder).
   Diese Lösungen werden am Tageslichtschreiber oder an der Magnettafel nachgelegt und besprochen. Jedesmal soll die Malaufgabe deutlich zu sehen sein (viermal sechs Plättchen). Die gelegten Plättchen sollen dann zur Malaufgabe 6 · 4 Plättchen umgelegt werden.
   Feststellung: Die Anzahlen von 6 · 4 und 4 · 6 Plättchen stimmen überein.

Analog werden andere Beispiele betrachtet.
Die Malaufgaben werden insbesondere auch mit Feldern gelegt, und die Felderstruktur (Zeile, Spalte) wird dabei eingehend besprochen. Die Schüler entdecken, daß man am gleichen Feld jeweils **zwei** Malaufgaben sehen kann.
Es wird verabredet, die Felder zeilenweise zu lesen (Abb. 7):

Anzahl der Zeilen mal Anzahl der Plättchen in einer Zeile

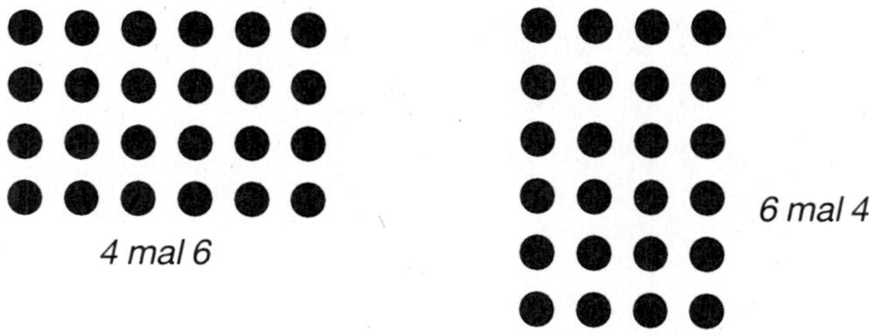

Abb. 7

Läßt man 4 · 6 Plättchen in 5 · 6 oder 4 · 7 Plättchen umlegen, so erweist sich auch hier die Darstellung in Feldern als besonders vorteilhaft.

3. Darstellen von Malaufgaben mit dem 1x1-Winkel am Hunderterfeld
   Das den Schülern bereits wohlbekannte Hunderterfeld (mit der Fünfereinteilung) wird auf den Tageslichtschreiber gelegt (Abb. 8).

Frage: *Welche Malaufgaben seht ihr?*
S.: *„5 mal 5."* (S. zeigt die Aufgabe.)
S.: *„10 mal 10."* (S. zeigt 10 Zehner.) usw.
Die Schüler versuchen auch schon, die Ergebnisse dieser Aufgaben zu berechnen, wobei sich die "Kraft der Fünf" als große Hilfe erweist:
Vier Fünfer ergeben 20, also ist 5 · 5 gleich 25.

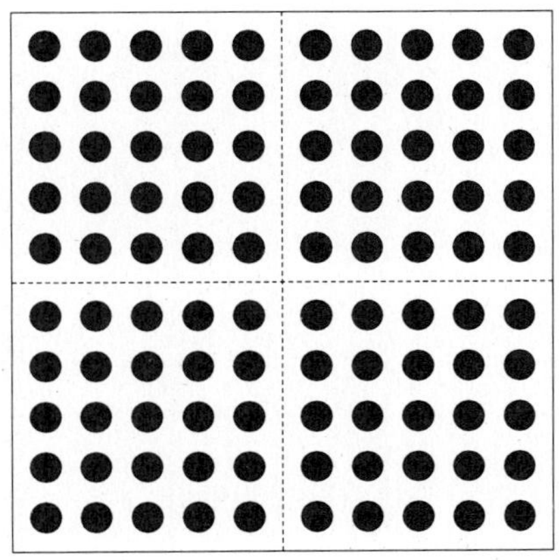

Abb. 8

Nun zeigt man den 1x1-Winkel aus Pappe (hergestellt aus einem Quadrat, aus dem ein Viertel in der Größe des Hunderterfeldes herausgeschnitten ist) (Abb. 9).

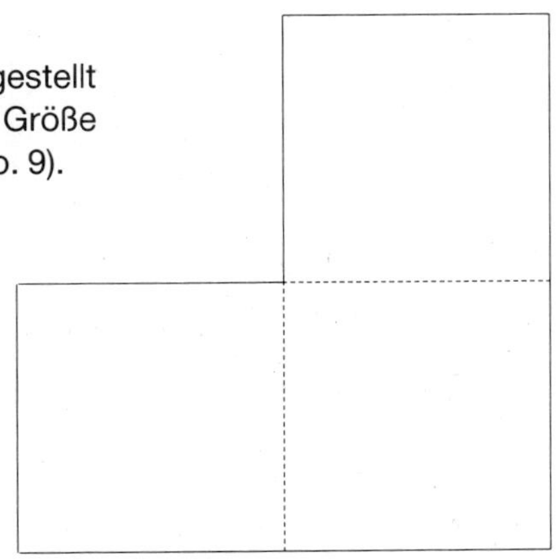

Abb. 9 (gegenüber Abb. 8 im Maßstab 1 : 2 verkleinert)

Anmerkung:
Bei den folgenden Zeichnungen ist der 1x1-Winkel nur angedeutet.

L.: *„Mit diesem Winkel kann man viele Malaufgaben darstellen. Zeigt zum Beispiel 6 mal 6!"* (Abb. 10)

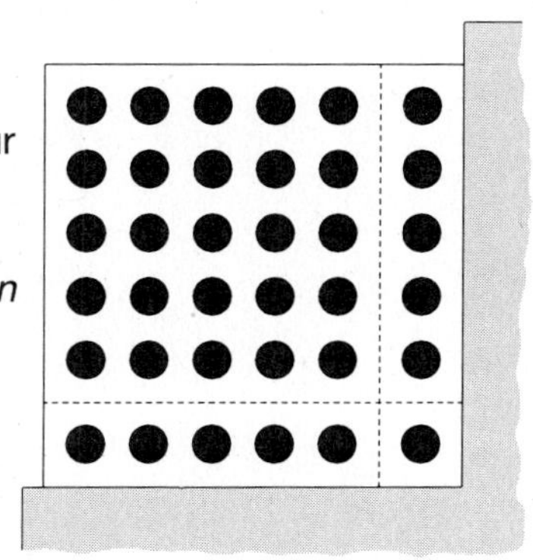

Abb. 10

Die Schüler plazieren den 1x1-Winkel entsprechend und berechnen auch das Ergebnis, z. B. so: 25 + 5 + 5 + 1 = 36 (Kraft der Fünf!)

Weitere Beispiele (Abb. 11 bis 14):

4 mal 7
Rechnung: 10 + 10 + 8 = 28
Abb. 11

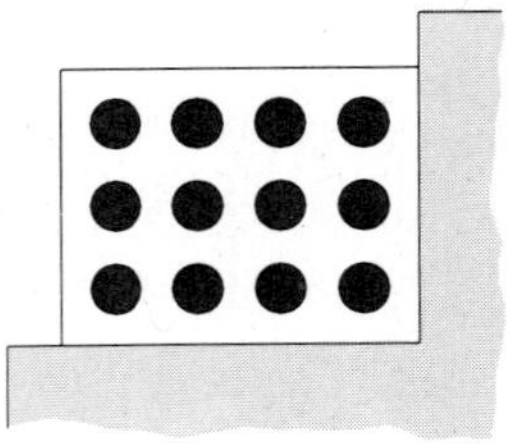

3 mal 4
Rechnung: 6 + 6 = 12
oder: 4 + 4 + 4 = 12
oder: 3 + 3 + 3 + 3 = 12
Abb. 12

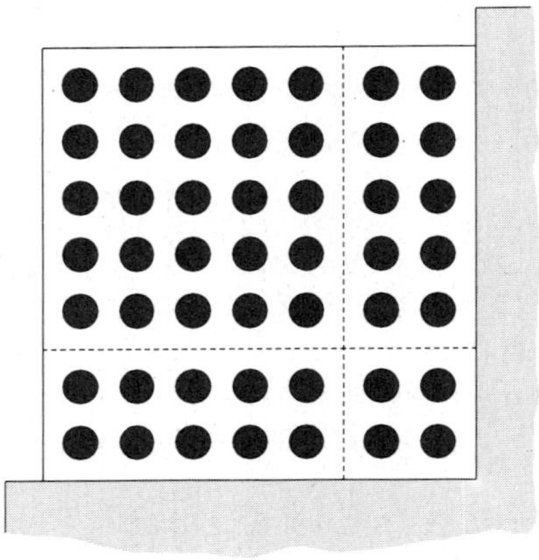

Abb. 13

7 mal 7
Rechnung: 25 + 10 + 10 + 4 = 49

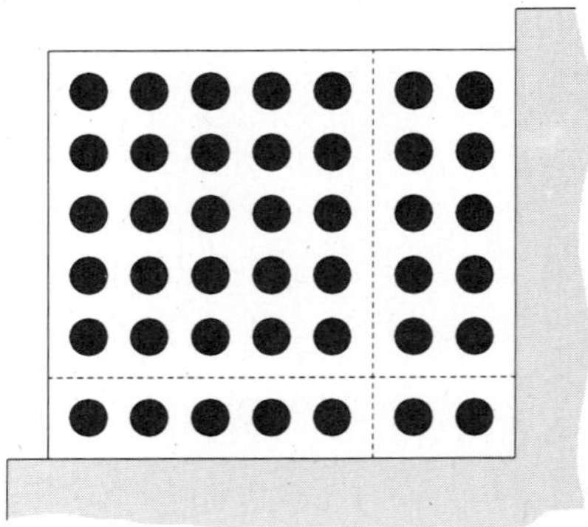

Abb. 14

6 mal 7
Rechnung: 25 + 10 + 5 + 2 = 42

Jede einzelne Aufgabe ist einer individuellen Betrachtung wert und kann mit Hilfe der "Kraft der Fünf" gelöst werden, sogar die schwierige Aufgabe 9 mal 9 (Abb. 15).

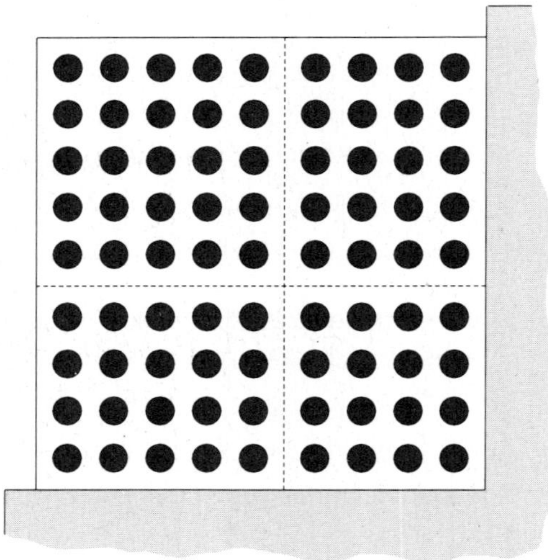

9 mal 9
Rechnung: 25 + 20 + 20 + 16 = 81

Abb. 15

Die Schüler legen selbst mit einem (kleinen) 1x1-Winkel auf einem (kleinen) Hunderterfeld Malaufgaben und versuchen, sie zu lösen (vgl. hierzu Arbeitsblatt 2/7). **In dieser Phase besteht nicht der geringste Anlaß oder gar Druck, Ergebnisse auswendig lernen zu lassen.** Der Akzent liegt ganz auf der additiven Zerlegung der Aufgaben, womit gleichzeitig eine hervorragende Übung der Addition im Hunderterraum gewährleistet ist.

Wie könnte es weitergehen?

4. Foliengerade und Folienkreuz
Wir überlassen es dem Lehrer zu entscheiden, ob und inwieweit er hier schon die Foliengerade bzw. das Folienkreuz einsetzen will. Hergestellt werden Foliengerade und Folienkreuz aus einer Tageslichtschreiberfolie und einem permanenten Folienstift (am besten in der Farbe rot) (Abb. 16).

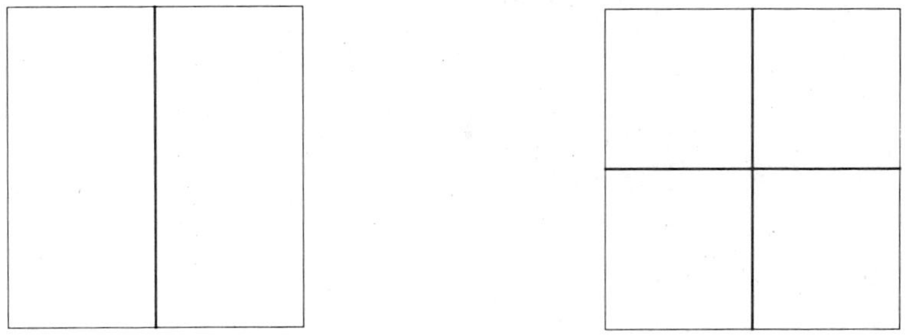

rote Gerade rotes Kreuz Abb. 16

Legt man Foliengerade bzw. Folienkreuz auf ein Feld, so ergeben sich Unterteilungen, die für Rechnungen nützlich sein können.

Beispiele Abb. 17 und 18:

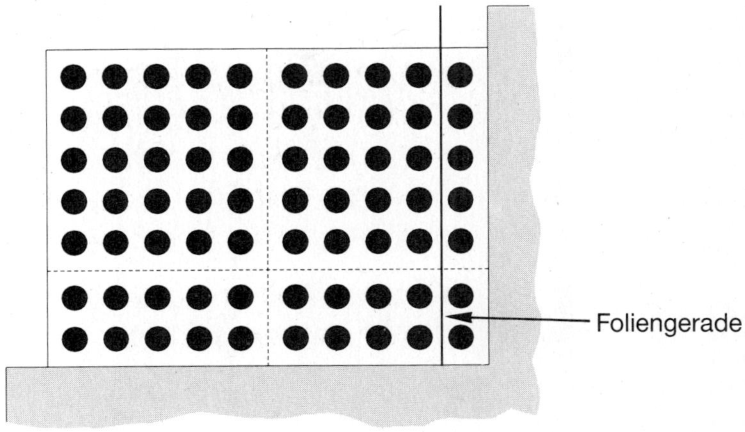

7 mal 9 berechnet sich aus 70 – 7 Abb. 17

oder

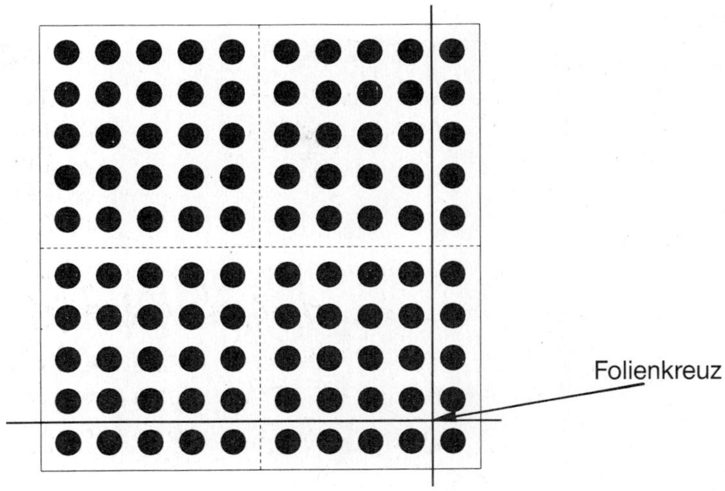

9 mal 9 brechnet sich aus 100 – 19. Abb. 18

Die Folien können zusammen mit dem 1x1-Winkel dazu benutzt werden, 1x1-Aufgaben in kleinere zu zerlegen.
Anmerkung:
Wie der 1x1-Winkel werden Folienkreuz und Foliengerade in den Zeichnungen nur angedeutet.

3.2 Der Einmaleins-Plan und die "kurzen Reihen"

Kernstück unseres 1x1-Konzepts ist der Einmaleins-Plan (Mal-Plan) (Abb. 19).

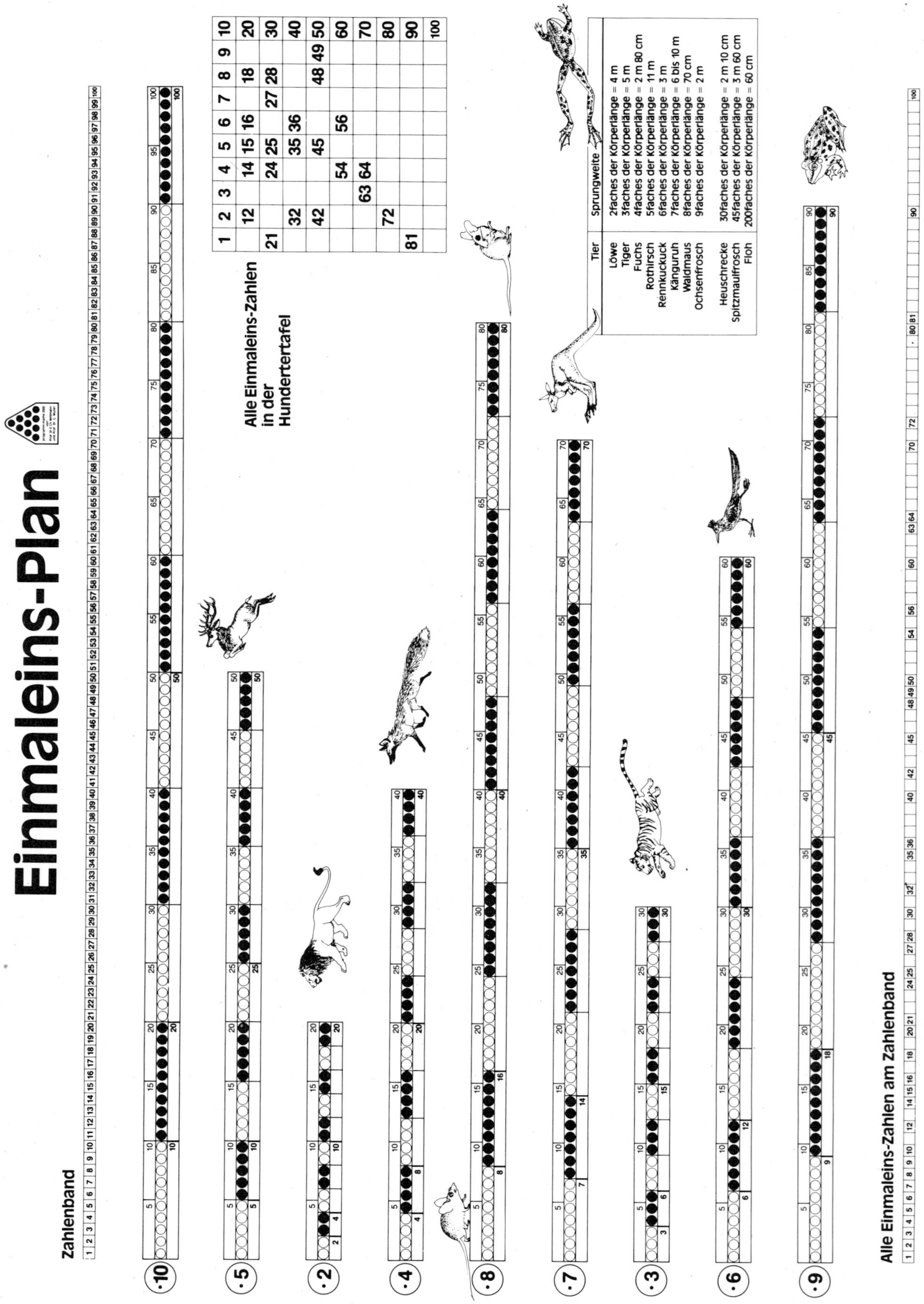

Vergleiche vollständiges farbiges Poster auf der inneren Umschlagseite.

Auf dem Mal-Plan sind alle 1x1-Reihen in ihrer Gesamtheit dargestellt. Jede Reihe erscheint dabei als **dreifach unterteilter Streifen**: In der Mitte verläuft eine durch die Farbhelligkeit entsprechend gegliederte Punktreihe. Sie wird begleitet von einem oberen Streifen mit eingetragenen 5er- und 10er-Zahlen und einem unteren Streifen mit den **Markierungen** der zugehörigen Reihenzahlen. Dadurch wird gewährleistet, daß sich die Ergebnisse von 1x1-Aufgaben ohne große Mühe ablesen lassen.
Beispiel: 4 · 7 = 28 (2 weniger als 30, oder 3 mehr als 25)
An den Markierungen am unteren Zahlenstreifen jeder Reihe sind aber absichtlich **nur** die Ergebnisse der **Kernaufgaben** angegeben, aus denen sich die Ergebnisse der anderen Aufgaben operativ ermitteln lassen.

Beispiel: 7er-Reihe	Kernaufgaben	Operativ abgeleitete Aufgaben
	1 · 7 = 7	3 · 7 = 2 · 7 + 1 · 7 = 14 + 7 = 21
	2 · 7 = 14	4 · 7 = 2 · (2 · 7) = 2 · 14 = 28
	5 · 7 = 35	= 5 · 7 − 1 · 7 = 35 − 7 = 28
	10 · 7 = 70	6 · 7 = 5 · 7 + 1 · 7 = 35 + 7 = 42
		7 · 7 = 5 · 7 + 2 · 7 = 35 + 14 = 49
		8 · 7 = 10 · 7 − 2 · 7 = 70 − 14 = 56
		9 · 7 = 10 · 7 − 1 · 7 = 70 − 7 = 63

Die Ergebnisse der Kernaufgaben einer Reihe, wie sie im Mal-Plan angegeben sind, nennen wir die zugehörige **kurze Reihe.**

Beispiel: 7er-Reihe: 7, 14, 21, 28, 35, 42, 49, 56, 63, 70
Kurze 7er-Reihe: 7, 14, 35, 70

Bevor die Schüler die vollen Reihen lernen, sollten sie nach unserer Auffassung unbedingt die kurzen Reihen beherrschen, damit sie die oben am Beispiel der 7er-Reihe erläuterten operativen Beziehungen beim Lernen ausnutzen können. Die kurzen Reihen sind, wenn man nach dem Konzept dieses Handbuchs vorgeht, sozusagen zum Greifen nahe: Die erste und letzte Zahl einer kurzen Reihe sind trivial, die zweite ergibt sich aus der ersten durch Verdoppeln, die dritte aus der letzten durch Halbieren. Verdoppeln und Halbieren sind aber Fertigkeiten des Blitzrechnens. Weiter bilden die dritten Zahlen aller Reihen gerade die leichte 5er-Reihe, was geometrisch der **Mitte** der Reihe entspricht.
Im Mal-Plan sind die Reihen so angeordnet, daß die engen Verwandtschaften zwischen der 10er- und 5er-Reihe, zwischen der 2er-, 4er- und 8er-Reihe, sowie zwischen der 3er-, 6er- und 9er-Reihe sichtbar werden.
Alle 42 verschiedenen Ergebnisse der 1x1-Aufgaben, die sogenannten **Einmaleinszahlen**, sind als Gesamtheit sowohl in das unterste **Zahlenband** als auch in die beigefügte **Hundertertafel** eingetragen. Beide Darstellungen sind für die Verteilung der 1x1-Zahlen im Hunderter sehr lehrreich: Am Zahlenband erkennt man z. B. **Zwillinge** (20, 21; 24, 25; 27, 28; ...) und die beiden **Drillinge** 14, 15, 16 und 48, 49, 50. An der Hundertertafel erkennt man z. B., daß nur zwei 1x1-Zahlen auf 3 (bzw. 7) enden, nämlich 3 und 63 (bzw. 7 und 27) (für weitere "Muster" von 1x1-Zahlen vgl. 3.4).
Das oberste und das unterste Zahlenband sind auch sehr hilfreich für die Umkehrung von Malaufgaben und die Division mit Rest. Verbindet man z. B. die Zahl 30 auf dem obersten und untersten Band durch ein Lineal, so kann man am Plan ablesen:

10er-Reihe: 30 = 3 · 10 oder 30 : 10 = 3
5er-Reihe: 30 = 6 · 5 oder 30 : 5 = 6
4er-Reihe: 30 = 7 · 4 + 2 oder 30 : 4 = 7 R 2
8er-Reihe: 30 = 3 · 8 + 6 oder 30 : 8 = 3 R 6 usw.

Als Sachinformation, aber auch zur Motivation und als Orientierungshilfe sind den einzelnen Reihen (außer der 10er-Reihe) "passende" Tiere zugeordnet worden. So springt der der 2er-Reihe zugeordnete **Löwe** bei einem Sprung das 2fache seiner Körperlänge, durchspringt also die 2er-Reihe, der **Tiger** entsprechend das 3fache, der **Fuchs** das 4fache, der **Rothirsch** das 5fache, der **Rennkuckuck** das 6fache, das **Känguruh** das 7fache, die **Waldmaus** das 8fache und der **Ochsenfrosch** das 9fache der jeweiligen Körpergröße. (Die Angabe der Körperlänge gilt jeweils ohne Berücksichtigung der Schwanzlänge.)
Die Angaben über die Sprungweite von Tieren, die über das kleine 1x1 hinausreichen, sind wieder als Anregung für die Zone der nächsten Entwicklung gedacht.

Was soll geübt werden?

Aufsagen der 1x1-Reihen (kurz und ggf. lang), Berechnen von 1x1-Aufgaben, Zerlegen von 1x1-Zahlen, Teilen mit Rest durch einstellige Zahlen.

Was wird benötigt?

Demonstrationsmaterial: Magnetwendeplättchen, Mal-Plan (als Poster), großes Lineal, Zeigestock.

Arbeitsmaterial: Mal-Plan (siehe Arbeitsblatt 2/8), Buntstifte, Lineal oder Folie, Arbeitsblatt 2/9.

Wie kann man vorgehen?

1. Umlegeübungen
   Mit Hilfe von Wendeplättchen werden zu vorgegebenen 1x1-Aufgaben Felder gelegt, anschließend in eine lineare Reihe umgelegt und mit einer Fünfergliederung versehen (Abb. 20).

3 · 4 4+4+4 = 12 Abb. 20

2. Einfärben von Reihen
   Den Schülern wird demonstriert, wie am Mal-Plan Punktfelder in lineare Reihen übersetzt sind. Wenn Cuisenaire-Stäbe verfügbar sind, kann man ein Punktfeld Zeile für Zeile mit Cuisenaire-Stäben überdecken und diese dann auf das Poster übertragen, das die passenden Maße hat. Diese Übersetzung kann man auch gut durch Zerschneiden von Punktfeldern aufzeigen (Abb. 21).

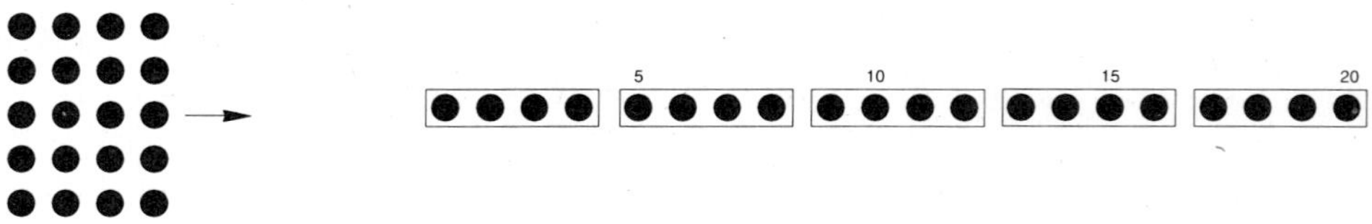

5 · 4 Abb. 21

Jeder Schüler erhält einen Mal-Plan (vgl. Arbeitsblatt 2/8). In Stillarbeit werden die entsprechenden Abschnitte der mittleren Punktreihen jeweils eingefärbt. Bei den Farben orientiert man sich am besten am Mal-Plan, dem die Farben der Cuisenaire-Stäbe zugrunde liegen. Zur deutlichen Unterscheidung werden die Abschnitte abwechselnd kräftig und leicht ausgemalt. Andere Ergebnisse als die vorgegebenen werden **nicht** eingetragen. Es werden nur die betreffenden Positionen durch Striche markiert (Abb. 22). Zur Kontrolle schreiben die Schüler die Reihen aber in ihr Heft.

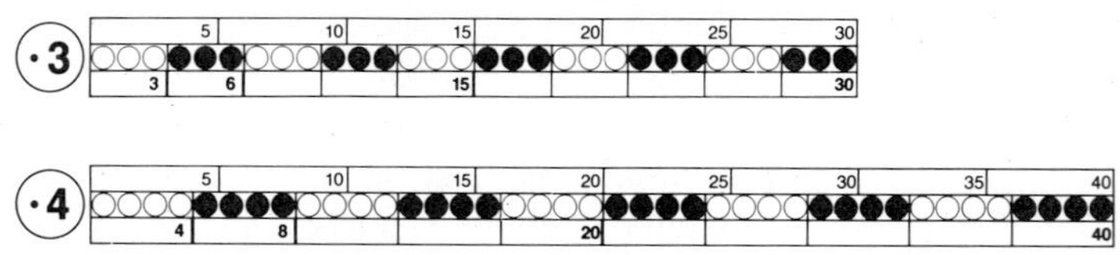

Im Heft: (·3) 3 6 9 12 15 18 21 24 27 30 Abb. 22

(·4) 4 8 12 16 20 24 28 32 36 40

3. Orientierungsübungen
   Orientierungsübungen werden am besten am großen Mal-Plan durchgeführt (vgl. Abb. 19).
   L: *„Zeigt die Aufgabe 4 · 3!"*

   Die Schüler zeigen an der 3er-Reihe 4 mal 3 Plättchen und lesen das Ergebnis ab (2 mehr als 10). Das Ablesen ist sehr einfach, da zu jeder Reihe ein Zahlenstreifen mit markierten 5er-Zahlen gehört.
   Nun können analog andere 1x1-Aufgaben gesucht und ihre Ergebnisse abgelesen werden.

   Beispiele: 7 · 3 = 21 (1 mehr als 20)
   6 · 4 = 24 (1 weniger als 25)
   8 · 4 = 32 (2 mehr als 30)

4. Gedächtnisübungen
Den Schülern muß unbedingt **bewußt** gemacht werden, daß es das Ziel aller Übungen ist, 1x1-Aufgaben **ohne Plan** zu beherrschen, und daß sie selbst darauf achten müssen, immer mehr Ergebnisse aus dem Gedächtnis nennen zu können oder in der Vorstellung zu ermitteln. Nur wenn sie nicht weiterkommen, sollten sie kurz auf den Plan schauen.
Gedächtnismäßig verankert werden müssen vor allem die **kurzen Reihen.**

5. Aus kurz mach' lang!
Aus den Ergebnissen der kurzen Reihen lassen sich alle anderen Ergebnisse ermitteln.
Beispiel: 8er-Reihe

Kurze Reihe:	**8,**	**16,**			**40,**					**80**
Lange Reihe:	**8,**	**16,**	**24,**	**32,**	**40,**	**48,**	**56,**	**64,**	**72,**	**80**
			16 + 8	16 + 16 40 − 8		40 + 8	40 + 16	80 − 16	80 − 8	

(vgl. hierzu Arbeitsblatt 2/9)

6. Verwandte Reihen und Muster
Auf dem Mal-Plan sind die verwandten Reihen 2er-, 4er-, 8er-Reihe, ...
3er-, 6er-, 9er-Reihe, ...
untereinander angeordnet, so daß Beziehungen leicht aufgezeigt werden können.
Beispiel: $3 \cdot 4$ ist die Hälfte von $3 \cdot 8$
$3 \cdot 8$ ist das Doppelte von $3 \cdot 4$
$3 \cdot 8 = 6 \cdot 4$
Aufgabenstellung für die Schüler:
Schaut euch den Mal-Plan an: Welches Ergebnis kommt in der 3er-, 6er- und 9er-Reihe **gemeinsam** *vor?* (Abb. 23)

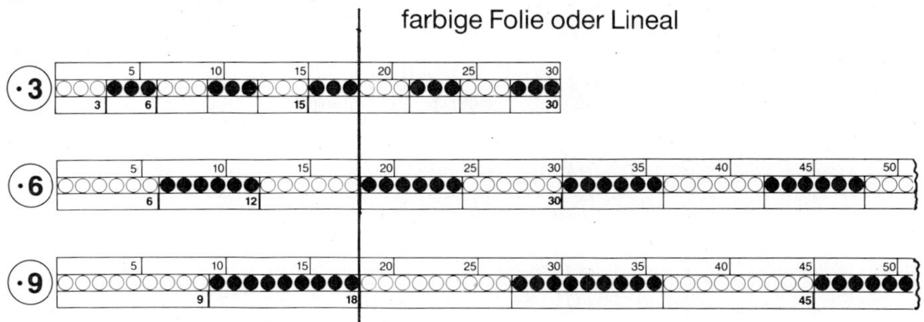

$18 = 6 \cdot 3$
$18 = 3 \cdot 6$
$18 = 2 \cdot 9$

Abb. 23

Welche Ergebnisse kommen in der 3er- und 6er-Reihe gemeinsam vor?
$6 = 2 \cdot 3,\ 12 = 4 \cdot 3,\ 18 = 6 \cdot 3,\ 24 = 8 \cdot 3,\ 30 = 10 \cdot 3$
$6 = 1 \cdot 6,\ 12 = 2 \cdot 6,\ 18 = 3 \cdot 6,\ 24 = 4 \cdot 6,\ 30 = 5 \cdot 6$
Analoge Aufgaben werden zu allen verwandten Reihen gestellt.
Aber auch andere **Muster** lassen sich erkennen:
3 Siebener ergeben 7 Dreier
3 Siebener verfehlen 2 Zehner um 1 ($3 \cdot 7 = 21$)
6 Siebener verfehlen 4 Zehner um 2 ($6 \cdot 7 = 42$)
9 Siebener verfehlen 6 Zehner um 3 ($9 \cdot 7 = 63$)
1 Neuner verfehlt 1 Zehner um 1 ($10-1 = 9$)
2 Neuner verfehlen 2 Zehner um 2 ($20-2 = 18$)
usw.

Neben dem Vergleich der Reihen untereinander ist ihr "Verhalten" zur 10er- bzw. 5er-Reihe von besonderer Bedeutung.

7. Bestimmung aller 1x1-Zahlen
Wenn man ein Lineal oder eine Folie so auf dem Plan "durchschiebt", daß die Lineal- bzw. Folienkante jeweils gleiche Markierungen auf allen Zahlstreifen trifft, können alle 1x1-Zahlen auf dem untersten Zahlenband markiert werden (zur Auswertung vgl. Abschnitt 3.4).

Gleichzeitig lassen sich die verschiedenen Zerlegungen von 1x1-Zahlen angeben.

Beispiel: $12 = 6 \cdot 2$ $\quad 12 = 4 \cdot 3$

$12 = 3 \cdot 4$ $\quad 12 = 2 \cdot 6$

Eine hübsche Einkleidung dieser Aufgabe sind "1x1-Häuser" (Abb. 24).

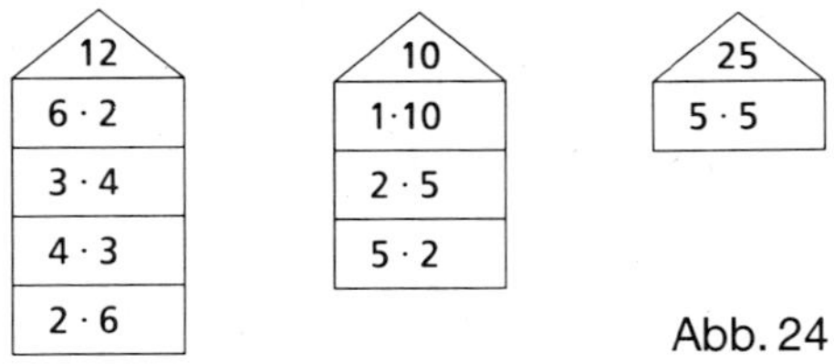

Abb. 24

Die Schüler finden 1-, 2-, 3-, 4stöckige Häuser.

8. Teilen mit und ohne Rest

Eine Zahl wird auf dem Mal-Plan wie unter 7. durch ein Lineal bzw. durch eine Folie markiert (Abb. 25).

Die Schüler lesen nun ab:

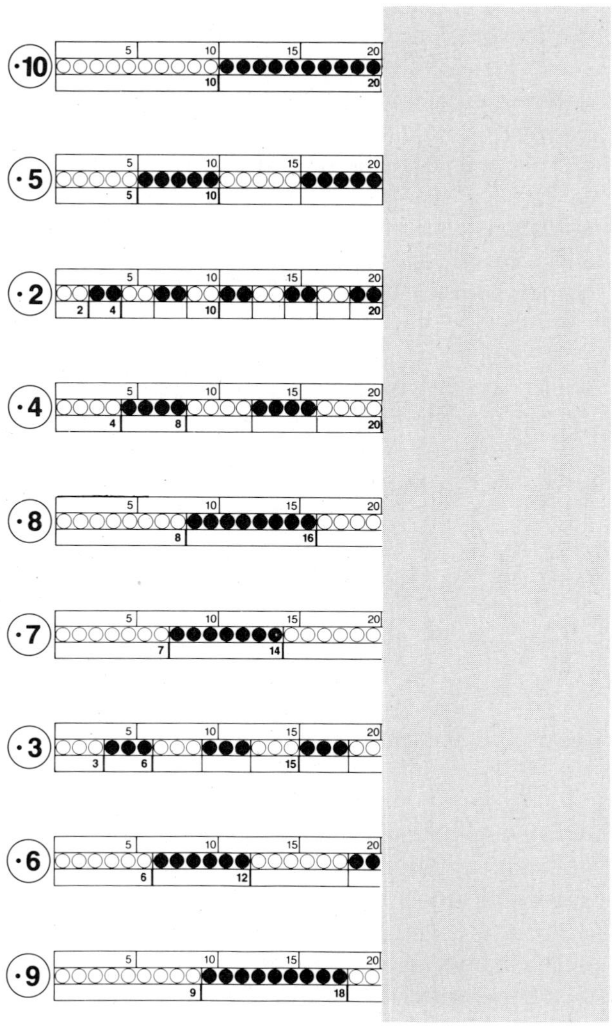

$20 = 2 \cdot 10$

$20 = 4 \cdot 5$

$20 = 10 \cdot 2$

$20 = 5 \cdot 4$

$20 = 2 \cdot 8 + 4$

$20 = 2 \cdot 7 + 6$

$20 = 6 \cdot 3 + 2$

$20 = 3 \cdot 6 + 2$

$20 = 2 \cdot 9 + 2$

Abb. 25

Analog werden weitere Aufgaben gerechnet, zunächst mit Anhalten eines Lineals und dann auch ohne Lineal.

Entsprechend kann man am Mal-Plan mit und ohne Rest teilen.

Beispiel: 50 : 7

50 wird an der 7er-Reihe gesucht, das Ergebnis abgelesen: $7 \cdot 7 + 1 = 50$ oder $50 : 7 = 7$ Rest 1.

Schlußbemerkung:

Jeder Schüler rechnet mit dem Plan **so lange wie nötig**, was in der Regel große individuelle Unterschiede mit sich bringt. Auch in dieser Phase besteht kein Druck, Ergebnisse auswendig lernen zu müssen – mit Ausnahme der **kurzen Reihen**, die aber durch den früheren Unterricht sehr gut vorbereitet sind.

3.3 Einmaleins-Tafel

Worum geht es?

Die Einmaleins-Tafel (kurz: Mal-Tafel) (Abb. 26a) wurde analog zur Einspluseins-Tafel (Plus-Tafel) aus der Multiplikationstabelle (Abb. 26b) entwickelt, wobei wieder anstelle der Ergebnisse die Aufgaben eingetragen wurden.

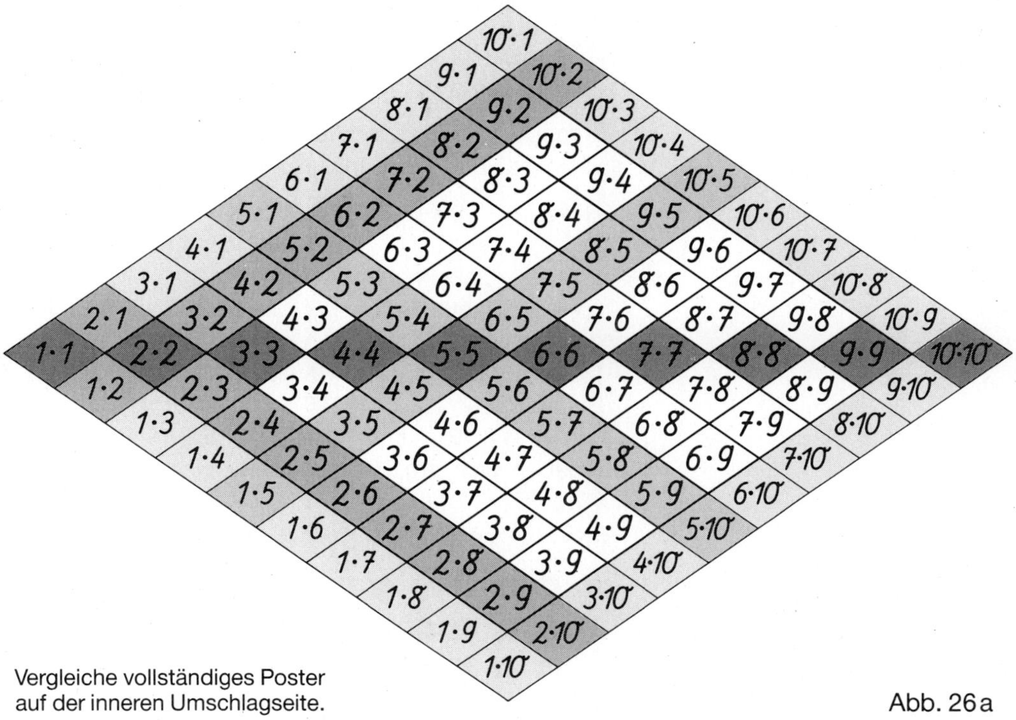

Vergleiche vollständiges Poster auf der inneren Umschlagseite.

Abb. 26a

•	1	2	3	4	5	6	7	8	9	10
1	1	2	3	4	5	6	7	8	9	10
2	2	4	6	8	10	12	14	16	18	20
3	3	6	9	12	15	18	21	24	27	30
4	4	8	12	16	20	24	28	32	36	40
5	5	10	15	20	25	30	35	40	45	50
6	6	12	18	24	30	36	42	48	54	60
7	7	14	21	28	35	42	49	56	63	70
8	8	16	24	32	40	48	56	64	72	80
9	9	18	27	36	45	54	63	72	81	90
10	10	20	30	40	50	60	70	80	90	100

Multiplikationstabelle (Pythagoräisches Zahlenfeld)

Abb. 26b

In der Mal-Tafel gibt es besonders gekennzeichnete (gefärbte) Aufgabenserien:

- **Randaufgaben** (Malaufgaben mit 1 und 10)
  Die sehr einfachen Malaufgaben mit 1 und 10 brauchen in der Regel nicht gesondert gelernt zu werden. Dennoch sind sie für die Ableitung der Ergebnisse anderer Aufgaben wichtig.

  Beispiel: Aus 10 · 7 = 70 läßt sich die Aufgabe 9 · 7 = 10 · 7 –7 = 63 gut erschließen.

  Die Randaufgaben sind, soweit sie nicht zu den untenstehenden Aufgabenserien gehören, **grün** gefärbt.
- **Malaufgaben mit 2**
  Die Verdopplungsaufgaben
  2 · 1, 2 · 2, 2 · 3, 2 · 4, 2 · 5, 2 · 6, 2 · 7, 2 · 8, 2 · 9, 2 · 10
  und ihre Tauschaufgaben (2-er Reihe, gerade Zahlen)
  1 · 2, 2 · 2, 3 · 2, 4 · 2, 5 · 2, 6 · 2, 7 · 2, 8 · 2, 9 · 2, 10 · 2

bilden traditionsgemäß den **Einstieg** in das 1x1 und sind besonders **wichtige** Kernaufgaben. Sie sollten schon im 1. Schuljahr gut im Gedächtnis verankert werden. Diese Malaufgaben sind bis auf die Quadratzahlaufgabe $2 \cdot 2$ **blau** gefärbt.

– **Malaufgaben mit 5**

  Außer den Aufgaben der 5er-Reihe

  $1 \cdot 5$, $2 \cdot 5$, $3 \cdot 5$, $4 \cdot 5$, $5 \cdot 5$, $6 \cdot 5$, $7 \cdot 5$, $8 \cdot 5$, $9 \cdot 5$, $10 \cdot 5$

  gehören hierzu deren Tauschaufgaben ("Fünfmal"-Aufgaben)

  $5 \cdot 1$, $5 \cdot 2$, $5 \cdot 3$, $5 \cdot 4$, $5 \cdot 5$, $5 \cdot 6$, $5 \cdot 7$, $5 \cdot 8$, $5 \cdot 9$, $5 \cdot 10$.

  Diese "Fünferaufgaben" sind über die 5er-Reihe oder über die Halbierung der Zehneraufgaben ($5 \cdot 7$ ist die Hälfte von $10 \cdot 7$) leicht zu lernen. Sie sind ebenfalls äußerst wichtige Kernaufgaben zur Erschließung weiterer Aufgaben (Kraft der Fünf!).

  Beispiel: $7 \cdot 8 = \boxed{5 \cdot 8} + \boxed{2 \cdot 8}$

  Malaufgabe mit 2

  Malaufgabe mit 5

  Die Malaufgaben mit 5 sind (bis auf $5 \cdot 2$, $2 \cdot 5$ und die Quadratzahlaufgabe $5 \cdot 5$) **gelb** gefärbt.

– **Quadratzahl-Aufgaben** (Malaufgaben mit gleichen Zahlen)

  Die Aufgaben

  $1 \cdot 1$, $2 \cdot 2$, $3 \cdot 3$, $4 \cdot 4$, $5 \cdot 5$, $6 \cdot 6$, $7 \cdot 7$, $8 \cdot 8$, $9 \cdot 9$, $10 \cdot 10$

  ergeben sich am Hunderterfeld, wenn man den 1x1-Winkel diagonal verschiebt (Abb. 27).

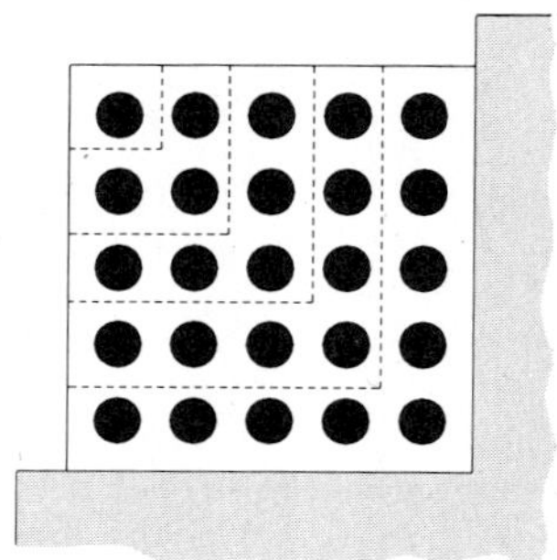

1x1-Winkel

Abb. 27

Sie bilden deshalb eine gute Ergänzung zu den 1x1-Reihen, bei denen der 1x1-Winkel waagerecht nach rechts bzw. senkrecht nach unten verschoben wird. Die Quadratzahlen sind ebenfalls von fundamentaler Bedeutung und wurden in der traditionellen Didaktik ebenfalls als Kernaufgaben ausgewiesen und gesondert gelehrt.
Beispiel: "Sechs mal sechs gleich sechsunddreißig, ist der Lehrer noch so fleißig."
Die Quadratzahl-Aufgaben sind **rot** gefärbt.
Außer diesen **Rand- und Kernaufgaben** enthält die Mal-Tafel, wenn man die Tauschaufgaben nur einmal zählt, nicht mehr als 15 weitere Aufgaben (Abb. 28).

$4 \cdot 3 = 3 \cdot 4$	$6 \cdot 4 = 4 \cdot 6$	$7 \cdot 6 = 6 \cdot 7$	$8 \cdot 7 = 7 \cdot 8$	$9 \cdot 8 = 8 \cdot 9$
$6 \cdot 3 = 3 \cdot 6$	$7 \cdot 4 = 4 \cdot 7$	$8 \cdot 6 = 6 \cdot 8$	$9 \cdot 7 = 7 \cdot 9$	
$7 \cdot 3 = 3 \cdot 7$	$8 \cdot 4 = 4 \cdot 8$	$9 \cdot 6 = 6 \cdot 9$		
$8 \cdot 3 = 3 \cdot 8$	$9 \cdot 4 = 4 \cdot 9$			
$9 \cdot 3 = 3 \cdot 9$				

Abb. 28

Diese Aufgaben können jedoch in verschiedenster Weise leicht aus den **gefärbten Nachbaraufgaben** erschlossen werden.
Beispiel: $6 \cdot 7 = 6 \cdot 6 + 6$ oder $6 \cdot 7 = 7 \cdot 7 - 7$ oder $6 \cdot 7 = 5 \cdot 7 + 7$

Beim Berechnen der 1x1-Aufgaben erkennt man, daß sich die algebraischen Gesetze, insbesondere das **Vertauschungsgesetz** (Kommutativgesetz) und das **Verteilungsgesetz** (Distributivgesetz), in der Tafel widerspiegeln. Jedes **Muster** (insbesondere Zeilen, Spalten, Diagonalen, Wege, Ausschnitte benachbarter Felder) führt zu einem operativ strukturierten Aufgabenpäckchen, in dem sich mathematische Gesetzmäßigkeiten entdecken lassen.

Beispiel 1:

$2 \cdot 2 = 4$ $\quad 3 \cdot 3 = 9$ $\quad 4 \cdot 4 = 16$ usw.

$1 \cdot 3 = 3$ $\quad 2 \cdot 4 = 8$ $\quad 3 \cdot 5 = 15$

Algebraisches Gesetz: $x^2 - 1 = (x - 1) \cdot (x + 1)$

Beispiel 2:
Der Übergang von einer Aufgabe zur Nachbaraufgabe entspricht jeweils einer Verschiebung des 1x1-Winkels beim Hunderterfeld um 1 (in der Zeile, in der Spalte, in der Diagonalen). Dies sei an folgendem Beispiel erläutert (Abb. 29):

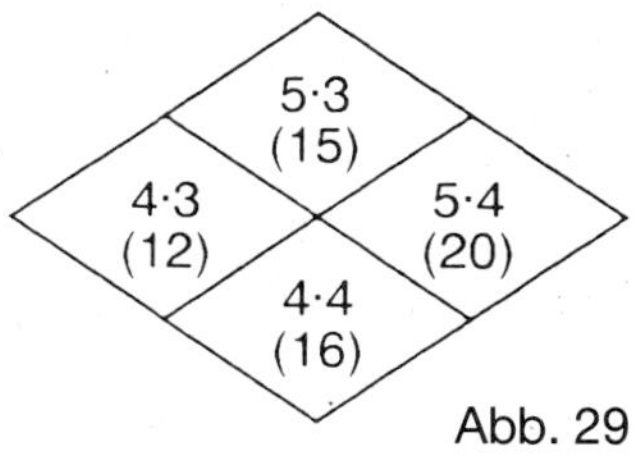

Abb. 29

Wenn man auf dem Hunderterfeld bei 4 · 3 (= 12) beginnend den 1x1-Winkel um eine Zeile nach unten, um eine Spalte nach rechts bzw. um eine Zeile und Spalte nach rechts unten diagonal verschiebt, erhält man aus 4 · 3 die Aufgaben 5 · 3, 4 · 4, 5 · 4 und sieht, wie deren Ergebnisse zusammenhängen.
Auf diese Weise lassen sich auch andere operative Beziehungen zwischen Malaufgaben erklären.

Beispiel: Um aus einem 5 · 7-Feld ein 6 · 6-Feld zu erhalten, muß der Winkel zunächst um 1 nach unten (6 · 7-Feld, 7 Punkte mehr) und dann um 1 nach links zu einem 6 · 6-Feld (6 Punkte weniger) verschoben werden. Also hat das 6 · 6-Feld einen Punkt mehr als das 5 · 7-Feld.

Anmerkung:
Wenn man ein 5 · 7-Feld mit Wendeplättchen gelegt hat, kann man die letzte Spalte in eine weitere Zeile verwandeln und sieht, daß zum vollen 6 · 6-Feld ein weiteres Plättchen benötigt wird.
Zusammenfassung:
Die Mal-Tafel setzt die durch das Hunderterfeld und den Mal-Plan eingeleitete **ganzheitliche** Behandlung des 1x1 fort und rückt operative Beziehungen der 1x1-Aufgaben in den Vordergrund, die für eine sichere und flexible Beherrschung des 1x1 unentbehrlich sind.

Was soll geübt werden?

1x1 als beziehungsreiche Struktur.

Was wird benötigt?

Demonstrationsmaterial: Hunderterfeld, 1x1-Winkel, farbige Folien, Foliengerade für den Tageslichtschreiber, Mal-Tafel und Mal-Plan (als Poster), evtl. Wendeplättchen zum Umstrukturieren von Feldern.
Arbeitsmaterial: Mal-Plan (2/8), Arbeitsblätter (2/11 bis 2/14), Mal-Tafel (2/10), Wendeplättchen, Hunderterfeld, 1x1-Winkel.

Wie kann man vorgehen?

1. Orientierungsübungen
   Wenn die Schüler 1x1-Aufgaben mit dem 1x1-Winkel am Hunderterfeld legen, berechnen und auch auf dem Mal-Plan wiederfinden können, kann man die Mal-Tafel vorstellen und mit ihrer Erforschung beginnen.
   - **Leichte Aufgaben**
     Die Schüler stellen fest, daß der Plan alle 1x1-Aufgaben enthält und äußern sich spontan zur Farbgebung. Auf den Impuls, Aufgaben an der Tafel zu zeigen, zu nennen und nach Möglichkeit das Ergebnis zu sagen, bringen die Schüler Aufgaben, über die sie bereits gedächtnismäßig verfügen, vorwiegend also leichte Aufgaben.

Beispiele:	8 · 1 = 8	1 · 7 = 7	Randaufgaben
	4 · 10 = 40	10 · 3 = 30	
	3 · 2 = 6	2 · 2 = 4	"Mini-Einmaleins"
	4 · 5 = 20	8 · 2 = 16	
	6 · 6 = 36		

     Mögliche Feststellung: Die Randaufgaben sind alle leicht.
   - **Malaufgaben mit 2**
     Nun fordert man die Schüler auf, die Malaufgaben mit 2 zu suchen. Diese sind blau gefärbt und stehen in zwei sich kreuzenden Streifen. Die Ergebnisse der Aufgaben 2 · 1, 2 · 2, 2 · 3, 2 · 4, 2 · 5, ..., 2 · 10 sind den Schülern schon vom **Verdoppeln** am Zwanzigerfeld her bekannt und auch auf dem Mal-Plan besonders ausge-

zeichnet. Die Ergebnisse der Aufgaben $1 \cdot 2$, $2 \cdot 2$, $3 \cdot 2$, $4 \cdot 2$, ..., $10 \cdot 2$ sind gerade die Stationen der 2er-Reihe (Mal-Plan) und als Folge der geraden Zahlen ebenfalls einfach zu merken. Außerdem kann man das Vertauschungsgesetz als zusätzliche Hilfe benutzen ($8 \cdot 2 = 2 \cdot 8 = 16$).

– **Malaufgaben mit 5**
  Als nächstes werden die Schüler auf die gelben Aufgaben hingelenkt und sie entdecken, daß diese immer den Faktor 5 enthalten. Die Aufgaben $1 \cdot 5$, $2 \cdot 5$, $3 \cdot 5$, $4 \cdot 5$, ..., $10 \cdot 5$ bilden die 5er-Reihe. Die Aufgaben $5 \cdot 2$, $5 \cdot 3$, $5 \cdot 4$, ..., $5 \cdot 9$ sind im Mal-Plan in den entsprechenden Reihen jeweils in der Mitte zu finden und dort besonders markiert (Abb. 30).

Mitte
$5 \cdot 3$ ist die Hälfte von $10 \cdot 3 = 30$. Abb. 30

  Auch zum Erlernen der Aufgaben mit 5 kann das Vertauschungsgesetz zur Unterstützung herangezogen werden.

– **Quadratzahl-Aufgaben**
  Rot eingefärbt sind schließlich die Aufgaben $1 \cdot 1$, $2 \cdot 2$, $3 \cdot 3$, $4 \cdot 4$, ..., $10 \cdot 10$. Diese Aufgaben sind schon vom Hunderterfeld her bekannt (quadratische Punktfelder). Ihre Lösungen werden am Mal-Plan abgelesen:

$1 \cdot 1 = 1$	$6 \cdot 6 = 36$
$2 \cdot 2 = 4$	$7 \cdot 7 = 49$
$3 \cdot 3 = 9$	$8 \cdot 8 = 64$
$4 \cdot 4 = 16$	$9 \cdot 9 = 81$
$5 \cdot 5 = 25$	$10 \cdot 10 = 100$

Abschließend erklärt man den Schülern, daß die farbigen Aufgaben für das Erlernen des 1x1 besonders wichtig sind:
Wenn ich $6 \cdot 6 = 36$ weiß, kann ich $7 \cdot 6 = 42$ schnell ausrechnen.
Wenn ich $5 \cdot 8 = 40$ weiß, kann ich $6 \cdot 8 = 48$ schnell ausrechnen.

2. Koordinierungsübungen
Man nennt eine Malaufgabe; je ein Schüler zeigt die Aufgabe am Hunderterfeld mit dem 1x1-Winkel (Abb. 31), am Mal-Plan (Abb. 32) und an der Mal-Tafel mit dem Zeigestock.
Wer das Ergebnis kennt oder ablesen kann, sagt dies auch. Wenn kein Kind das Ergebnis sagen kann, wird es gemeinsam ausgerechnet.
Beispiel: $4 \cdot 6$

Abb. 31

Mal-Plan:

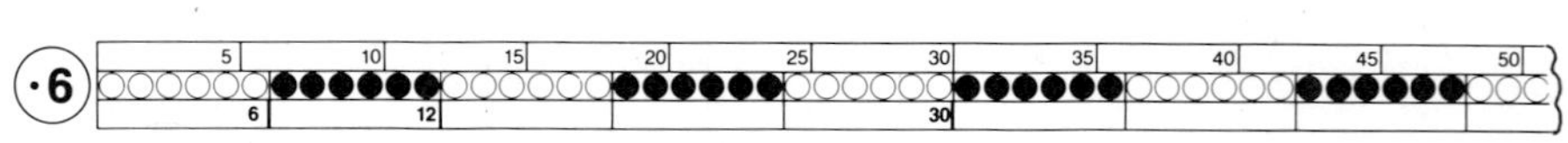

$4 \cdot 6 = 24$ Abb. 32

Mal-Tafel: Ein Schüler zeigt die Aufgabe $4 \cdot 6$ und wiederholt das Ergebnis.
Variationen:
Die Schüler nennen bzw. zeigen abwechselnd selbst eine Aufgabe, die beiden anderen zeigen, nennen und berechnen sie ebenfalls. Dabei wird den Schülern voll bewußt, daß alle 1x1-Aufgaben am Hunderterfeld, am Mal-Plan und auch in der Mal-Tafel zu finden sind.

Anschließende Fragen:
Wie viele 1x1-Aufgaben stehen in der Mal-Tafel? (100)
Wie viele Aufgaben davon sind ganz einfache Randaufgaben? (36)
Wie viele Aufgaben muß man noch lernen, wenn man die Randaufgaben und die "Mal 2"-Aufgaben gut rechnen kann? (49)
Wie viele Aufgaben bleiben übrig, wenn die Randaufgaben, die "Mal 2"-Aufgaben und die "Mal 5"-Aufgaben gekonnt werden? (36)
Wie viele der 1x1-Aufgaben sind auf der Mal-Tafel gefärbt? (70)
Wie viele 1x1-Aufgaben muß man noch lernen, wenn man alle "gefärbten" Aufgaben kann und das Vertauschungsgesetz berücksichtigt? (15)

3. Operative Aufgabenserien
Leitidee hierbei ist die vergleichende Betrachtung von Aufgaben, die durch sukzessive Veränderung der Faktoren um 1 auseinander hervorgehen. An der Mal-Tafel entspricht dies einem Wandern von Feld zu Feld. Die beobachteten Beziehungen können am Hunderterfeld begründet werden. Dadurch, daß man immer wieder zum Hunderterfeld zurückkehrt, wird die **Bedeutung** der Malaufgaben betont und einem mechanischen Auswendiglernen vorgebeugt.
Folgende "Wanderungen" sind geometrisch und arithmetisch besonders hervorstechend:
– **Schräge Reihen** (Diagonale Struktur)
Aufgabenstellung: *Betrachtet die 8er- (7er-, 6er-)Reihe auf dem Mal-Plan! Sucht diese Aufgaben an der Mal-Tafel und rechnet sie aus!*

Beispiel: 8er-Reihe
$1 \cdot 8 = 8$
$2 \cdot 8 = 16$
$3 \cdot 8 = 24$
⋮
$10 \cdot 8 = 80$

Die Schüler zeigen die Aufgabe an der Mal-Tafel und vergewissern sich, daß das Ergebnis von Aufgabe zu Aufgabe um 8 wächst.

Frage: *Wo stehen weitere Malaufgaben mit 8?*
Die Schüler zeigen diese Aufgabe an der Mal-Tafel und berechnen sie (z. B. nach dem Vertauschungsgesetz oder mit Hilfe einer Aufspaltung in Kernaufgaben oder sonst wie).
Beispiel: $8 \cdot 3 = 3 \cdot 8 = 24$
$8 \cdot 3 = 10 \cdot 3 - 2 \cdot 3 = 30 - 6 = 24$
$8 \cdot 3 = 8 \cdot 2 + 8 = 16 + 8 = 24$
$8 \cdot 3 = 2 \cdot (4 \cdot 3) = 2 \cdot 12 = 24$
Analog werden die einzelnen Reihen an der Mal-Tafel durchgesprochen. Abschließend sollten die Reihen gemeinsam betrachtet werden.
Beispiele: Die 7er-Reihe läßt sich aus der 5er-Reihe und der 2er-Reihe berechnen:
$1 \cdot 5 + 1 \cdot 2 = 5 + 2 = 7$
$2 \cdot 5 + 2 \cdot 2 = 10 + 4 = 14$
$3 \cdot 5 + 3 \cdot 2 = 15 + 6 = 21$
$4 \cdot 5 + 4 \cdot 2 = 20 + 8 = 28$
Dies läßt sich am Hunderterfeld sehr schön demonstrieren.

– **Ausschnitte** (mit Nachbaraufgaben) (Abb. 33)
Aufgabenstellung:
Rechne die folgenden Aufgaben!
Beginne mit der einfachsten Aufgabe!
Rechne dann geschickt weiter!
Was fällt auf?

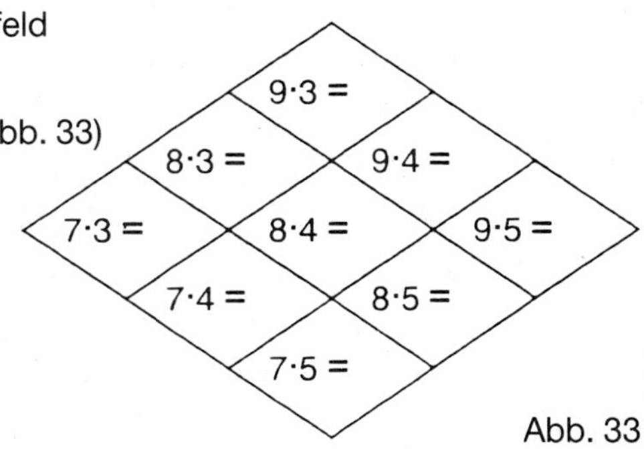

Abb. 33

Die Schüler beginnen z. B. mit der Aufgabe $8 \cdot 5 = 40$ und nutzen dann die Reihenstruktur aus:

$8 \cdot 5 = 40$, $9 \cdot 5 = 45$, usw. $8 \cdot 4 = 40 - 8 = 32$ $8 \cdot 3 = 32 - 8 = 24$ usw.

Variation der Aufgabenstellung:
Suche alle Nachbaraufgaben von 7 · 6! Wie unterscheiden sich die Ergebnisse?
Auch diese Aufgabe läßt sich gut durch das Hunderterfeld unterstützen.

- **Zeilen**

  Aufgabenstellung:
  Wir greifen eine Zeile heraus und schreiben die Aufgaben auf (Abb. 34).
  Was fällt auf?

  Beispiel:
  Beide Zahlen in der Malaufgabe wachsen jeweils um 1 an.

2 · 1 = 2
3 · 2 = 6
4 · 3 = 12
5 · 4 = 20
6 · 5 = 30
7 · 6 = 42
8 · 7 = 56
9 · 8 = 72
10 · 9 = 90

Abb. 34

Das Anwachsen der Ergebnisse kann wieder am Hunderterfeld verfolgt werden, wobei das Ausgangsfeld durch eine farbige Folie gekennzeichnet wird (Abb. 35).

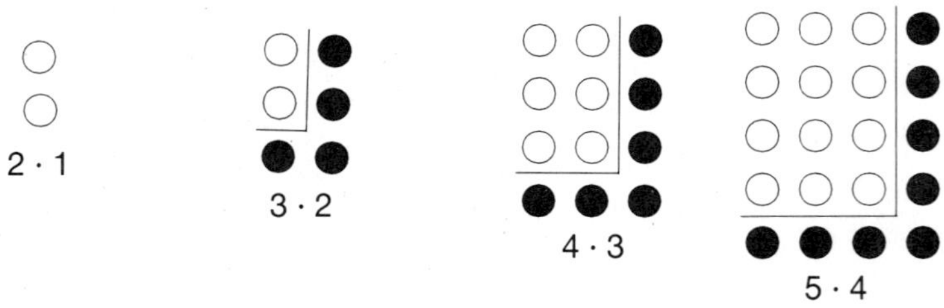

Abb. 35

Vielleicht erkennen die Schüler, daß nacheinander 4, 6, 8, 10, 12, ... Punkte hinzukommen.

- **Spalten**

  Aufgabenstellung:
  Wir greifen eine Spalte heraus und schreiben die Aufgaben auf (Beispiel: Abb. 36).
  Was fällt auf?

10 · 4 = 40	10 · 3 = 30
9 · 5 = 45	9 · 4 = 36
8 · 6 = 48	8 · 5 = 40
7 · 7 = 49	7 · 6 = 42
6 · 8 = 48	6 · 7 = 42
5 · 9 = 45	5 · 8 = 40
4 · 10 = 40	4 · 9 = 36
	3 · 10 = 30

Abb. 36

Die Faktoren ergeben jeweils die gleiche Summe (in den Beispielen 14 bzw. 13). Wenn beide Faktoren gleich (bzw. fast gleich) sind, ist das Ergebnis am größten.
Am Hunderterfeld läßt sich dies wieder begründen: Um ein 10 · 4-Feld in ein 9 · 5-Feld zu verwandeln, müssen 5 hinzugefügt werden usw. Um ein 10 · 3-Feld in ein 9 · 4-Feld zu verwandeln, müssen 6 hinzugefügt werden usw.

- **Parallele Diagonalen und parallele Zeilen**

  Bei den bisherigen Serien haben wir die Ergebnisse benachbarter Aufgaben miteinander verglichen. Nun kombinieren bzw. vergleichen wir entsprechende Aufgaben "paralleler" Päckchen (Abb. 37 und 38).

  Beispiel:
  2er- und 4er-Reihe

1 · 2 + 1 · 4 = 2 + 4 = 6
2 · 2 + 2 · 4 = 4 + 8 = 12
3 · 2 + 3 · 4 = 6 + 12 = 18
4 · 2 + 4 · 4 = 8 + 16 = 24

Abb. 37

  Beobachtung:
  Es entstehen die Zahlen der 6er-Reihe, was am Hunderterfeld sofort zu sehen ist, wenn man die 6-er Reihe durch eine Foliengerade in ein 2er- und ein 4er-Feld unterteilt.

Beispiel: Parallele Zeilen, z. B. Quadratzahlreihe und Zeile 1 · 3, 2 · 4, 3 · 5, ...

1 · 1 = 1	
2 · 2 = 4	1 · 3 = 3
3 · 3 = 9	2 · 4 = 8
4 · 4 = 16	3 · 5 = 15
5 · 5 = 25	4 · 6 = 24
6 · 6 = 36	5 · 7 = 35
7 · 7 = 49	6 · 8 = 48
8 · 8 = 64	7 · 9 = 63
9 · 9 = 81	8 · 10 = 80
10 · 10 = 100	9 · 11 = 99

Abb. 38

Beobachtung:
In jeder Zeile ist das Ergebnis des rechten Päckchens um 1 kleiner ("1x1-Zwillinge"). Die Begründung ergibt sich, wenn man sich überlegt, wie das zu einer Aufgabe des linken Päckchens gehörende Punkt- oder Plättchenfeld in das Feld der entsprechenden rechten Aufgabe umgeformt werden kann. Da ein Quadrat gleichlange Zeilen und Spalten hat, bleibt bei Umlegung der letzten Zeile zu einer weiteren Spalte ein einziges Plättchen übrig.
Die Schüler ersehen aus dem gesetzmäßigen Aufbau der Reihe ohne weiteres, daß rechts oben die Aufgabe 0 · 2 zu ergänzen ist.
Zur Gewinnung weiterer Übungen braucht man nur weitere parallele Zeilen gegenüberzustellen (Abb. 39).

1 · 2 =	
2 · 3 =	1 · 4 =
3 · 4 =	2 · 5 =
4 · 5 =	3 · 6 =
usw.	

1 · 3 =	
2 · 4 =	1 · 5 =
3 · 5 =	2 · 6 =
4 · 6 =	3 · 7 =

Abb. 39

– **Additive und subtraktive Beziehungen zwischen 1x1-Aufgaben**
Wählt man irgendeinen 2 x 2-Ausschnitt der Mal-Tafel und addiert die Ergebnisse der **über**einander und der **neben**einander stehenden Aufgaben, so ergibt sich ein überraschendes Ergebnis (Abb. 40).

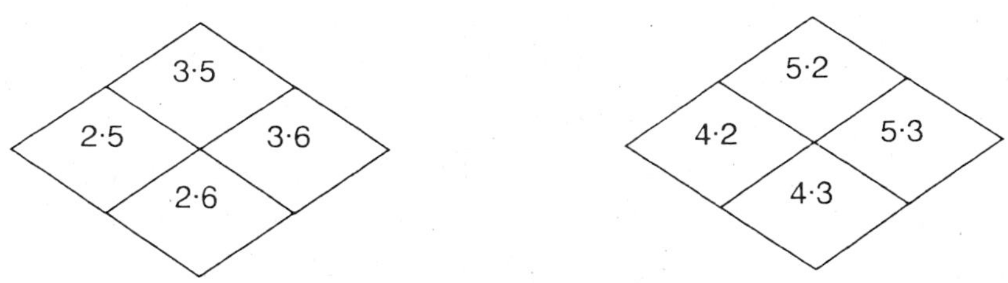

Abb. 40

2 · 5 + 3 · 6 = 10 + 18 = 28
3 · 5 + 2 · 6 = 15 + 12 = 27

4 · 2 + 5 · 3 = 8 + 15 = 23
5 · 2 + 4 · 3 = 10 + 12 = 22

Die "vertikale" Summe ist immer um 1 kleiner als die "horizontale" Summe.
An den Punktfeldern ist dies schön einzusehen (Abb. 41).

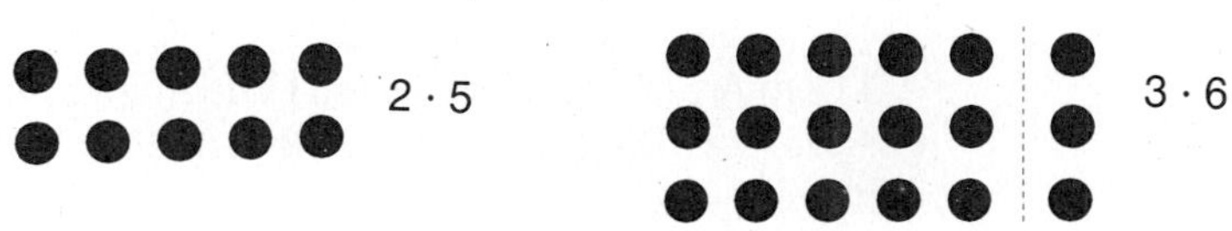

Abb. 41

Schiebt man die letzte Zeile von 3 · 6 nach links, so bleibt rechts ein 2 · 6-Feld zurück, links entsteht ein 3 · 5-Feld **und** ein **überzähliger** Punkt.
Ein besonders schönes Zahlenmuster liefert folgender Päckchenvergleich:

4 · 3 – 2 · 1 = 12 – 2 = 10   4 + 3 + 2 + 1 = 10
5 · 4 – 3 · 2 = 20 – 6 = 14   5 + 4 + 3 + 2 = 14
6 · 5 – 4 · 3 = 30 – 12 = 18   6 + 5 + 4 + 3 = 18
7 · 6 – 5 · 4 = 42 – 20 = 22   7 + 6 + 5 + 4 = 22   usw.

Beweis mit Plättchen (Abb. 42).

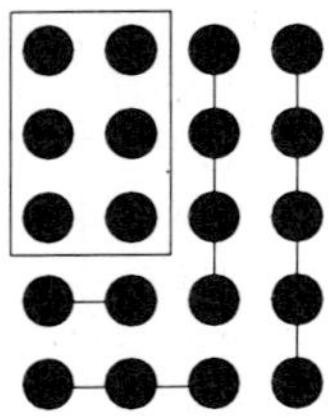

$5 \cdot 4 - 3 \cdot 2 = 2 + 3 + 4 + 5$ Abb. 42

Die Arbeitsblätter 2/11 bis 2/14 zeigen exemplarisch, wie man die in diesem Abschnitt besprochenen operativen Beziehungen in Übungen umsetzen kann.

4. Die Mal-Tafel als Aufgabendisplay
   Bei der Automatisierung des 1x1 kann die Mal-Tafel als Aufgabendisplay genutzt werden. Man konzentriert sich zunächst auf die Rand- und Kernaufgaben und weitet den Aufgabenbereich allmählich aus.
   Bei der Aufgabenstellung kann man ähnlich wie in 3. bestimmten Wegen folgen und operative Beziehungen betonen.
   Kleine Mal-Tafeln (DIN A4) können von den Schülern zur Selbstkontrolle benutzt werden: Jeder Schüler streicht die von ihm gut beherrschten Aufgaben durch und weiß dann, auf welche Aufgaben er sein weiteres Lernen konzentrieren muß.

3.4 Muster von Einmaleins-Zahlen

Worum geht es?

Am Zahlenband und an der Hundertertafel ergeben die einzelnen 1x1-Reihen, aber auch die 1x1-Zahlen insgesamt, Muster, die nicht nur mathematisch interessant, sondern auch als Merkhilfen für das 1x1 wichtig sind.

Beispiele:
- Eine 8er-Zahl steht in der Hundertertafel niemals in einer ungeraden Spalte, da die Endziffern 1, 3, 5, 7 und 9 in der 8er-Reihe nicht vorkommen.
- Jeweils **nur zwei** 1x1-Zahlen stehen in der 3., 7. und 9. Spalte; 1x1-Zahlen mit den Endziffern 3, 7 oder 9 sind also seltener als solche mit den Endziffern 2, 4, 6, 8.
- 9er-Zahlen stehen in der Hundertertafel diagonal (vgl. Abb. 43).

Was soll geübt werden?

Ausrechnen von 1x1-Aufgaben, Einüben der 1x1-Reihen, Erkennen von 1x1-Zahlen, Erkennen von Zahlen, die **nicht** Ergebnis einer 1x1-Aufgabe sein können (Fehler erkennen!).

Was wird benötigt?

Demonstrationsmaterial: Hundertertafel als Folie für Tageslichtschreiber, Mal-Plan, leere Folien und farbige Folienstifte zur Markierung.
Arbeitsmaterial: Mal-Plan (2/8), Arbeitsblätter 2/15 a und 2/15 b, Farbstifte.

Wie kann man vorgehen?

1. 1x1-Zahlen am Zahlenband
   Die Muster jeder einzelnen 1x1-Reihe an der Zahlreihe wurden bereits beim Mal-Plan besprochen.

   Beispiel: 3 Siebener verfehlen 2 Zehner um 1 ($3 \cdot 7 = 21$), und folglich verfehlen 6 Siebener 4 Zehner um 2 ($6 \cdot 7 = 42$).

   Auf dem Arbeitsblatt (Mal-Plan) können im untersten Band die 1x1-Zahlen eingetragen werden. Die Schüler erkennen, daß es "nach oben" immer weniger 1x1-Zahlen gibt.

   Fragen:
   Wie viele 1x1-Zahlen gibt es? (42)
   Welche Zahlen kleiner als 30 sind keine 1x1-Zahlen? (11, 13, 17, 19, 22, 23, 26, 29)
   Welche Zahlen größer als 50 sind 1x1-Zahlen? (Außer den 10er-Zahlen nur noch 54, 56, 63, 64, 72, 81)
   Wo finden sich bei den Zahlen größer als 10 die besonders auffälligen 1x1-Drillinge und 1x1-Zwillinge? (1x1-Drillinge: 14, 15, 16; 48, 49, 50. 1x1-Zwillinge: 20, 21; 24, 25; 27, 28; 35, 36; 63, 64; 80, 81.)

2. 1x1-Zahlen in der Hundertertafel
Zunächst werden die 1x1-Reihen in die Hundertertafel farbig eingetragen (vgl. hierzu die Arbeitsblätter 2/15 a und 2/15 b). Die Schüler entdecken dabei verschiedene Muster.

Spaltenmuster: 2er-, 5er-, 10er-Reihe
Diagonale Muster: 3er-, 9er-Reihe (6er-Reihe)
Rösselsprungmuster: 8er-Reihe

Praktischer Hinweis:
Zur Demonstration empfiehlt es sich, eine **zweite Markierungsfolie** auf die **Folie der Hundertertafel** (Tageslichtschreiber) zu legen. Dann ergibt sich durch Übereinanderlegen von zwei Markierungsfolien die Möglichkeit, die Muster **zweier** Reihen zu vergleichen.

Beispiele:
Jede dritte 3er-Zahl ist eine 9er-Zahl. 3er-Zahlen wie 9er-Zahlen ergeben ein diagonales Muster (Abb. 43).

1	2	3	4	5	6	7	8	9	10
11	12	13	14	15	16	17	18	19	20
21	22	23	24	25	26	27	28	29	30
31	32	33	34	35	36	37	38	39	40
41	42	43	44	45	46	47	48	49	50
51	52	53	54	55	56	57	58	59	60
61	62	63	64	65	66	67	68	69	70
71	72	73	74	75	76	77	78	79	80
81	82	83	84	85	86	87	88	89	90
91	92	93	94	95	96	97	98	99	100

Abb. 43

Jede zweite 3er-Zahl ist eine 6er-Zahl (Abb. 44).

1	2	3	4	5	6	7	8	9	10
11	12	13	14	15	16	17	18	19	20
21	22	23	24	25	26	27	28	29	30
31	32	33	34	35	36	37	38	39	40
41	42	43	44	45	46	47	48	49	50
51	52	53	54	55	56	57	58	59	60
61	62	63	64	65	66	67	68	69	70
71	72	73	74	75	76	77	78	79	80
81	82	83	84	85	86	87	88	89	90
91	92	93	94	95	96	97	98	99	100

Abb. 44

Frage: *In welchen Spalten treten die Zahlen der einzelnen Reihen auf?*

- In **allen** Spalten sind vertreten:
  9er-Reihe: 81, 72, 63, 54, 45, 36, 27, 18, 9, 90
  7er-Reihe: 21, 42, 63, 14, 35, 56, 7, 28, 49, 70
  3er-Reihe: 21, 12, 3, 24, 15, 6, 27, 18, 9, 30
- In den **fünf** Spalten mit **geraden** Endziffern sind vertreten:
  8er-Reihe: 32, 72; 24, 64; 16, 56; 8, 48; 40, 80
  6er-Reihe: 12, 42; 24, 54; 6, 36; 18, 48; 30, 60
  4er-Reihe: 12, 32; 4, 24; 16, 36; 8, 28; 20, 40
  2er-Reihe: 2, 12; 4, 14; 6, 16; 8, 18; 10, 20
  (Zusammenhang zwischen diesen Paaren:
  72 = 32 + **5** · 8, 48 = 18 + **5** · 6, 28 = 8 + **5** · 4, usw.)
- In **nur zwei** Spalten (Endziffer 0 und 5) ist vertreten:
  5er-Reihe: 5, 15, 25, 35, 45; 10, 20, 30, 40, 50
- In **nur einer** Spalte (Endziffer 0) liegen die 1x1-Zahlen der 10er- Reihe.

Legt man die Markierungsfolien aller 1x1-Reihen übereinander, so sind **alle** 1x1-Zahlen an der Hundertertafel markiert (Abb. 45).

1	**2**	**3**	**4**	**5**	**6**	**7**	**8**	**9**	**10**
11	**12**	13	**14**	**15**	**16**	17	**18**	19	**20**
21	22	23	**24**	**25**	26	**27**	**28**	29	**30**
31	**32**	33	34	**35**	**36**	37	38	39	**40**
41	**42**	43	44	**45**	46	47	**48**	**49**	**50**
51	52	53	**54**	55	**56**	57	58	59	**60**
61	62	**63**	**64**	65	66	67	68	69	**70**
71	**72**	73	74	75	76	77	78	79	**80**
81	82	83	84	85	86	87	88	89	**90**
91	92	93	94	95	96	97	98	99	**100**

Abb. 45

Anmerkung:
Diese Zahlen können von den Schülern selbst in die Hundertertafel ihres Mal-Plans eingetragen werden.
Arbeitsanweisung:
Tragt zuerst die Zahlen der 10er-Reihe, dann die noch fehlenden Zahlen der 9er-Reihe, der 8er-Reihe, ..., der 2er-Reihe ein!
Alle 1x1-Zahlen sind auch auf dem großen Mal-Plan zu sehen.
Leitfrage:
Welche Zahlen treten in den verschiedenen Zeilen (Abb. 46) *und Spalten* (Abb. 47) *der Hundertertafel als Ergebnisse auf? Wie viele 1x1-Zahlen gibt es insgesamt?*

Zeilen:		Anzahl
Im 1. Zehner:	1, 2, 3, 4, 5, 6, 7, 8, 9, 10 (alle)	10
Im 2. Zehner:	12, 14, 15, 16, 18, 20	6
Im 3. Zehner:	21, 24, 25, 27, 28, 30	6
Im 4. Zehner:	32, 35, 36, 40	4
Im 5. Zehner:	42, 45, 48, 49, 50	5
Im 6. Zehner:	54, 56, 60	3
Im 7. Zehner:	63, 64, 70	3
Im 8. Zehner:	72, 80	2
Im 9. Zehner:	81, 90	2
Im 10. Zehner:	100	1
	insgesamt:	42

Abb.46

Spalten:		Anzahl
Mit Endziffer 1:	1, 21, 81	3
Mit Endziffer 2:	2, 12, 32, 42, 72	5
Mit Endziffer 3:	3, 63	2
Mit Endziffer 4:	4, 14, 24, 54, 64	5
Mit Endziffer 5:	5, 15, 25, 35, 45	5
Mit Endziffer 6:	6, 16, 36, 56	4
Mit Endziffer 7:	7, 27	2
Mit Endziffer 8:	8, 18, 28, 48	4
Mit Endziffer 9:	9, 49	2
Mit Endziffer 0:	10, 20, 30, 40, 50, 60, 70, 80, 90, 100 (alle)	10
	insgesamt:	42

Abb. 47

3.5 Weitere Beispiele zum strukturierten Üben

Wir geben abschließend verschiedene Beispiele an, in denen das 1x1 kreuz und quer geübt wird.

3.5.1 Zerlegung von 1x1-Aufgaben

Worum geht es?

An Punktfeldern läßt sich besonders gut das Verteilungsgesetz (Distributivgesetz) verdeutlichen (Abb. 48).

Beispiel: $9 \cdot 8 = (7 + 2) \cdot (5 + 3) = 7 \cdot 5 + 2 \cdot 5 + 7 \cdot 3 + 2 \cdot 3$

Dieses Gesetz wird dazu benutzt, um die Multiplikation von großen Zahlen auf die Multiplikation von 1x1-Zahlen zurückzuführen.

Beispiel: $9 \cdot 12 = 9 \cdot 10 + 9 \cdot 2 = 90 + 18 = 108$
Bildlich wird das Verteilungsgesetz in der Form

$$a \cdot (b + c) = a \cdot b + a \cdot c$$

durch eine Zerlegung von Feldern mit einer **Foliengeraden** und in der Form
$(a + b) \cdot (c + d) = a \cdot c + b \cdot c + a \cdot d + b \cdot d$
durch eine Zerlegung des Feldes mit einem **Folienkreuz** veranschaulicht.

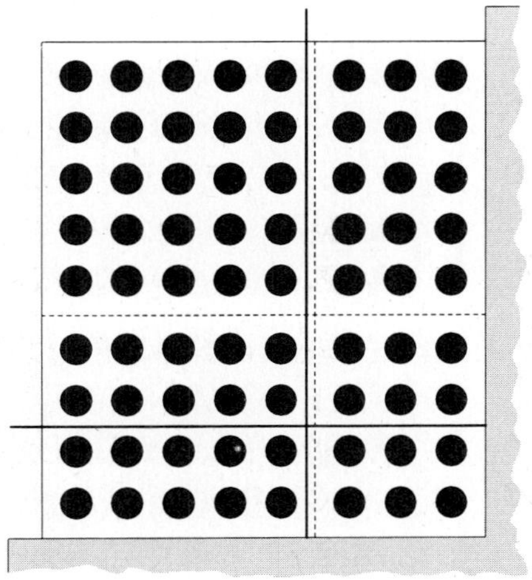

Abb. 48

Wir benutzen im folgenden Foliengerade und Folienkreuz, um die Multiplikation von großen 1x1-Zahlen auf die Multiplikation von kleinen 1x1-Zahlen zurückzuführen. Bei dem vorgeschlagenen Weg ergibt sich eine intensive Übung für das gesamte 1x1 bei einer guten Kontrollmöglichkeit.

Was soll geübt werden?

Rechnen von 1x1-Aufgaben, Zerlegen von großen 1x1-Aufgaben in kleinere 1x1-Aufgaben, insbesondere in Kernaufgaben, Addieren von Zahlen im Hunderterraum.

Was wird benötigt?

Demonstrationsmaterial: Hunderterfeld, 1x1-Winkel, Folienkreuz und Foliengerade für den Tageslichtschreiber.
Arbeitsmaterial: Hunderterfeld, 1x1-Winkel, Foliengerade, Folienkreuz, Heft, Arbeitsblätter 2/16 und 2/17.

Wie kann man vorgehen?

1. Zerlegen mit einer Foliengerade
   Ein Schüler legt mit dem 1x1-Winkel auf dem Hunderterfeld eine 1x1-Aufgabe (Abb. 49).

   Ein zweiter Schüler rechnet die Aufgabe ($4 \cdot 8 = 32$).
   Der erste Schüler legt nun die Foliengerade auf die zuvor gelegte Aufgabe (Abb. 50).

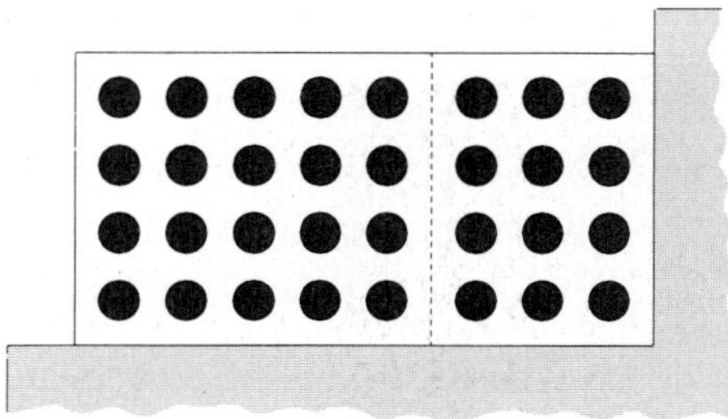

Abb.49

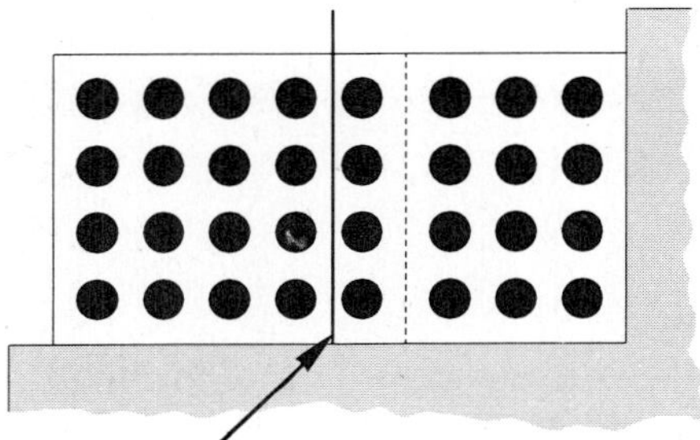

Abb. 50

Ein dritter Schüler nennt die beiden neu entstehenden Aufgaben und rechnet:
$4 \cdot 4 + 4 \cdot 4 = 16 + 16 = 32$
Stimmen die Ergebnisse des zweiten und dritten Schülers überein, darf der erste Schüler die nächste Aufgabe legen. Ab und zu wechseln die Schüler ihre Rollen. Weitere Möglichkeiten der Zerlegung zeigen Abb. 51 und Abb. 52.

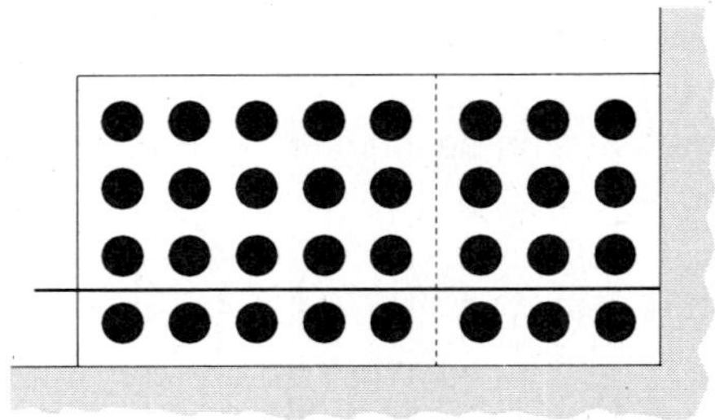

Abb. 51

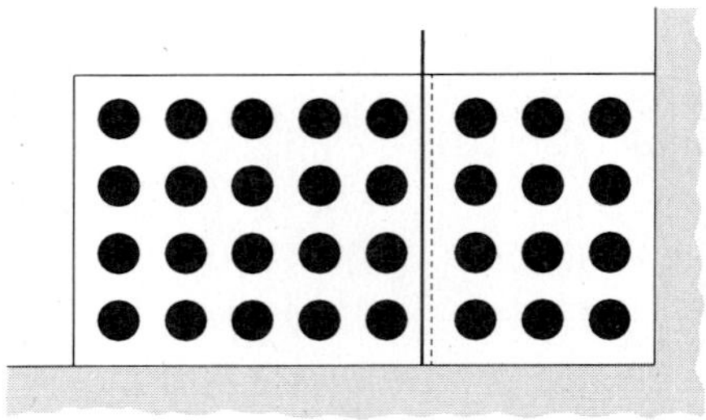

Abb. 52

Zweiter Schüler: $4 \cdot 8 = 32$
Dritter Schüler: $3 \cdot 8 + 1 \cdot 8 = 24 + 8 = 32$

Zweiter Schüler: $4 \cdot 8 = 32$
Dritter Schüler: $4 \cdot 5 + 4 \cdot 3 = 20 + 12 = 32$

Wenn einige Beispiele am Tageslichtschreiber und an der Tafel gemeinsam betrachtet worden sind, können die Schüler in Dreiergruppen (bei wechselnden Rollen) weitere Aufgaben lösen.
Bei der Reflexion wird besprochen, welche Zerlegungen besonders sinnvoll und leicht zu rechnen sind (z. B. die Zerlegung in ein 5er-Feld, die bereits ohne Foliengerade auf dem Hunderterfeld zu sehen ist).

2. Zerlegung des Hunderters mit dem Folienkreuz

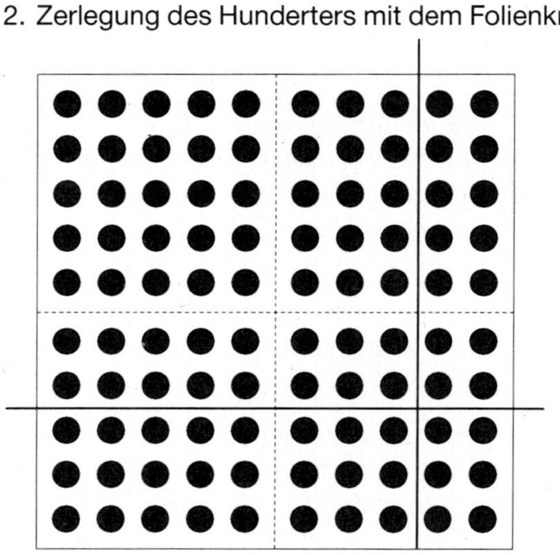

·	8	2
7		
3		

Abb. 53

Man legt ein Folienkreuz auf ein (**volles**) Hunderterfeld, läßt die Schüler die zugehörigen Malaufgaben nennen und trägt die Faktoren in ein leeres Malkreuz ein (Abb. 53). Die Ergebnisse der vier Malaufgaben werden (wie in einer Multiplikationstabelle üblich) ausgerechnet und eingetragen (Abb. 54).
Man sieht, daß den vier Teilfeldern genau die vier Felder des Folienkreuzes entsprechen.
Addiert man nun spaltenweise oder zeilenweise, so ergeben sich als Zwischensummen **immer** 10er-Zahlen, und als Endsumme kommt natürlich immer 100 heraus (Abb. 55).

·	8	2
7	56	14
3	24	6

Abb. 54

·	8	2	
7	56	14	70
3	24	6	30
	80	20	100

Abb. 55

Die Begründung ist leicht an dem zerlegten Hunderterfeld abzulesen.
Man erhält so eine gute Kontrolle, ob man die **vier** Malaufgaben richtig gerechnet hat. Die Schüler rechnen weitere Aufgaben (vgl. Arbeitsblatt 2/16) und können dabei ihre eigenen Zerlegungen wählen.

Wie könnte es weitergehen?

3. Darstellung von weiteren Malaufgaben mit dem Folienkreuz
Hier kann man wie in unter 1. vorgehen.
Ein Schüler legt wieder eine Aufgabe mit dem 1x1-Winkel (Abb. 56).
Ein zweiter Schüler rechnet: $7 \cdot 8 = 56$. Nun legt der erste Schüler ein Folienkreuz auf (Abb. 57).

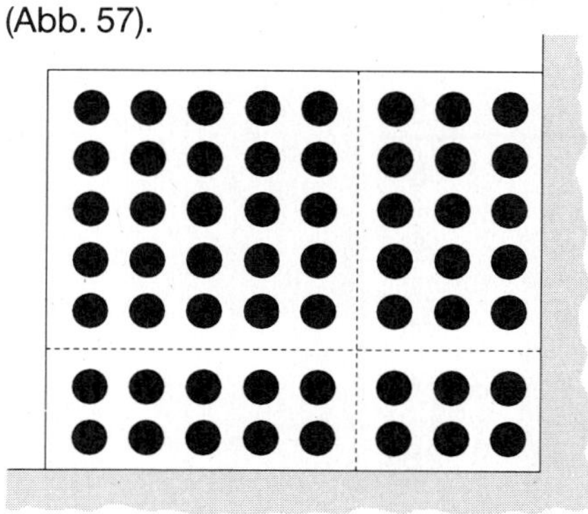

Abb. 56

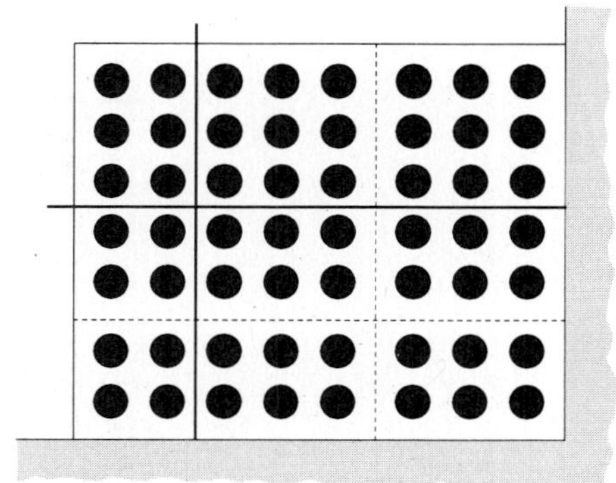

Abb. 57

Ein dritter Schüler trägt die vier entstehenden Malaufgaben in ein Malkreuz ein, berechnet die Teilprodukte und addiert sie auf (Abb. 58).

·	2	6	
3	6	18	24
4	8	24	32
	14	42	56

Abb. 58

Stimmen die Ergebnisse des zweiten und dritten Schülers überein, kann die nächste Aufgabe gerechnet werden.
Um den Schülern das immer neue Zeichnen des Malkreuzes zu ersparen, kann man an der Tafel mit einem Klebeband ein "Leerkreuz" anbringen. Auf Arbeitsblättern können die Malkreuze vorgezeichnet sein (vgl. Arbeitsblatt 2/17).
Als Ausblick in die "Zone der nächsten Entwicklung" kann man den Schülern die Kraft des 1x1 zeigen, indem man ein 20x20-Feld auf den Tageslichtschreiber legt, mit einem Winkel ein 12x11-Feld abtrennt. Mit dem Malkreuz und unter Benutzung des 1x1 rechnet man das Ergebnis mühelos aus (Abb. 59).

·	10	1	
10	100	10	110
2	20	2	22
	120	12	132

also $12 \cdot 11 = 132$

Abb. 59

3.5.2 "Tabula rasa"

Worum geht es?

Zugrundegelegt wird eine normale (nicht notwendig quadratische) Multiplikationstabelle (Abb. 60).
Jedoch werden den Schülern zum Ausfüllen nicht ausschließlich Zahlen auf dem Rand (Randzahlen) vorgegeben, sondern geschickt ausgewählte Zahlen **im Innern und auf dem Rand**, die ausreichen, um die Tabelle vollständig auszufüllen.

Aus obiger Tabelle geht durch Weglassen von Zahlen (daher der Name!) folgendes Beispiel hervor (Abb. 61).

·	5	3	2	7	4
2	10	6	4	14	8
1	5	3	2	7	4
3	15	9	6	21	12
4	20	12	8	28	16
7	35	21	14	49	28

Abb. 60

·			2		4
2	10				
		3			
3		9		21	
				28	
			14		

Abb. 61

Eine gute Strategie des Ausfüllens ist es natürlich, vorrangig Randzahlen zu berechnen. Um die Tabelle vollständig auszufüllen, müssen nicht nur Multiplikationsaufgaben, sondern im Wechsel auch Umkehraufgaben, also Divisionsaufgaben, gerechnet werden.
Im Beispiel lassen sich zunächst die Randzahlen am oberen Rand berechnen:

2 · □ = 10	Randzahl 5
3 · □ = 9	Randzahl 3
3 · □ = 21	Randzahl 7

Dann können in der Tabelle 7 Plätze (mit x markiert) als Multiplikationsaufgaben berechnet werden (Abb. 62).
Berechnet man nun auch die Randzahlen am linken Rand

□ · 3 = 3	Randzahl 1
□ · 7 = 28	Randzahl 4
□ · 2 = 14	Randzahl 7,

so können weitere 12 Plätze (mit o markiert) als Multiplikationsaufgaben berechnet werden (Abb. 62).

·	(5)	(3)	2	(7)	4
2	10	x	x	x	x
(1)	o	3	o	o	o
3	x	9	x	21	x
(4)	o	o	o	28	o
(7)	o	o	14	o	o

Abb. 62

Natürlich gibt es eine Fülle von weiteren Möglichkeiten, die "tabula rasa" auszufüllen. Diese Reichhaltigkeit zusammen mit dem Wechsel von Multiplikations- und Divisionsaufgaben macht diese Übungsform für die Schüler reizvoll.

Was soll geübt werden?

1x1 und Umkehrung.

Was wird benötigt?

Demonstrationsmaterial: Tageslichtschreiber.
Arbeitsmaterial: Arbeitsblatt 2/18 (evtl. weitere selbst konstruierte Tabellen).

Wie kann man vorgehen?

Ist die Darstellungsform der Multiplikationstabelle den Schülern nicht bekannt, so werden einige Beispiele an der Tafel gerechnet und besprochen. Ansonsten genügt es, den Schülern ein genetisch aufgebautes Arbeitsblatt zur Bearbeitung zu geben (vgl. Arbeitsblatt 2/18).
Haben die Schüler eine Aufgabe gelöst, so wird der Lösungsweg an der Tafel besprochen (Abb. 63).

·				
2	10			
	15	12		
		32	24	
			18	54

Lösung: →

·	5	4	3	9
2	10			
3	15	12		
8		32	24	
6			18	54

Abb. 63

Mögliche Fragen:
Welche Aufgabe(n) muß man rechnen?
Wo kann man anfangen? Wo kann man weitermachen?
In welcher Zeile (Spalte) stehen 3er-, 5er-, 8er-, . . ., 6er-Zahlen? Was folgt daraus?

Wie könnte es weitergehen?

Die Schüler konstruieren aus einer Multiplikationstabelle selbst eine "tabula rasa" und geben diese der Parallelklasse zur Berechnung.
In weiteren Beispielen kann der Zahlraum behutsam erweitert werden (Abb. 64).
Auch unlösbare Aufgaben (Abb. 65 a) und mehrdeutige Aufgaben (Abb. 65 b) können besprochen werden.

·	4	5		
6				66
9			63	
		40		
	40			

Abb. 64

·	4		
2		17	
	10		
9			27

unlösbar

Abb. 65a

·		7	
5	30		
		21	
			24

mehrere Lösungen möglich

Abb. 65b

3.5.3 "1x1-Blockade"

Worum geht es?

"1x1-Blockade" ist ein strategisches Zwei-Personen- (oder Zwei-Gruppen-)Spiel, das mit Wendeplättchen auf einer Hundertertafel gespielt wird, in der die 1x1-Zahlen besonders markiert sind (Abb. 66).

Spielregeln:
(1) Zwei Spieler (rot und blau) legen abwechselnd.
(2) Der Spieler, der jeweils an der Reihe ist, nennt eine 1x1-Aufgabe und markiert das Ergebnis auf der Hundertertafel mit einem Plättchen seiner Farbe.
(3) Markierte Zahlen und **alle Zahlen in der gleichen Zeile und Spalte** *sind im weiteren* **gesperrt**, *dürfen also nicht mehr genannt werden.*
(4) Gewonnen hat derjenige, der als letzter eine 1x1-Zahl markieren kann.

Wie man sieht, stimmt die Spielregel 3 mit der Sperrvorschrift bei Streichquadraten überein.
Das Spiel ist spätestens nach 10 Spielzügen beendet, es kann aber auch nur 6, 7, 8 oder 9 Züge dauern. Eine Gewinnstrategie ist uns nicht bekannt. Vermutlich ist sie ziemlich kompliziert und liegt außerhalb der Möglichkeiten von Kindern. Dies hat den Vorteil, daß die realen Gewinnchancen gleichmäßiger verteilt sind.

Was soll geübt werden?

Finden von 1x1-Aufgaben zu 1x1-Zahlen, Erkennen von 1x1-Zahlen an der Hundertertafel.

Was wird benötigt?

Demonstrationsmaterial: Hundertertafel als Spielplan und Plättchen für Tageslichtschreiber bzw. Hundertertafel als Spielplan für Magnettafel mit Magnetplättchen.
Arbeitsmaterial: Hundertertafel als Spielplan, Wendeplättchen.

Wie kann man vorgehen?

Man erklärt zuerst die Spielregeln, indem man das Spiel gegen die Klasse spielt. Der Spielplan liegt hierbei als Folie auf dem Tageslichtschreiber. Markiert wird mit Spielfiguren (Halma) oder Wendeplättchen.

Schwierigkeiten bereitet manchen Schülern das Erkennen bzw. Unterscheiden von 1x1-Zahlen an der Hundertertafel, so daß ein Spielplan mit leicht hervorgehobenen 1x1-Zahlen sinnvoll ist (Abb. 66).

Bei den ersten Spielen ist es für die Schüler, die noch nicht mit Streichquadraten gearbeitet haben, erfahrungsgemäß schwierig festzustellen, ob das Spiel beendet ist. Dies muß mit der Klasse eingehend besprochen werden.

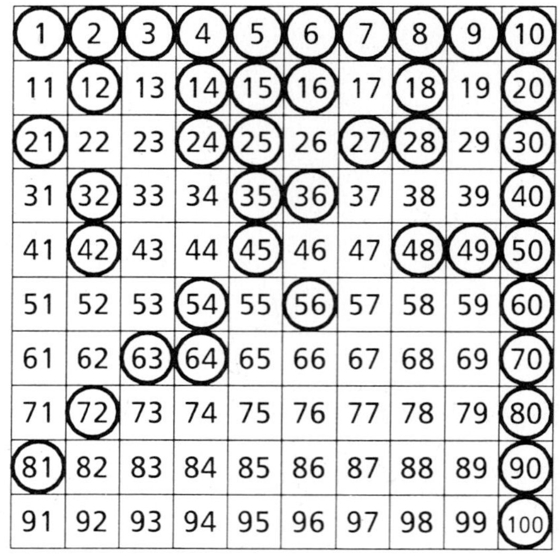

Abb. 66

Im folgenden werden einige mögliche Spielverläufe skizziert (Abb. 67 bis 69).

$2 \cdot 5 = 10$
$3 \cdot 7 = 21$
$2 \cdot 6 = 12$
$4 \cdot 9 = 36$
$8 \cdot 8 = 64$
$7 \cdot 7 = 49$ Zweiter Spieler gewinnt (6 Spielzüge)

Das Spiel ist beendet, da die ersten fünf Zeilen gesperrt sind, aber auch alle 1x1-Zahlen von 51 bis 100, nämlich 81 durch das Plättchen auf 21, die Zahlen 63, 54 durch das Plättchen auf 64, die Zahl 56 durch das Plättchen auf 36, die Zahlen 60, 70, ... durch das Plättchen auf 10.

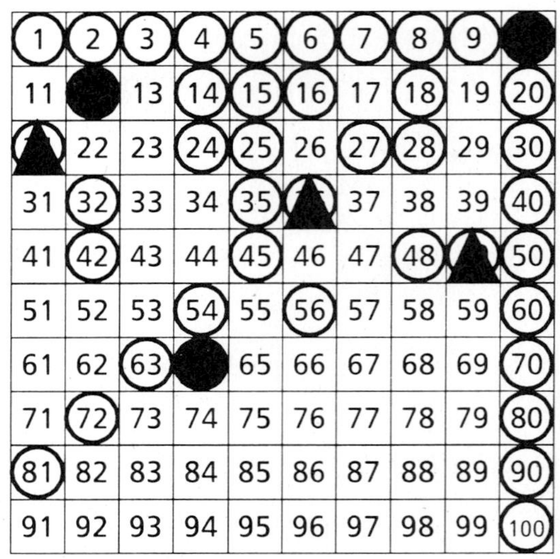

Abb. 67

$10 \cdot 10 = 100$
$2 \cdot 4 = 8$
$8 \cdot 9 = 72$
$9 \cdot 9 = 81$
$7 \cdot 5 = 35$
$2 \cdot 7 = 14$
$7 \cdot 7 = 49$
$3 \cdot 9 = 27$
$7 \cdot 8 = 56$
$7 \cdot 9 = 63$ Zweiter Spieler gewinnt (10 Spielzüge)

Alle Zeilen und Spalten sind gesperrt.

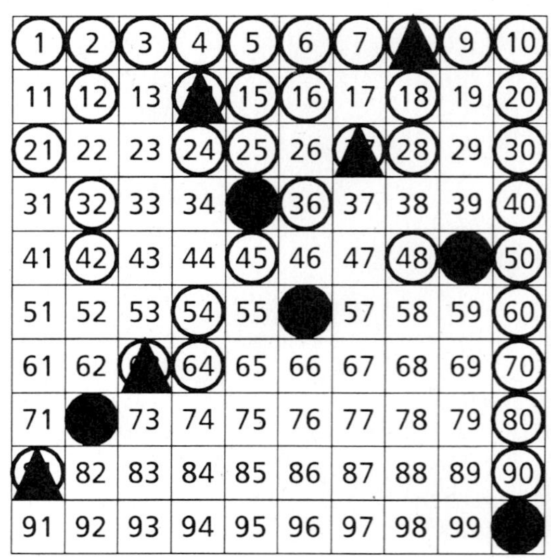

Abb. 68

5 · 10 = 50
4 · 4 = 16
9 · 7 = 63
3 · 7 = 21
4 · 8 = 32
9 · 6 = 54
3 · 3 = 9 Erster Spieler gewinnt
(7 Spielzüge)

Das Spiel ist beendet, da die ersten sieben Zeilen gesperrt sind, ebenso die Zahlen 72, 81, 80, 90, 100.

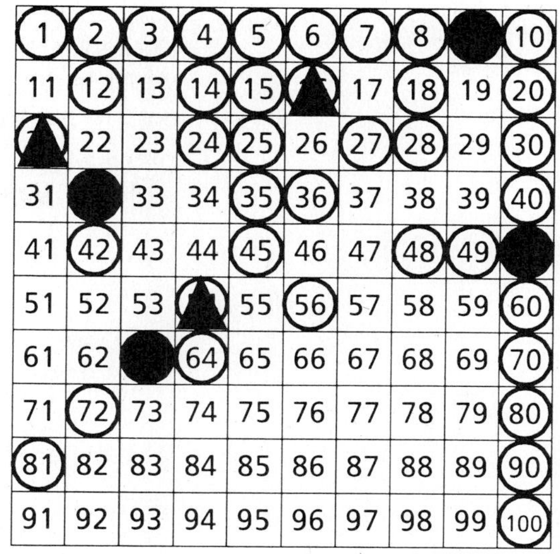

Abb. 69

Haben die Schüler Übung, so kann der Spielplan durch eine Hundertertafel **ohne** gesondert markierte 1x1-Zahlen ersetzt werden. Dies hat den Vorteil, daß sich die 1x1-Zahlen noch besser einprägen.

3.5.4 Versteckte 1x1-Reihen

Worum geht es?
Was soll geübt werden?

Im folgenden sollen die zentralen Inhalte des 2. Schuljahres (Addition, Subtraktion im Hunderterraum und das 1x1) integrativ geübt werden. Die vorgestellte Übungsform bietet die Möglichkeit, viel zu rechnen, aber auch viel zu erforschen und zu entdecken. Da die Ergebnisse als 1x1-Reihen strukturiert sind, hat man als Lehrer eine gute Kontrollmöglichkeit, und die Schüler können sich gut selbst überprüfen.

Was wird benötigt?

Demonstrationsmaterial: Hunderterfeld für Tageslichtschreiber (farbige Folie oder Foliengerade, 1x1-Winkel)

Wie kann man vorgehen?

Man erklärt an einigen Beispielen folgende Rechenvorschrift:
(1) Wähle eine 2stellige Zahl.
(2) Nimm die Zehnerziffer mal 3 und addiere dazu die Einerziffer.
(3) Ziehe dieses Ergebnis von der gewählten Zahl ab.
Beispiel: **64**
6 · 3 + 4 = 22
64 – 22 = **42**

Die Schüler rechnen selbst mehrere Aufgaben:

56	**77**	**23**	**28**
5 · 3 + 6 = 21	7 · 3 + 7 = 28	2 · 3 + 3 = 9	2 · 3 + 8 = 14
56 – 21 = **35**	77 – 28 = **49**	23 – 9 = **14**	28 – 14 = **14**
39	**95**	**86**	**44**
3 · 3 + 9 = 18	9 · 3 + 5 = 32	8 · 3 + 6 = 30	4 · 3 + 4 = 16
39 – 18 = **21**	95 – 32 = **63**	86 – 30 = **56**	44 – 16 = **28**

Bei einem Vergleich der Ergebnisse werden die Schüler vermuten, daß immer 7er-Zahlen herauskommen. Schüler mit Ergebnissen, die keine 7er-Zahlen sind, rechnen nach und entdecken einen Rechenfehler, was die Vermutung bestärkt.
Nun sammelt man an der Tafel die Ausgangszahlen, bei denen als Ergebnis **14** herausgekommen ist.
Beispiel: 23, 28, 22
Man fordert die Schüler auf, weitere Zahlen zu suchen. Bei dieser Suche wird wieder fleißig geübt. Fast zwangsläufig stellen die Schüler fest, daß die Zahlen 20, 21, 22, ..., 29 jeweils 14 (= 2 · 7) ergeben.
30 führt bereits zum Ergebnis 21.

Welche Zahlen ergeben nun 21?
Die Zahlen 30, 31, 32, ..., 39 ergeben 21 (= 3 · 7).
Vielleicht vermuten die Schüler schon an dieser Stelle, daß das Ergebnis nur von der Zehnerziffer abhängt und vermuten als Ergebnis jeweils: "Zehnerziffer · 7"

Dies läßt sich rechnerisch nachprüfen:

75	Erwartetes Ergebnis: 7 · 7 = 49
7 · 3 + 5 = 26	
75 – 26 = **49**	Es stimmt!
68	Erwartetes Ergebnis: 6 · 7 = 42
6 · 3 + 8 = 26	
68 – 26 = **42**	Es stimmt wieder!

Weitere Rechnungen bestärken diese Vermutung.

Zur Begründung gibt man den Schülern den Tip, in der dritten Zeile anstelle der Summe aus der zweiten Zeile die Summanden einzeln abzuziehen:

47 – 7 – 4 · 3 = 40 – 4 · 3 = 28
46 – 6 – 4 · 3 = 40 – 4 · 3 = 28

Die Schüler sehen, daß die Einerziffer für das Ergebnis keine Rolle spielt.

Warum ergibt sich als Ergebnis eine 7er-Zahl?
Antwort: Deckt man von einem 10er-Feld jeweils ein 3er-Feld ab, so ergibt sich zwangsläufig ein 7er-Feld (Abb. 70).

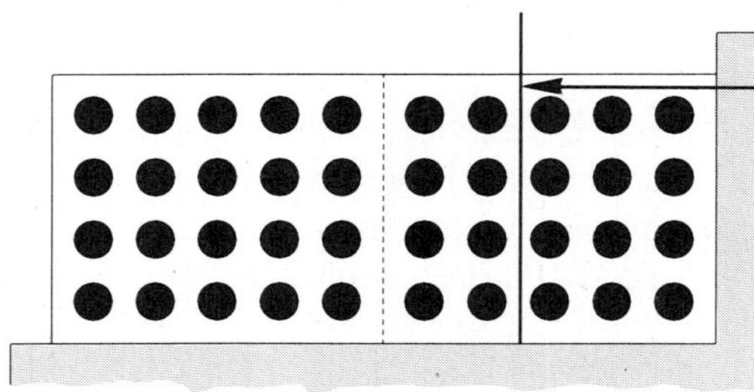

farbige Folie
oder Foliengerade

Beispiel:
40 – 4 · 3 = 4 · 10 – 4 · 3 = 4 · 7

Abb. 70

Wie könnte es weitergehen?

Man ersetze Schritt 2 der Rechenvorschrift durch folgende Anweisung:
Verdoppele die Zehnerziffer und addiere dazu die Einerziffer.
Als Ergebnisse erhält man jetzt 8er-Zahlen:

56	**28**	**29**	**47**
5 · 2 + 6 = 16	2 · 2 + 8 = 12	2 · 2 + 9 = 13	4 · 2 + 7 = 15
56 – 16 = **40**	28 – 12 = **16**	29 – 13 = **16**	47 – 15 = **32**
85	**76**	**66**	**37**
8 · 2 + 5 = 21	7 · 2 + 6 = 20	6 · 2 + 6 = 18	3 · 2 + 7 = 13
85 – 21 = **64**	76 – 20 = **56**	66 – 18 = **48**	37 – 13 = **24**

Sucht man z. B. alle Zahlen, die zur 8er-Zahl 32 führen, so findet man: 40, 41, 42, 43, ..., 49.

Man vermutet "Ergebnis = Zehnerziffer · 8" und begründet dies analog zur 7er-Reihe, indem man wieder einzeln subtrahiert und Felder betrachtet (Abb. 71).

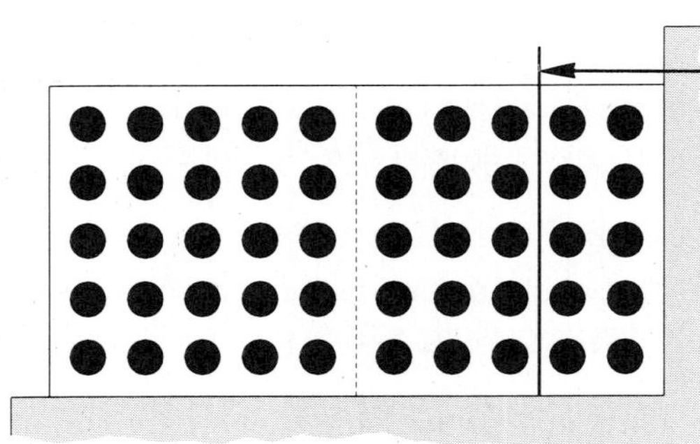

farbige Folie
oder Foliengerade

50 – 5 · 2 = 5 · 10 – 5 · 2 = 5 · 8

Abb. 71

Wenn die versteckte 7er-und 8er-Reihe gemeinsam entdeckt und erforscht worden sind, können weitere versteckte Reihen von einzelnen **Schülergruppen** bearbeitet werden. Wie hierzu der Schritt 2 der Rechenvorschrift abgewandelt werden muß, zeigt Abb. 72. Bei **sechs** Gruppen kann jede eine andere Reihe finden.

Rechenvorschrift	Beispiele		Versteckte Reihe
Zehnerziffer + Einerziffer	56 5 + 6 = 11 56 – 11 = 45	77 7 + 7 = 14 77 – 14 = 63	9er-Reihe
Zehnerziffer · 2 + Einerziffer	56 5 · 2 + 6 = 16 56 – 16 = 40	77 7 · 2 + 7 = 21 77 – 21 = 56	8er-Reihe
Zehnerziffer · 3 + Einerziffer	56 5 · 3 + 6 = 21 56 – 21 = 35	77 7 · 3 + 7 = 28 77 – 28 = 49	7er-Reihe
Zehnerziffer · 4 + Einerziffer	56 5 · 4 + 6 = 26 56 – 26 = 30	77 7 · 4 + 7 = 35 77 – 35 = 42	6er-Reihe
Zehnerziffer · 5 + Einerziffer	56 5 · 5 + 6 = 31 56 – 31 = 25	77 7 · 5 + 7 = 42 77 – 42 = 35	5er-Reihe
Zehnerziffer · 6 + Einerziffer	56 5 · 6 + 6 = 36 56 – 36 = 20	77 7 · 6 + 7 = 49 77 – 49 = 28	4er-Reihe
Zehnerziffer · 7 + Einerziffer	56 5 · 7 + 6 = 41 56 – 41 = 15	77 7 · 7 + 7 = 56 77 – 56 = 21	3er-Reihe
Zehnerziffer · 8 + Einerziffer	56 5 · 8 + 6 = 46 56 – 46 = 10	77 7 · 8 + 7 = 63 77 – 63 = 14	2er-Reihe

Abb.72

4. Sachstrukturiertes Üben

Die Beispiele dieses Abschnitts bieten Sachkontexte zur intensiven Übung des Rechnens im Hunderterraum. Dabei werden die Größenbereiche "Geld", "Zeit", "Länge" und "Gewicht" erfaßt. Die Sachsituation ist in den meisten Fällen in Form einer oder mehrerer Tabellen gegeben, so daß die Schüler auch den Umgang mit dieser sehr wichtigen Datenstruktur üben können.

4.1 Rechnen mit Geld: Café-Restaurant "Piccolo"

Worum geht es?
Was soll geübt werden?

Das Arbeitsblatt 2/19 zeigt die Speisekarte des Café-Restaurants "Piccolo". Die Preise sind auf ganze DM oder auf 50 Pf auf- oder abgerundet worden. Ansonsten ist die Karte echt. Anhand der Karte können Bestellungen getätigt und die Gesamtpreise ermittelt werden. Diese Sachsituation, die die meisten Kinder aus der Sicht des Gastes kennen, soll im folgenden nachgespielt werden. Dabei treten Additions-, Multiplikations- und Ergänzungsaufgaben mit Geldbeträgen auf.

Was wird benötigt?

Arbeitsmaterial: Arbeitsblätter 2/19a und 2/19b, Spielgeld, kleiner Bestellblock wie in der Gastronomie üblich (erhältlich in jeder Gaststätte).

Wie kann man vorgehen?

1. Nachspielen der Sachsituation mit einzelnen Kindern
   Jedes Kind erhält eine Speisekarte, über die zunächst gesprochen wird. Dann übernimmt ein Kind die Rolle des "Obers" oder "Fräuleins", und der Lehrer läßt sich als Frühstücksgast bedienen.

   Beispiel für eine Bestellung (Abb.1):

Frühstück 1 Ei Orangensaft

   Abb. 1

   Die Bestellung wird auf dem Bestellblock und an der Tafel notiert. Nach den "Pantomimen" der Bedienung und des Verzehrs geht es an die Bezahlung. Die Preise werden wie üblich auf dem Bestellzettel (Tafel) (hinter den einzelnen Posten oder auf dem leeren Platz unten) notiert und dann addiert (Abb. 2).

4,50 1,– 2,– 7,50

   Abb. 2

   Der Gast rundet auf 8 DM auf und gibt einen 10-DM-Schein. Der Ober/das Fräulein bedankt sich und gibt 2 DM heraus.
   Diese Prozedur kann noch ein- oder zweimal wiederholt werden (Mittagsgast, Abendgast), bis sie von den Kindern in den Einzelheiten verstanden worden ist.

2. Nachspielen der Situation mit Tischgruppen
   Die Kinder bilden Tischgruppen mit 3 oder 4 "Gästen". Jeder Tisch erhält eine "Bedienung" zugeordnet, die Bestellungen aufnimmt, serviert und am Schluß kassiert.

3. Vorgabe von Bestellzetteln, Preisberechnung, Aufrunden und Bezahlen

4.2 Messen und Wiegen

Die folgenden Übungen konzentrieren sich auf Maße des menschlichen Körpers und sind so angelegt, daß aus dem Vergleich verschiedener Daten auch biologisches Sachwissen entnommen werden kann.

4.2.1 Pulsmessungen

Worum geht es?

Die Zahl der Pulsschläge pro Minute (die Pulsfrequenz) ist ein sehr wichtiger Indikator für den Gesundheitszustand des Menschen. Der Ruhepuls von Erwachsenen beträgt ungefähr 70, der von Kindern ungefähr 85. Bei Belastung steigt er an und kann mehr als den doppelten Wert erreichen. Sehr gut trainierte Sportler haben eine viel niedrigere Pulsfrequenz bis herunter zu 30. Daß Kinder eine höhere Pulsfrequenz haben als Erwachsene, ist kein Zufall, da Lebewesen mit einer umso kleineren Frequenz auskommen, je größer sie sind.
Eine unnormal erhöhte oder erniedrigte Pulsfrequenz ist immer ein Verdachtsmoment für eine Erkrankung. Daher sollte jedermann in der Lage sein, seine Pulsfrequenz zu überwachen. Eine Kontrolle der Pulsfrequenz ist besonders wichtig für Freizeitsportler, damit deren Herz-Kreislauf-System nicht überbelastet wird. Den Puls kann man überall fühlen, wo Schlagadern oberflächlich tastbar sind, am einfachsten an der Speiche am Handgelenk oder an der Halsschlagader.

Was soll geübt werden?

Bestimmung der Pulsfrequenz, indem die Zahl der Schläge in 10 oder in 15 Sekunden gemessen und die Zahl mal 6 bzw. mal 4 genommen wird.
(Das "Herunterrechnen" der Pulsschlagzahlen von einer Minute auf Bruchteile einer Minute ist ein guter Kontext für die Division durch 2, durch 3 und durch 5.)

Was wird benötigt?

Uhren mit Sekundenanzeige (Zeiger oder digital), am besten Stoppuhren, Metronom, Arbeitsblatt 2/20.

Wie kann man vorgehen?

1. Puls fühlen
   Die Kinder sollen bei sich und bei anderen Kindern den Puls am Handgelenk fühlen, am besten mit der Kuppe des Zeige- oder Mittelfingers.

2. Pulsmessungen
   Je zwei Kinder messen gegenseitig ihre Pulsfrequenz. Ein Kind lokalisiert den Puls des zweiten Kindes und gibt ein Zeichen ("jetzt"), wenn es ihn sicher fühlt. Das zweite Kind gibt seinerseits ein Zeichen ("los"), wenn es die Stoppuhr in Gang setzt oder die Sekundenanzeige bei Null beginnt. Das erste Kind beginnt daraufhin halblaut zu zählen, bis das zweite Kind mit Ablauf einer Minute stoppt.
   Die Kinder werden feststellen, daß dieses Verfahren sehr schwer durchzuhalten ist. Eine erste Erleichterung wird dadurch bewirkt, daß man nicht alle Zahlen voll ausspricht, sondern zwischen je zwei Zehnern nur die Einer nennt:
   1, 2, 3, ..., 9, 10, 1, 2, 3, ..., 9, 20, 1, 2, 3, ..., 9, 30, ...
   Wenn sich das Auge dabei auf eine Hunderterreihe stützen kann, wird die Sicherheit weiter erhöht. Noch bequemer ist es aber, die Zeitdauer der Messungen zu verkürzen (auf 30, auf 15 oder sogar nur auf 10 Sekunden) und die Messungen "hochzurechnen". Dieses Verfahren muß mit den Kindern genau besprochen werden. Für jedes Kind wird dann folgende Tabelle angefertigt (Abb. 3):

   Name: ______________________

   Sekunden ______________________

   Pulsschläge ______________________

   Abb. 3

   Die Kinder überzeugen sich, daß die durchgerechneten Werte mit dem direkt gemessenen Wert einigermaßen übereinstimmen, und bestimmen aus den Messungen einen Mittelwert, der als Ruhepulswert eines jeden Kindes festgehalten wird.
   Abschließend wird für jedes Kind die Pulsfrequenz noch einmal gemessen, wenn es 20 Kniebeugen gemacht hat, damit den Kindern auch zahlenmäßig bewußt wird, daß die Pulsfrequenz bei Belastung steigt.

3. Pulsfrequenz bei Tieren
   Im Anschluß an die Meßübungen kann Arbeitsblatt 2/20 bearbeitet werden. Die Werte werden zunächst verglichen, wobei den Kindern sicher auffällt, wie mit abnehmender Größe der Tiere die Pulsfrequenz stark zunimmt. Einzelne Spalten werden zuerst gemeinsam berechnet. Dann können die Kinder das Arbeitsblatt in Einzel- oder Partnerarbeit soweit bearbeiten, wie sie es schaffen. Die Lücken werden abschließend wieder

gemeinsam geschlossen. Um den Kindern ein Gefühl für die verschiedenen Frequenzen zu geben, kann man sie in einem Bereich von 40 (Pferd) bis 200 (Meerschweinchen) mit einem Metronom demonstrieren.

4.2.2 Längenmessungen am menschlichen Körper

Worum geht es?

Die Proportionen des menschlichen Körpers haben die Künstler seit dem Altertum beschäftigt. Besonders intensive Proportionsstudien hat *A. Dürer* getrieben. Auch wenn sich dabei keine exakten, allgemein gültigen Gesetze ergeben haben, ist es doch erstaunlich, wie gut einige Faustformeln erfüllt sind:

- Die Spannweite der ausgebreiteten Hände (von der linken bis zur rechten Mittelfingerspitze gemessen) ist ungefähr gleich der Körpergröße.
- Die Halsweite ist etwa doppelt so groß wie der Umfang des Handgelenks (Bündchen).
- Die Taillenweite ist etwa doppelt so groß wie die Halsweite.

Was soll geübt werden?

Bestimmen und Vergleichen der oben genannten Körpermaße, Umgang mit Maßband und "Zollstock".

Was wird benötigt?

Schneider-Maßband (1 m), zusammenklappbares Zwei-Meter-Maß ("Meter", "Zollstock").

Wie kann man vorgehen?

1. Messen
   Jedes Kind legt auf einem Zettel folgende Tabelle an (Abb. 4):

Name:	______________	Handgelenk:	______________
Körpergröße:	______________	Hals:	______________
Spannweite:	______________	Taille:	______________

   Die betreffenden Werte werden in Kleingruppenarbeit ermittelt, wobei sich die Kinder gegenseitig helfen und kontrollieren.

2. Maßvergleich
   Die Zettel werden eingesammelt, und eine Gruppe wird beauftragt, die Ergebnisse zu Hause **ohne** Nennung der Namen in einer Tabelle festzuhalten (Tapetenrolle).

Körpergröße:				
Spannweite:				
Handgelenk:				
Hals:				
Taille:				

Abb. 5

In einer Folgestunde werden die Ergebnisse verglichen und die o.g. Faustformeln besprochen, die von einigen Kindern sicher entdeckt werden.

4.2.3 Körpergröße und Körpergewicht

Worum geht es?

Grundlage der vorliegenden Übung sind Wachstumstabellen über die durchschnittliche Zunahme der Körpergröße und des Körpergewichts von Jungen und Mädchen von der Geburt bis zum 16. Lebensjahr. Die medizinische Entwicklungsdiagnostik untersucht diese Daten sehr genau und detailliert und konnte durch einen Vergleich früherer Daten mit den heutigen den sogenannten "säkularen Trend" bestätigen [1]: Die heutigen deutschen Jungen sind im Durchschnitt etwa 6 cm größer als ihre Altersgenossen vor dem 2. Weltkrieg. Bei den Mädchen beträgt die Zunahme etwa 4 cm. Man darf davon ausgehen, daß für diesen Trend eine Reihe von Faktoren maßgeblich ist (verbesserte Ernährung, bessere wirtschaftliche und soziale Verhältnisse, mehr Anregungen, bessere Gesundheitsfürsorge). Diese komplizierten Fragen spielen in unserem Zusammenhang allerdings keine Rolle, weil wir uns nur auf die heutigen Wachstumstabellen beschränken, d.h. untersuchen wollen, wie sich Körpergröße und Gewicht von Jungen und Mädchen von der Geburt bis zum 16. Lebensjahr durchschnittlich entwickeln. Zur Vereinfachung der späteren Rechnungen runden wir auf halbe cm und kg.

[1] *Frau Dr. I. Brandt,* Universitäts-Kinderklinik Bonn, danken wir für die Überlassung ihrer neuesten Daten.

Alter in Jahren	Größe in cm		Gewicht in kg	
	Mädchen	Jungen	Mädchen	Jungen
0	51½	52	3	3½
1	76	77	9½	10
2	87½	89	12	12½
3	96	97	14½	14½
4	103	105	16½	16½
5	110½	112	18	18
6	117½	118	22	22
7	124	125	23½	24½
8	130	131	26½	27
9	136	136	29	30
10	142	141	32	32½
11	148	146	35½	35
12	154	152	40	38
13	160	158	45	42
14	164	165½	49	49
15	166	173	51½	54½
16	166½	175	53	59
17			54	62
18			54½	63

Abb. 6

Wenn man die Daten der Tabellen in Abb. 6 vergleicht, stellt man fest, daß der größte Längen- und Gewichtszuwachs im ersten und zweiten Lebensjahr erfolgt und daß die Werte bei 16 bzw. 18 Jahren stagnieren. Die Körpergröße nimmt ansonsten von Jahr zu Jahr ziemlich gleichmäßig zu, wobei die Mädchen die Jungen im 10. Lebensjahr überholen und erst im 14. Lebensjahr wieder von den Jungen überholt werden. Die Gewichtszunahme ist nicht so gleichmäßig, weist aber in der Pubertät ähnliche "Überholvorgänge" auf. Besonders beeindruckend ist, daß die Jungen innerhalb der 4 Jahre zwischen dem 11. und 15. Lebensjahr um mehr als 25 cm wachsen und um fast 20 kg zunehmen.

Was soll geübt werden?

Ablesen von Tabellen, Größenvergleiche, Berechnung von Differenzen.

Was wird benötigt?

Demonstrationsmaterial: Folienkopien der Arbeitsblätter.
Arbeitsmaterial: Arbeitsblätter 2/21 und 2/22.

Wie kann man vorgehen?

1. Besprechung der Tabelle des Arbeitsblattes 2/21
   Das Arbeitsblatt wird verteilt bzw. auf den Tageslichtschreiber gelegt und besprochen.
   Mögliche Fragen: *Wie groß ist der Junge?*
   Wie mißt man die Körpergröße richtig?
   Was bedeuten die Zahlen?
   Dabei wird erklärt, daß die angegebenen Werte Mittel- oder Durchschnittswerte sind („*Die meisten Jungen mit 11 Jahren sind 144 cm groß, manche größer, manche kleiner*").

2. Verfolgung des Wachstums
   An einer frei zugänglichen Stelle der Wand wird ein 2 m-Maßstab aufgestellt und befestigt (Nullmarke am Fußboden). Die Kinder lesen die Werte für die einzelnen Jahre vor.

Ein Mädchen und ein Junge zeigen und fixieren sie am Maßstab. Dabei werden die Zunahmen und die "Überholungen" besonders deutlich.

3. Berechnung der durchschnittlichen Körpergrößendifferenzen zwischen Jungen und Mädchen
   Im Klassengespräch werden, beginnend bei der Geburt, von Jahr zu Jahr die durchschnittlichen Größenunterschiede berechnet. Diese Aufgabe ist leicht, weil die Unterschiede bis zum 14. Lebensjahr nie größer als 2 cm sind.

4. Berechnung der jährlichen Größenzunahme
   Die Schüler rechnen in Einzelarbeit auf dem Arbeitsblatt die jährliche Größenzunahme aus. Die Ergebnisse werden anschließend besprochen und verglichen.
   Mögliche Fragen: *In welchem Jahr wachsen die Kinder am stärksten?*
   Wann am geringsten?
   Wieviel wachsen sie von Geburt bis zum 16. Lebensjahr insgesamt?

5. Gewichtszunahme
   Analog zum Wachstum der Körpergröße wird die Gewichtszunahme besprochen und Arbeitsblatt 2/22 bearbeitet. Es ist allerdings nicht möglich, die Gewichte an einer Waage zu demonstrieren. Daher muß man sich mit einer Illustration der Gewichtszunahme am Hunderterstrahl zufrieden geben.

4.3 Mit Tabellen arbeiten

Tabellen sind bereits bei den obigen Beispielen zum sachstrukturierten Üben aufgetreten. In diesem Abschnitt werden sie besonders intensiv genutzt: Es dreht sich gewissermaßen alles um Tabellen. Und zwar mit Recht, denn die "Tabelle" ist, wie bereits angedeutet, die für die Grundschule bei weitem wichtigste Datenstruktur.

4.3.1 Zahnformeln

Worum geht es?

Das Thema "Zähne" gehört natürlich in erster Linie in den Sachunterricht der Grundschule. Einige Aspekte, insbesondere die Anzahl der Zähne und ihre symmetrische Verteilung auf den Unter- und Oberkiefer, sind aber auch mathematisch interessant [2].
Um einen für Rechen**übungen** hinreichend ergiebigen Sachzusammenhang zu gewinnen, betrachten wir neben dem menschlichen Gebiß auch Gebisse von Tieren, und zwar unter dem Aspekt der **"Zahnformeln"**.
Für die Anordnung der Zähne im Mund gibt es verschiedene Darstellungen. Wir erläutern sie am Milchgebiß von Kindern (Abb. 7, 8, 9).

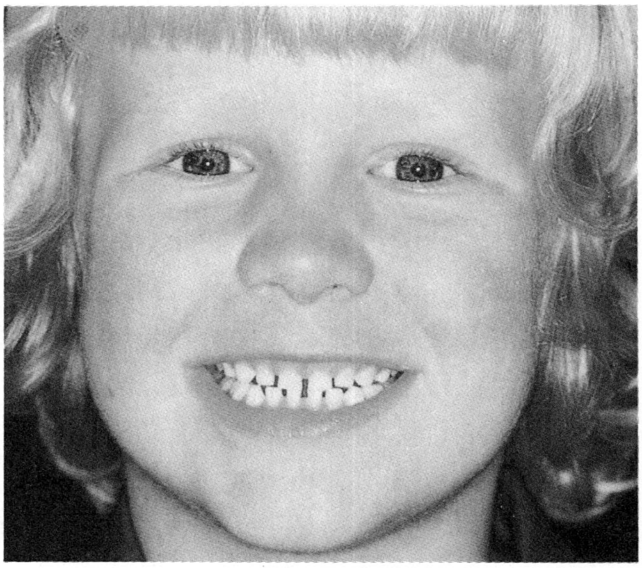

Abb. 7

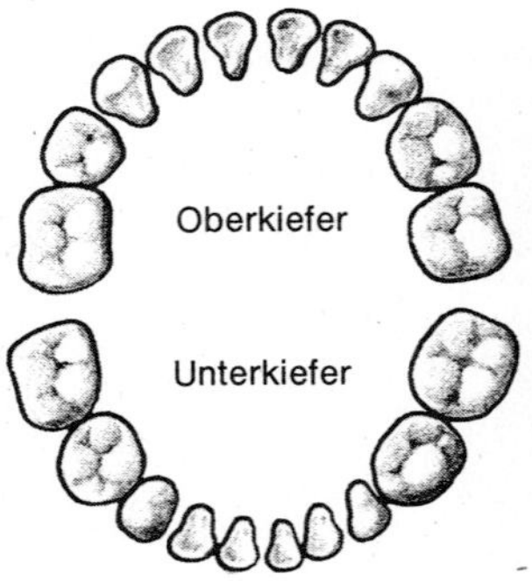

Kreisdarstellung (entsprechend dem geöffneten Mund)

Abb. 8

[2] vgl. hierzu *Prof. Dr. H. Winter,* Sachrechnen in der Grundschule. Bielefeld 1985, S. 42–46.

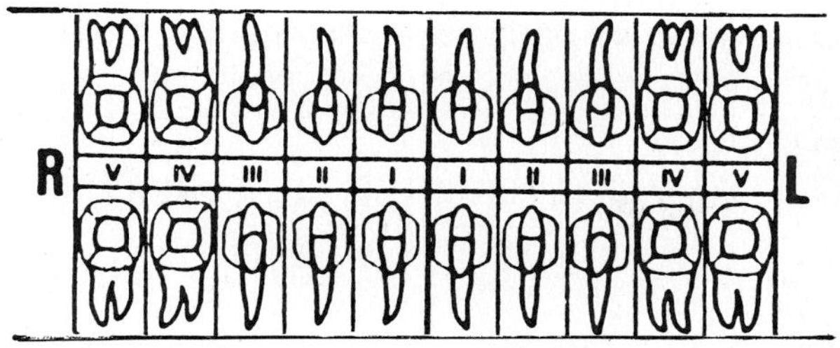

Reihendarstellung (entsprechend dem geschlossenen Mund)

Abb. 9

Zu beachten ist dabei, daß die Seitenbezeichnungen (rechts/links) auf den **Gebißträger** bezogen sind.

Aus der Reihendarstellung ergibt sich die Zahnformel, in der für die rechte und linke Seite des Ober- und Unterkiefers die Anzahlen der Schneide-, Eck- und Backenzähne angegeben sind (Abb. 10).

	B	E	S	S	E	B
oben	2	1	2	2	1	2
unten	2	1	2	2	1	2
	rechts			links		

kurz:

2	1	2	2	1	2
2	1	2	2	1	2

Abb. 10

Für Erwachsene sehen die Kreis- und die Reihendarstellung folgendermaßen aus (Abb. 11 und 12):

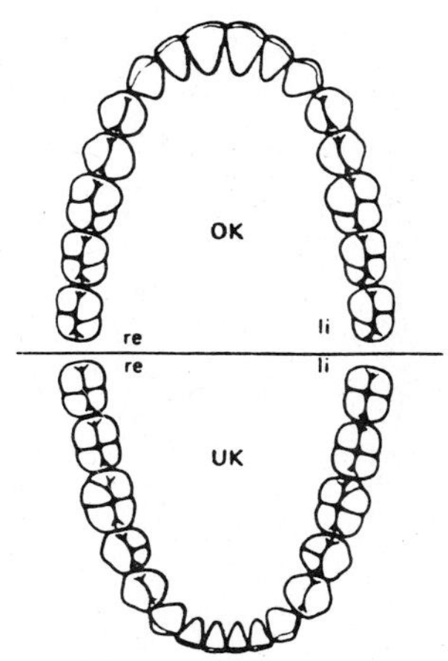

Abb. 11

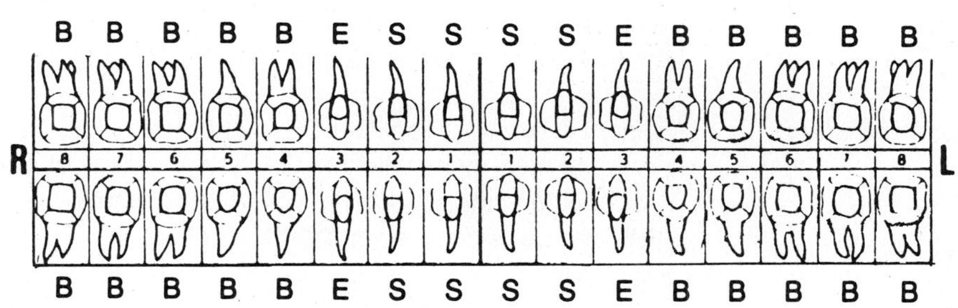

Abb. 12

Das Erwachsenengebiß unterscheidet sich vom Milchgebiß dadurch, daß zu den 4·2 **vorderen** Backenzähnen (VB), die an der Stelle der kindlichen Backenzähne nachwachsen, 4 · 3 **hintere** Backenzähne (HB) dazu kommen. Die Zahnformel des Erwachsenengebisses lautet daher (Abb. 13):

	HB	VB	E	S	S	E	VB	HB
oben	3	2	1	2	2	1	2	3
unten	3	2	1	2	2	1	2	3
	rechts				links			

kurz:

3	2	1	2	2	1	2	3
3	2	1	2	2	1	2	3

Abb. 13

Nach dem gleichen Prinzip (Anzahlen der Schneidezähne, der Eckzähne, der vorderen Backenzähne und der hinteren Backenzähne in jeder der vier Kieferhälften) sind auch die Zahnformeln ausgewachsener Säugetiere aufgebaut (Abb. 14):

Beispiele:

Kuh	3	3	0	0	0	0	3	3
	3	3	1	3	3	1	3	3
Hamster	3	0	0	1	1	0	0	3
	3	0	0	1	1	0	0	3

Pferd	3	3	1	3	3	1	3	3
	3	3	1	3	3	1	3	3
Opossum	4	3	1	5	5	1	3	4
	4	3	1	4	4	1	3	4

Abb.14

Diese Beispiele zeigen, daß sich Ober- und Unterkiefer sehr wohl unterscheiden können. Jedoch sind die Säugetiergebisse immer links/rechts-symmetrisch, so daß Biologen nur die der **linken** Körperseite entsprechende Hälfte der Zahnformel angeben.
Zahnformeln geben in natürlicher Weise Anlaß für Additions- und Vergleichsübungen: Berechnung der Anzahl der Schneidezähne, der Eckzähne, der (vorderen/hinteren) Backenzähne, der Zähne im Oberkiefer, im Unterkiefer, auf der rechten bzw. linken Körperseite. Zur besseren Übersichtlichkeit schlagen wir folgendes Rechenschema vor (Abb. 15):

										rechts	links	
Mensch	3	2	1	2	2	1	2	3	oben	8	8	16
	3	2	1	2	2	1	2	3	unten	8	8	16
									zusammen	16	16	32
Kuh	3	3	0	0	0	0	3	3		6	6	12
	3	3	1	3	3	1	3	3		10	10	20
										16	16	32
Opossum	4	3	1	5	5	1	3	4		13	13	26
	4	3	1	4	4	1	3	4		12	12	24
										25	25	50

Abb.15

Was soll geübt werden?

Addition im Hunderterraum, Ablesen und Ausfüllen von Tabellen.

Was wird benötigt?

Demonstrationsmaterial: Evtl. Folien mit verschiedenen Gebißdarstellungen.
Arbeitsmaterial: Arbeitsblätter 2/23 a und 2/23 b.

Wie kann man vorgehen?

1. Sachinformation: Vom Gebiß zur Zahnformel
   Anhand der menschlichen Gebisse werden im Klassengespräch die **Zahntypen** (Schneidezähne, Eckzähne, vordere und hintere Backenzähne) am **Erwachsenengebiß** und der Aufbau einer **Zahnformel** geklärt.

2. Betrachtung spezieller Zahnformeln
   An einigen ausgewählten Beispielen werden im Klassengespräch unterschiedliche Zahnformeln besprochen, verglichen, und es wird das Schema zur gestuften Berechnung der Gesamtzahl der Zähne eingeführt.

3. Bearbeitung der Arbeitsblätter
   Nach diesen Vorbereitungen können sich die Schüler selbständig mit den Arbeitblättern 2/23 a und 2/23 b beschäftigen.

4. Vergleich der Ergebnisse. Folgende Fragen liegen nahe:
   Welches Tier hat die wenigsten Zähne? Welches die meisten?
   Welche Zahlen treten überhaupt auf?
   Welche Tiere haben die gleiche Anzahl von Zähnen?
   Welche sogar die gleiche Zahnformel?

4.3.2 Temperaturen im Jahreslauf

Worum geht es?

Der Deutsche Wetterdienst registriert an zahlreichen Beobachtungspunkten, die das Gebiet der Bundesrepublik dicht überdecken, von Tag zu Tag die wichtigen Wetterdaten. Diese Daten werden nicht nur unmittelbar zur Wettervorhersage verwendet, sondern dienen gesammelt und gemittelt zur Berechnung von Niederschlagsmengen, mittleren Temperaturen, Sonnenscheindauer usw.
Um das wichtige Thema "Wetter" schon im 2. Schuljahr für Rechenübungen zugänglich zu machen, haben wir aus Daten, die uns das Wetteramt Essen freundlicherweise zur Verfügung gestellt hat, eine Tabelle mit gerundeten Werten für die täglichen Höchst- und Tiefsttemperaturen bezogen auf den Beobachtungsort Dortmund und das Jahr 1986 hergestellt. Damit die Daten für Kinder des 2. Schuljahres noch einigermaßen übersichtlich bleiben und nicht zu umfangreiche Rechnungen entstehen, haben wir uns auf je einen typischen Winter-, Frühlings-, Sommer- und Herbstmonat beschränkt.

Was soll geübt werden?

Subtraktion (Berechnung der täglichen Temperaturschwankungen), Ablesen und Ausfüllen von Tabellen.

Was wird benötigt?

Arbeitsmaterial: Arbeitsblatt 2/24.

Wie kann man vorgehen?

1. Sachinformation
   Anknüpfend an die Erfahrungen der Kinder mit unterschiedlichen Temperaturen und Thermometern wird der Aufbau eines Thermometers und die Temperaturskala skizziert (Nullpunkt, Plus- und Minus-Temperaturen). Die Kinder wissen auch, daß die Temperatur schwankt (Erwärmung am Tag, Abkühlung über Nacht). Daraus ergeben sich unmittelbar die Begriffe **Höchst-** und **Tiefsttemperatur**. Man kann den Kindern sagen, daß diese Temperaturen mit speziellen Thermometern (Mini-Max-Thermometern) mühelos bestimmt werden können und daß der Deutsche Wetterdienst an vielen Orten unseres Landes diese Werte von Tag zu Tag feststellt (mit automatisch arbeitenden Wetterstationen).

2. Betrachtung der Tabelle auf Arbeitsblatt 2/24
   Im Klassengespräch wird erarbeitet, was die einzelnen Zahlen bedeuten, und anschließend werden Ableseübungen durchgeführt.
   Mögliche Fragen:
   Welche Höchsttemperatur herrschte am 17. Mai?
   Welche Tiefsttemperatur am 28. November?
   An welchen Tagen herrschte Nachtfrost?
   An welchen Tagen war Dauerfrost?
   Wann war die Temperatur am niedrigsten? Wann am höchsten?

3. Berechnung der Temperaturschwankungen
   An Beispielen wird der tägliche Unterschied zwischen Höchst- und Tiefsttemperatur berechnet, wobei sich die Kinder auf die linksstehende Temperaturskala stützen können. Die negativen Zahlen dienen lediglich als Marken auf der Skala. Ein Rechnen mit negativen Zahlen ist überhaupt nicht erforderlich.
   Beispiele: 22. Februar: Höchsttemperatur – 4°
   Tiefsttemperatur –15°
   Lösung: Von –15° bis –5° muß das Thermometer 10° steigen, von –5° bis –4° noch einmal 1°. Unterschied insgesamt: 11°.
   16. Februar: Höchsttemperatur 1°
   Tiefsttemperatur – 9°
   Als Zwischenmarke wählt man 0° und berechnet 9° + 1° = 10° als Unterschied.

   Anschließend können die Kinder, ggf. im arbeitsteiligen Unterricht, das Arbeitsblatt bearbeiten.

4. Vergleich der Ergebnisse
   Als interessantesten (und vielleicht sehr überraschenden) Befund erhält man, daß die maximalen Temperaturschwankungen im **Sommer** auftreten (Begründung: Der klare Himmel, der eine ungehinderte Sonneneinstrahlung zuläßt, ermöglicht auch eine ungehinderte nächtliche Wärmeabstrahlung.).

Schlußbemerkung:
Die Betrachtung negativer Temperaturen ist ein sehr schönes Beispiel für einen Unterricht, der auf die "Zone der nächsten Entwicklung" verweist. Die Kinder dürfen sich an neuartigen Aufgaben mit dem Bewußtsein versuchen, daß Fehler dabei ganz natürlich sind ("Aus Fehlern wird man klug"). Wer sich diese schwierigen Aufgaben noch nicht ganz zutraut, muß sie nicht lösen, wird aber dennoch aus dem sachlichen und sozialen Kontext unweigerlich eine gewisse Idee der negativen Zahlen aufnehmen, die er bei anderer Gelegenheit weiterentwickeln kann.
Nach traditionellem Lehr-/Lernverständnis ist ein solches Vorgehen unvorstellbar, weil es sich mit dem Voranschreiten von Wissenselement zu Wissenselement und von Fertigkeit zu Fertigkeit nicht verträgt. Auch die negativen Zahlen müssen daher traditionell warten, bis sie im 7. oder 8. Schuljahr an die Reihe kommen, um dann "durchgenommen" zu werden.

Die beobachteten, z. T. massiven Schwierigkeiten der Schüler dieser Klassen mit negativen Zahlen haben die traditionell denkenden Didaktiker allenfalls veranlaßt, darüber nachzudenken, ob die negativen Zahlen nicht noch später (oder in der Hauptschule überhaupt nicht) "eingeführt" werden sollten. Hier ist ein radikales Umdenken erforderlich: Die Lernschwierigkeiten können nur beseitigt werden, wenn die negativen Zahlen **viel früher**, nämlich bereits von der Grundschule an, in sinnvollen Zusammenhängen immer wieder thematisiert werden.

4.3.3 Vermehrungsrate von Tieren

Worum geht es?

Für einen festen Bestand einer bestimmten Tierart ist es erforderlich, daß die Vermehrungsrate auf die durchschnittliche Lebensdauer abgestimmt ist. Je kürzer die Lebensdauer (z. B. bedingt durch Feinde) ist, desto stärker muß sich die Tierart vermehren, um den Bestand zu halten. Je länger die Lebensdauer ist, eine desto kleinere Vermehrungsrate genügt zur Arterhaltung. Natürliche Schwankungen (z. B. eine stärkere Vermehrung durch gutes Futterangebot oder eine kürzere Lebenserwartung durch starkes Anwachsen natürlicher Feinde) werden in einer intakten Umwelt im Lauf der Zeit ausgeglichen. Die vorliegende Übung soll Anlaß geben, über diese Zusammenhänge nachzudenken.

Was soll geübt werden?

Kleines 1x1.

Was wird benötigt?

Arbeitsmaterial: Arbeitsblatt 2/25.

Wie kann man vorgehen?

Wenn am Beispiel der Katze die Idee des Mittelwerts der Anzahl der Würfe pro Jahr und der Anzahl der Jungen pro Wurf erklärt ist, können die Kinder sofort das Arbeitsblatt 2/25 in Angriff nehmen. Anschließend kann darüber gesprochen werden, wie die Natur, wenn der Mensch sie in Ruhe läßt, Populationen nach oben und nach unten begrenzt (Idee des natürlichen Gleichgewichts).

4.3.4 Spiele – Tore – Punkte

Worum geht es?

Wenn auch der Fußballsport nicht mehr die großen Anhängerzahlen aufzuweisen hat wie noch vor Jahren, ist das Interesse an ihm in der Bevölkerung noch weit verbreitet. Viele Grundschulkinder verfolgen das Bundesligageschehen von Woche zu Woche im Fernsehen und teilweise im Sportteil der Zeitungen, und für einige der Jungen rangiert Fußball ganz oben.
Auch wenn einige Lehrerinnen, wie wir wissen, für den Fußballsport nicht viel übrig haben, möchten wir im folgenden die Analyse einer Abschlußtabelle als Thema für eine Rechenübung im 2. Schuljahr vorschlagen, denn die dabei auftretenden Zahlen für Spiele, Punkte und Tore füllen den Hunderterraum wunderbar aus.
Die jeweils letzte Abschlußtabelle kann den Sportzeitungen entnommen (oder beim Deutschen Fußballbund in Frankfurt angefordert) werden.

Wir betrachten als Beispiel die Abschlußtabelle der Spielzeit 1986/87 (weil damals Borussia Dortmund den 4. Platz belegt hat!) (Abb. 16):

Bundesliga Spieljahr 1986/87 Abschlußtabelle

Tabellenstand	Spiele	gew.	unent.	verl.	Tore	Diff.	Punkte
1. B. München	34	20	13	1	67:31	+ 36	53 - 15
2. Hamburger SV	34	19	9	6	69:37	+ 32	47 - 21
3. Bor. M'gladbach	34	18	7	9	74:44	+ 30	43 - 25
4. Borussia Dortmund	34	15	10	9	70:50	+ 20	40 - 28
5. Werder Bremen	34	17	6	11	65:54	+ 11	40 - 28
6. Bayer Leverkusen	34	16	7	11	56:38	+ 18	39 - 29
7. Kaiserslautern	34	15	7	12	64:51	+ 13	37 - 31
8. Bayer Uerdingen	34	12	11	11	51:49	+ 2	35 - 33
9. 1. FC Nürnberg	34	12	11	11	62:62	+ 0	35 - 33
10. 1. FC Köln	34	13	9	12	50:53	– 3	35 - 33
11. VfL Bochum	34	9	14	11	52:44	+ 8	32 - 36
12. VfB Stuttgart	34	13	6	15	55:49	+ 6	32 - 36
13. FC Schalke 04	34	12	8	14	50:58	– 8	32 - 36
14. Waldhof Mannheim	34	10	8	16	52:71	– 19	28 - 40
15. Eintracht Frankfurt	34	8	9	17	42:53	– 11	25 - 43
16. FC Homburg	34	6	9	19	33:79	– 46	21 - 47
17. Fortuna Düsseldorf	34	7	6	21	42:91	– 49	20 - 48
18. BW 90 Berlin	34	3	12	19	36:76	– 40	18 - 50

Abb.16

Folgende Spalten sind zu erkennen: Platznummer, Verein, Anzahl der absolvierten Spiele, davon gewonnen (gew.), unentschieden (unent.), verloren (verl.), erzielte und erhaltene Tore (getrennt durch einen Doppelpunkt), Tordifferenz (Diff.) (= Anzahl der erzielten Tore minus Anzahl der erhaltenen Tore), Pluspunkte und Minuspunkte (getrennt durch einen Strich). Die ausführliche Abschlußtabelle enthält noch zweimal die gleiche Spaltenreihenfolge, nämlich für die Heimspiele und für die Auswärtsspiele. Wir beschränken uns wegen der besseren Übersichtlichkeit auf die einfache Tabelle.

Folgende Beziehungen sind erkennbar:

- Es gibt 18 Mannschaften, jede von ihnen absolviert 34 = 2 · 17 Spiele, da jede gegen jede, einmal zu Hause, einmal auswärts, antreten muß.
- Die Anzahl der gewonnenen, unentschiedenen und verlorenen Spiele ergibt für jede Mannschaft 34.

  Beispiele: 20 + 13 + 1 = 34, 19 + 9 + 6 = 34,
  18 + 7 + 9 = 34, 15 + 10 + 9 = 34, usw.
- Durch Subtraktion der erzielten und der erhaltenen ("kassierten") Tore wird die "Tordifferenz" berechnet.

  Beispiele: 67 – 31 = + 36, 69 – 37 = + 32,
  74 – 44 = + 30, 70 – 50 = + 20,
  36 – 76 = – 40, 42 – 91 = – 49.
- Eine Mannschaft erhält für jeden Sieg 2 Pluspunkte, für jedes Unentschieden einen Plus- und einen Minuspunkt und für jede Niederlage zwei Minuspunkte. Daher lassen sich die Plus- und Minuspunkte einer Mannschaft aus den Zahlen der gewonnenen, unentschiedenen und verlorenen Spiele leicht berechnen.

  Beispiele: 20 · 2 + 13 = 53, 19 · 2 + 9 = 47,
  13 + 1 · 2 = 15. 9 + 6 · 2 = 21.

  18 · 2 + 7 = 43, 15 · 2 + 10 = 40,
  7 + 9 · 2 = 25. 10 + 9 · 2 = 28.

Wie man sieht, treten in diesem Zusammmenhang wieder negative Zahlen auf. Bei der Tordifferenz werden sie sogar mit dem Minuszeichen notiert. Obwohl die **Tordifferenz** zu bilden ist, werden die erzielten und die erhaltenen Tore durch einen Doppelpunkt (gelesen: "zu") getrennt. Dies ist ein Relikt aus früheren Zeiten, in denen für die Plazierung bei

Punktgleichheit das bessere **Torverhältnis** ausschlaggebend war. Bei den Plus- und Minuspunkten wird das Minuszeichen nicht notiert. Dagegen werden Plus- und Minuspunkte durch einen Strich getrennt, der mathematisch als Minuszeichen durchaus sinnvoll wäre, aber ebenfalls als "zu" gelesen wird.

Die vom Sprachgebrauch der Mathematik abweichende Verwendung von Symbolen und Sprechweisen darf kein Grund sein, solche Themen im Unterricht nicht zu behandeln. Für Kinder ist es nämlich sehr wichtig, von Anfang an zu sehen, daß in verschiedenen Anwendungsbereichen der Mathematik eine etwas andere Sprache gesprochen wird. Auf ein gutes Verständnis für Sachzusammenhänge und einen problemorientierten flexiblen Gebrauch der Sprache kommt es an, nicht auf die Einübung in eine künstlich normierte Sprache, die nur im mathematischen Schulzimmer exerziert wird und außerhalb bedeutungslos ist.

Was soll geübt werden?

Addition, Subtraktion, Verdoppeln im Hunderterraum, Ablesen von Tabellen.

Was wird benötigt?

Arbeitsmaterial: Kopien einer Abschlußtabelle für die Hand der Schüler.

Wie kann man vorgehen?

1. Besprechung der Tabelle insgesamt und der einzelnen Spalten.

2. Spiele
   Frage: *Hat jede Mannschaft 34 Spiele absolviert?*
   Überprüfung der Spielbilanz für die einzelnen Mannschaften unter Anwendung halbschriftlicher Strategien.

   Beispiele: 20 + 13 + 1 = 30 + 4 = 34,

   $\underline{19 + 9 + 6}$ = 20 + 14 = 34, 18 + 7 + 9 = $\underline{25 + 9}$ = 34, $\underline{3 + 12 + 19}$ = 14 + 20 = 34.
   20 + 8 + 6 | 24 + 10 | 2 + 12 + 20

3. Tore
   Frage: *Welche Mannschaft hat die meisten Tore geschossen?*
   Welche hat die meisten "reingekriegt"?
   Überprüfung der Tordifferenz für einzelne Mannschaften unter Anwendung halbschriftlicher Strategien.

   Beispiele: $\underline{67 - 31}$ = 30 + 6 = 36, 74 − 44 = 30, 51 − 49 = 2,
   $\underline{60 - 30}$
   7 − 1

   $\underline{52 - 71}$ = − 20 + 1 = − 19, $\underline{33 - 79}$ = − 46 oder $\underline{33 - 79}$ = − 40 − 6 = − 46
   $\underline{50 - 70}$ | $\underline{34 - 80}$ | $\underline{30 - 70}$
   2 − 1 | 34 − 34 − 46 | 3 − 9

   Dadurch, daß in der Spalte "Diff." die Ergebnisse genannt sind, brauchen diese Rechnungen in der "Zone der nächsten Entwicklung" nicht ohne Netz durchgeführt zu werden.

4. Punkte
   Frage: *Wer hat die meisten Pluspunkte, welche Mannschaft die meisten Minuspunkte? Welche Mannschaften sind punktgleich?*
   Überprüfung des Tabellenstands am Punktekonto und bei Punktgleichheit an der Tordifferenz.
   Berechnung der Plus- und Minuspunkte aus der Spielebilanz.

   Beispiele:

Bayern München	1. FC Nürnberg	1. FC Köln
20 · 2 + 13 = 40 + 13 = 53	12 · 2 + 11 = 24 + 11 = 30 + 5 = 35	13 · 2 + 9 = 26 + 9 = 35
13 + 1 · 2 = 13 + 2 = 15	11 + 11 · 2 = 11 + 22 = 33	9 + 12 · 2 = 9 + 24 = 33

   Beobachtung:
   Je mehr Pluspukte eine Mannschaft besitzt, desto weniger Minuspunkte und umgekehrt.
   Genauer: Die Summe der Plus- und Minuspunkte beträgt für jede Mannschaft 68.

Wir prüfen es nach: $53 + 15 = 68$, $47 + 21 = 68$,
$43 + 25 = 68$, $40 + 28 = 68$,
$20 + 48 = 68$, $18 + 50 = 68$.

Begründung:
Bei jedem Spiel verändert sich das Punktekonto jeder Mannschaft um 2 Punkte: Entweder um 2 Pluspunkte (Sieg), um 1 Plus- und 1 Minuspunkt (Unentschieden) oder um 2 Minuspunkte (Niederlage). Bei 34 Spielen ergibt das insgesamt $34 \cdot 2 = 68$ Plus- und Minuspunkte zusammen. Diese Beziehung wird viel deutlicher, wenn man die Veränderung der Tabelle von Spieltag zu Spieltag verfolgt.

Wie könnte es weitergehen?

5. Vielleicht gibt es einige Fans in der Klasse, die Lust haben, die Bundesligatabelle der laufenden Saison einige Spieltage rechnerisch zu verfolgen bzw. sogar aus den Spielergebnissen die jeweils neue Tabelle zu berechnen.

5. Blitzrechnen

Wie im ersten Schuljahr umfaßt das Blitzrechnen im zweiten Schuljahr die großen Bereiche "Addition/Subtraktion" und "Einmaleins", die von Fertigkeiten des Zählens und der Zahlbestimmung ergänzt werden. **Die Automatisierung der einzelnen Fertigkeiten darf wiederum erst dann einsetzen, wenn eine Anschauungs- und Verständnisgrundlage aufgebaut worden ist, und sie wird anfangs noch von anschaulichen Stützen begleitet.**

B1 "Zahlen zeigen"

Mit dem Zahlwinkel werden auf der Hunderterfeld-Folie am Tageslichtschreiber der Reihe nach Zahlen dargestellt. Die Schüler müssen die jeweilige Zahl nennen. Dabei empfiehlt sich eine operative Variation, z. B. 48, 58, 59, 60, 70, 79, 88, 97, 86, 66, 46, 50 usw.

B2 "Zehnerergänzung"

1. Mit einer farbigen Zahlwinkelfolie werden auf der Hunderterfeld-Folie am Tageslichtschreiber Zahlen dargestellt. Die Schüler müssen die jeweilige Zahl bis zum nächsten Zehner ergänzen.
   Beispiel: Der Lehrer zeigt 54.
   Die Schüler sprechen: *„54 + 6 = 60."*
2. Auf der Hundertertafel werden Zahlen gezeigt. Die Schüler ergänzen wieder bis zum nächsten Zehner (Sprechweise wie unter 1.).
3. Die Zehnerergänzung wird rein verbal durchgeführt.

B3 "Zählen bis 100"

1. Unterstützt durch Hundertertafel oder Hunderterreihe zählen die Schüler in 1er-, 2er-, 5er- und 10er-Schritten und zeigen die jeweils genannte Zahl.
2. Analog rückwärts.
3. Zählen **ohne** anschauliche Stütze unter Bezug auf **innere** Zahlvorstellungen.

B4 "Verdoppeln und Halbieren"

Zum Blitzrechnen zählen wir nur das Verdoppeln von Fünfer- und Zehnerzahlen (5, 10, 15, 20, 25, ...) und das Halbieren von reinen Zehnern. Nach entsprechender Übung werden die Kinder in der Lage sein, von diesen Stützpunkten aus beliebige Zahlen zu verdoppeln und beliebige **gerade** Zahlen zu halbieren.

1. Man zeigt mit Hilfe einer farbigen Zahlwinkelfolie an der Hunderterfeld-Folie eine Fünfer- oder Zehnerzahl. Die Schüler zeigen mit einem Karton das Doppelte (Abb. 1).

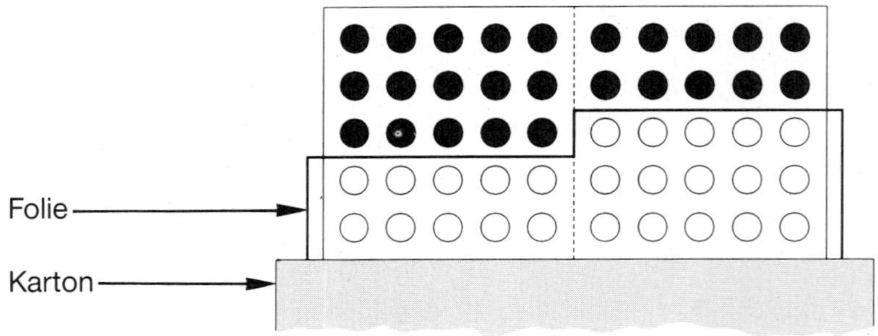

Abb. 1

Beispiel:
Sprechweisen: *„25 + 25 = 50."* *„2 mal 25 = 50."* *„Das Doppelte von 25 ist 50."*

2. Man zeigt am Hunderterfeld mit Karton eine Zehnerzahl. Die Schüler zeigen mit der farbigen Zahlwinkelfolie die Hälfte.
Sprechweise: *„Die Hälfte von 70 ist 35."*

3. Übung von "Verdoppeln" und "Halbieren" ohne Stütze, wobei auf sparsamste Sprechweisen zu achten ist. Wenn z. B. "Verdoppeln" angesagt ist, wissen die Schüler, daß sie zu jeder vom Lehrer genannten Zahl das Doppelte nennen müssen. Auch hierbei empfiehlt sich eine operative Variation.

Beispiel:

L	100	50	60	30	40	80	60	70	...
S	50	25	30	15	20	40	30	35	...

B5 "Ergänzen bis 100"

Wenn mit der farbigen Zahlwinkelfolie auf dem Hunderterfeld Zahlen dargestellt werden, erscheinen die Ergänzungszahlen bis 100 unter der farbigen Folie und können daher leicht abgelesen werden (Abb. 2).
Beispiel: 44 + 56 = 100

1. Der Lehrer nennt eine Zahl (z. B. 44). Die Schüler legen die Folie, lesen ab und nennen das Ergebnis: 44 + 56 = 100.

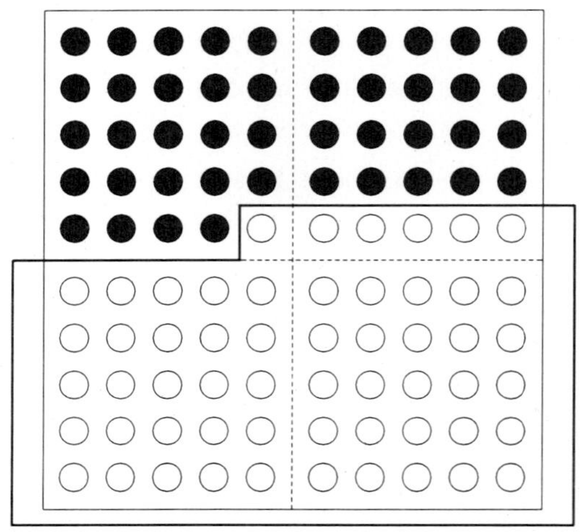

Abb. 2

2. Analog **ohne** anschauliche Stütze. Wiederum empfiehlt sich eine operative Variation.

L	60	59	60	61	60	40	30	25	...
S	40	41	40	39	40	60	70	75	...

B6 "Zerlegen"

Hierbei geht es darum, eine **reine Zehnerzahl** in zwei Summanden zu zerlegen, von denen einer vom Lehrer vorgegeben wird. Die erste, anschauliche Übungsphase verläuft analog zu **B4 "Halbieren"**: Mit dem Karton wird eine Zehnerzahl dargestellt, mit der farbigen Zahlwinkelfolie ein Summand. Die Schüler bestimmen den zweiten Summanden (Abb. 3).
Beispiel: 60 = 26 + 34

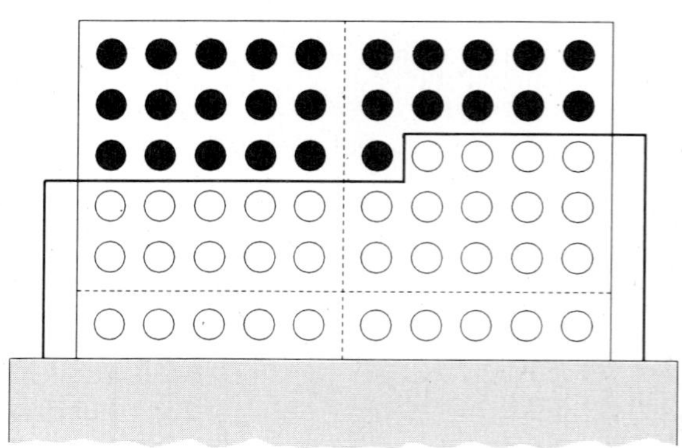

Abb. 3

Später werden diese Zerlegungen im Kopf durchgeführt.

Beispiel: L.: *„70 = 59 + .“* S.: *„70 = 59 + 11.“*
L.: *„30 = 16 + .“* S.: *„30 = 16 + 14.“*
L.: *„90 = 64 + .“* S.: *„90 = 64 + 26.“*

B7 "Leichte Plus- und Minusaufgaben"

Aufgaben wie 38 + 45, 75 – 28 werden **halbschriftlich** gerechnet und gehören **nicht** zum Blitzrechnen, wohl aber Additionsaufgaben, bei denen der **zweite** Summand eine **reine** Zehner- oder Einerzahl ist.
Beispiele: 38 + 30, 38 + 7, 75 – 40, 75 – 3.
Wenn die Schüler eine gewisse Geläufigkeit bei solchen Aufgaben besitzen, kann man **Kettenaufgaben** stellen:

$38 \xrightarrow{+30} \square \xrightarrow{+5} \square \xrightarrow{-6} \square \xrightarrow{+20} \square \xrightarrow{-40} \square$.

B8 "100 teilen", "60 teilen"

Die Zerlegung des Hunderters in 2, 4, 5 und 10 gleichgroße Teile war schon ein Thema der Orientierung im Hunderterraum, wobei wir stark auf anschauliche Stützen gesetzt haben. Wegen der Wichtigkeit dieser Zerlegungen für das Kopfrechnen müssen sie unbedingt automatisiert werden. Das gleiche gilt für die Zerlegungen von 60 in 2, 3, 4, 5, 6 und 10 gleiche Teile, die für die Zeitrechnung ständig benötigt werden.
Sprechweisen: L.: *„100 in 4 Teile.“* L.: *„60 in 3 Teile.“*
S.: *„100 ist 4 mal 25.“* S.: *„60 ist 3 mal 20.“*
Die Zerlegungen von 60 müssen zunächst noch anschaulich abgestützt werden, wobei die im Zusammenhang mit dem Einmaleins benutzte Foliengerade und die Uhr gute Hilfe leisten.

Beispiele:

60 in 4 Teile	60 = 4 mal 15	60 in 5 Teile	60 = 5 mal 12
40 in 4 Teile		50 in 5 Teile	
20 in 4 Teile		10 in 5 Teile	

B9 "Einmaleins"

Das 1x1 wird zweckmäßigerweise in 3 Stufen automatisiert:

1. "Kurze Reihen"
   Beispiel: L.: *„Kurze 6er-Reihe.“*
   S.: *„6, 12, 30, 60.“*

2. Beliebige 1x1-Aufgaben
   Die Aufgaben können abwechselnd am Hunderterfeld, an der Mal-Tafel oder mündlich gestellt werden. Die Aufgabenstellung sollte die Kernaufgaben und operative Beziehungen betonen. Die Schüler dürfen bei Aufgaben, die ihnen noch schwer fallen, den Mal-Plan benutzen, müssen aber bewußt daran arbeiten, davon unabhängig zu werden.

3. "1x1 rückwärts"
   Die Schüler nennen zu vorgegebenen 1x1-Zahlen Aufgaben.
   Beispiel: L.: *„24“*
   S.: *„8 · 3“, „3 · 8“, „4 · 6“, „6 · 4“*

B10 "Quadratzahlenreihe"

Anfänglich unterstützt durch das Hunderterfeld und den Einmaleinswinkel sollen die Schüler die Quadratzahlenreihe über 100 hinaus bis 12 · 12 = 144 flüssig aufsagen.
In den folgenden Schuljahren wird die Reihe bis 32 · 32 = 1024 fortgesetzt.

Anhang

E. Ch. Wittmann

Wider die Flut der "bunten Hunde" und der "grauen Päckchen": Die Konzeption des aktiv-entdeckenden Lernens und des produktiven Übens

Ziel dieses Aufsatzes ist es, die auf den neuen Grundschullehrplänen fußende Lern- und Übungskonzeption des vorliegenden Handbuchs im Zusammenhang zu beschreiben und zu ihrer realistischen Einschätzung beizutragen. Dies ist nicht nur von theoretischem Interesse, sondern hat auch eine handfeste Bedeutung für die Unterrichtspraxis.
Der Aufsatz ist folgendermaßen gegliedert:
Zuerst werden die beiden Grundauffassungen des Lehrens und Lernens einander gegenübergestellt, die in der didaktischen Tradition, insbesondere seit Beginn des 20. Jahrhunderts, miteinander konkurriert haben:

- einerseits diejenige Position, die charakterisiert ist durch die Prinzipien der kleinen und kleinsten Schritte, des linearen Aufbaus, der methodischen Stufung und der Isolierung der Schwierigkeiten,
- andererseits die durch die Prinzipien des aktiven Lernens, des entdeckenden Lernens und das genetische Prinzip gekennzeichnete Position.

Diese Positionen und die aus ihnen abgeleiteten Übungskonzepte werden in den folgenden Abschnitten genauer analysiert und bewertet. Dabei werden die Vorteile der aktiv-entdeckenden Methode und des produktiven Übens klar heraustreten.

Da die folgenden Überlegungen das heikle Verhältnis zwischen Theorie und Praxis berühren, möchte ich zur Verdeutlichung meines eigenen Standpunktes die folgenden grundsätzlichen Bemerkungen vorausschicken:

1. Obwohl ich den Nutzen einer guten Theorie für die Praxis sehr hoch einschätze, bin ich mir der **prinzipiellen** Grenzen theoretischer Überlegungen voll bewußt. Die Praxis ist ja viel zu kompliziert, als daß man sie theoretisch im einzelnen vorwegnehmen und bestimmen könnte. Daher steht **den Praktikern selbst** das letzte Wort über ihre didaktischen Entscheidungen zu, die letztendlich **sie** gegenüber den ihnen anvertrauten Kindern und gegenüber der Gesellschaft verantworten müssen.

2. Die Leistungen der Grundschule bei der Integration und Förderung von Kindern mit unterschiedlichem sozialen Hintergrund, unterschiedlichem Temperament, unterschiedlicher Begabung und nicht selten mit Verhaltensstörungen unterschiedlichster Art können in ihrer Bedeutung für die Gesellschaft nicht genug gewürdigt werden. Aufgabe der didaktischen Theorie muß es sein, in konstruktiver Weise zur Effektivierung und Erleichterung dieser manchmal mühevollen Unterrichtsarbeit beizutragen. Ohne eine kritische Analyse des Istzustandes ist dies nicht möglich. Ich möchte aber ausdrücklich betonen, daß sich die im folgenden geübte Kritik nicht gegen Personen, sondern nur gegen Materialien und Methoden richtet, die nach meiner Überzeugung durch bessere ersetzt werden können. "Die Menschen stärken, die Sachen klären": Dieser Titel eines Buches von *H. von Hentig* beschreibt die zugrundeliegende Absicht sehr zutreffend.

1. Grundpositionen des Lehrens und Lernens

Der Geist ist kein Schiff, das man beladen kann, sondern ein Feuer, das man entfachen muß.

Plutarch (46–120 n. Chr.)

Die Geschichte der Theorie und Praxis des Lehrens und Lernens ist geprägt durch die fortwährende Kontroverse zweier grundsätzlich verschiedener Positionen:
Die *passivistische Position* gründet sich auf die Philosophie des Empirismus und die Psychologie des Behaviorismus (Assoziationspsychologie) und erklärt die Entstehung von Wissen im Lernenden durch die mechanische Wirkung **äußerer** Ursachen: In das anfangs "leere Kabinett des kindlichen Geistes" *(J. Locke)* strömen **von außen** (d.h. von der natürlichen und sozialen Umwelt und dem Lehrer) kommende Sinneseindrücke, prägen sich durch Wiederholung ein und schlagen sich in geordneten Vorstellungen und Verhaltensweisen nieder. In der trockenen Sprache des Behaviorismus ist Lernen nichts anderes als ein relativ stabiler Zuwachs im Verhaltensrepertoire, der das Ergebnis von Übung und dabei erfolgender Bestärkung bzw. Verhaltenskorrektur ist. Der Lernende setzt nur seine Sinne ein, öffnet sozusagen Augen und Ohren und versucht nachzuahmen, was ihm vorgemacht wird, bleibt aber ansonsten passiv. Er läßt sich gewissermaßen wie ein Schiff beladen.
Im Gegensatz dazu fußt die *aktivistische Position* des Lehrens und Lernens auf der Philosophie von *Leibniz* und *Kant* und der Kognitionspsychologie, insbesondere der genetischen Psychologie von *J. Piaget*. Diese Position interpretiert die Entstehung des Wissens im Lernenden als dessen **aktive Konstruktion,** d.h. als Resultat einer **Wechselwirkung zwischen "innen" und "außen":** Das Kind verfügt von Geburt an über eine biologische Grundausstattung, von der aus es durch "Kopf, Herz und Hand" mit der natürlichen und sozialen Umwelt in Austausch treten kann. Das jeweils neu erworbene Wissen ist dabei immer mitbestimmt und persönlich gefärbt durch das bestehende Wissen, mit dem das neue Gegenstandsfeld wie mit einem "Scheinwerfer" (*K. Popper*) abgesucht wird. In dieser Sichtweise muß sich der Lernende also den jeweiligen Unterrichtsgegenstand **aktiv erarbeiten.** Der Lernstoff wird ihm nicht durch seine Sinne von außen zugeführt.

Obwohl es für beide Positionen radikale Ausprägungen gibt (den Behaviorismus einerseits und den radikalen Konstruktivismus andererseits), haben sich didaktische Theorien und der real praktizierte Unterricht stets zwischen diesen extremen Polen bewegt. Im konkreten Fall ist es aber meist möglich, klar zu entscheiden, welche Position überwiegt.
Historisch gesehen war die Praxis des Unterrichts durchwegs von der passivistischen Sichtweise beherrscht, obwohl es immer Einzelgänger gegeben hat, die für aktives Lernen eingetreten sind. Namentlich in unserem Jahrhundert haben sich aber parallel zu dem unaufhaltsamen Aufstieg aktivistischer und dem gleichzeitigen Niedergang passivistischer Theorien solche didaktischen Positionen immer stärker durchgesetzt, die sowohl die Eigenaktivität der Schüler als auch ihren sozialen Austausch als unverzichtbare Faktoren für den Lernerfolg ansehen.

Bereits zu Beginn unseres Jahrhunderts hat der bedeutende Rechendidaktiker *J. Kühnel* (1869 – 1928) die Notwendigkeit einer entsprechenden Veränderung der Rollen von Schüler und Lehrer vollkommen klar gesehen. In seinem epochalen "Neubau des Rechenunterrichts" (1. Auflage 1916) schreibt er (*Kühnel* 1954[8], 70, Hervorhebungen im Original):

"Die Hauptfrage, die für die gesamten folgenden Ausführungen maß- und richtungsgebend sein soll, mag demnach ihren Ausdruck finden in der Form:
Welches ist das wissenschaftlich und praktisch begründete Lehrverfahren, mittels dessen wir die Entwicklung des Zöglings in der gewünschten Weise fördern?

Diese Formulierung läßt ohne weiteres den Einfluß der neuen Zielbestimmung erkennen. Nicht um ein Lehrverfahren handelt es sich, mittels dessen wir dem Schüler auf möglichst leichte, auf möglichst leidlose oder lustvolle Weise etwas beibringen wollen, seien es Kenntnisse, seien es Fertigkeiten. ***Beibringen, darbieten, vermitteln*** *sind vielmehr Begriffe der* ***Unterrichtskunst vergangener Tage*** *und haben für die Gegenwart geringen Wert; denn der pädagogische Blick unserer Zeit ist nicht mehr stofflich eingestellt. Wohl soll der Schüler auch künftig Kenntnisse und Fertigkeiten gewinnen – wir hoffen sogar noch mehr als früher –, aber wir wollen sie ihm* ***nicht beibringen,*** *sondern er soll sie sich* ***erwerben.*** *Damit wechselt auch des Lehrers Aufgabe auf allen Gebieten. Statt Stoff darzubieten, wird er künftig die Fähigkeiten des Schülers zu entwikkeln haben. Das ist etwas völlig anderes, besonders für die Gestaltung des Rechenunterrichts. Denn durch die anders geartete Formulierung der Frage nach dem Lehrverfahren werden dem Lehrer zwei Hilfsmittel aus der Hand genommen, die den meisten bisher als unentbehrlich erschienen und als kennzeichnende Merkmale höchster Lehrkunst: Das* ***Darbieten*** *und das* ***Entwickeln.*** *Sie gibt ihm aber dafür zwei andere in die Hand, die zunächst unscheinbar, in ihrer Wirkung jedoch ungleich mächtiger sind: die* ***Veranlassung der Gelegenheit*** *und die* ***Anregung zu eigener Entwicklung.***
Und das Tun des Schülers ist nicht mehr auf ***Empfangen*** *eingestellt, sondern auf* ***Erarbeiten.*** *Nicht* ***Leitung und Rezeptivität,*** *sondern* ***Organisation und Aktivität*** *ist es, was das Lehrverfahren der Zukunft kennzeichnet."*

Auf der Ebene der Lehrpläne konnte sich diese Sichtweise aber lange nicht durchsetzen. Noch 1955 hieß es im Rechenlehrplan für die Volksschul-Unterstufe des Landes Nordrhein-Westfalen:

"Der Rechenunterricht kann nur zum Erfolg führen, wenn er in kleinen und kleinsten Schritten vom Einfachen zum Schwierigen fortschreitet. Dieses Prinzip der kleinen Schritte gilt in gleicher Weise für das Sachrechnen und für das Rechnen mit unbenannten Zahlen, für die Schulung des rechnerischen Denkens und für die Übung der Rechenfertigkeit, für die Arbeit der geschlossenen Klasse und für die Gruppen- und Einzelarbeit; es gilt für alle Altersstufen und ist somit grundlegendes Prinzip des Rechenunterrichts."

Die Zeit für einen Wechsel war zwar schon Ende der sechziger Jahre reif, und es ist anzuerkennen, daß sich die Reformbewegung der "Neuen Mathematik" auch darum bemüht hat. Jedoch wurde dieser Aspekt durch die bekannten Fehlentwicklungen und Auswüchse der sogenannten "Mengenlehre" stark in den Hintergrund gedrängt. Erst mit der Ablösung dieser Richtung wurde es Anfang der achtziger Jahre in den Lehrplänen möglich, das Prinzip der kleinen und kleinsten Schritte durch das Prinzip des aktiven und entdeckenden Lernens zu ersetzen. Der oberste Unterrichtsgrundsatz des nordrhein-westfälischen Mathematiklehrplans von 1985 lautet dementsprechend:

"Den Aufgaben und Zielen des Mathematikunterrichts wird in besonderem Maße eine Konzeption gerecht, in der das Mathematiklernen als ein konstruktiver, entdeckender Prozeß aufgefaßt wird. Der Unterricht muß daher so gestaltet werden, daß die Kinder möglichst viele Gelegenheiten zum selbsttätigen Lernen in allen Phasen eines Lernprozesses erhalten:
- *von herausfordernden Situationen ausgehen; die Kinder zum Beobachten, Fragen, Vermuten auffordern*
- *ein Problem oder einen Problemkomplex herausstellen; die Kinder zu eigenen Lösungsansätzen ermutigen; Hilfen zum Selbstfinden anbieten*
- *Ergebnisse mit bisherigem Wissen auf vielfältige Art in Verbindung bringen, Ergebnisse mehr und mehr so klar und kurz wie möglich darstellen, evtl. gedächtnismäßig verankern; die Kinder zum selbständigen Üben ermuntern*
- *über den Wert des neuen Wissens und über die Art seiner Aneignung sprechen (Rückbesinnung), dabei die Kinder auffordern, sich neue, verwandte Sachverhalte zu erschließen.*

Die Aufgabe des Lehrers besteht darin, herausfordernde Anlässe zu finden und anzubieten, ergiebige Arbeitsmittel und produktive Übungsformen bereitzustellen und vor allem eine Kommunikation aufzubauen und zu erhalten, die dem Lernen aller Kinder förderlich ist."

Namentlich dieser nordrhein-westfälische Lehrplan ist unter vorbildlicher Information und Einbeziehung aller betroffenen Gruppen entwickelt worden und hat dabei einen sehr breiten Konsens gefunden. Trotzdem ist nicht zu erwarten, daß sich die Schulwirklichkeit in kurzer Zeit von selbst auf die didaktischen Prinzipien der neuen Richtlinien und Lehrpläne einstellen wird. Die beharrenden Kräfte im bürokratischen System Schule dürfen nicht unterschätzt werden, und der Druck vieler Eltern, zum traditionellen Rechenunterricht zurückzukehren, ist groß. Behindert wird die Entwicklung auch durch Schulbücher, die traditionellen Vorstellungen verhaftet bleiben und sich den Lehrplänen äußerlich nur soweit anpassen, wie es zu ihrer Genehmigung erforderlich ist. Parallel dazu wuchert eine Subkultur von ergänzenden "Handreichungen", "Unterrichtshilfen" und "Kopiervorlagen", die den Prinzipien der neuen Lehrpläne direkt widersprechen, diese Prinzipien aber ungeniert als Etiketten benutzen. Ein besonders typisches Beispiel hierfür ist das Materialangebot für die "Freie Arbeit". Diese aus der Montessori- und Freinet-Pädagogik entlehnte Arbeitsform zielt darauf ab, die Kinder in größeren Sinnzusammenhängen, unter Verfolgung eigener Wege und nach eigenem Lernrhythmus möglichst selbständig arbeiten zu lassen – ganz im Einklang mit den Bestrebungen der neuen Lehrpläne. Es mag hart klingen, muß aber im Interesse der Sache klar ausgesprochen werden: Die meisten der für "Freie Arbeit" angebotenen Materialien verkörpern geradezu das Gegenteil. Was ist das für eine "Freiheit", wenn der Schüler allenfalls frei in ein Regal greifen kann und das herausgegriffene Material ihn im weiteren durch eine kleinschrittige Aufgabenfolge vollkommen festlegt? Was ist das für eine "Selbstkontrolle", wenn der Schüler nur eine in das Material eingebaute Lösungskontrolle anwendet?

Diese Vernebelung der didaktischen Landschaft kann nur durch saubere und gründliche Analysen aufgehellt werden, bei denen Positionen klar benannt und Unterrichtsvorschläge unmißverständlich eingeordnet werden. Zu einer solchen Positionsbestimmung sollen die beiden nächsten Abschnitte beitragen.

2. Lernen und Üben nach dem Prinzip der kleinen und kleinsten Schritte

Rechnen zu wollen, ohne denken zu wollen, ist ebenso gut, wie atmen zu wollen ohne Lunge.

A. Diesterweg

Einer der Gründe für die Lernschwierigkeiten der Schüler ist das nutzlose Auf-der-Stelle-Treten, das einförmige Üben.

P.M. Erdnijew

Eingeübte Fertigkeiten können nur dann in verständnisvoller, nicht-mechanischer Weise angewandt werden, wenn bereits ihr Erlernen von Verständnis begleitet war.

John Dewey

Die Lehr-/Lernkonzeption der kleinen und kleinsten Schritte ist dadurch gekennzeichnet, daß der Lernstoff in kleine "Lernatome" zerlegt wird, die voneinander isoliert jeweils für sich durchgenommen werden. Die zu lernenden Wissenselemente und Fertigkeiten werden zuerst an Beispielen und Musteraufgaben erläutert und dann durch eine Vielzahl von Klein- und Kleinstaufgaben eines bestimmten Typs mit meistens genau festgelegtem äußeren Format ("Musterlösung") eingeübt. Die Kontrolle muß von außen kommen, da die Aufgaben in der Regel beziehungslos aufgereiht sind ("graue Päckchen"). Insgesamt handelt es sich um einen Unterricht, der im Ablauf genau reglementiert und kontrolliert ist und der auf die Vermittlung normierter Kenntnisse und Fertigkeiten sowie deren konforme Anwendung auf bestimmte Aufgabentypen abzielt.
In dieser Methode ist unschwer das Grundmuster des Reiz-Reaktions-Lernens der Assoziationspsychologie zu erkennen (vgl. *Brownell* 1944):

1. Dem Schüler werden bestimmte "Aufgabenreize" (oder bestimmte Aufgabentypen) vorgestellt, auf die er "reagieren" soll.
2. Es wird festgelegt, wie die "Reaktion" (Antwort oder Lösung) aussehen soll.
3. Dem Schüler werden weitere "Aufgabenreize" vorgelegt, auf die er die gewünschten Antworten geben soll, wobei richtige Antworten gelobt und falsche Antworten kritisiert und korrigiert werden.
4. Der Schritt (3) ist bis zur Festigung der Verbindung zwischen Reiz und Reaktion zu wiederholen.

In Reinkultur ist dieses Konzept in der "Psychology of Arithmetic" von *E. Thorndike*, einem der Hauptvertreter des Behaviorismus, zu studieren (*Thorndike* 1922), der durch seine Trainingsexperimente mit Ratten bekannt geworden ist. In der Unterrichtspraxis ist es in abgemilderter, aber dennoch deutlich ausgeprägter Form zu finden, wie an zwei Beispielen illustriert werden soll.
Abb. 1 (s. Seite 155) zeigt eine typische Seite aus einem Schulbuch für das 1. Schuljahr (im Original farbig), auf der das Vertauschungsgesetz der Addition behandelt wird. Der Schüler soll lernen, dieses Gesetz an Beispielen aufzuzeigen und es beim Rechnen anzuwenden.
Die Seite beginnt mit einer Veranschaulichung des Gesetzes durch Bilder. Dabei wird gleichzeitig ein bestimmtes Aufgabenformat eingeführt:

$$4 + 2 = \square$$
$$2 + 4 = \square$$

Es schließen sich serienweise Päckchen mit gleichförmigen Übungsaufgaben an, die in der "Schwierigkeit" schrittweise gestuft sind. Das ursprüngliche Aufgabenformat geht dabei über in die Formate

$$1 + 6 = 6 + 1 = \square$$

$$4 + 2 + 2 = \square$$
$$2 + 4 + 2 = \square$$

$$2 + 7 + \square = 10$$

○○○○●● 4 + 2 = □ ■■□□□□□ □ + □ = □

●●○○○○ 2 + 4 = □ □□□□□■■ □ + □ = □

① 5 + 1 = □
1 + 5 = □
4 + 3 = □
3 + 4 = □

② 7 + 1 = □
1 + 7 = □
8 + 1 = □
1 + 8 = □

③ 6 + 2 = □
2 + 6 = □
6 + 3 = □
3 + 6 = □

④ 8 + 2 = □
2 + 8 = □
7 + 2 = □
2 + 7 = □

⑤ 1 + 6 = 6 + 1 = □
2 + 5 = 5 + 2 = □
3 + 7 = 7 + 3 = □
1 + 8 = 8 + 1 = □

⑥ 4 + 2 + 2 = □
2 + 4 + 2 = □
5 + 3 + 1 = □
3 + 5 + 1 = □

⑦ 3 + 4 + 3 = □
2 + 8 − 3 = □
4 + 5 − 3 = □
1 + 9 − 2 = □

⑧ 2 + 7 + □ = 10
4 + 4 + □ = 10
8 + 1 − □ = 5
7 + 2 − □ = 6

⑨ 3 + 2 + 3 = □
10 − 2 − 3 = □
3 + 5 + 2 = □
8 − 3 − 1 = □

⑩ 2 + 7 − 5 = □
4 + 3 − 2 = □
7 + 2 − 4 = □
1 + 6 − 2 = □

Abb. 1

und schließlich in eine freiere Verwendung des Gesetzes beim Rechnen. Die "Isolierung der Schwierigkeiten" zeigt sich auch darin, daß der Zehnerraum an keiner Stelle überschritten wird.
In der Praxis wird eine solche Seite in der Weise erarbeitet, daß zunächst die Bilder besprochen und die ersten Aufgaben gemeinsam gelöst werden. Wenn das Gros der Kinder das Muster erfaßt hat, werden weitere Aufgaben in Stillarbeit gerechnet, wobei schwächere Kinder im Einzelgespräch weitere Hilfen und Anleitungen erhalten. Abschließend werden weitere Päckchen als Hausaufgaben gegeben, und die Ergebnisse werden in der nächsten Stunde überprüft.

Abb. 2 zeigt den "bunten Hund" (vgl. *Radatz/Schipper* 1983, S. 209), eine der typischen "spielerischen" Übungsformen, die als Ersatz für die "grauen Päckchen" entwikkelt worden sind, um den Kindern das unvermeidliche Üben zu versüßen : Eine Serie von gleichförmigen Aufgaben (hier zur schriftlichen Multiplikation) ist mit dem Ausmalen eines Bildes verbunden. Die Aufgaben sind insofern willkürlich zusammengestellt, als jede Aufgabe sich durch eine andere Aufgabe des gleichen Typs ersetzen ließe, ohne daß dies an der Serie etwas ändern würde. Die Ergebnisse der Aufgaben stehen auf den Feldern des Hundes, und immer, wenn das Kind eine Aufgabe richtig gerechnet hat, kann es das Ergebnis auf dem Hund wiederfinden und darf das entsprechende Feld zur Belohnung in der angegebenen Farbe ausmalen ("Selbstkontrolle").
Das heutige Übungsangebot quillt von Übungsformen über, die wie der "bunte Hund" die assoziationspsychologische Theorie des Reiz-Reaktions-Lernens geradezu musterhaft verkörpern:
Zu lösen sind jeweils Serien gleichartiger Aufgaben; die Lösungen werden durch Kontrollmechanismen überprüft.
Durch unterschiedlichste Methoden der Aufgabenpräsentation und der Kontrolle ergibt sich äußerlich gesehen eine ungeheure Vielfalt von "abwechslungsreichen" Materialien, deren uniformes Strickmuster bei genauerem Hinsehen aber sofort offenbar wird: LÜK-Kasten (L = Lernen, Ü = Üben, K = Kontrollieren), Heinevetter-Rechentrainer, Profax-Übungsgerät, "Little Professor", Aufgabenkärtchen für Setzleisten, Aufgabenblätter mit Farbkontrollen oder Lösungsblättern, Kopiervorlagen aller Art usw. usw. (vgl. *Radatz/Schipper* 1983, 194–195, 208–209).

Wie sind nun diese Übungsformen didaktisch zu bewerten?

Der **vereinzelte** Einsatz solcher Materialien ist als **Ergänzung** durchaus vertretbar. Eine Lern- und Übungspraxis aber, die von diesen kleinschrittigen, von außen kontrollierten, beziehungslosen Aufgaben **beherrscht** wird, ist aus einer Reihe von Gründen **ineffektiv**:

1. Das sorgfältige Arrangement jeder einzelnen Lerneinheit bietet dem Schüler so viele **äußere Hilfen**, daß er bei entsprechend massierter Übung zwar in die Lage versetzt werden kann, die gerade geforderten Aufgaben zu lösen, notfalls mechanisch. Die erworbenen Kenntnisse erhalten dabei aber nicht die Stabilität, die für ihre Anwendbarkeit auch in nicht besonders präparierten unterrichtlichen und lebensweltlichen Situationen notwendig ist. Man züchtet "Treibhauspflänzchen", die in den Kindern gar nicht einwurzeln und überhaupt nur in einer bestimmten Schulumgebung eine Zeitlang am Leben erhalten werden können. Der Schüler wird bei dieser Methode dazu verleitet, sich auf Äußerlichkeiten zu konzentrieren. **Denken und Rechnen werden entkoppelt.** Bereits leichte Änderungen von Formulierungen, Schreibweisen, Aufgabenstellungen usw. können den Schüler völlig verwirren.
2. Die Vorgabe von Aufgabentypen und Musterlösungen wirkt sich langfristig schädlich auf die Lerneinstellung des Schülers aus. Anstatt Erfahrungen zu erwerben, wie man den eigenen gesunden Menschenverstand gebrauchen kann, um aktiv und selbständig an Aufgaben heranzugehen, gewöhnt sich der Schüler mehr und mehr an, die Verantwortung für das Lernen dem Lehrer zu überlassen und selbst passiv abzuwarten, bis ihm Rezepte und deren Anwendung auf typische Aufgaben erklärt werden. Auch die Kontrolle für die Richtigkeit von

Ausmalen von Bildern

1.	407·140 =	dunkelbraun	14.	302·130 =	gelb
2.	423·152 =	hellbraun	15.	410·340 =	hellgrün
3.	104·134 =	gelb	16.	661·158 =	hellbraun
4.	823·704 =	grau (Bleistift)	17.	301·207 =	dunkelgrün
5.	235·142 =	hellbraun	18.	322·611 =	hellgrün
6.	425·316 =	orange	19.	203·233 =	gelb
7.	123·867 =	hellbraun	20.	380·241 =	dunkelbraun
8.	232·114 =	dunkelgrün	21.	435·218 =	blau
9.	221·315 =	orange	22.	908·607 =	hellgrün
10.	432·521 =	hellbraun	23.	314·231 =	hellbraun
11.	542·302 =	rot	24.	114·378 =	hellgrün
12.	123·456 =	hellgrün	25.	123·133 =	hellbraun
13.	287·653 =	hellbraun			

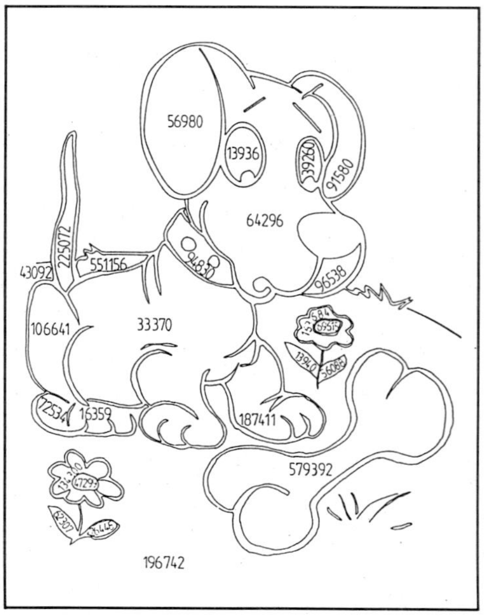

Abb. 2

Lösungen wird auf den Lehrer verlagert. Die Fähigkeit, Aufgaben selbst zu durchdenken, die eigenen Überlegungen zu bewerten, und damit **selbst** Verantwortung für das Lernen zu übernehmen, wird so beim Schüler nicht entwickelt. Der kleinschrittige, förmliche Rechenunterricht wirkt auf das Denken der Schüler wie "Chloroform" (*Benezet* 1935/36, S. 364).

3. Das monotone Üben stereotyper Aufgaben verführt zum kurzfristigen oberflächlichen Anlernen von Mechanismen und ist daher nicht auf Langzeiterfolge angelegt. Immer wieder müssen Kenntnisse und Fertigkeiten aufgefrischt werden, die längst "sitzen" sollten. Da dies insgesamt einen erheblichen zusätzlichen Zeitaufwand bedeutet, steht der Gesamteinsatz in einem sehr ungünstigen Verhältnis zum Effekt. Diese Übungspraxis ist daher schon in einem ganz vordergründigen Sinn ineffektiv.
4. Völlig ungenügend ist das isolierende, kleinschrittige Lernen und Üben für die Entwicklung höherer Lernziele und damit für den Beitrag des Mathematikunterrichts zur Denkerziehung und zur Allgemeinbildung. "Graue Päckchen" und "bunte Hunde" bieten keine Gelegenheit, an Problemsituationen probierend-entdeckend heranzugehen sowie Gesetzmäßigkeiten, Beziehungen und Strukturen aufzuspüren. "Graue Päckchen" und "bunte Hunde" legen auch keinen Grund für die gedankliche und rechnerische Durchdringung von Sachaufgaben. Woher soll denn ein Schüler, der an kleinschrittiges Lernen und Üben gewöhnt worden ist, plötzlich die Fähigkeit zur Lösung von Aufgaben haben, bei denen gerade **nicht** vorgegeben ist, was er zu rechnen hat? Die Schwierigkeiten der Schüler beim Sachrechnen sind zwar bekannt und werden allgemein beklagt. Der schädliche Einfluß kleinschrittiger Übungen auf die Sachrechenleistungen wird m.E. aber viel zu wenig beachtet (vgl. hierzu die Beobachtungen und Versuche eines Schulpraktikers in *Benezet* 1935/36).

3. Lernen und Üben nach den Prinzipien des aktiven und entdeckenden Lernens

Üben ist damit im wesentlichen das Wiederaufnehmen eines (entdeckenden) Lernprozesses, das Nocheinmalnachbilden, Nocheinmalnachbauen von Lernsituationen. An der zunehmenden (und nicht schon gleich vermittelten) Mechanisierung von Verfahren, an der Verflechtung von Wissen, sowie an der geläufigeren Handhabung von Strategien werden die Schüler bewußt und aktiv beteiligt.

Heinrich Winter

Von grundsätzlich anderer Qualität als das kleinschrittige Lernen und Üben ist das Lernen und Üben nach den Prinzipien des aktiven und entdeckenden Lernens: Die einzelnen Lernabschnitte sind großzügiger bemessen und schaffen Sinnzusammenhänge, aus denen heraus sich für die Schüler vielfältige Aufgaben unterschiedlichen Schwierigkeitsniveaus ergeben. Durch den Lehrer angeregt und auf bestimmte Ziele hingelenkt **erarbeiten sich** die Schüler bestimmte Fertigkeiten, Wissenselemente und Lösungsstrategien. Die Diskussion der Ideen und Überlegungen der Schüler in der Klasse wird dabei genutzt, um zunächst unvollkommene Ansätze der Schüler weiterzuentwickeln. Geübt wird ebenfalls in sinnvollen Zusammenhängen.

Betrachten wir auch hier zur Illustration eine Schulbuchseite und eine typische Übungsform. Am schönsten wäre es natürlich, eine Alternativseite zum Kommutativgesetz vorstellen zu können. Aber eine solche Seite kann es nicht geben, weil bei der aktiv-entdeckenden Methode solche "Lernatome" ausgeschlossen sind. Wir müssen also ein anderes Beispiel wählen. Abb. 3 (s. S. 158) zeigt eine Seite eines Schulbuchs für das 2. Schuljahr, die als Einführung in den Hunderterraum dienen soll (im Original farbig). Dem Schüler werden zunächst einige Abzählaufgaben gestellt, **ohne** daß bestimmte Musterlösungen vorgeschrieben sind. Die Anzahlen lassen sich in der Tat auf verschiedene Weise bestimmen, und es liegt nahe, die verschiedenen Ansätze vergleichen zu lassen. Von Aufgabe zu Aufgabe können die Schüler mehr Routine in der geschickten räumlichen Gliederung der zu zählenden Objekte entwickeln und arbeiten sich daher immer mehr in den Hunderterraum ein. Die Orientierung im neuen Zahlraum wird im unteren Drittel der Seite und auf den folgenden Seiten durch andersartige Aufgaben fortgesetzt. Es gibt dabei keine Aufgabentypen, auf die sich die Schüler mit stereotypen Antworten einstellen könnten. Daher sind sie immer gezwungen nachzudenken.

Als Beispiel für eine Übungsform, bei der die einzelnen Aufgaben in einem sinnvollen Zusammenhang stehen, betrachten wir das *"Würfelraten"* zur Übung des kleinen Einspluseins im 1. Schuljahr (vgl. Abschnitt 3.3.1).
In der ersten Phase lernen und üben die Schüler, die Augenzahlen dreier gleichzeitig geworfener Würfel geschickt zu addieren (Abb. 4).

Beispiel:

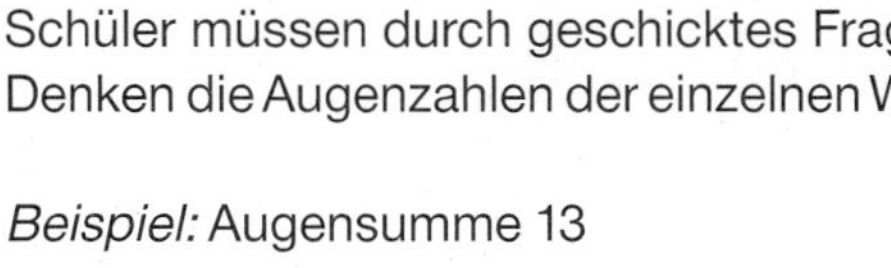

5 + 4 + 2 = 11

Bei den Aufgaben der zweiten Phase wirft der Lehrer jedesmal drei Würfel so, daß die Schüler die Ergebnisse nicht sehen können (z.B. hinter einer Tasche versteckt). Er sagt die Augensumme bei jedem Durchgang an, und die Schüler müssen durch geschicktes Fragen, Rechnen und Denken die Augenzahlen der einzelnen Würfel bestimmen.

Beispiel: Augensumme 13

	Tafelbild
	13 =
"Ist eine 6 dabei?"	
L: *"Nein."*	
S: *"Ist eine 4 dabei?"*	
L: *"Ja."*	13 = 4 +
S: *"Ist noch eine 4 dabei?"*	
L: *"Ja."*	13 = 4 + 4 +
S: *"Dann zeigt der letzte Würfel eine 5."*	13 = 4 + 4 + 5

1. Mengen mit vielen Elementen

1 Wie viele Fische hat Bernd in seinem Aquarium? Schätze zuerst! Zähle in Zweierschritten. Zähle noch einmal nach in Dreierschritten.

2

Zähle die Nadeln.

3

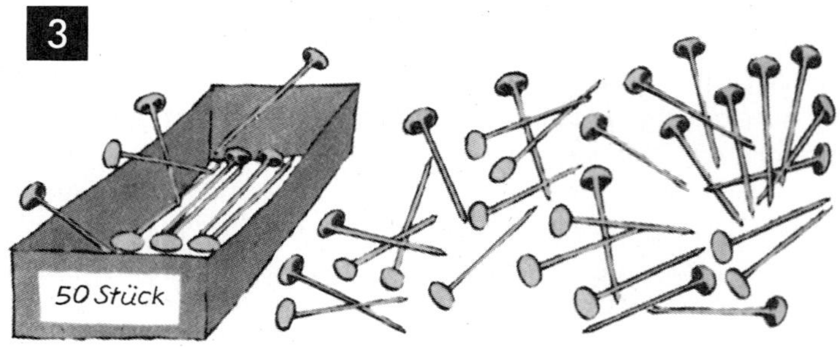

Zähle die Nägel in der Schachtel, die daneben, alle.

4 Wie viele Steine sind hier wohl aufgebaut? Man sieht nicht alle. Wie viele sind es mindestens?

5 Zähle die Speichen. Ist es eine gerade oder ungerade Anzahl?

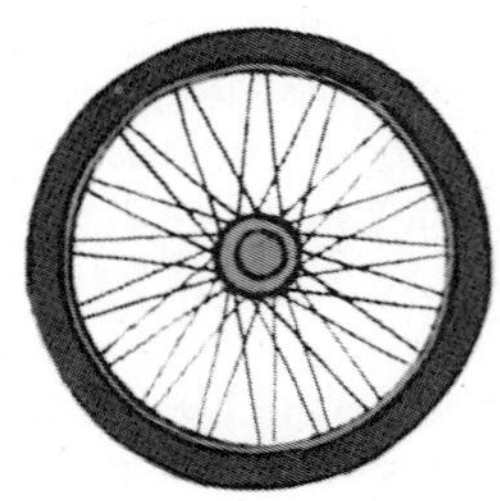

6 Wie viele Speichen hat das Vorderrad deines Fahrrades? Ralf hatte am Hinterrad seines Fahrrades 36 Speichen, aber drei davon zerbrachen und fielen heraus.

7 Setze fort:

$1 + 2 = 3$
$11 + 2 = 13$
$21 + 2 = 23$
$31 + 2 = \square$

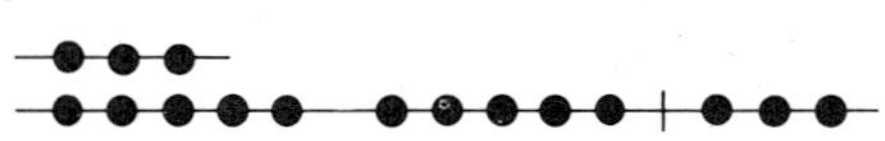

8 Setze fort:

10, 12, 14, 16, . . ., 30
11, 13, 15, 17, . . ., 31
5, 10, 15, 20, . . ., 55
10, 20, 30, 40, . . ., 100

9 Gleich? Kleiner als? Größer als? (=, <, >)

60 < 70	16 . . . 61	2 + 3 . . . 6
50 . . . 30	20 . . . 2	2 + 5 . . . 6 + 1
51 . . . 15	100 . . . 99	10 − 1 . . . 9
11 . . . 12	17 . . . 71	41 + 2 . . . 45 − 2

10 Die Hälfte von 14 ist . . .
Die Hälfte von 20 ist . . .
Das Doppelte von 6 ist . . .
Das Doppelte von 11 ist . . .

Abb. 3

In der dritten Phase schließlich erhalten die Schüler die **Denk**aufgabe, möglichst alle Möglichkeiten zu bestimmen, wie eine vorgegebene Augensumme durch die Augenzahlen dreier Würfel verkörpert werden kann.

Beispiel:	$8 = 6 + 1 + 1$
Augensumme 8	$8 = 5 + 2 + 1$
	$8 = 4 + 3 + 1$
	$8 = 4 + 2 + 2$
	$8 = 3 + 3 + 2$

Da sich bei kleinen und großen Augensummen weniger Kombinationen ergeben als bei mittleren, bietet diese Aufgabe die Möglichkeit einer natürlichen Differenzierung.

Die Übung *"Würfelraten"* eröffnet den Schülern einen Sinnzusammenhang, innerhalb dessen sie Additions-, Ergänzungs- und Subtraktionsaufgaben unter wechselnden Fragestellungen lösen und im Anschluß daran Strukturzusammenhänge aufdecken können. **Durchweg** ergeben sich Aufgaben unterschiedlicher Schwierigkeit, so daß **alle** Schüler an einer **gemeinsamen** Aktivität beteiligt werden können. Die soziale Interaktion braucht nicht von außen künstlich inszeniert zu werden, sondern liegt in der **Natur der Sache**.

Mit welchem Recht ist nun Lernen und Üben nach den Prinzipien des aktiven und entdeckenden Lernens als **produktiv** zu bezeichnen?

1. Lernen und Üben in Sinnzusammenhängen veranlaßt und befähigt den Schüler, zusätzlich zu den Informationen des Lehrers, **eigene Denkleistungen** zu erbringen, zu prüfen und auf die Sacherfordernisse abzustimmen. Dem Schüler werden anders als bei der kleinschrittigen Stufung nicht alle Hindernisse und Widerstände aus dem Weg geräumt. So lernt er, sie zu überwinden, und wird versierter. Dadurch, daß bei der ganzheitlichen Erarbeitung von Themen immer Aufgaben unterschiedlicher Schwierigkeitsniveaus anfallen, können sich **alle** Schüler, von lernschwachen bis leistungsstarken, nach ihren Möglichkeiten beteiligen (**natürliche** Differenzierung). Es entfällt der Zwang zu einem **gleichschrittigen** Vorgehen auf einem mittleren Niveau, mit der Gefahr, schwache Schüler zu **über-** und leistungsstarke zu **unter**fordern.
2. Die **Bewußtheit** und die **Verantwortung** des Schülers für sein Lernen werden gefördert. Der Schüler lernt und übt überlegter (Worum geht es? Was ist leicht? Was kann ich schon? Was fällt mir schwer? Welcher Weg ist vorteilhafter? Was muß ich noch lernen? usw.) und er versucht, sich möglichst aus eigener Kraft in dem betreffenden Stoffgebiet zurechtzufinden. Die dabei erzielten Erfolge stärken das Selbstvertrauen und regen dazu an, auf neue Themen aktiv zuzugehen.
3. Die starke persönliche Beteiligung bei der Erarbeitung von Kenntnissen, Fertigkeiten und Denkstrategien führt zu viel besseren **Langzeiterfolgen**, als sie im kleinschrittigen, reglementierten Unterricht je zu erreichen sind.
4. Lernen und Üben in Sinnzusammenhängen entspricht dem Wesen der Mathematik und ihren Anwendungen. So wird eine Motivation aus der Sache heraus ermöglicht und ein natürlicher Rahmen für soziales, sinnerfülltes Lernen geschaffen.

4. Zur realistischen Einschätzung aktiv-entdeckender Lehr-/Lernformen

> *Es scheint eine weit verbreitete Meinung zu sein, man dürfe Kinder anfangs nicht mit der Komplexität eines Stoffgebietes konfrontieren, da sie derart komplizierte Sachverhalte unmöglich bewältigen könnten. Ich teile diese Ansicht nicht. Die Ursache für diesen Irrglauben liegt m.E. darin, daß zwei grundverschiedene Dinge nicht auseinandergehalten werden, nämlich eine ganzheitliche, grobe Übersicht über das Stoffgebiet einerseits und die Beherrschung aller seiner Einzelheiten andererseits. Die Kinder benötigen natürlich geraume Zeit, um alle möglichen Einzelheiten zu lernen. Es ist aber keine Frage, daß ihnen das leichter fällt, wenn sie über die Gesamtheit der zu erwartenden Lernaufgaben richtig vorinformiert sind.*
>
> *Margaret Donaldson*

Die in den beiden vorangehenden Abschnitten vorgenommene Gegenüberstellung der Konzeptionen des reglementierten, kleinschrittigen Unterrichts einerseits und des aktivierenden, themenorientierten Unterrichts andererseits wirkt auf Praktiker leicht akademisch, weil trotz illustrativer Beispiele **grundsätzliche** didaktische Aspekte betont werden und unterrichtspraktische Fragen ausgeklammert scheinen. Daher ist es verständlich, wenn viele Praktiker der in Abschnitt 3 beschriebenen Position zwar "theoretisch" zustimmen und sie "im Prinzip" gerne übernehmen möchten, dann aber doch eine Reihe gewichtiger Einwände und Vorbehalte gegen ihre unterrichtliche Realisierung erheben. Diese Punkte sind nicht aus der Luft gegriffen, sondern im Gegenteil tief in praktischen Erfahrungen verwurzelt. Daher muß man sie sorgfältig analysieren. Es ist im übrigen das gute Recht der Praktiker, **vorher** möglichst genau zu erfahren, worauf sie sich mit einer neuen Lehr-/Lernmethode einlassen. Ohne kritische Rückfragen ist aber ein realistisches Bild nicht zu gewinnen.

Folgende Punkte werden von Praktikern am häufigsten genannt:

(1) "Schwarz-Weiß-Malerei":
"Die Gegenüberstellung ist überzeichnet. Die Methode der kleinen und kleinsten Schritte führt nachweislich zu Erfolgen. Das Prinzip des aktiv-entdeckenden Lernens ist auch kein Wundermittel."

(2) "Lernschwache Schüler":
"Aktiv-entdeckende Verfahren eignen sich für die guten Schüler. Für lernschwache Schüler bleibt nur

der mühselige Weg des kleinschrittigen, langsamen Vorgehens, begleitet von intensiven gleichförmigen Übungen."

(3) "Geliebte Päckchen":
"Viele Schüler zeigen eine Vorliebe für "graue Päckchen" und "bunte Hunde", und nichts ist motivierender als dauernde kleine Erfolge."

(4) "Höherer Zeitaufwand":
"Aktiv-entdeckende Verfahren sind zu zeitaufwendig."

(5) "Verlust von Kontrolle":
"Das Vorgehen in kleinen und kleinsten Schritten gibt dem Lehrer Sicherheit und erlaubt ihm, den Unterricht und die Disziplin in der Klasse zu kontrollieren. Bei einem aktiv-entdeckenden Unterricht ist mit einer so großen Vielfalt von Schülerreaktionen und einem so breiten Leistungsspektrum zu rechnen, daß die Klasse kaum noch zusammenzuhalten und zu kontrollieren ist. Am Ende stünde dann möglicherweise das blanke Chaos."

(6) "Schwer durchsetzbar":
"Aktiv-entdeckende Unterrichtsverfahren stoßen auf den Widerstand von Eltern und manchmal auch von Kollegen. Insbesondere erschweren sie es, zu Noten zu kommen, die man schwarz auf weiß belegen kann."

Die Einwände überlappen sich teilweise. Trotzdem möchte ich getrennt auf sie eingehen, auch wenn dadurch einige Wiederholungen unvermeidlich werden.

Zu (1): **"Schwarz-Weiß-Malerei":**

Ich bestreite keineswegs, daß der kleinschrittige Unterricht auch Erfolge aufzuweisen hat, behaupte allerdings, daß diese weitgehend **kurzfristiger** und **oberflächlicher** Natur sind. M.E. beruht die verführerische Wirkung der kleinschrittigen Vermittlung von Rezepten für bestimmte Aufgabentypen gerade auf den bei passend gestellten Klassenarbeiten kurzfristig erzielbaren Erfolgen, die man nach außen vorweisen und, wenn man will, auch vortäuschen kann. Wegen der Begrenztheit und Flüchtigkeit der so erworbenen Kenntnisse ist der kleinschrittige Unterricht aber **langfristig gesehen ineffektiv**. Wenn trotzdem bleibende Erfolge auftreten, so muß bezweifelt werden, ob sie wirklich ganz diesem Unterrichtsstil zuzuschreiben sind. Zumindest zum Teil dürften sie der Eigenaktivität der Schüler entspringen, die auch durch die engste Unterrichtsführung nicht ausgeschaltet werden kann.

Andererseits hat aber natürlich auch die Methode des aktiv-entdeckenden Lernens klar ihre Grenzen. Weder hat sie spektakuläre Erfolge aufzuweisen, noch ist sie frei von Mißerfolgen. Es gibt überhaupt keine Unterrichtsmethode, die alle Lernschwächen aus der Welt schaffen und alle Lehr- und Lernprobleme lösen kann. Auf aktiv-entdeckende Weise lassen sich aber die in den Schülern liegenden Möglichkeiten weitaus besser entwickeln sowie ihre Lernschwierigkeiten weitaus besser erkennen und auffangen als mit einem kleinschrittigen, eng geführten Unterricht.

Zu (2): **"Lernschwache Schüler":**

Dieser Einwand wird häufig mit einer zu elitären Interpretation des "entdeckenden" Lernens im Sinne von "kreativem" Lernen verbunden, als ob der "entdeckende" Unterricht nur auf dem Niveau anspruchsvoller Problemlöseaktivitäten stattfinden könnte und auf einen ständigen Fluß kreativer Ideen der Schüler angewiesen sei. Dies ist aber ein gründliches Mißverständnis, dem die Verfechter des entdeckenden Lernens vielleicht nicht entschieden genug entgegengetreten sind. Die Autoren des vorliegenden Handbuches verstehen "aktiv-entdeckend" im Sinne Kühnels schlicht und einfach als **aktive** Erarbeitung und Aneignung von Wissen im Gegensatz zu einer **passiven** Aufnahme. Ohne eigene Aktivität und ohne eigenes Zutun können aber auch lernschwache Schüler nicht effektiv lernen. Gerade für diese Schüler ist ein Herstellen größerer Zusammenhänge außerordentlich wichtig, weil sie sich die für das Lernen nötige Orientierungsgrundlage im Gegensatz zu leistungsstärkeren Schülern nicht selbst schaffen können. Mit einer Zersplitterung des Stoffes in isolierte "Lerneinheiten" hilft man lernschwachen Schülern also nicht, sondern man behindert sie eher. Es hat auch keinen Sinn, diese Schüler durch massierte Unterweisung und Übung zu Lernzielen führen zu wollen, für deren aktive Bewältigung ihre Lernvoraussetzungen nicht ausreichen. Einerseits ist es unproduktiv, weil "eingetrichterte" Mechanismen für die Schüler totes Wissen sind - falls sie überhaupt über längere Zeit behalten werden können. Andererseits aber verlieren die Schüler bei einem solchen Vorgehen das Vertrauen in ihre eigenen Denkmöglichkeiten, was sich im weiteren Unterricht von Jahr zu Jahr schlimmer auswirkt und schließlich zu "hoffnungslosen Fällen" führen kann.
Im Rahmen eines ganzheitlichen, themenorientierten Unterrichts bestehen dagegen **echte** Möglichkeiten der Förderung lernschwacher Schüler: Das Aufgabenangebot enthält Aufgaben unterschiedlicher Schwierigkeitsniveaus, die Form der Lösungen und die Lösungswege sind nicht vorgeschrieben, sondern lassen den Schülern Freiheiten. Die Schüler dürfen bei ihren Rechnungen selbstverständlich auf Materialien zurückgreifen, solange sie diese benötigen. Die fortschreitende Schematisierung von Rechenverfahren ist ja Bestandteil des aktiv-entdeckenden Unterrichts. Außerdem werden bei diesem Unterricht Fehlvorstellungen nicht kaschiert, sondern sie lassen sich frühzeitig erkennen und für den Lernfortschritt nutzen.

Zu (3): **"Geliebte Päckchen":**

Dies ist eine Tatsache, die nicht zu leugnen ist. Es stellt sich aber die Frage, wie man sie pädagogisch-didaktisch bewerten soll.

Leppig (1984) erklärt die Liebe der Kinder zu Päckchen folgendermaßen:

"Päckchenrechnen besteht im wesentlichen darin, wahre Aussagen in größerer Zahl hinzuschreiben und vorzulesen. Es gibt keine Stelle im gesamten Geschehen Schule, an der ein Schüler so oft die Bestätigung erhält, er habe etwas Richtiges gesagt, geschrieben, gezeigt, denn an keiner Stelle werden soviel Aussagen hintereinander gemacht."

Weil sich diese Rechtfertigung nicht auf die Bildungsziele, Inhalte und Lernprinzipien des Unterrichts bezieht, sondern die **äußere Beurteilung** der Lernerfolge durch den Lehrer und durch Mitschüler zum einzigen Maßstab macht, geht sie m.E. am Kern der Erziehungsarbeit vorbei.
Um zu einer tieferen Sichtweise zu gelangen, muß man das Problem der Motivation genauer analysieren. Der große amerikanische Pädagoge *J. Dewey* hat zu Beginn dieses Jahrhunderts in einem fundamentalen Aufsatz über "Interesse und Willensanstrengung im Unterricht" sehr genau zwischen echten und unechten Formen der Motivation von Kindern unterschieden (*Dewey* 1979). **Unecht** ist für Dewey die Motivation sowohl dann, wenn Lernaufgaben mit einer **äußeren, für die Kinder attraktiven Verpackung oder Einkleidung** versehen werden, als auch dann, wenn bei uninteressanten oder gar lästigen Lernaufgaben an die **Willensanstrengung und Selbstüberwindung der Kinder** appelliert wird – natürlich mit der Aussicht auf Lob, wenn sie die Aufgaben brav erledigt haben. Für Dewey kommt es bei der negativen Bewertung dieser Formen der Motivation entscheidend darauf an, daß in beiden Fällen unterstellt wird, der Lerngegenstand sei trocken und das Kind uninteressiert, und daß daher besondere Maßnahmen notwendig seien, um das Kind zum Lernen zu bringen.

Die einzige **echte** Form der Motivation besteht für *Dewey* darin, daß die Lernaufgabe an sich für das Kind interessant ist, **weil sie zur Entwicklung der kindlichen Kräfte beiträgt**. Das Kind kann sich an der Aufgabe messen und seine Kenntnisse und Fertigkeiten erweitern *(Dewey* 1979, S. 156):

"Die wahre Motivation beruht auf der unzertrennlichen Verbindung zwischen dem sich entwickelnden Kind und der Lernaufgabe, die gewissermaßen in der Richtung der Entwicklung liegt und die von dem Kind in Angriff genommen werden muß, wenn es sich selbst treu bleiben will. Wenn diese Verbindung sichergestellt ist, brauchen wir weder an die bloße Willenskraft des Kindes zu appellieren noch uns um eine geeignete Verpackung der Lernaufgabe kümmern."

Auf das Problem des Lernens und Übens im Mathematikunterricht übertragen, zeigt die Deweysche Analyse, daß die einzige **auf Dauer**, auch über die Grundschule hinaus, tragfähige Grundlage für die Motivation der Kinder in den Lebensbezügen und Strukturen des Faches Mathematik gesucht werden muß. Diese dürfen nicht durch "bunte Hunde" und "graue Päckchen" zum Verschwinden gebracht werden, sondern sind in den Wahrnehmungsbereich der Kinder zu rücken. Die Beispiele dieses Handbuchs zeigen, in welcher Form dies möglich ist. Für die Mathematikdidaktik ergibt sich hieraus die große Aufgabe, eine für Grundschullehrer geeignete "Elementarmathematik vom pädagogisch-didaktischen Standpunkt aus" zu entwickeln und ihren Nutzen als wissenschaftlichen Hintergrund des Mathematikunterrichts der Grundschule nachzuweisen (vgl. hierzu *Wittmann* 1988).
Die Beispiele des Handbuchs zeigen weiter, daß die Kinder auch bei der aktiv-entdeckenden Bearbeitung von Übungen ständig Rückmeldungen über die Richtigkeit ihrer Rechnungen und Überlegungen erhalten, wobei die Kontrolle aber nicht nur vom Lehrer oder den Mitschülern, sondern vielfach aus der Sache selbst kommt. Es gibt also bessere Erfolgsbestätigungen als richtig gerechnete "graue Päckchen".

Zu (4): **"Höherer Zeitaufwand":**

Es ist klar, daß die Schüler für selbständiges Überlegen und die Diskussion ihrer Ansätze mehr Zeit brauchen, als nötig ist, um Musteraufgaben und Musterlösungen vorzuführen und gleichartige Übungsaufgaben lösen zu lassen. Dies ist aber nur die eine Seite der Medaille. Auf der anderen Seite darf nämlich nicht übersehen werden, daß die Aufsplitterung des Lernstoffs in kleine Atome, die Isolierung der Schwierigkeiten und die kleinschrittige Stufung den Zeitaufwand sehr stark vergrößern. Zusammengehörige Wissenselemente und Fertigkeiten lassen sich im Zusammenhang nicht nur leichter, sondern auch viel ökonomischer und schneller lernen. Der höhere Zeitaufwand für aktiv-entdeckendes Vorgehen wird daher durch die Themenorientierung **voll kompensiert**. Wenn man noch beachtet, daß im aktiv-entdeckenden Unterricht breitere Zielsetzungen verfolgt werden und eine bessere Lerneinstellung für das Lernen neuen Stoffes erreicht wird, ist der Einwand des höheren Zeitaufwandes nicht stichhaltig.

Zu (5): **"Verlust von Kontrolle":**

Dieser Einwand verdient eine besondere Prüfung, weil er vermutlich für die Zurückhaltung vieler Praktiker gegenüber dem aktiv-entdeckenden Unterricht ausschlaggebend ist.
Zunächst ist es überhaupt keine Frage, daß sich der Lehrer im Unterricht sicher fühlen muß und daß ihm keine Unterrichtsmethode zuzumuten ist, die ihm die Sicherheit nimmt. Es wäre aber ein Irrtum zu glauben, eine kontrollierte, zielgerichtete Arbeit mit einer Klasse sei nur mit einem klein- und gleichschrittigen, detailliert festgelegten **Korsett** möglich. Der Psychologe *W. Metzger*, einer der Hauptvertreter der Psychologie des produktiven Denkens um die Mitte des Jahrhunderts, hat sehr schön zwei unterschiedliche Weisen der Zielerreichung beschrieben, die er die **"erzwungene"** und die **"freie"** Zielerreichung nennt *(Metzger* 1964):

"Aufgabenlösungsverfahren, die ein Mensch anwendet, können von der Art einer "starren Form" und von der Art einer "lebendigen Gestalt" sein. Die "starre Form" besteht dabei im Entlanglaufen an einer äußerlich führenden, am Abirren verhindernden, jedenfalls die Bewegungsfreiheit einengenden Zwangsvorrichtung, einer möglichst festen Leitung. Die "lebendige Gestalt" besteht in einem Tun, das ohne Einschränkung der Bewegungsfreiheit, in einem Kräftefeld, unter dem Zug des Ziels verläuft." ...

Auf den Unterricht übertragen heißt das: Im aktiv-entdeckenden, themenorientierten Unterricht ermöglicht der Lehrer den Schülern eine **freie Zielerreichung.** Er steuert ihre Aktivitäten durch gut verständlich gemachte Aufgaben und Problemstellungen, mit denen sich die Schüler längere Zeit beschäftigen können. An die Stelle eines **Korsetts** tritt ein **Konzept**, nämlich die vom Lehrer aus der Sache heraus festgelegte **großschrittige** Reihenfolge der von den Schülern zu bearbeitenden Fragen und Aufgaben, die sich gewissermaßen wie ein roter Faden durch den Unterricht zieht (vgl. die Unterteilung der Übung *"Würfelraten"* in drei Phasen im Gegensatz zum kleinschrittigen Aufbau der Schulbuchseite in Abb. 1). Der Stoff, das Thema, die einzelne Übung werden auf diese Weise übersichtlich gegliedert und einer geordneten Bearbeitung zugänglich. Die Erfahrung zeigt, daß sich der Unterricht auf diese Weise gut steuern läßt.

Bei allen Freiheiten, die der Lehrer den Schülern beim Lernen läßt, muß es aber seine Sorge sein, bei der Orientierung über ein Thema, bei der Stellung von Aufgaben, bei der Besprechung der Lösungen und bei der ordnenden Zusammenfassung von Ergebnissen diejenigen Sprech-, Schreib- und Darstellungsweisen einzuführen, die für den sozialen Gebrauch des Wissens **über die Klasse hinaus** unerläßlich sind. Spielregeln, Bezeichnungen, die äußere Form der schriftlichen Rechenverfahren usw. sind ja **soziale** Vereinbarungen (Konventionen), die genauso gut anders sein könnten und daher mitgeteilt werden **müssen.** Wie die Beispiele im vorliegenden Handbuch zeigen, sind solche regulierenden Eingriffe von der genauen Festlegung einzelner Aufgabenformate weit entfernt. Gleichzeitig wird hier aber deutlich, daß der aktiv-entdeckende Unterricht, wie wir ihn verstehen, auch Phasen enthalten muß, in denen der Lehrer aus guten Gründen den Ton angibt.

Für die Sicherung der Disziplin in der Klasse muß beachtet werden, daß eine echte Arbeitshaltung, wie schon im Zusammenhang mit dem Problem der Motivation angedeutet, am besten aus einer zielgerichteten Arbeit der Schüler an interessanten Lernaufgaben erwächst. Der aktiv-entdeckende Unterricht wirkt sich daher **positiv** auf die Disziplin aus. Bei den vielfältigen Betätigungs- und Ausdrucksmöglichkeiten dieses Unterrichts können sich die Kinder geistig, emotional und psychomotorisch ausleben und im Lauf der Zeit eine Bewußtheit für ungestörtes, zielgerichtetes Arbeiten entwickeln. Der kleinschrittige, eng geführte Unterricht löst Disziplinprobleme nicht, sondern verschärft sie eher. Dies ist in den letzten Jahren durch die Forschungen der Psychobiologie stark untermauert worden (*v. Cube/Alshuth* 1987[2], 17):

"Wird dem Schüler der Lehrstoff nur vorgekaut und in kleinen Häppchen verabreicht, dann kommt es nie zur Neugier. Nie erlebt der Schüler die intensive Lust, eigenständig und mühevoll Probleme zu lösen ... Die heutige Schule hält die Schüler immer noch viel zu sehr in einer passiv-rezeptiven Haltung. Die Leistung ist vorwiegend reproduktiv. Reproduktive Leistung allein baut aber die Aktions- und Aggressionspotentiale nicht ab – im Gegenteil, durch das passive Verhalten werden Aggressionen eher aufgebaut."

In der Praxis werden diese psychobiologischen Mechanismen m. E. oft stark unterschätzt, was im ungünstigen Fall zu einem Teufelskreis führen kann: Die im eng geführten Unterricht nicht abgebauten, sondern eher noch verschärften Disziplinprobleme veranlassen den Lehrer, den äußeren Druck auf die Schüler zu verstärken und sie noch genauer zu kontrollieren, woraus sich neue Disziplinprobleme ergeben usw.
Insgesamt läßt sich also sagen, daß im Vergleich mit dem kleinschrittigen Unterricht die Rolle des Lehrers im aktiv-entdeckenden Unterricht zwar stark verändert ist, daß dies aber keineswegs zu einer Aushöhlung der Sicherheit und der Führungsrolle des Lehrers führt. Im Gegenteil: Dadurch, daß vom Lehrer ein **fester, sachlich begründeter Ziel- und Handlungsrahmen** vorgegeben und aufrechterhalten wird, in dem sich die Schüler nach dem Prinzip der freien Zielerreichung bewegen können, werden die Chancen erhöht, eine natürlichere und stabilere Ordnung aufzubauen. Der feste Rahmen, der ersichtlich auch **Forderungen** an die Schüler einschließt, ist dabei aber unverzichtbar. Aktiv-entdeckendes Lernen muß von der "Laissez-faire"-Pädagogik klar abgegrenzt werden. Die Schüler müssen deutlich sehen, "wo es lang geht".

Zu (6): **"Schwer durchsetzbar":**

Angesichts der Verrechtlichung des Systems Schule ist es zunächst einmal nicht unwichtig festzustellen, daß der nach aktiv-entdeckenden Verfahren unterrichtende Lehrer **formal** im Recht ist, weil diese Verfahren über alle Schulfächer hinweg durch die heutigen Richtlinien und Lehrpläne gestützt werden. Man sollte es aber nicht bei dem formalen Verweis auf den Lehrplan bewenden lassen, sondern im konkreten Fall mit Eltern, Kollegen und Vorgesetzten auch inhaltlich diskutieren. Insbesondere von den Eltern, die meist stark unter dem Einfluß ihrer eigenen Schulerfahrungen stehen, kann man nicht erwarten, daß sie über die geänderten Rahmenbedingungen von Schule und Unterricht und über pädagogisch-didaktische Entwicklungen informiert sind. Wer sich mit der aktiv-entdeckenden Methode gründlich vertraut gemacht hat, wird nach meinen Erfahrungen keine große Mühe haben, seine Unterrichtsführung gegenüber Eltern, Kollegen und Vorgesetzten auch inhaltlich zu legitimieren (was aber keineswegs bedeuten muß, daß es ihm gelingt, jeden Gesprächspartner auch zu überzeugen).
Die Befürchtung, im aktiv-entdeckenden Unterricht könne man schlechter zu Noten kommen und diese nach außen schlechter belegen, ist m.E. unbegründet. Die schriftliche Leistung läßt sich ebenso wie im traditionellen Unterricht durch (kleinere und größere) Klassenarbeiten feststellen. Bei passender Zusammenstellung der Aufgaben (Routineaufgaben, kleine Denkaufgaben, Sachaufgaben) läßt sich die Beherrschung von Wissenselementen und Fertigkeiten ebenso überprüfen wie die Befähigung zu eigenen Denkleistungen. Über die mündliche Leistung erhält man im aktiv-entdeckenden Unterricht sogar besonders gute Aufschlüsse, weil sich die Kinder vielfach betätigen und äußern. Generell möchte ich empfehlen, die Zahl der schriftlichen Tests auf ein absolutes Minimum zu beschränken.

5. Das systemische Argument für aktiv-entdeckendes Lernen: "Strategisches Management komplexer Systeme"

Darum laßt ab von eurer kleinen Weisheit, und die große Weisheit wird euch erleuchten! Laßt ab von eurem Streben nach Geschicklichkeit, und ihr werdet von selbst geschickt! Ein kleines Kind, das geboren wird, braucht keinen berühmten Lehrer, um sprechen zu lernen. Es lernt das Sprechen von selber, wenn es mit Leuten zusammen ist, die sprechen können.

Dschuang Dsi, Das wahre Buch vom südlichen Blütenland, Buch XXVI, 6

Abschließend möchte ich das Prinzip der kleinen und kleinsten Schritte und das Prinzip des aktiven Lernens noch aus einer ungewohnten **außerschulischen** Perspektive vergleichen, die auf den ersten Blick abstrakt und praktisch bedeutungslos, eben "typisch theoretisch" erscheint, die aber in Wirklichkeit **auch für Lehrer** von geradezu **fundamentaler Bedeutung** ist. Es geht dabei um einen verständnisvollen Umgang mit **lebendigen Systemen**, seien es biologische, ökologische, politische, wirtschaftliche oder soziale Systeme. Diese **"systemische" Betrachtungsweise** ist seit etwa zwanzig Jahren von der Biologie, der Kybernetik und der Systemtheorie aus rasch in andere Gebiete eingedrungen, und man muß angesichts des allgemeinen Zustands unserer Welt kein Prophet sein, um ihre schnelle, tiefgreifende Verbreitung über alle Wissenschaftsbereiche vorauszusagen.
In unserem Zusammenhang interessieren zwar nur das Lernsystem **"Mensch"** und das soziale System **"Unterricht"**. Zum besseren Verständnis der sytemischen Betrachtungsweise ziehen wir im folgenden als weiteres Beispiel aber auch noch das **Management sozialer Systeme** heran, weil dieser Bereich schon systemisch analysiert worden ist und weil das **Problem der Menschenführung**, um das es im Grunde genommen geht, viel klarer wird, wenn man es an mehreren Beispielen studiert. Außerdem ist es m.E. sehr lehrreich, Unterricht und Schule nicht immer nur von innen zu betrachten, sondern auch zu den Erfahrungen in anderen Lebens- und Gesellschaftsbereichen in Beziehung zu setzen.
Am Schluß unserer Überlegungen werden wir nicht nur in der Lage sein, die aktiv-entdeckende Methode als **prinzipiell** überlegen zu verstehen und einen weiteren Einwand gegen sie zu entkräften, sondern auch zu Aufschlüssen über systemisch richtiges Verhalten in sozialen Gruppen, z.B. einem Lehrerkollegium, gelangen.
Wer von der Überlegenheit der aktiv-entdeckenden Lehr- und Lernformen überzeugt ist, kann nicht umhin, sich zu wundern, warum es so schwer ist, diese Überzeugung weiterzugeben und warum die Gegenposition manchmal so hartnäckig verteidigt wird. Bei genauerer Prüfung erkennt man jedoch, daß die didaktische Diskussion dieser Problematik von jeher sehr stark durch subjektive Wertvorstellungen geprägt ist. *H. Winter*, der für das entdeckende Lernen m.E. überzeugende Gründe gegeben hat, weist in diesem Sinn zu Recht darauf hin, daß damit "*nicht nur die Oberfläche des Unterrichtshandelns, sondern auch die Tiefenstrukturen der menschlichen Begegnung einschließlich moralisch-ethischer Wertungen*" betroffen sind. Daß die Jahrhunderte alte Diskussion über Lehren und Lernen aufgrund unterschiedlicher Wertungen zu keiner schlüssigen Entscheidung zwischen der aktivistischen und der passivistischen Position geführt hat, könnte zu dem Schluß führen, daß Wertungen prinzipiell nicht zu umgehen sind und daß eine Entscheidung überhaupt nicht herbeizuführen ist. Dies ist aber nicht der Fall. Wie im folgenden gezeigt werden soll, liefert die systemische Perspektive hinreichende **naturwissenschaftliche** Gründe für eine Entscheidung zugunsten der aktivistischen Position.

Die Grundfrage des mathematischen Lehrens und Lernens kann man so formulieren:

Wie können im Kopf eines Schülers geordnete Vorstellungen über bestimmte mathematische Inhalte und Methoden sowie über deren Anwendung auf inner- und außermathematische Aufgaben und Probleme entstehen, die ihm zweckmäßige und zielgerichtete mathematische Aktivitäten ermöglichen?

In dieser Formulierung wird angedeutet, daß es sich hierbei um den Spezialfall eines sehr viel allgemeineren systemischen Grundproblems handelt, das folgendermaßen lautet:

Wie kann ein lebensfähiges System (insbesondere ein Einzelwesen oder ein sozialer Organismus) geordnete Verhaltensstrukturen aufbauen, die es ihm erlauben, Anforderungen der Umwelt zu bewältigen und auf die Umwelt so einzuwirken, daß sich das System in ihr behaupten kann?

Für die Didaktik ist es ein Glücksfall, daß dieses Problem in einem anderen Bereich seit etwa einem Jahrzehnt genau untersucht wird, der mit der Didaktik in einem sehr engen Zusammenhang steht, nämlich in der Managementlehre. Manager wie Lehrer sehen sich ja vor die Aufgabe gestellt, eine soziale Gruppe (im einen Fall ein Unternehmen oder eine Abteilung, im anderen Fall eine Klasse) im Hinblick auf die Erreichung bestimmter Zielsetzungen zu leiten. Bemerkenswerterweise finden sich nun in der Managementlehre **völlig analog** zur Didaktik zwei konkurrierende Richtungen, die das Problem des Managements einer sozialen Gruppe unterschiedlich betrachten und zu lösen versuchen. *F. Malik* bezeichnet diese beiden Richtungen in seinem fundamentalen Buch "Strategie des Managements komplexer Systeme" (*Malik* 1986, S. 36–48) als **"mechanistisch-technomorph"** und als **"systemisch-evolutionär"** und beschreibt sie folgendermaßen (S. 36–39):
"Lösen wir Management aus dem gegenwärtig vorherrschenden Kontext heraus, der ein primär wirtschaftlicher ist, sehen wir also Management im Lichte der Auffassung, daß es um Gestalten und Lenken von Institutionen im allgemeinen, oder um Gestalten und Lenken von soziotechnischen Systemen geht, so sind wir letztendlich gezwungen, das Grundproblem von Management in der Beherrschung von Komplexität zu sehen.

Das Problem der Komplexitätsbeherrschung .... kann man nun auf zweierlei gänzlich verschiedene Arten zu lösen versuchen: auf die mechanistisch-technomorphe und auf die systemisch-evolutionäre.
Das Basisparadigma der ersten Art, hier als **mechanistisch-technomorpher** *Theorietyp bezeichnet, ist die Maschine im Sinne der klassischen Mechanik. Die Grundvorstellung über eine Maschine besteht darin, daß sie einer bewußt vorgefaßten Zwecksetzung und einem Plan entsprechend zu konstruieren ist und daß ihre Funktion, Zuverlässigkeit und Effizienz abhängig sind von den entsprechenden Funktionen und Eigenschaften ihrer Einzelteile. Weiter ist damit die Vorstellung verbunden, daß alle Einzelteile nach exakten und bis ins Detail ausgearbeiteten Plänen konstruiert und in einer im voraus genau bestimmten Art und Weise zusammengesetzt werden müssen. Eine Maschine muß also von ihrem Konstrukteur bis ins einzelne im voraus durchdacht und beherrscht werden, nichts bleibt unbestimmt; Maschinenbau in diesem Sinne erfordert vollständiges Wissen über alle Details der Einzelteile und vollständige Informationen über deren Zusammenwirken. Die Erfolge, die in technologischer Hinsicht auf diesem Gebiet und mit dieser Denkweise bis heute erzielt wurden, sind so überzeugend, daß der Glaube an die Verallgemeinerungsfähigkeit der zugrundeliegenden Vorstellungen entstand und schließlich eine Art Paradigma, dessen Anwendungsmöglichkeiten weit über den angestammten Bereich der Ingenieur-Wissenschaften hinaus zu reichen schien, oder jedenfalls über diesen Bereich hinaus faktisch ausgeweitet wurde.*
Komplexitätsbeherrschung im Lichte dieses Paradigmas bedeutet also die Herstellung einer an bestimmten, im voraus festzulegenden Zwecksetzungen zu beurteilenden und im Lichte dieser Zwecksetzungen als rational geltenden Ordnung (von Elementen, Abläufen usw.) durch planvolles menschliches Handeln derart, daß das Resultat dieses Handelns aufgrund der dem Handeln inhärenten Zweckrationalität den vorgefaßten Absichten und Zwekken entspricht. Zu diesem Paradigma gehört weiter die Vorstellung, daß außer auf diesem Wege nichts Zweckmäßiges entstehen **kann** *, daß also jede menschlichen Zwekken entsprechende Ordnung ausschließlich durch, im beschriebenen Sinne, zweckrationales und absichtvolles Handeln zustande kommen kann.*
Der zweite, als **systemisch-evolutionär** *bezeichnete Typ der Managementtheorie geht von gänzlich anderen Grundvorstellungen aus. Sein Basis-Paradigma ist die spontane, sich selbst generierende Ordnung, deren anschaulichstes und dem Alltagsverständnis wahrscheinlich am nächsten stehendes Beispiel der lebende Organismus ist. Organismen werden von niemandem wirklich gemacht, sie entwickeln sich. Auch im sozialen Bereich entwickeln sich spontane Ordnungen, die von niemandem gemacht werden. Spontane Ordnungen im sozialen Bereich entstehen zwar durch das Handeln von Menschen, also als Resultat menschlichen Handelns, entsprechen aber nicht notwendigerweise im voraus gefaßten menschlichen Absichten, Plänen oder Zwecksetzungen. Sie können dennoch in hohem Maße zweckrational sein, das heißt, sie können menschlichen Zwecken dienlich sein, obwohl sie nicht von Menschen in zweckrationaler Absicht gestaltet wurden.*
Daß Organismen im biologischen Sinne nach dem heutigen Stand der Wissenschaft vorläufige Resultate eines Prozesses der Selbstorganisation sind, wird, obwohl längst nicht alle Probleme der Evolutionstheorie gelöst sind, nicht ernsthaft bestritten, und sei es auch nur deshalb, weil alle alternativen Erklärungsformen noch viel gravierendere Probleme aufwerfen, als dies bei der Evolutionstheorie der Fall ist. Daß die biologische Ordnung dem Menschen, obwohl sie natürlich für diesen nicht nur vorteilhaft ist, sondern auch erhebliche Gefahren aufweist, doch in hohem Maße dienlich ist, wird ebenfalls nicht in Abrede gestellt. Zumindest in diesem Bereich haben wir also einen Fall einer sich selbst generierenden Ordnung, die ohne Zutun des Menschen entstanden und dennoch dessen Zwecken förderlich ist - und sei es auch nur deshalb, weil der Mensch gelernt hat, sich diese Ordnung zunutze zu machen.
Die umstritteneren Gebiete dieses Typs von Theorie sind jedoch nicht im biologischen, sondern im sozialen Bereich zu finden. Die Theorie der spontanen Ordnungen wird nämlich für den Sozialwissenschaftler und für Management wirklich interessant, weil sie soziale Errungenschaften, letztlich Zivilisation und Kultur, mit Hilfe der Theorie spontaner, sich selbst generierender Ordnungen zu erklären versucht."

Der Vergleich mit der Didaktik ist nun wirklich frappierend: dem **mechanistisch-technomorphen** Paradigma des Managements entspricht das mechanistische Prinzip des Lernens in **kleinen und kleinsten Schritten**, dem **systemisch-evolutionären** Paradigma des Managements das Prinzip des **aktiven** Lernens. Es empfiehlt sich, das obige Zitat im Hinblick auf diesen Vergleich noch einmal durchzugehen, entsprechend zu interpretieren und zu den in Abschnitt 1 genannten philosophischen Grundpositionen in Beziehung zu setzen.
Jenseits von Wertungen, die auch in der Managementlehre nicht völlig ausgeschlossen werden können, erweist sich ein naturwissenschaftlicher Befund als hinreichendes Kriterium, dem systemisch-evolutionären Ansatz die **primäre**, dem mechanistisch-technomorphen Ansatz nur eine sekundäre Bedeutung beizumessen, nämlich die **hochgradige Komplexität** sozialer Systeme, d.h. deren **prinzipiell unüberschaubare und im Detail unbeherrschbare Vielfalt an internen und externen Beziehungen und Austauschprozessen.**
Für hochgradig komplexe Systeme gilt ein systemtheoretisches Gesetz, das ich als **"Hauptsatz der Komplexitätsbeherrschung"** bezeichnen möchte:

Es ist unmöglich, ein System, das einer komplexen Umgebung gegenübersteht und selbst eine komplexe Struktur aufweist, von außen durch vollständige detaillierte Kontrolle zur Erreichung vorgegebener Ziele zu zwingen.

Die Komplexität läßt sich nur von innen heraus beherrschen, indem Verhaltensstrukturen zur Geltung gebracht werden, die im System selbst spontan entste-

hen. Der größte Zuwachs an interner Organisation tritt in der Symbiose teilweise autonomer, sich selbst steuernder Untersysteme ein.
Je komplexer die angestrebten Verhaltensweisen sind, desto mehr bedarf es zu ihrer Ausbildung der spontanen Kräfte im System. Je mehr die Kontrolle von außen verstärkt wird und je mehr die spontanen Kräfte übergangen oder gar unterdrückt werden, desto ärmere Verhaltensstrukturen bilden sich heraus.

Ebenso wie dieser "Hauptsatz" in der Managementlehre eindeutig den systemisch-evolutionären Ansatz favorisiert (vgl. hierzu *Malik* 1986, Abschnitte 2 und 3), entscheidet er, auf die Mathematikdidaktik angewandt, eindeutig zugunsten des aktiv-entdeckenden Lernens: Selbst die einfachsten mathematischen Tätigkeiten wie Zählen, Rechnen, Ordnen, Klassifizieren usw. sind in ihrer kognitiven Struktur hochgradig komplex, wie jeder weiß, der die Entwicklung des mathematischen Denkens bei Kindern beobachtet hat. Außerdem laufen im Unterricht hochgradig komplexe Prozesse ab, sowohl im einzelnen Schüler als auch in der Klasse. **Die Möglichkeiten, Wissen und Fertigkeiten in einem durchgängig reglementierten, kleinschrittigen, genau kontrollierten Unterricht vermitteln zu wollen, sind daher aus systemischen Gründen prinzipiell begrenzt.** Wenn man einen solchen Unterricht dennoch durchsetzen will, muß die Komplexität notwendigerweise stark reduziert werden. Der Unterricht entartet in die Vermittlung von Rezepten, die an bestimmten Musteraufgaben eingeführt werden und auf ganz bestimmte Aufgabentypen zugeschnitten sind. Auf die Dauer führt ein solcher Unterricht bei der großen Mehrheit der Schüler zu einer Verkümmerung der Selbstorganisation und der Fähigkeit zu sozialem Lernen, wie in Abschnitt 2 beschrieben wurde. Zu dem aktiv-entdeckenden Unterricht gibt es also aus systemischen Gründen keine sinnvolle Alternative.
Wir sind nun auch in der Lage, um abschließend einen Einwand zu besprechen, der in Abschnitt 4 noch ausgeklammert worden ist:

(7) "Die aktiv-entdeckenden Lehr-/Lernformen sind für den Lehrer anstrengender und aufwendiger."

Ich setze voraus, daß ein Lehrer, der sich für die Lernfortschritte seiner Schüler und ihre geistig-moralische Entwicklung interessiert, auch bereit ist, sie nach Kräften zu fördern. Wenn er dieses unterrichtliche Engagement über einen langen Zeitraum aufrecht erhalten will, muß er aber unbedingt mit seinen Kräften haushalten. Lehrer zu einer Unterrichtsmethode zu überreden, die noch darüber hinausgehende Anstrengungen erfordert und damit auf Dauer ihre Kräfte überstrapazieren würde, wäre nicht zu verantworten, und würde ohnehin keinen Erfolg haben.
Für eine "Ökonomie-Analyse" der aktiv-entdeckenden Unterrichtsformen ist zunächst festzuhalten, daß zu ihrer Erlernung jedenfalls ein bestimmtes Maß an Energie und Zeit investiert werden muß. Ist diese Investition aber einmal geleistet, dann belastet die aktiv-entdeckende Methode den Lehrer weniger als die reglementierende, kleinschrittige Methode und zwar aus folgendem Grund: Die Festlegung des Unterrichtsablaufs, die Ausschaltung der nicht konformen Reaktionen der Schüler, die Einengung ihrer mündlichen und schriftlichen Äußerungen auf bestimmte äußere Formate, die Motivation der Schüler von jedem kleinen Schritt zum nächsten, die Vermittlung jedes kleinen Wissenselements und jeder kleinen Fertigkeit, und die detaillierte Lernkontrolle: all dies erfordert die ständige Initiative und Bereitschaft des Lehrers und bürdet ihm die volle Last für die Unterrichtsgestaltung bis in die kleinsten Arbeitsanweisungen auf. Diese Aufgabe kann er, auch bei Ausschöpfung aller Hilfsmittel, gar nicht leisten, wenn er die Komplexität des Stoffes und des Unterrichts nicht radikal reduziert. Dagegen versetzen aktiv-entdeckende Unterrichtsformen den Lehrer in die Lage, sich zumindest teilweise vom direkten Eingriff in den Unterricht zurückzuziehen und sich mehr auf eine **indirekte** Lenkung des Lernens zu verlegen. In diesem Fall kann sich der Lehrer nicht nur auf seine **eigenen** direktiven Fähigkeiten der Informationsvermittlung und Lernkontrolle stützen, sondern auch auf die **Selbstorganisationskräfte der Schüler und ihre Fähigkeit, sich gegenseitig zu helfen – zwei Grundpfeilern des Lernens, ohne die es prinzipiell nicht geht**. Indem der Lehrer lediglich **"Hilfe zur Selbsthilfe"** leistet, erfährt er nicht nur eine wesentliche Entlastung, sondern er erweist den Schülern auch den besten Dienst, den er ihnen erweisen kann.

Unter Bezugnahme auf *J. Deweys* Motivationstheorie (vgl. Abschnitt 4), möchte ich abschließend anmerken: Die wahre Motivation des Lehrers für aktiv-entdeckende Lehr- und Lernformen besteht nicht darin, daß sie ihm irgendjemand irgendwie besonders schmackhaft gemacht hat, und auch nicht darin, daß sie ihm als besondere Herausforderung dargestellt werden, für deren Überwindung eine besondere Willensanstrengung oder eine besondere Lehrkunst erforderlich sei. Vielmehr besteht sie darin, daß diese Lehr- und Lernformen den **Möglichkeiten und Grenzen** des Lehrens am besten gerecht werden, indem sie die Kräfte des Lehrers dorthin dirigieren, wo sie am **wirksamsten** und **ökonomischsten** eingesetzt werden können: auf die Schaffung eines Ziel- und Handlungsrahmens und die "groß-zügige" Lenkung der Schüler. Dadurch wird eine unnötige Einengung der Schüler vermieden und Raum für die Entfaltung ihrer Entwicklungspotentiale geschaffen.
Die Lektion, die wir aus unseren Überlegungen nebenbei für die Wahrnehmung von Leitungsfunktionen in der Schulverwaltung zu lernen haben, dürfte klar sein: Es ist für die Leistungsfähigkeit des Systems schädlich, wenn der Leiter einer Schule, eines Schulamtsbezirks oder eines Dezernats in der regionalen Schulaufsicht versucht, die ihm unterstellten Lehrer, Rektoren oder Schulräte durch immer minutiösere Dienstanweisungen möglichst genau festzulegen. Das Beste, was er tun kann, sind die Vorgabe eines klaren, sachlich begründeten Rahmens und die Stärkung der Selbständigkeit und Selbstorganisation in seiner Gruppe. M.E. können solche schul- und verwaltungspolitischen Strukturfragen und, darüber hinausgehend, gesellschaftspolitische Strukturfragen in der Diskussion über schulisches Lernen nicht ausgeklammert werden. Schule und Gesellschaft sind ja schließlich keine getrennten Welten.

Literatur

A.W. Brownell, The Progressive Nature of Learning in Mathematics, The Mathematics Teacher 37(1944), 147–157.

L.P. Benezet, Die Geschichte eines Unterrichtsexperiments, Sachunterricht und Mathematik in der Primarstufe 16(1988), H. 8, 351–366 (Übersetzung des amerik. Originals aus den Jahren 1935/36).

F. v. Cube/C. Alshuth, Fordern statt Verwöhnen. München 1987[2].

J. Dewey, Interest and Effort in Education. In: J. Dewey, The Middle Works 1899–1924, v. 7 (1912–1914). Ed. by Jo Ann Boydston. Carbondale: Southern Illinois University Press 1979, 151–197.

G. Giles, Ist Lehren ein Hindernis für Lernen?, mathematik lehren 21/1987, 6–10.

J. Kühnel, Neubau des Rechenunterrichts. Bad Heilbrunn 1954[8].

J. Kühnel, Lebensvoller Rechenunterricht. München 1949[6].

M. Leppig, Wie sinnvoll ist das "Päckchenrechnen"?, Die Grundschule 16 (1984), H. 4, 59–61.

F. Malik, Strategie des Managements komplexer Systeme. Bern 1986[2].

W. Metzger, Erziehung zum schöpferischen Gestalten. In: K. Strunz, Pädagogische Psychologie für höhere Schulen. München/Basel 1964, S. 273–293.

H. Radatz/W. Schipper, Handbuch für den Mathematikunterricht an Grundschulen. Hannover: Schroedel 1983.

E. Röhrl, Zur prinzipiellen Schädlichkeit der Schulbücher, Mathematiklehrer 1/1980, 34–37.

E. Thorndike, Psychology of Arithmetic. New York 1922.

H. Winter, Begriff und Bedeutung des Übens im Mathematikunterricht, mathematik lehren 2/1984, 4–11.

H. Winter, Entdeckendes Lernen im Mathematikunterricht, Grundschule 16 (1984), H. 4, 26–29.

E.Ch. Wittmann, Das Prinzip des aktiven Lernens und das Prinzip der kleinen und kleinsten Schritte in systemischer Sicht, Beiträge zum Mathematikunterricht 1988, Bad Salzdetfurth 1988, S. 339–342.

E. Ch. Wittmann, Mathematiklehrerbildung aus pädagogisch-didaktischer Sicht. In: M.Konrad (Hrsg.), Lehrerausbildung in Theorie und Praxis, Festschrift für U. Freyhoff. Universität Dortmund, Institut für Schulentwicklungsforschung, IFS-Werkheft 29, Dortmund 1988, S. 217–232.

Kopiervorlagen für das erste und zweite Schuljahr

Hinweise zur Verwendung der Arbeitsblätter

Was den Stellenwert von Arbeitsblättern im Unterricht und ihre Gestaltung anbelangt, stimmen wir den Auffassungen zu, die in dem kritischen Aufsatz „Jetzt brauche ich nur noch ein Arbeitsblatt ..." von Tassilo Knauf und dem konstruktiven Vorschlag „Anstiftung zur Selbständigkeit: Anregungsbogen statt der ‚Arbeitsblätter'" von Erwin Schwartz formuliert sind (erschienen in der Zeitschrift „Die Grundschule", Jg. 1983, H. 1, S. 37–38 und S. 39–42).

Unsere Arbeitsblätter verstehen wir als „Anregungsbogen", deren Problemstellungen und Arbeitsanweisungen aus dem Unterricht erwachsen und deren Ergebnisse für eine vertiefende Reflexion im weiteren Unterricht genutzt werden können.

Wie wir uns den Einsatz der Arbeitsblätter vorstellen, entnehmen Sie bitte dem Handbuch. Die folgende Übersicht erleichtert Ihnen die Zuordnung von Arbeitsblättern zu bestimmten Themen.

Für Kritik und Verbesserungsvorschläge an unseren Arbeitsblättern sind wir dankbar.

Arbeitsblatt		Thema	
1/1	Räuber und Goldschatz	1.1	Räuber und Goldschatz, S. 17–18
1/2	Punktmuster	2.2.2	Punktmuster, S. 27
1/3 a/b	Mehr Punkte – Weniger Punkte	2.3	Verdoppeln mit dem Spiegel, S. 27–29
1/4	Plättchen werfen	2.4	Plättchen werfen, S. 29–30
1/5 a/b	Lege und rechne	3.1.1	Zwanzigerfeld und Zwanzigerreihe: Die Kraft der Fünf, S. 32–40
1/6	Räuber und Goldschatz	3.1.2	Weiterführung von Räuber und Goldschatz, S. 41–42
1/7	Einspluseins-Tafel	3.2	Die Einspluseins-Tafel, S. 42–49
1/8	Lege und rechne am Zwanzigerfeld	3.1	Einführende Übungen zur Addition und Subtraktion, S. 32–40
1/9	Bunte Ostereier	3.3.2	Bunte Ostereier, S. 51–53
1/10 a/b	Zahlenzauber	3.3.4	Zauberquadrate, S. 57–61
1/11	Münzzerlegungen	4.2.1	Münzzerlegungen, S. 64–65
1/12	Große Delphinschau	4.2.2	Große Delphinschau, S. 66–67
1/13	Einkaufen	4.2.3	Einkaufen, S. 67–68
1/14	Kinder, wie die Zeit vergeht!	4.4.2	Altersunterschiede, S. 71–72
2/1	Hundertertafel	1.2	Übungen an der Hundertertafel, S. 77–80
2/2	Rechne aus!	2.1	Einführende Übungen, S. 85–86
2/3 a/b	Addition am Kalender	2.2.1	Zahlenfelder am Kalender, S. 87–88
2/4	Immer 34!	2.2.2	Das magische Quadrat in Dürers Kupferstich Melencolia I, S. 88–91
2/5 a/b	Streichquadrate	2.2.3	Streichquadrate, S. 92–96
2/6 a/b	Zahlmauern	2.4.2	Zahlmauern, S. 103–106
2/7	Lege und rechne	3.1	Einführende Übungen mit Punktfeldern, S. 108–114
2/8	Einmaleins-Plan	3.2	Der Einmaleins-Plan und die kurzen Reihen, S. 114–118
2/9	Aus kurz mach lang		
2/10	Einmaleins-Tafel		
2/11	Reih' auf – Reih' ab		
2/12	Malaufgaben	3.3	Einmaleins-Tafel, S. 119–126
2/13	Nachbaraufgaben		
2/14	Vermischte Aufgaben		
2/15 a/b	Muster an der Hundertertafel	3.4	Muster von Einmaleins-Zahlen, S. 126–128
2/16	Wir zerlegen 100 = 10 · 10	3.5.1	Zerlegung von 1x1-Aufgaben, S. 129–131
2/17	Malkreuze		
2/18	Tabula rasa	3.5.2	Tabula rasa, S. 132–133
2/19 a/b	Café Piccolo	4.1	Rechnen mit Geld, S. 138
2/20	Pulsschläge von Tieren	4.2.1	Pulsmessungen, S. 139–140
2/21	Wir werden größer	4.2.3	Körpergröße und Körpergewicht, S. 140–142
2/22	Wir werden schwerer		
2/23 a/b	Zahnformeln	4.3.1	Zahnformeln, S. 142–144
2/24	Höchsttemperaturen – Tiefsttemperaturen – Unterschiede	4.2.3	Temperaturen im Jahreslauf, S. 145–146
2/25	Tiere bekommen Junge	4.3.3	Vermehrungsrate bei Tieren, S. 146

Name	Klasse	Datum	1/1

Räuber und Goldschatz

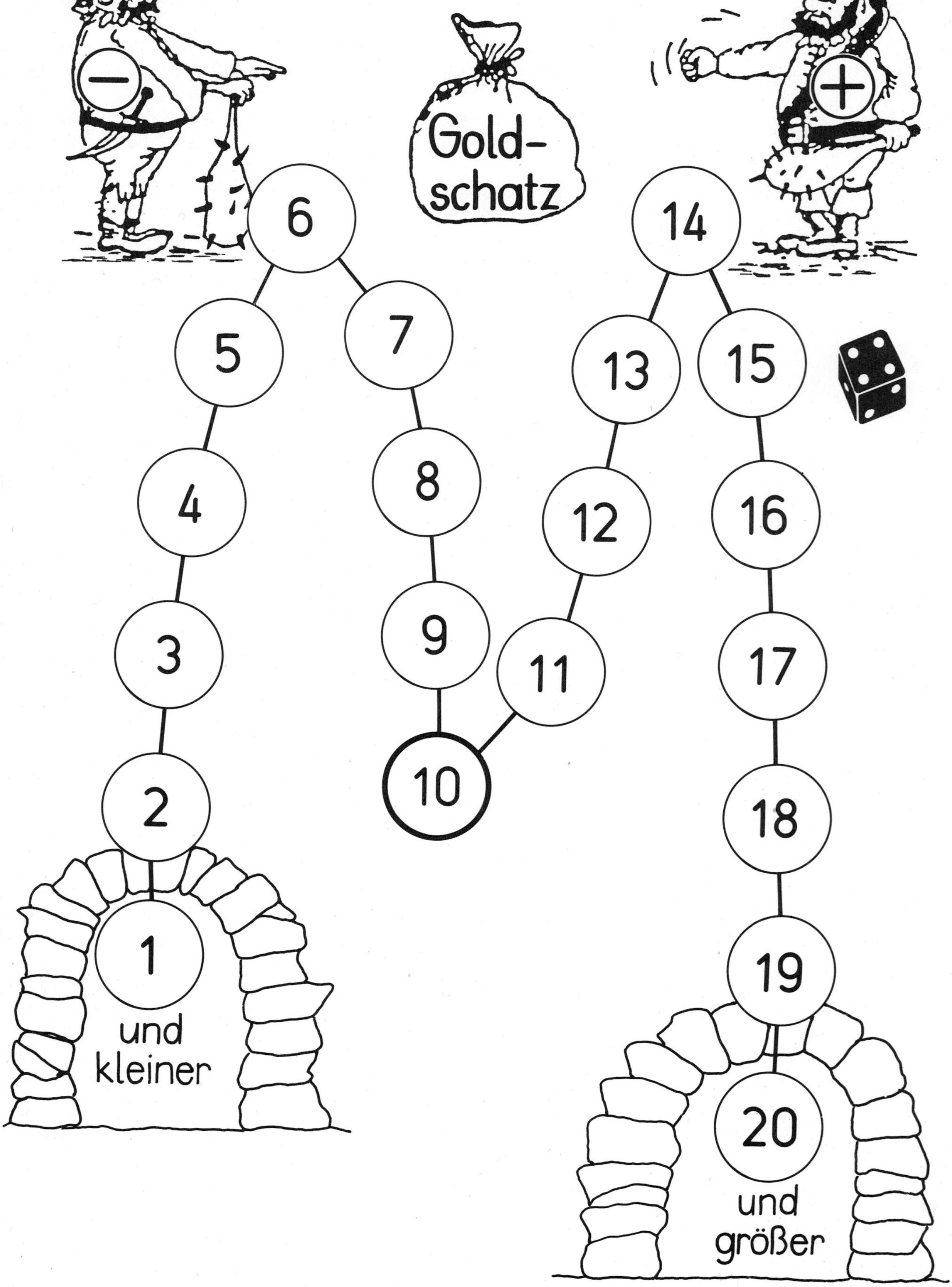

Name | Klasse | Datum | 1/2

9 Punktmuster 12

9

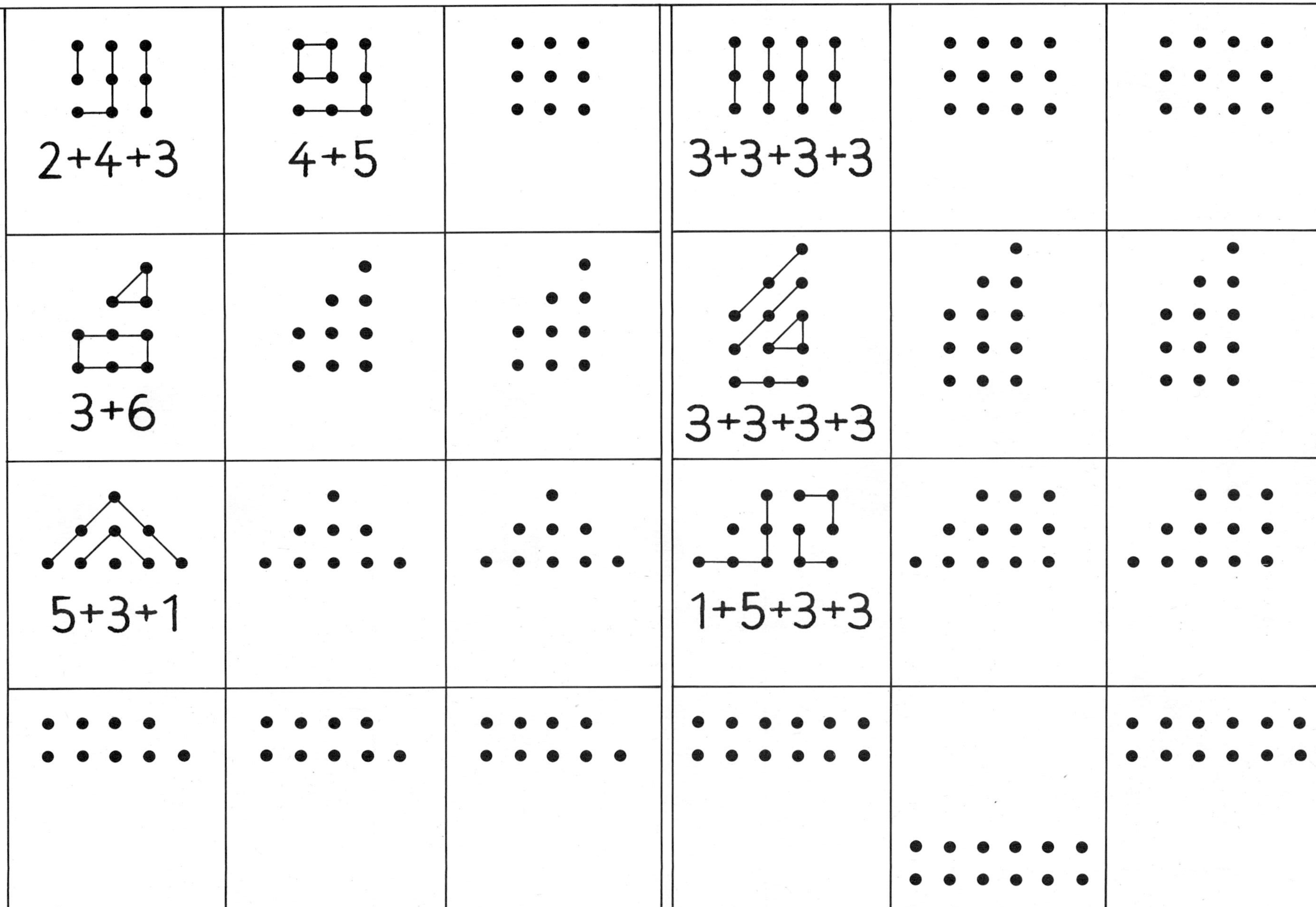

12

Name	Klasse	Datum	1/3a

Mehr Punkte
Weniger Punkte

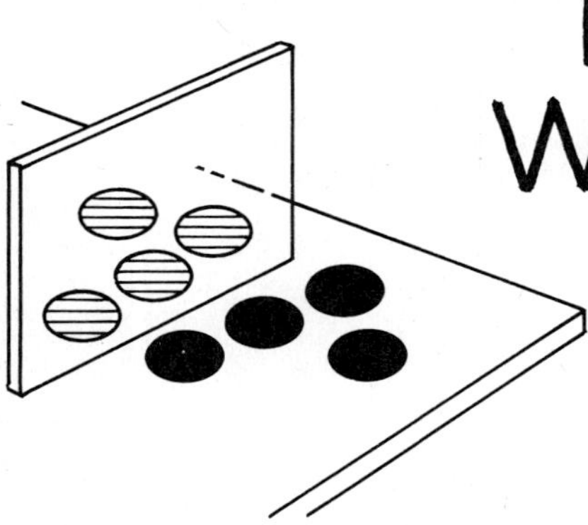

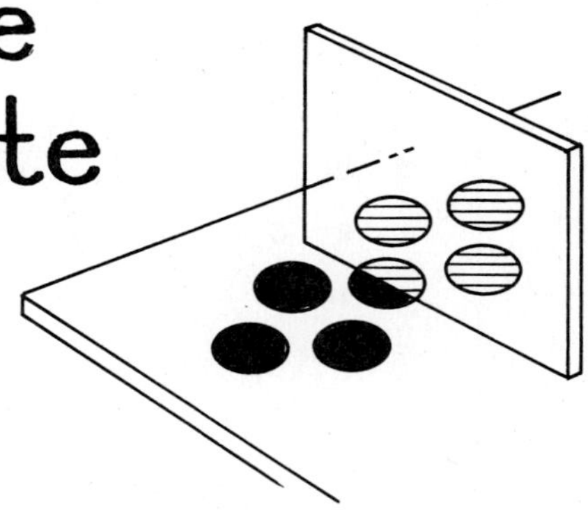

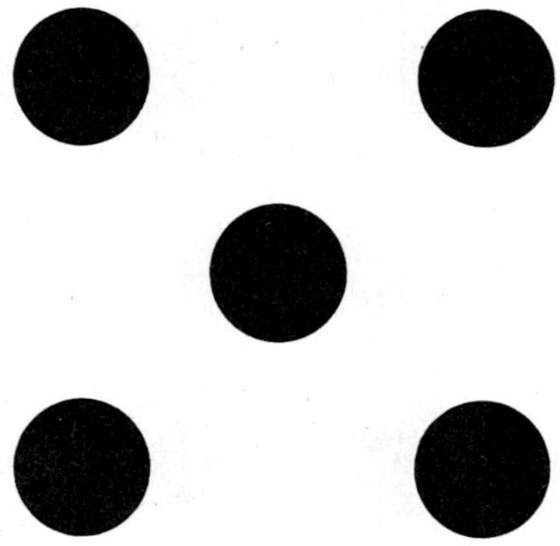

Name	Klasse	Datum	1/3b

Mehr Punkte
Weniger Punkte

Name	Klasse	Datum	1/4

Plättchen werfen

Plättchen		Strichliste
10 rote	0 blaue	
9 rote	1 blaues	
8 rote	2 blaue	
7 rote	3 blaue	
6 rote	4 blaue	
5 rote	5 blaue	
4 rote	6 blaue	
3 rote	7 blaue	
2 rote	8 blaue	
1 rotes	9 blaue	
0 rote	10 blaue	

Name	Klasse	Datum	1/5a

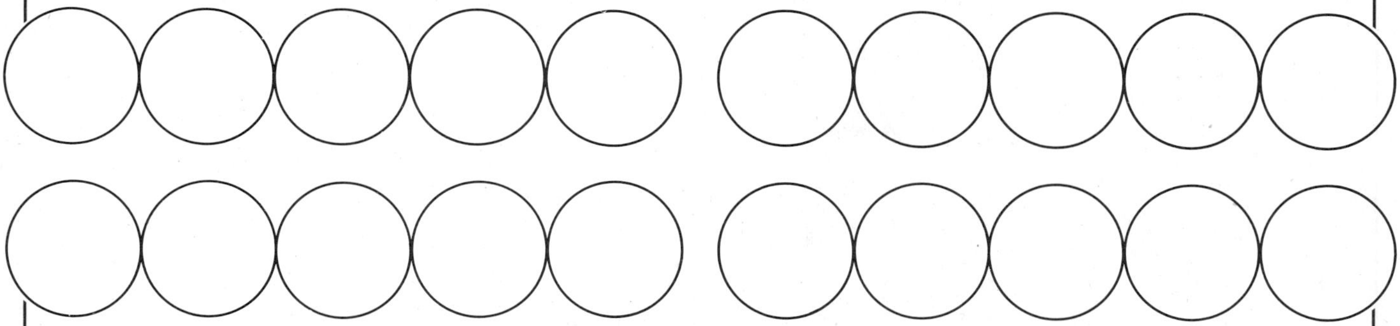

Lege und rechne

5 + 6 = ___	3 + 8 = ___	9 + 3 = ___
6 + 7 = ___	4 + 7 = ___	9 + 4 = ___
7 + 8 = ___	5 + 6 = ___	9 + 5 = ___
8 + 9 = ___	6 + 5 = ___	9 + 6 = ___
9 + 10 = ___	7 + 4 = ___	9 + 7 = ___

5 + 5 = ___	5 + 7 = ___	5 + 10 = ___
6 + 6 = ___	6 + 7 = ___	5 + 9 = ___
7 + 7 = ___	7 + 7 = ___	7 + 10 = ___
8 + 8 = ___	8 + 7 = ___	7 + 9 = ___
9 + 9 = ___	9 + 7 = ___	10 + 9 = ___

Finde selbst Plusaufgaben.
Das Ergebnis soll 14 sein.

10 + 4 = 14

plus

Name	Klasse	Datum	1/5b

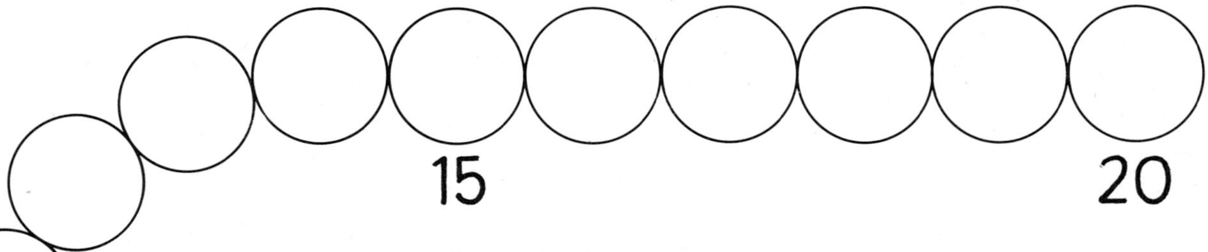

Lege und rechne

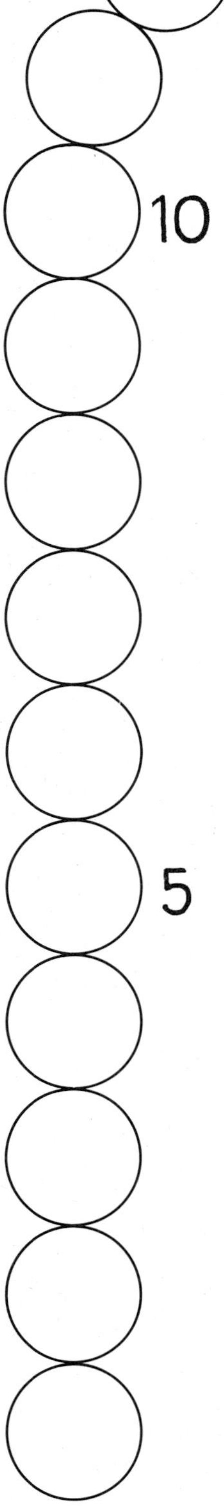

11 − 3 = ___	11 − 5 = ___	12 − 9 = ___
11 − 4 = ___	13 − 6 = ___	13 − 9 = ___
11 − 5 = ___	15 − 7 = ___	14 − 9 = ___
11 − 6 = ___	17 − 8 = ___	15 − 9 = ___
11 − 7 = ___	19 − 9 = ___	16 − 9 = ___

11 − 4 = ___	10 − 5 = ___	9 − 4 = ___
12 − 5 = ___	12 − 6 = ___	10 − 5 = ___
13 − 6 = ___	14 − 7 = ___	11 − 6 = ___
14 − 7 = ___	16 − 8 = ___	12 − 7 = ___
15 − 8 = ___	18 − 9 = ___	13 − 8 = ___

Finde selbst Minusaufgaben.
Das Ergebnis soll 6 sein!

minus

10 − 4 = 6 ________________

________________ ________________

________________ ________________

________________ ________________

________________ ________________

Name	Klasse	Datum	1/6

Räuber und Goldschatz

Ergänze!

+	−
10 + 6 = 16	
13 + 5 = 18	
15 + 4 = 19	
13 + 3 = 16	
11 + 5 = 16	
10 + 1 = 11	
5 + 1 = 6	
3 + 2 = 5	5 − 6 **Höhle**

+	−
	14 − 5 = 9
	11 − 6 = 5
	7 − 1 = 6
	12 − 3 = 9
	13 − 4 = 9
	15 − 1 = 14
14 + 6 = 20 **H**	

Einspluseins-Tafel

10+0	10+1	10+2	10+3	10+4	10+5	10+6	10+7	10+8	10+9	10+10
9+0	9+1	9+2	9+3	9+4	9+5	9+6	9+7	9+8	9+9	9+10
8+0	8+1	8+2	8+3	8+4	8+5	8+6	8+7	8+8	8+9	8+10
7+0	7+1	7+2	7+3	7+4	7+5	7+6	7+7	7+8	7+9	7+10
6+0	6+1	6+2	6+3	6+4	6+5	6+6	6+7	6+8	6+9	6+10
5+0	5+1	5+2	5+3	5+4	5+5	5+6	5+7	5+8	5+9	5+10
4+0	4+1	4+2	4+3	4+4	4+5	4+6	4+7	4+8	4+9	4+10
3+0	3+1	3+2	3+3	3+4	3+5	3+6	3+7	3+8	3+9	3+10
2+0	2+1	2+2	2+3	2+4	2+5	2+6	2+7	2+8	2+9	2+10
1+0	1+1	1+2	1+3	1+4	1+5	1+6	1+7	1+8	1+9	1+10
0+0	0+1	0+2	0+3	0+4	0+5	0+6	0+7	0+8	0+9	0+10

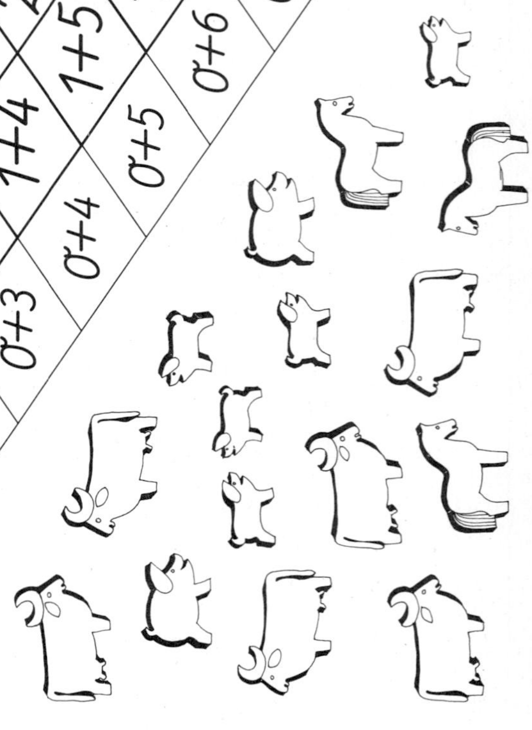

Name	Klasse	Datum	1/8

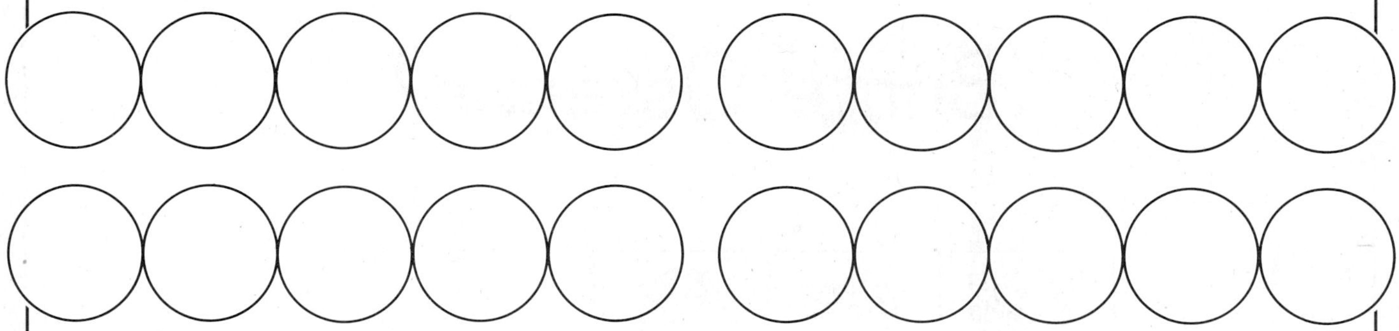

Lege und rechne am Zwanzigerfeld

- 10 + 4 =
- 9 + 4 =
- 10 + 5 =
- 8 + 4 =
- 9 + 5 =
- 10 + 6 =
- 7 + 4 =
- 8 + 5 =
- 9 + 6 =
- 7 + 5 =
- 8 + 6 =
- 7 + 6 =

Name	Klasse	Datum	1/9

Bunte Ostereier

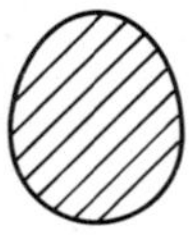		
rote	grüne	blaue
2	2	2
4	1	

Name	Klasse	Datum	1/10a

Zahlenzauber

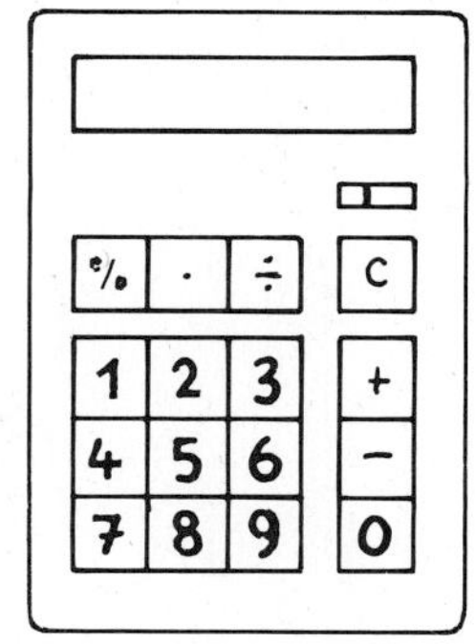

1 2 3 4 5 6 7 8 9

Schreib 1 bis 9
in Dreierreih'n.

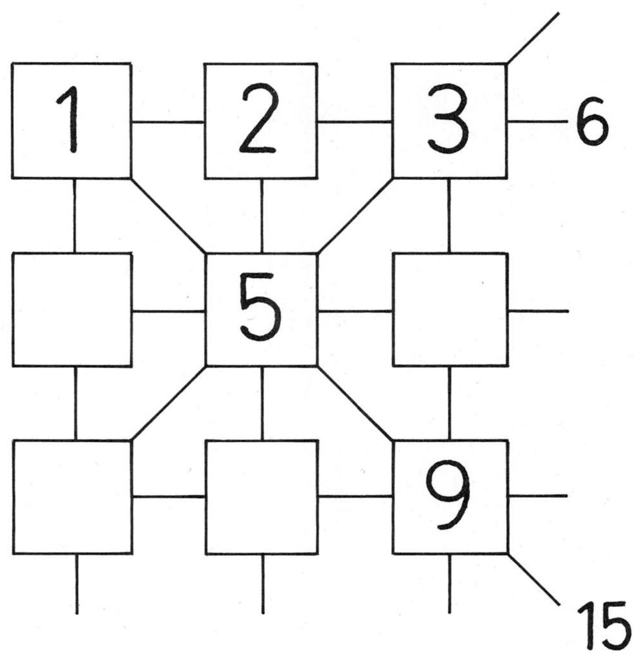

Tausch' 7 und 3,
was ist dabei?

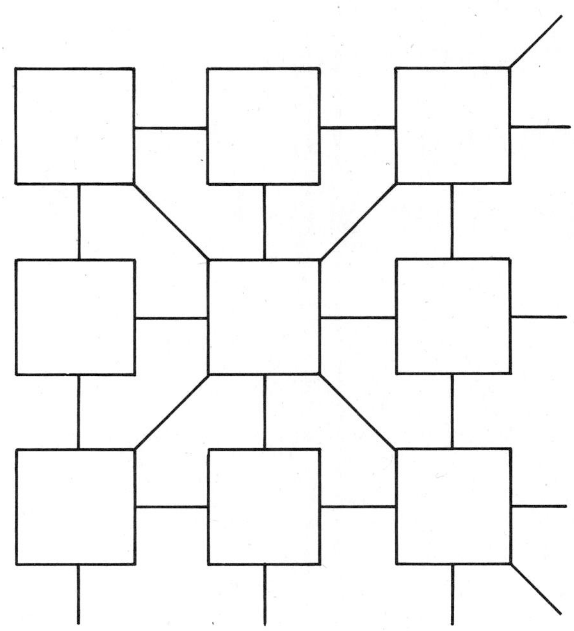

Name	Klasse	Datum	1/10b

Zahlenzauber

Die 5 laß steh'n,
die andern dreh'n.

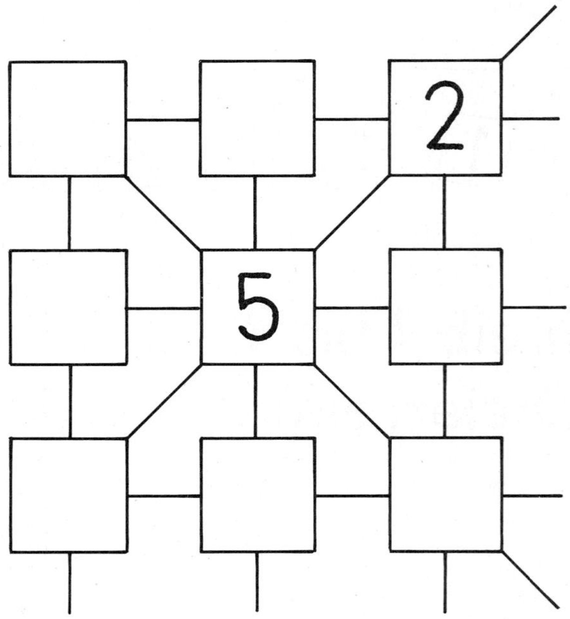

Nun finde zwei,
vertausche sie,
dann wirst du reich,
hast alles gleich.

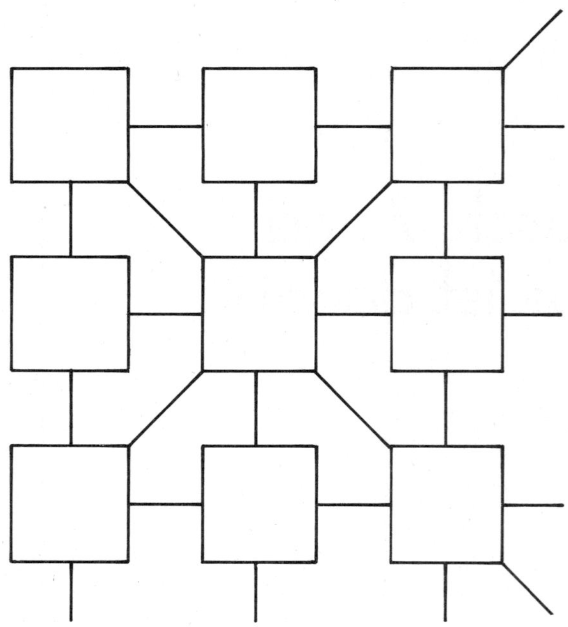

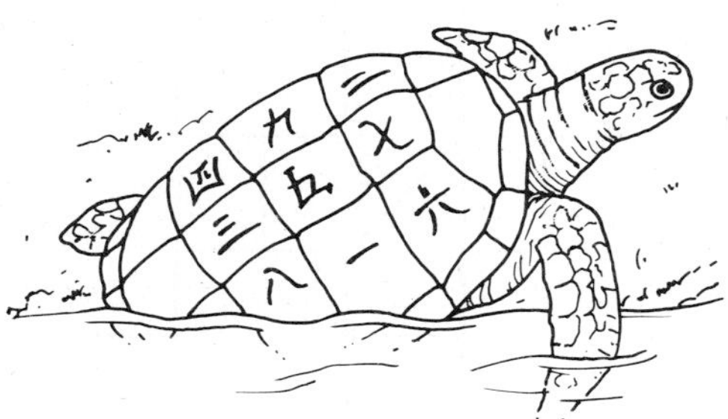

Name	Klasse	Datum	1/11

Münzzerlegungen

11 Pfennig

(10) (1)	2
	3
	4
	5
	6
	7
	8

23 Pfennig

(10) (10) (1) (2)	4
	5
	6
	7
	8
	9
	10

Name	Klasse	Datum	1/12

Große Delphinschau

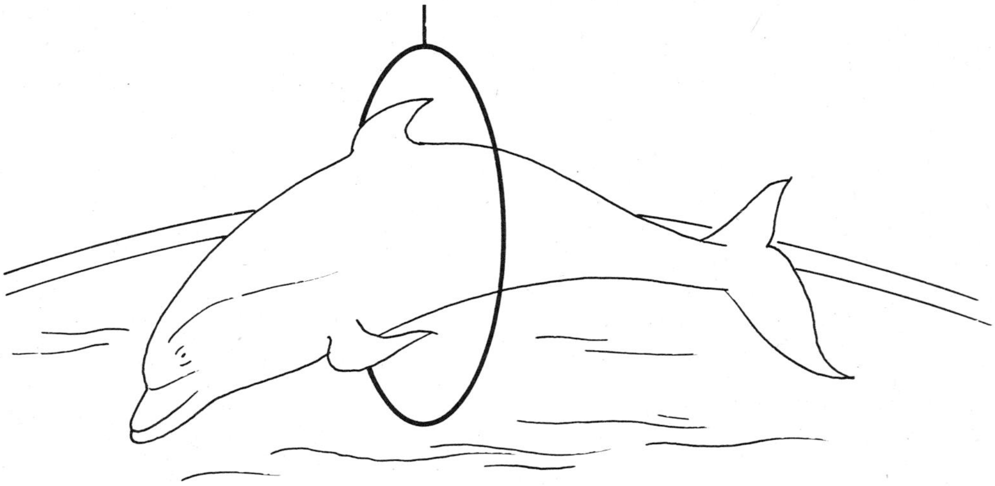

Eintritt: Erwachsene 2 DM

Kinder 1 DM

ZOO

Erwachsene	2	2	3	4	2					
Kinder	1	3	1	4		—	10			
Betrag in DM					10	10	12	20		

Name	Klasse	Datum	1/13

Einkaufen

	Preis	gegeben	zurück
	16 DM	20 DM	4 DM
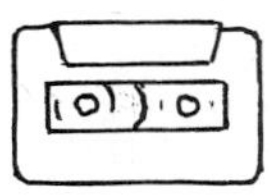	8 DM		
	6 DM		
	13 DM		

Name | Klasse | Datum | 1/14

Kinder, wie die Zeit vergeht!

Heute

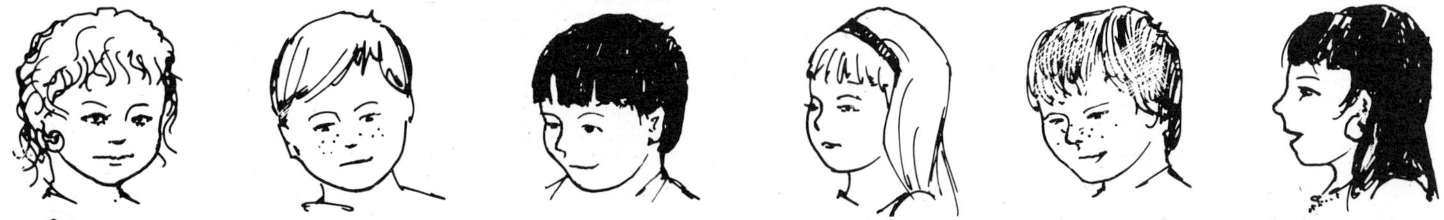

Anja 2 Jahre | **F**rank 4 Jahre | **P**edro 7 Jahre | **K**atrin 8 Jahre | **U**lf 12 Jahre | **N**ülifer 14 Jahre

Heute
A (2) F (4) P (7) K (8) U (12) N (14)
0 1 2 3 4 5 6 7 8 9 10 11 12 13 14 15 16 17 18 19 20 21 22 23 24

2 Jahre später
A (4) F (6)
0 1 2 3 4 5 6 7 8 9 10 11 12 13 14 15 16 17 18 19 20 21 22 23 24

4 Jahre später
0 1 2 3 4 5 6 7 8 9 10 11 12 13 14 15 16 17 18 19 20 21 22 23 24

10 Jahre später
0 1 2 3 4 5 6 7 8 9 10 11 12 13 14 15 16 17 18 19 20 21 22 23 24

3 Jahre früher
0 1 2 3 4 5 6 7 8 9 10 11 12 13 14 15 16 17 18 19 20 21 22 23 24

Name	Klasse	Datum	2/1

Nachbarn auf der Hundertertafel

Hier sind Ausschnitte aus der Hundertafel.
Trage in die dicken Kästchen die richtigen Zahlen ein!

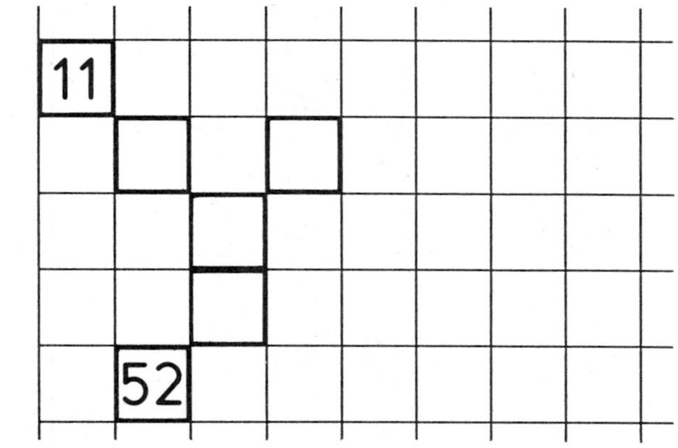

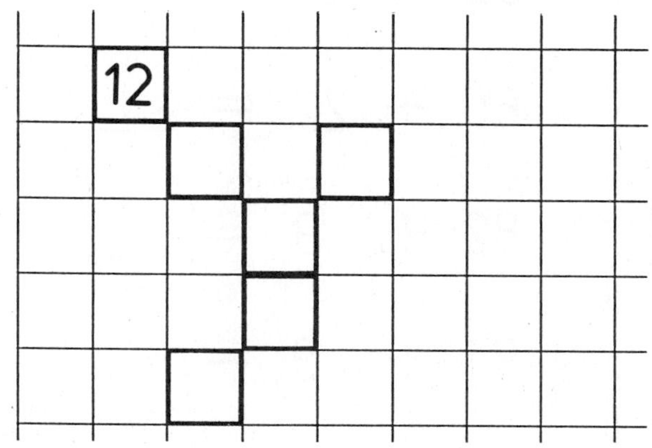

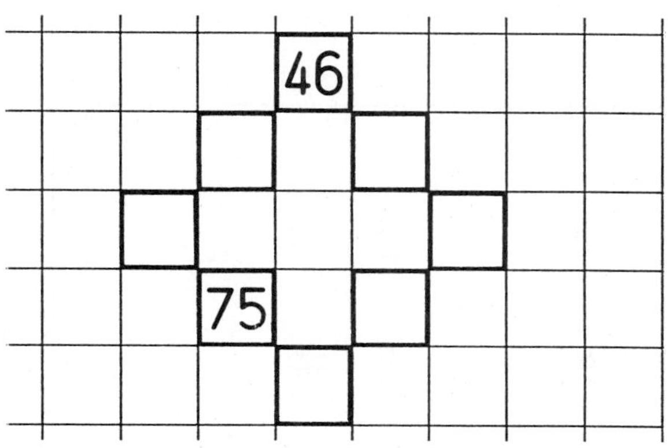

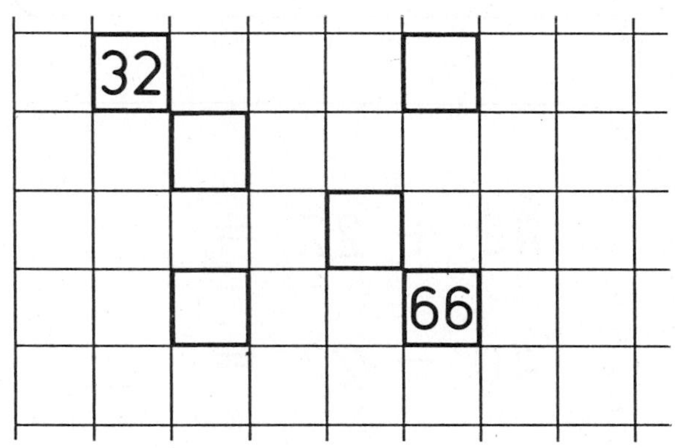

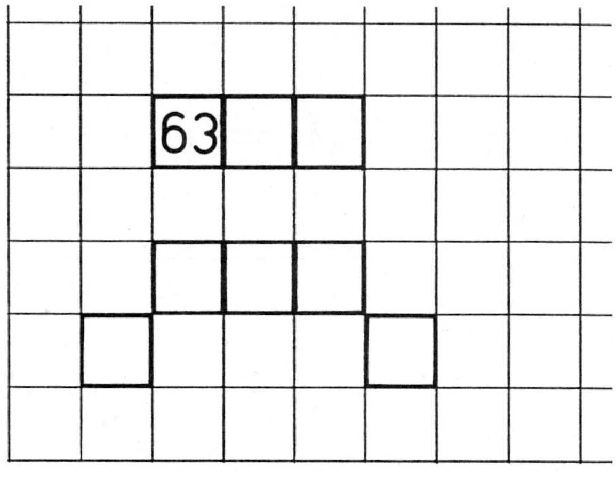

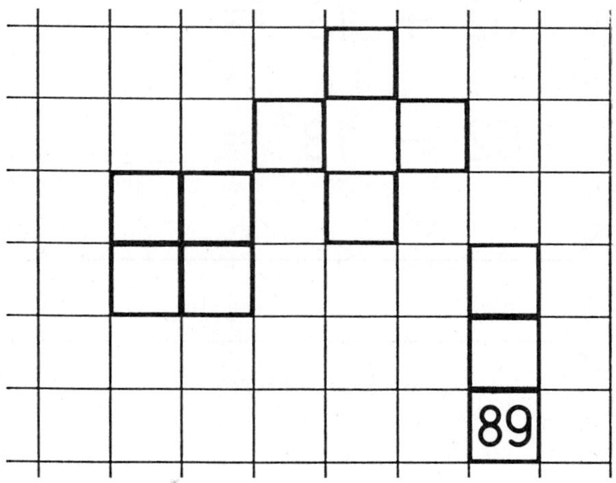

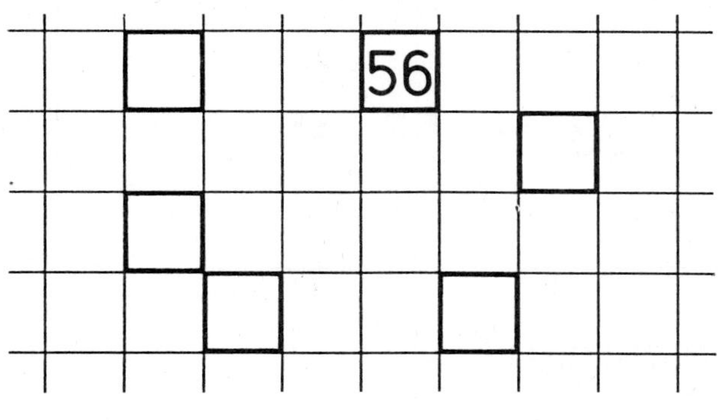

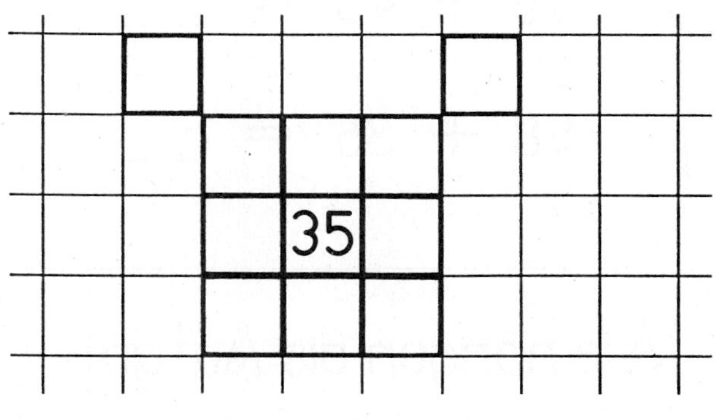

Name	Klasse	Datum	2/2

Rechne aus!

32 + 28 = ___
60 + 22 = ___
82 + 9 = ___
91 + 9 = ___

100 − 31 = ___
69 − 15 = ___
54 + 18 = ___
72 + 28 = ___

40 + 22 = ___
40 − 22 = ___
62 + 18 = ___
62 − 18 = ___

60 + 3 = ___
30 + 6 = ___
60 + 30 = ___
6 + 33 = ___

48 + 45 = ___
58 + 35 = ___

93 − 45 = ___
93 − 58 = ___

Wie hängen die Aufgaben zusammen?

Name	Klasse	Datum	2/3a

Addition am Kalender

Mo	Di	Mi	Do	Fr	Sa	So
			1	2	3	4
5	6	7	8	9	10	11
12	13	14	15	16	17	18
19	20	21	22	23	24	25
26	27	28	29	30	31	

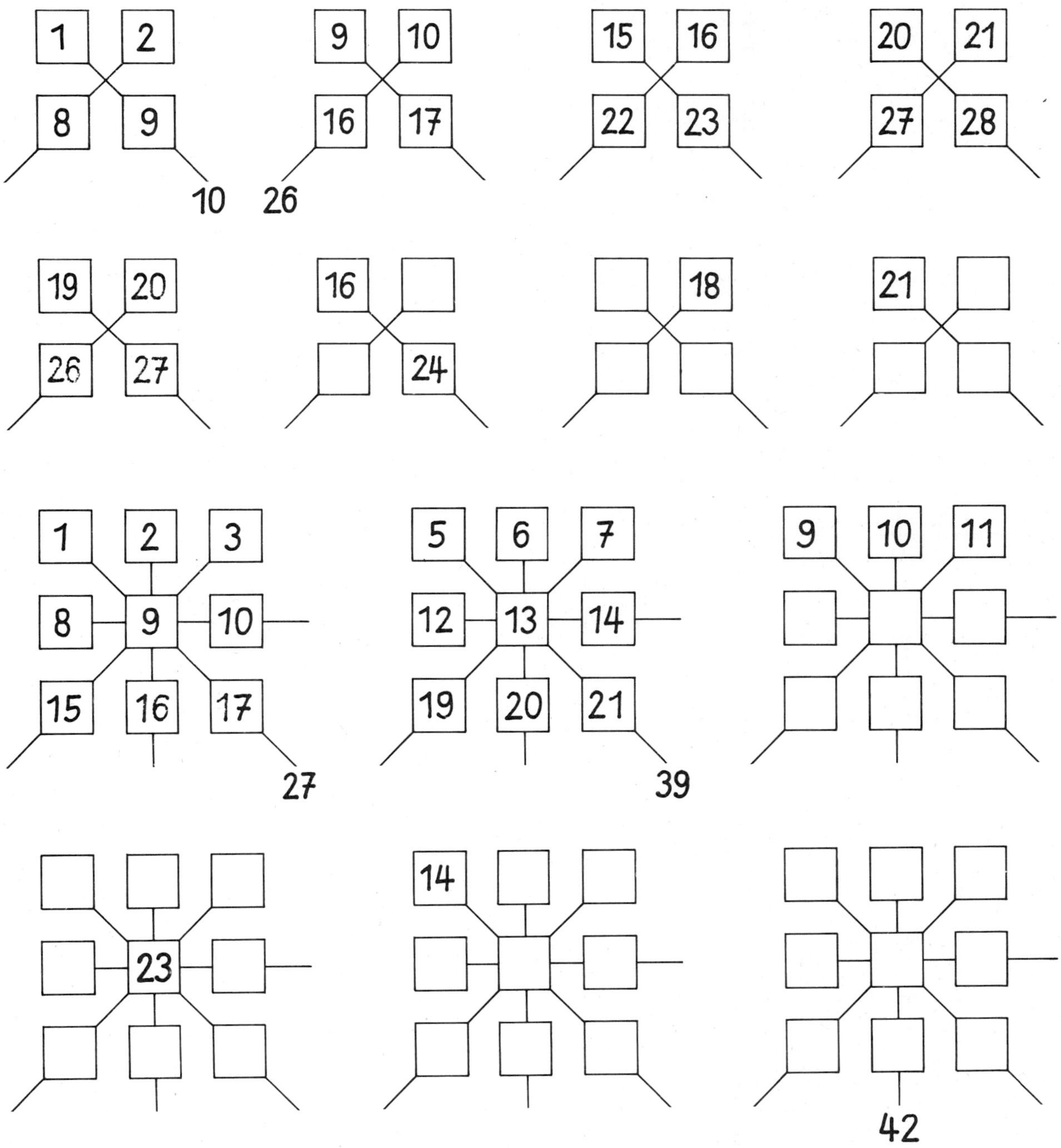

Name	Klasse	Datum	2/3b

Addition am Kalender

Mo	Di	Mi	Do	Fr	Sa	So
	1	2	3	4	5	6
7	8	9	10	11	12	13
14	15	16	17	18	19	20
21	22	23	24	25	26	27
28	29	30				

größte Summe

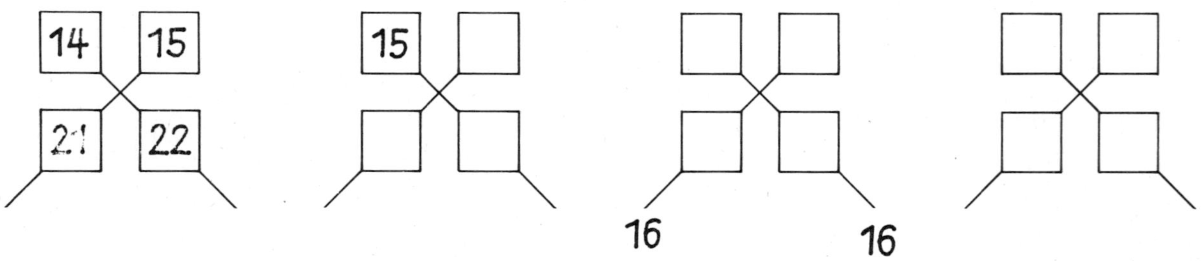

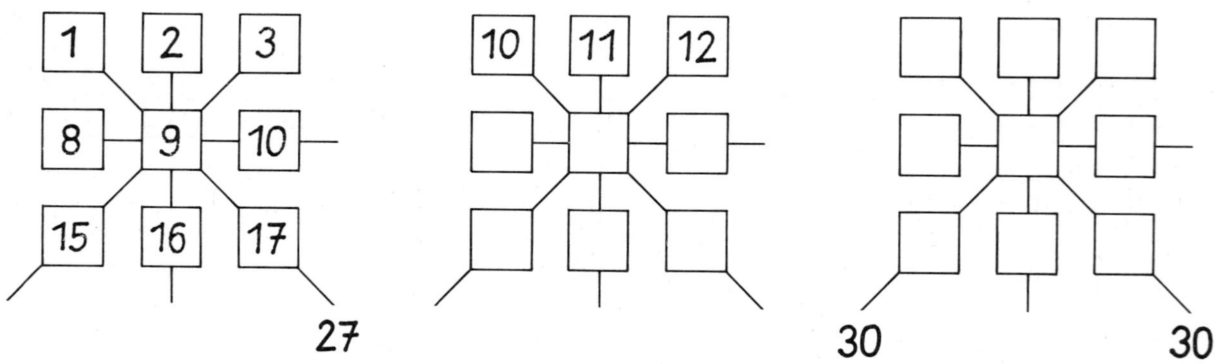

größte Summe

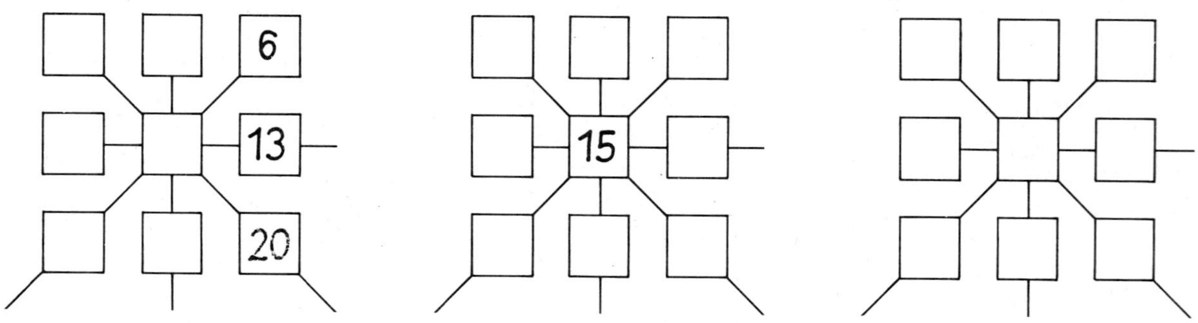

Name	Klasse	Datum	2/4

Jmmer 34!

Bilde schöne Muster, indem du immer vier Zahlfelder mit der magischen Summe 34 gleich einfärbst!

16	3	2	13
5	10	11	8
9	6	7	12
4	15	14	1

16	3	2	13
5	10	11	8
9	6	7	12
4	15	14	1

16	3	2	13
5	10	11	8
9	6	7	12
4	15	14	1

16	3	2	13
5	10	11	8
9	6	7	12
4	15	14	1

16	3	2	13
5	10	11	8
9	6	7	12
4	15	14	1

16	3	2	13
5	10	11	8
9	6	7	12
4	15	14	1

Name	Klasse	Datum	2/5a

Streichquadrate

23	19	14
25	21	16
31	27	22

25 + 27 + 14 = 66

23	19	14
25	21	16
31	27	22

23 + ______ = ☐

23	19	14
25	21	16
31	27	22

______ = ☐

23	19	14
25	21	16
31	27	22

______ = ☐

13	17	22	9
24	28	33	20
11	15	20	7
23	27	32	19

22 + 28 + 7 + 23 = ☐

13	17	22	9
24	28	33	20
11	15	20	7
23	27	32	19

______ = ☐

13	17	22	9
24	28	33	20
11	15	20	7
23	27	32	19

______ = ☐

13	17	22	9
24	28	33	20
11	15	20	7
23	27	32	19

______ = ☐

Name	Klasse	Datum	2/5b

Streichquadrate mit minus

23	19	14
25	21	16
31	27	22

100 – 25 = 75

75 – 14 = 61

61 – 27 = 34

23	19	14
25	21	16
31	27	22

100 – 21 = 79

79 – ______

____

23	19	14
25	21	16
31	27	22

100 – ______

____

____

23	19	14
25	21	16
31	27	22

100 – ______

____

____

13	17	22	9
24	28	33	20
11	15	20	7
23	27	32	19

95 – 15 = 80

80 – ______

____

____

13	17	22	9
24	28	33	20
11	15	20	7
23	27	32	19

95 – ______

____

____

____

13	17	22	9
24	28	33	20
11	15	20	7
23	27	32	19

95 – ______

____

____

____

13	17	22	9
24	28	33	20
11	15	20	7
23	27	32	19

95 – ______

____

____

____

Name	Klasse	Datum	2/6a

Zahlmauern

100		
47	53	
Zahl	mau	ern

Berechne!

1.

91			
13	8	15	9

2.

27	11	7	19

3.

37	22	17	
19			

4.

29	11	8	
	8		

5.

100			
47			
19			
8		17	

6.

88	31		
	14		
		7	

7.

99			
	47		
	19		
		7	

8.

99			
67			
		11	
28			

9.

16		32		
	10	14		
		6		

10.

34	23	28		
23				
17				

Name	Klasse	Datum	2/6b

Zahlmauern

Kannst du auch diese Mauern schaffen?
Probiere mit Bleistift, bis es stimmt!

	100	
47	53	
Zahl	mau	ern

1.

18	12	

2.

	50	
17		9

3.

	27	
5		6

4.

	80		
10			10

5.

		41		
15		8		
4		1		3

6.

27	22	29

10	17	5	24
11	16	6	23
12	15	7	22

gleich

7.

26	25	47

gleich

8.

28	38	18

gleich

Name	Klasse	Datum	2/7

Lege und rechne!

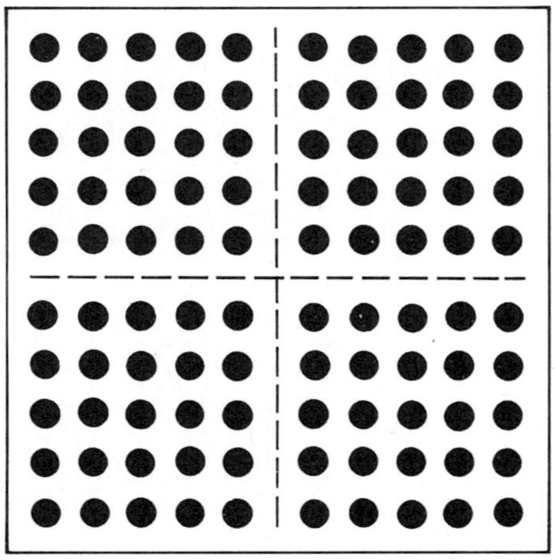

Aufgabe: 7 mal 8

Rechnung:
25 + 15 + 10 + 6
= 56

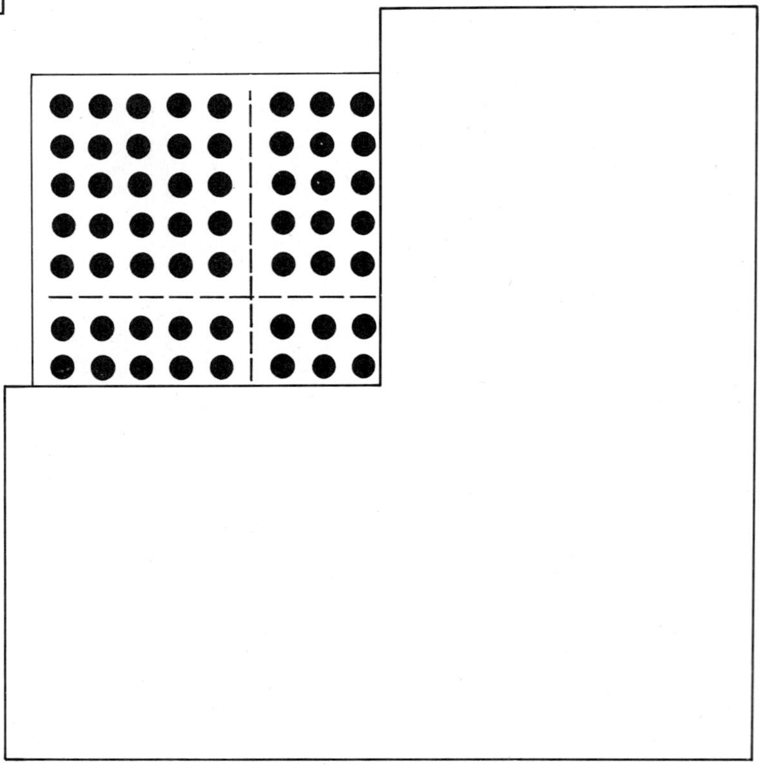

A: 4 mal 4
R: ____________________

A: 6 mal 4
R: ____________________

A: 3 mal 7
R: ____________________

A: 7 mal 4
R: ____________________

A: 4 mal 8
R: ____________________

A: 8 mal 9
R: ____________________

Name	Klasse	Datum	2/9

Aus kurz mach lang!

3

6

9 = 6 + 3

12 = 6 + 6 = 15 − 3

15

18 = 15 + 3 = 6 + 6 + 6

21 = 15 + 6

24 = 30 − 6 = 15 + 6 + 3

27 = 30 − 3 = 15 + 6 + 6

30

4

8

______

______

20

______

______

______

______

40

8

16

______

______

40

______

______

______

______

80

7

14

______

______

35

______

______

______

______

70

Einmaleins-Plan

Zahlenband

1	2	3	4	5	6	7	8	9	10	11	12	13	14	15	16	17	18	19	20	21	22	23	24	25	26	27	28	29	30	31	32	33	34	35	36	37	38	39	40	41	42	43	44	45	46	47	48	49	50

·10

5	10	15	20	25	30	35	40	45	50

10	20			50

·5

5	10	15	20	25	30	35	40	45	50

5	10			25					50

·2

5	10	15	20

2	4			10					20

·4

5	10	15	20	25	30	35	40

4	8			20					40

·8

5	10	15	20	25	30	35	40	45	50

8	16			40	

·7

5	10	15	20	25	30	35	40	45	50

7	14			35			

·3

5	10	15	20	25	30

3	6			15					30

·6

5	10	15	20	25	30	35	40	45	50

6	12			30				

·9

5	10	15	20	25	30	35	40	45	50

9	18			45	

Alle Einmaleins-Zahlen am Zahlenband

1	2	3	4	5	6	7	8	9	10		12		14	15	16		18		20	21			24	25		27	28		30		32			35	36				40		42			45			48	49	50

Name	Klasse	Datum	2/8

51 52 53 54 55 56 57 58 59 60 61 62 63 64 65 66 67 68 69 70 71 72 73 74 75 76 77 78 79 80 81 82 83 84 85 86 87 88 89 90 91 92 93 94 95 96 97 98 99 100

55 60 65 70 75 80 85 90 95 100

100

Alle Einmaleins-Zahlen in der Hundertertafel

1	2	3	4	5	6	7	8	9	10
	12		14	15	16		18		20
21			24	25		27	28		30
	32			35	36				40
	42			45			48	49	50
			54		56				60
		63	64						70
	72								80
81									90
									100

55 60 65 70 75 80

80

55 60 65 70

70

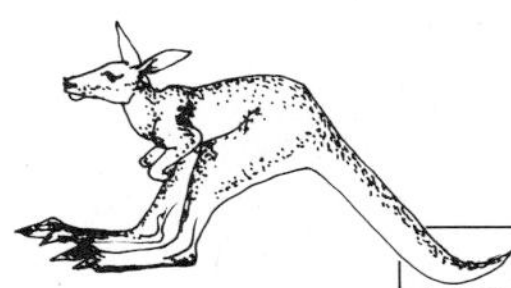

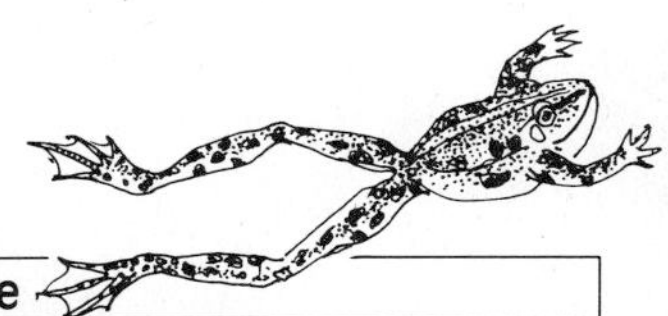

Tier	Sprungweite
Löwe	2faches der Körperlänge = 4 m
Tiger	3faches der Körperlänge = 5 m
Fuchs	4faches der Körperlänge = 2 m 80 cm
Rothirsch	5faches der Körperlänge = 11 m
Rennkuckuck	6faches der Körperlänge = 3 m
Känguruh	7faches der Körperlänge = 6 bis 10 m
Waldmaus	8faches der Körperlänge = 70 cm
Ochsenfrosch	9faches der Körperlänge = 2 m
Heuschrecke	30faches der Körperlänge = 2 m 10 cm
Spitzmaulfrosch	45faches der Körperlänge = 3 m 60 cm
Floh	200faches der Körperlänge = 60 cm

55 60

60

55 60 65 70 75 80 85 90

90

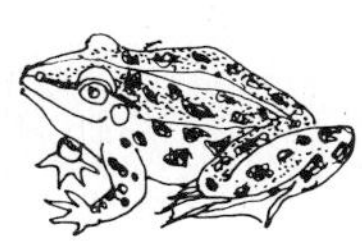

54 56 60 63 64 70 72 80 81 90 100

Einmaleins-Tafel

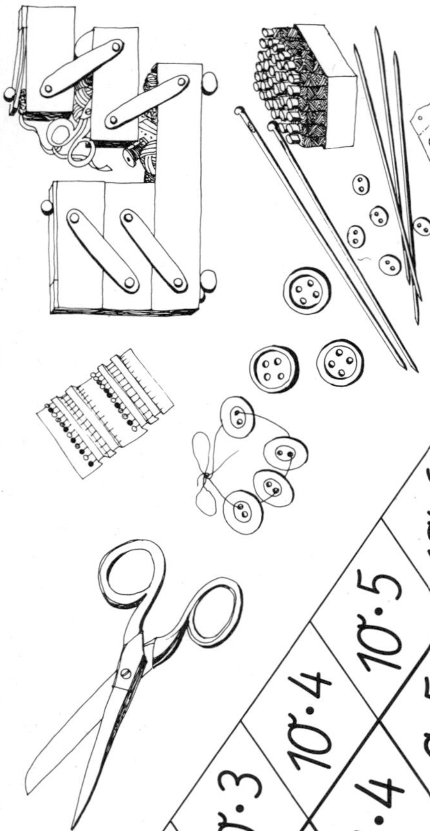

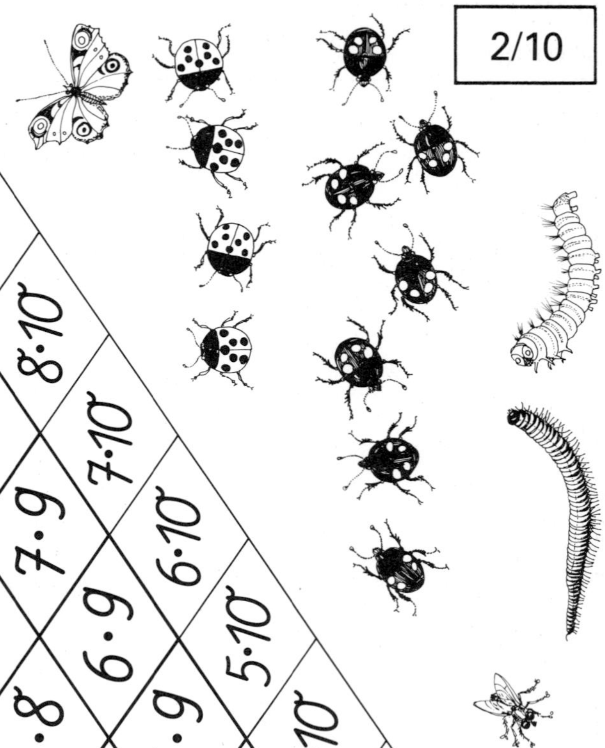

1·1	1·2	1·3	1·4	1·5	1·6	1·7	1·8	1·9	1·10
2·1	2·2	2·3	2·4	2·5	2·6	2·7	2·8	2·9	2·10
3·1	3·2	3·3	3·4	3·5	3·6	3·7	3·8	3·9	3·10
4·1	4·2	4·3	4·4	4·5	4·6	4·7	4·8	4·9	4·10
5·1	5·2	5·3	5·4	5·5	5·6	5·7	5·8	5·9	5·10
6·1	6·2	6·3	6·4	6·5	6·6	6·7	6·8	6·9	6·10
7·1	7·2	7·3	7·4	7·5	7·6	7·7	7·8	7·9	7·10
8·1	8·2	8·3	8·4	8·5	8·6	8·7	8·8	8·9	8·10
9·1	9·2	9·3	9·4	9·5	9·6	9·7	9·8	9·9	9·10
10·1	10·2	10·3	10·4	10·5	10·6	10·7	10·8	10·9	10·10

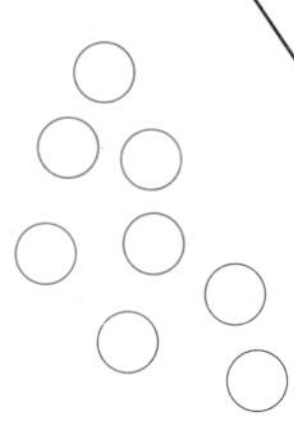

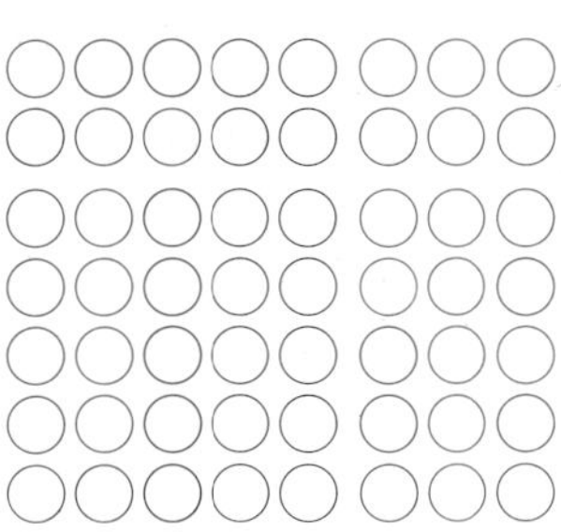

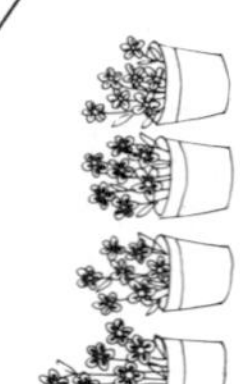

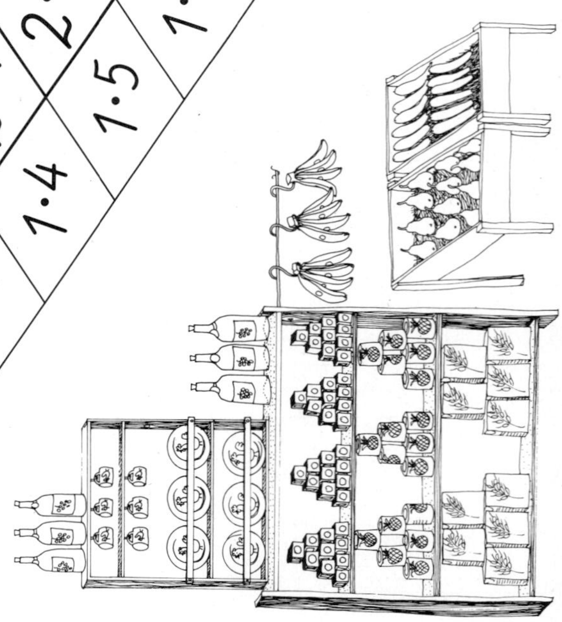

Name	Klasse	Datum	2/11

Reih'auf – Reih'ab

5 auf	5 auf	Summe
5	5	10
10	10	20
15		
20		
25		

5 auf	7 auf	Summe
5	7	12
10	14	24
15	21	

5 auf	5 ab	Summe
5	50	55
10	45	
15		
20		

5 auf	7 ab	Summe
5	70	75
10	63	

7 auf	5 ab	Summe
7	50	57
14	45	

7 auf	7 ab	Summe
7	70	77
14	63	
21	56	

6 auf	6	12								
3 ab	30	27								
Summe	36									

Name	Klasse	Datum	2/12

Malaufgaben

Rechne aus!
Wo stehen die Aufgaben in der Mal-Tafel?

A

$1 \cdot 7 =$ ___
$2 \cdot 7 =$ ___
$3 \cdot 7 =$ ___
$4 \cdot 7 =$ ___

B

$10 \cdot 8 =$ ___
$9 \cdot 8 =$ ___
$8 \cdot 8 =$ ___
$7 \cdot 8 =$ ___

C

$2 \cdot 1 =$ ___
$3 \cdot 2 =$ ___
$4 \cdot 3 =$ ___
$5 \cdot 4 =$ ___

D

$10 \cdot 5 =$ ___
$9 \cdot 6 =$ ___
$8 \cdot 7 =$ ___

E

$10 \cdot 10 =$ ___
$9 \cdot 9 =$ ___
$8 \cdot 8 =$ ___

F

$8 \cdot 1 =$ ___
$8 \cdot 2 =$ ___
$8 \cdot 3 =$ ___
$8 \cdot 4 =$ ___

Eine Aufgabe kommt in 4 Päckchen vor! Wer findet sie?

Name	Klasse	Datum	2/13

Nachbaraufgaben

Wähle vier Nachbarfelder und rechne so:

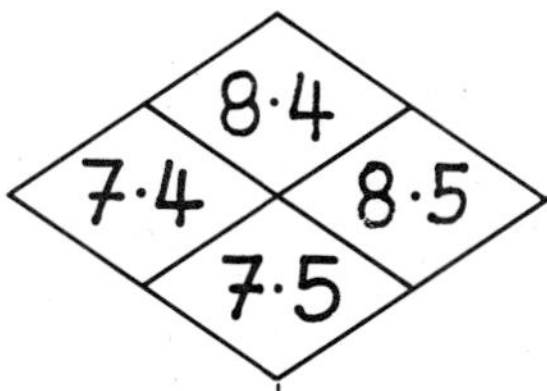

Zeile: 7·4 + 8·5 = 28 + 40 = ____

Spalte: 8·4 + 7·5 = ______ = ____

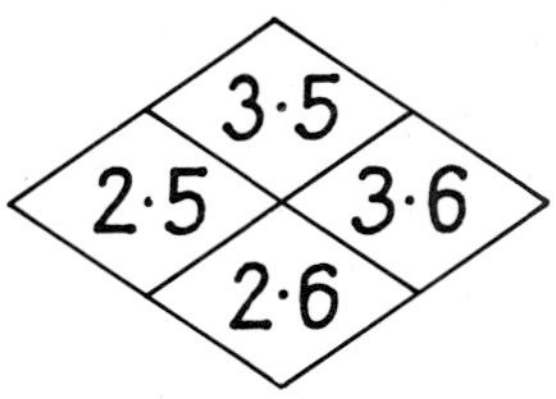

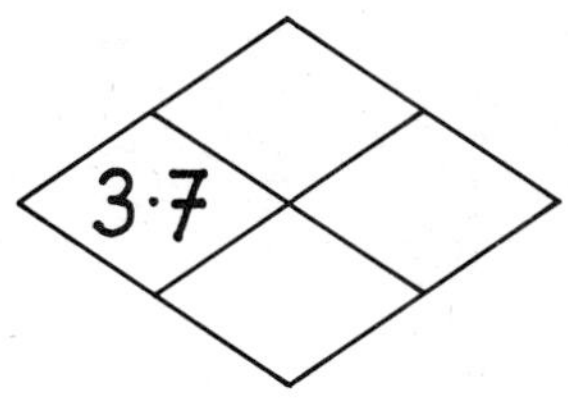

Z: 2·5+3·6= ______________________

S: ______________________

____

____

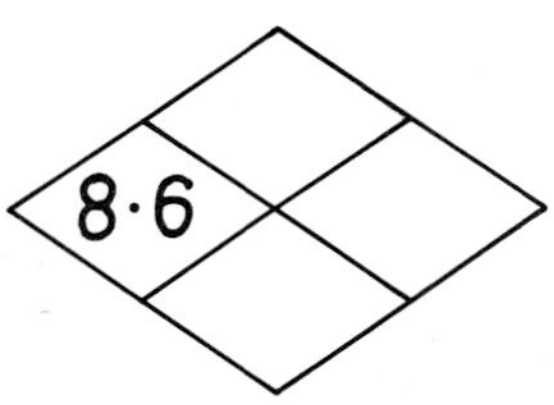

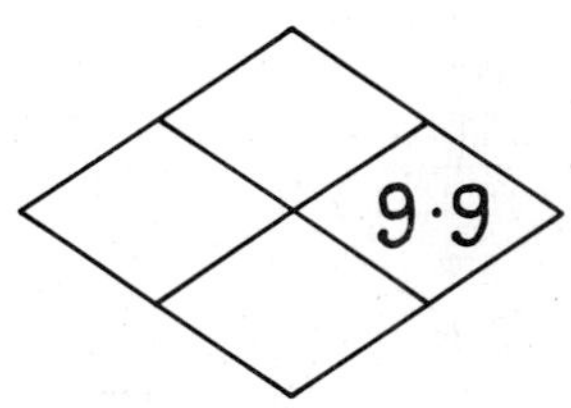

Z: ______________________

S: ______________________

____

____

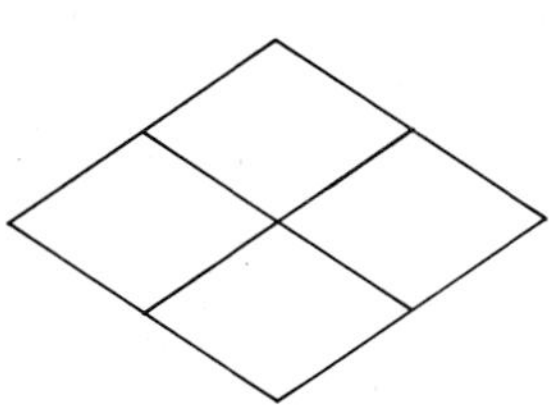

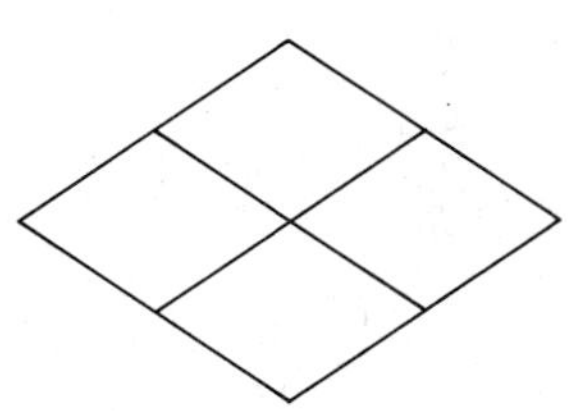

Z: ______________________

S: ______________________

____

____

Name	Klasse	Datum	2/14

Vermischte Aufgaben

Was fällt auf?

A

$1 \cdot 10 - 6 \cdot 1 = 10 - 6 = 4$

$2 \cdot 10 - 6 \cdot 2 =$

$3 \cdot 10 - 6 \cdot 3 =$

$4 \cdot 10 - 6 \cdot 4 =$

$5 \cdot 10 - 6 \cdot 5 =$

B

$1 \cdot 3 + 4 \cdot 1 =$

$2 \cdot 3 + 4 \cdot 2 =$

$3 \cdot 3 + 4 \cdot 3 =$

$4 \cdot 3 + 4 \cdot 4 =$

$5 \cdot 3 + 4 \cdot 5 =$

C

$2 \cdot 3 - 1 \cdot 4 =$

$3 \cdot 4 - 2 \cdot 5 =$

$4 \cdot 5 - 3 \cdot 6 =$

D

$1 \cdot 1 =$	$2 \cdot 2 =$	$3 \cdot 3 =$	$4 \cdot 4 =$	$5 \cdot 5 =$
$0 \cdot 2 =$	$1 \cdot 3 =$	$2 \cdot 4 =$	$3 \cdot 5 =$	

$6 \cdot 6 =$	$7 \cdot 7 =$	$8 \cdot 8 =$		

E

$4 \cdot 3 - 2 \cdot 1 = 10$	$4 + 3 + 2 + 1 = 10$
$5 \cdot 4 - 3 \cdot 2 =$	$5 + 4 + 3 + 2 =$
$6 \cdot 5 - 4 \cdot 3 =$	$6 + 5 + 4 + 3 =$

Name	Klasse	Datum	2/15a

Muster an der Hundertertafel

Male farbig an!

Die Zahlen der Zweierreihe!

1	2	3	4	5	6	7	8	9	10
11	12	13	14	15	16	17	18	19	20

Die Zahlen der Viererreihe!

1	2	3	4	5	6	7	8	9	10
11	12	13	14	15	16	17	18	19	20
21	22	23	24	25	26	27	28	29	30
31	32	33	34	35	36	37	38	39	40

Die Zahlen der Siebenerreihe!

1	2	3	4	5	6	7	8	9	10
11	12	13	14	15	16	17	18	19	20
21	22	23	24	25	26	27	28	29	30
31	32	33	34	35	36	37	38	39	40
41	42	43	44	45	46	47	48	49	50
51	52	53	54	55	56	57	58	59	60
61	62	63	64	65	66	67	68	69	70

Die Zahlen der Achterreihe!

1	2	3	4	5	6	7	8	9	10
11	12	13	14	15	16	17	18	19	20
21	22	23	24	25	26	27	28	29	30
31	32	33	34	35	36	37	38	39	40
41	42	43	44	45	46	47	48	49	50
51	52	53	54	55	56	57	58	59	60
61	62	63	64	65	66	67	68	69	70
71	72	73	74	75	76	77	78	79	80

Name	Klasse	Datum	2/15b

Muster an der Hundertertafel

Male farbig an!

1	2	3	4	5	6	7	8	9	10
11	12	13	14	15	16	17	18	19	20
21	22	23	24	25	26	27	28	29	30

Die Zahlen der Dreierreihe!

1	2	3	4	5	6	7	8	9	10
11	12	13	14	15	16	17	18	19	20
21	22	23	24	25	26	27	28	29	30
31	32	33	34	35	36	37	38	39	40
41	42	43	44	45	46	47	48	49	50
51	52	53	54	55	56	57	58	59	60

Die Zahlen der Sechserreihe!

1	2	3	4	5	6	7	8	9	10
11	12	13	14	15	16	17	18	19	20
21	22	23	24	25	26	27	28	29	30
31	32	33	34	35	36	37	38	39	40
41	42	43	44	45	46	47	48	49	50
51	52	53	54	55	56	57	58	59	60
61	62	63	64	65	66	67	68	69	70
71	72	73	74	75	76	77	78	79	80
81	82	83	84	85	86	87	88	89	90

Die Zahlen der Neunerreihe!

Die Fünfer- und Zehnerreihe ist einfach! Warum?

Name	Klasse	Datum	2/16

Wir zerlegen 100 = 10 · 10

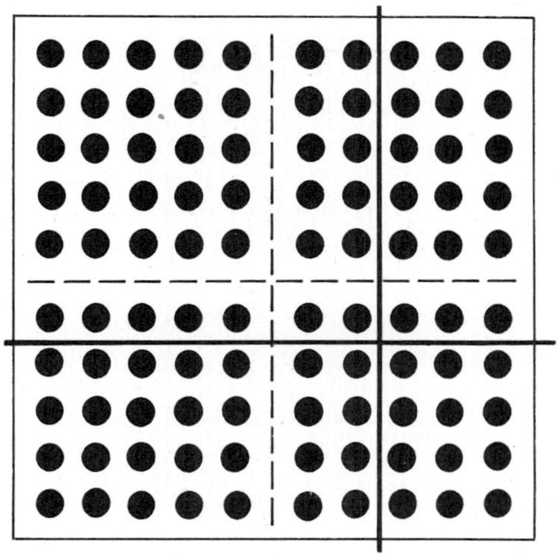

·	7	3	
6	42	18	60
4	28	12	40
	70	30	100

·	6	4	
8			
2			
			100

·	9	1	
3			
7			
			100

·	7	3	
3			
7			
			100

·	3	7	
5			
5			
			100

·	2	8	
1			
9			
			100

·			
			100

Name	Klasse	Datum	2/17

Malkreuze

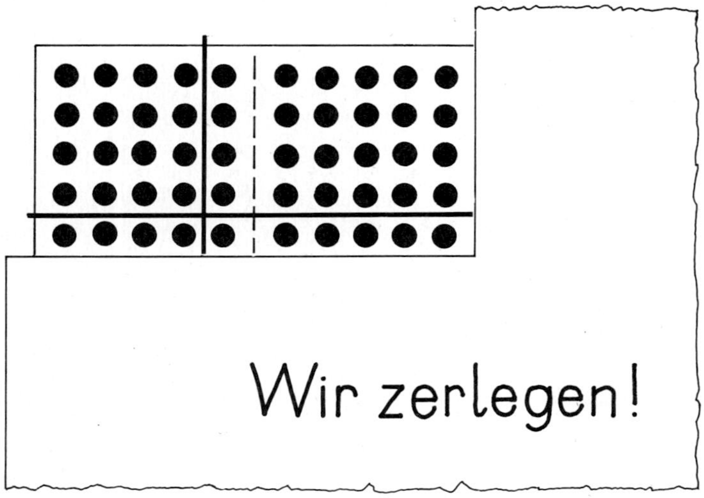

Name	Klasse	Datum	2/18

Tabula rasa

Ergänze die richtigen Zahlen!

·	6	7	8	9
4				
3				
7				
2				

·	2	3		
4				28
5			30	
		6		
	14			

·				
5	35			
2		10		
6			18	
1				4

·	3			
	6	8	12	16
	18			
	21			
	27			

·				
2	10			
	15	12		
		32	24	
			18	54

·		3		4
		12		
7	35			
				32
			18	

Name	Klasse	Datum	2/19a

Café – Restaurant "Piccolo"

Kaisers quellfrisch — *Tisch 1*

Frühstück 1	4,50
Aufschnitt	3,–
Ei	1,–
	8,50

Kaisers quellfrisch — *Tisch 2*

Frühstück 2
Aufschnitt
Orangensaft

Kaisers quellfrisch — *Tisch 3*

Hühnerbrühe II
Zwiebelsuppe II
Cola
Mineralwasser II

Kaisers quellfrisch — *Tisch 4*

Pizza
Spaghetti
Bockwurst
Kännch. Kaffee
Bitter Lemon II

Kaisers quellfrisch — *Tisch 5*

Milch
Grog
Tee m. Rum
Ta. Schokolade
Strammer Max II
Hausplatte

Kaisers quellfrisch — *Tisch 6*

Osaft III
Cola II
Hamb. Bratenschn.
Hausplatte II
Erbsensuppe II

Bezahlen

Rechnung aufgerundet	13,50	57,–	26,50	43,50	61,50	25,–
Gegeben	20,–	70,–	50,–	45,50	70,–	40,–
Zurück						

Name	Klasse	Datum	2/19b

Speisekarte

Frühstück (bis 12.00 Uhr)

1. 1 Tasse Kaffee, Tee oder Schokolade dazu 2 Brötchen, Butter, Konfitüre oder Honig	4,50 DM
2. 1 Kännchen Kaffee, Tee oder Schokolade dazu 2 Brötchen, 1 Sch. Schwarzbrot, Butter, Konfitüre und 1 Ei	6,50 DM

Ergänzungen zum Frühstück

1 gekochtes Ei	1,— DM
2 Rühreier oder Spiegeleier	3,— DM
Portion Aufschnitt	3,— DM
Brötchen mit Butter	1,50 DM
1 Portion Butter	1,— DM
1 Portion Konfitüre oder Honig	1,— DM
1 Brötchen	0,50 DM
1 Scheibe Toast	0,50 DM

Kalte Getränke

Cola	2,— DM
Fanta Limonade	2,— DM
Mineralwasser	2,— DM
Tafelwasser	2,— DM
Bitter Lemon	3,— DM
Tonic Water	3,— DM

Fruchtsäfte

Orangensaft 0,1 l	2,— DM
Apfelsaft 0,25 l	4,— DM
Flasche Johannisbeersaft	4,— DM
Flasche Grapefruitsaft	4,— DM
Flasche Traubensaft	4,— DM

Warme Getränke

Kännchen Kaffee	4,50 DM
Tasse Kaffee	2,— DM
Kännchen Schokolade mit Sahne	4,50 DM
Tasse Schokolade mit Sahne	2,— DM
Kännchen Tee	4,50 DM
Glas Tee	2,— DM
Capuccino	2,50 DM
Milch mit Honig	3,— DM
Glas Glühwein	4,— DM
Glas Grog	4,— DM
Glas Tee mit Rum	4,— DM

Der kleine Mittagstisch

Pizza, reich garniert	4,— DM
Toast Hawaii	5,50 DM
Goulasch mit Brötchen	6,— DM
Spaghetti Bolognaise	8,— DM
Bockwurst, groß mit Kartoffelsalat	7,— DM
Sülze mit Remoulade und Kartoffelsalat	7,— DM
Ragout Fin im Töpfchen mit Ei überbacken	7,50 DM

Suppen

Hühnerbrühe mit Ei und Brötchen	4,— DM
Zwiebelsuppe mit Käse überbacken	5,— DM
Tomatensuppe mit Sahnetupfen	5,— DM
Erbsensuppe	6,— DM
Linsensuppe	6,— DM

Zur Brotzeit

Warmes Käse-Schinken-Toast	4,— DM
Schnittchen mit 2 Rühreiern	4,50 DM
Rührei mit Schinken und Brot	7,— DM
Schnitten mit Wurst oder Käse	5,50 DM
Schnittchen mit Schinken und etwas Kartoffelsalat	7,— DM
Strammer Max Schinkenschnittchen mit Spiegelei und etwas Kartoffelsalat	8,— DM
Hamburger Bratenschnitte delikater Braten, Sauce, etwas Kartoffelsalat und Spiegelei	9,— DM
Hausplatte verschiedene kleine Schnittchen nach Art des Hauses, Spiegelei und Kartoffelsalat	9,— DM

Name	Klasse	Datum	2/20

Pulsschläge von Tieren

	Elefant	Pferd	Kuh	Bernhardiner
1 Minute	24	36	48	60
30 Sekunden				
10 Sekunden				
5 Sekunden				
1 Sekunde				

	Zwergziege	Katze	Kapuziner-äffchen	Meerschwein-chen
1 Minute	90	120	160	240
30 Sekunden				
10 Sekunden				
5 Sekunden				
1 Sekunde				

	Jgel (wach)	Jgel (Winterschlaf)	Goldhamster	Maus
1 Minute	300	18	400	600
30 Sekunden				
10 Sekunden				
5 Sekunden				
1 Sekunde				

Name	Klasse	Datum	2/21

Wir werden größer

Größe in cm

Zuwachs Jungen	Jungen	Alter	Mädchen	Zuwachs Mädchen
	175½	16 Jahre	166½	
+				+ Zuwachs
	173	15 Jahre	166	
+				+
	165½	14 Jahre	164	
+				+
	158	13 Jahre	160	
+				+
	152	12 Jahre	154	
+				+
	146	11 Jahre	148	
+				+
	141	10 Jahre	142	
+				+
	136	9 Jahre	136	
+				+
	131	8 Jahre	130	
+				+
	125	7 Jahre	124	
+				+
	118	6 Jahre	117½	
+				+
	112	5 Jahre	110½	
+				+
	105	4 Jahre	103	
+				+
	97	3 Jahre	96	
+				+
	89	2 Jahre	87½	
+				+
	77	1 Jahr	76	
+				+
	52	Geburt	51½	

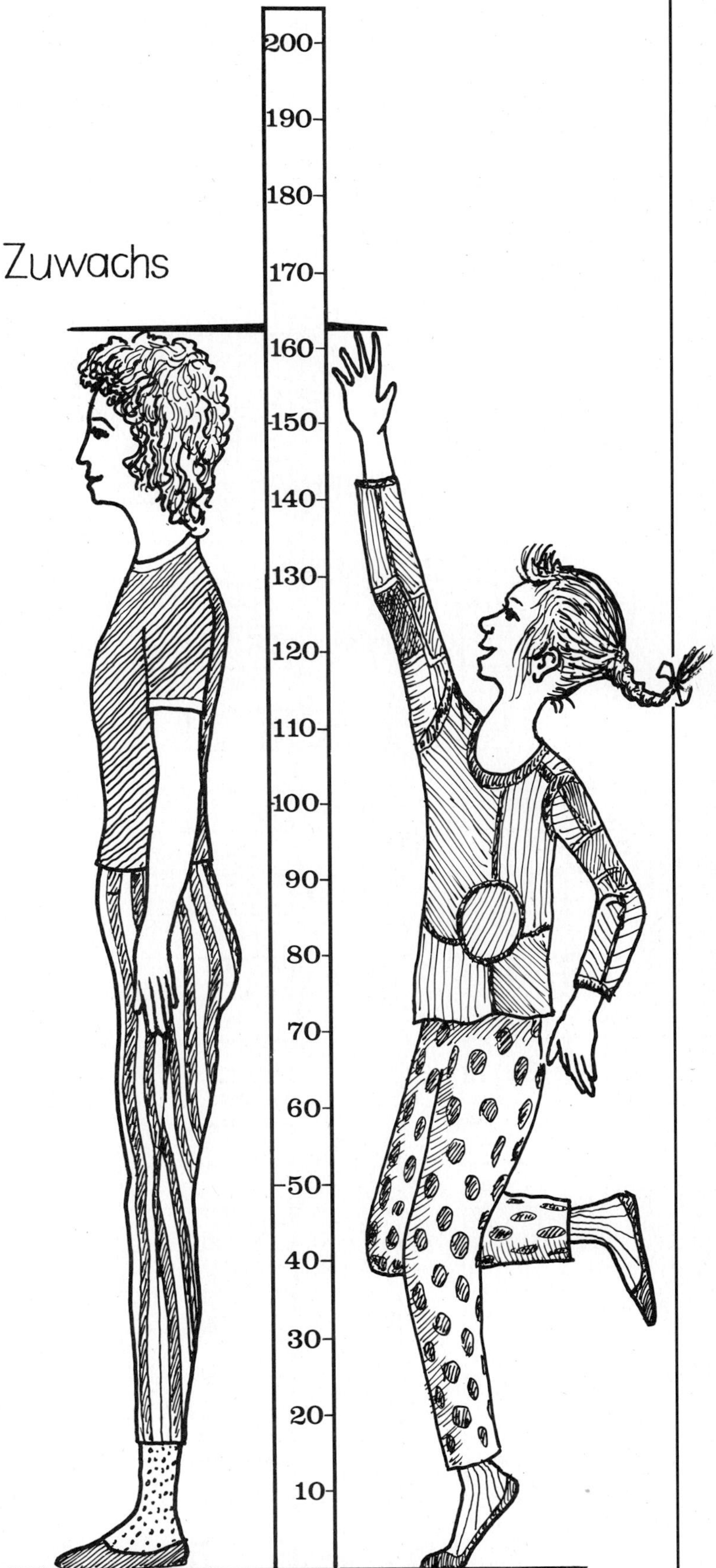

Name	Klasse	Datum	2/22

Wir werden schwerer

Jungen		Mädchen	
63	18 Jahre	54 ½	
+		+	Zuwachs
62	17 Jahre	54	
+		+	
59	16 Jahre	53	
+		+	
54 ½	15 Jahre	51 ½	
+		+	
49	14 Jahre	49	
+		+	
42	13 Jahre	45	
+		+	
38	12 Jahre	40	
+		+	
35	11 Jahre	35 ½	
+		+	
32 ½	10 Jahre	32	
+		+	
30	9 Jahre	29	
+		+	
27	8 Jahre	26 ½	
+		+	
24 ½	7 Jahre	23 ½	
+		+	
22	6 Jahre	22	
+		+	
18	5 Jahre	18	
+		+	
16 ½	4 Jahre	16 ½	
+		+	
14 ½	3 Jahre	14 ½	
+		+	
12 ½	2 Jahre	12	
+		+	
10	1 Jahr	9 ½	
+		+	
3 ½	Geburt	3	
kg		kg	

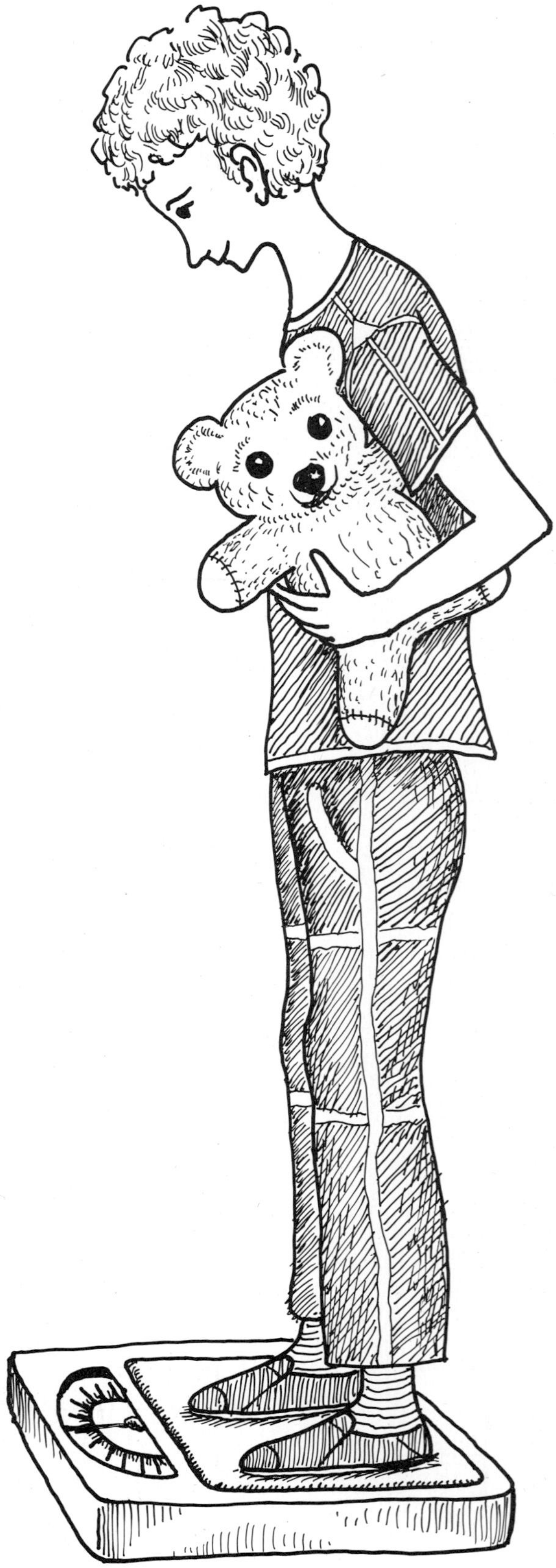

Name	Klasse	Datum	2/23a

Zahnformeln

Hase

$$\frac{3\ 3\ 0\ 2 \mid 2\ 0\ 3\ 3}{3\ 2\ 0\ 1 \mid 1\ 0\ 2\ 3}$$

8	8	16
6	6	12
14	14	28

Katze

$$\frac{1\ 3\ 1\ 3 \mid 3\ 1\ 3\ 1}{1\ 2\ 1\ 3 \mid 3\ 1\ 2\ 1}$$

Kuh

$$\frac{3\ 3\ 0\ 0 \mid 0\ 0\ 3\ 3}{3\ 3\ 1\ 3 \mid 3\ 1\ 3\ 3}$$

Pferd

$$\frac{3\ 3\ 1\ 3 \mid 3\ 1\ 3\ 3}{3\ 3\ 1\ 3 \mid 3\ 1\ 3\ 3}$$

Hund

$$\frac{2\ 4\ 1\ 3 \mid 3\ 1\ 4\ 2}{2\ 4\ 1\ 3 \mid 3\ 1\ 4\ 2}$$

10	10	20
10	10	20
20	20	40

Jgel

$$\frac{3\ 3\ 1\ 3 \mid 3\ 1\ 3\ 3}{3\ 2\ 1\ 2 \mid 2\ 1\ 2\ 3}$$

Hamster

$$\frac{3\ 0\ 0\ 1 \mid 1\ 0\ 0\ 3}{3\ 0\ 0\ 1 \mid 1\ 0\ 0\ 3}$$

Name	Klasse	Datum	2/23b

Zahnformeln

Tiger

1	3	1	3	3	1	3	1
1	2	1	3	3	1	2	1

Bär

2	4	1	3	3	1	4	2
3	4	1	3	3	1	4	3

Flußpferd

3	4	1	2	2	1	4	3
3	4	1	2	2	1	4	3

Nashorn

3	4	0	0	0	0	4	3
3	3	0	0	0	0	3	3

Elefant

3	3	0	1	1	0	3	3
3	3	0	0	0	0	3	3

Kamel

3	3	1	1	1	1	3	3
3	2	1	3	3	1	2	3

Opossum

4	3	1	5	5	1	3	4
4	3	1	4	4	1	3	4

Name	Klasse	Datum	2/24

Höchsttemperaturen – Tiefsttemperaturen – Unterschiede

gemessen in °C in Dortmund im Jahre 1986

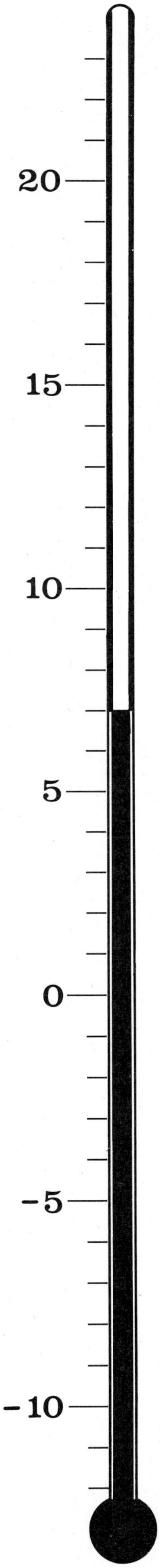

Datum/Tag	Februar Höchst-temperatur	Februar Tiefst-temperatur	Februar Unter-schied	Mai Höchst-temperatur	Mai Tiefst-temperatur	Mai Unter-schied	August Höchst-temperatur	August Tiefst-temperatur	August Unter-schied	November Höchst-temperatur	November Tiefst-temperatur	November Unter-schied
1.	4	1		20	3		23	14		14	9	
2.	4	0		25	7		30	12		11	5	
3.	0	-2		27	11		34	15		9	5	
4.	0	-5		17	10		30	20		10	5	
5.	-2	-8		23	8		21	14		9	6	
6.	-3	-7		17	11		27	9		11	6	
7.	-2	-9		17	12		24	18		10	3	
8.	-5	-10		17	8		21	14		9	4	
9.	-3	-9		17	7		22	11		10	3	
10.	-2	-10		17	11		25	10		13	7	
11.	0	-3		17	12		27	11		16	11	
12.	0	-9		22	9		23	16		14	6	
13.	0	-12		16	9		24	13		17	5	
14.	-1	-7		17	10		27	15		16	9	
15.	0	-8		17	8		23	16		17	10	
16.	1	-9		18	6		23	15		13	6	
17.	0	-6		22	4		19	12		13	8	
18.	0	-9		23	16		20	12		10	5	
19.	-3	-8		22	8		18	11		10	8	
20.	-5	-9		25	9		17	10		10	4	
21.	-4	-21		23	15		20	7		8	3	
22.	-4	-15		21	13		20	13		11	5	
23.	-5	-11		24	11		17	12		9	5	
24.	-4	-15		17	10		19	9		9	5	
25.	-2	-9		22	9		18	10		12	9	
26.	-2	-14		27	12		19	12		12	7	
27.	-2	-14		24	11		17	11		8	4	
28.	-1	-9		18	10		19	10		10	1	
29.				13	7		17	9		9	-1	
30.				14	5		17	11		9	-2	
31.				18	4		18	10				

Deutscher Wetterdienst (Wetteramt Essen)

Name	Klasse	Datum	2/25

Tiere bekommen Junge

Eine Katze bekommt oft im Frühjahr und im Herbst Junge.
Manchmal bekommt sie 2, manchmal 4 Junge.
Zu jedem Wurf gehören durchschnittlich 3 Junge.

	Würfe in einem Jahr (Durchschnitt)	Junge in einem Wurf (Durchschnitt)	Junge im Jahr
Hausmaus	4	7	
Ratte	5	8	
Eichhörnchen	5	5	
Kaninchen	3	3	
Hase	5	7	
Katze	2	3	6
Reh	1	2	
Gemse	1	2	
Elch	1	3	
Affe	1	1	